北京大学优秀教材

心理与行为科学统计
（第二版）

Introduction to Psychological and Behavioral Statistics

甘怡群　张轶文　郑磊　编著

图书在版编目(CIP)数据

心理与行为科学统计 / 甘怡群，张轶文，郑磊编著. —2版. —北京： 北京大学出版社，2019.6
ISBN 978-7-301-30507-2

Ⅰ.①心⋯　Ⅱ.①甘⋯ ②张⋯ ③郑⋯　Ⅲ.①行为科学 – 心理统计　Ⅳ.①B841.2

中国版本图书馆 CIP 数据核字(2019)第 088796 号

书　　名	心理与行为科学统计（第二版）
	XINLI YU XINGWEI KEXUE TONGJI(DI-ER BAN)
著作责任者	甘怡群　张轶文　郑　磊　编著
责任编辑	赵晴雪
标准书号	ISBN 978-7-301-30507-2
出版发行	北京大学出版社
地　　址	北京市海淀区成府路 205 号　100871
网　　址	http://www.pup.cn　　新浪微博：@北京大学出版社
电子信箱	zpup@pup.cn
电　　话	邮购部 010-62752015　发行部 010-62750672　编辑部 010-62752021
印刷者	大厂回族自治县彩虹印刷有限公司
经销者	新华书店
	730 毫米 × 980 毫米　16 开本　27 印张　544 千字
	2005 年 11 月第 1 版
	2019 年 6 月第 2 版　2025 年 6 月第 6 次印刷
定　　价	68.00 元

未经许可，不得以任何方式复制或抄袭本书之部分或全部内容。
版权所有，侵权必究
举报电话：010-62752024　电子信箱：fd@pup.pku.edu.cn
图书如有印装质量问题，请与出版部联系，电话：010-62756370

前　言

　　心理学的研究方法是与时俱进的,统计方法也是如此。假如我们现在再回过头去看 2005 年的博士论文,就会发现其中的很多统计方法已经过时了。这也是我们计划对本书进行修订的初衷之一。同时,在统计学的教学过程中,我们发现初等心理统计与高级统计是互相关联、密不可分的,所以我们也同时对本书的内容做了一定程度的扩展。

　　本书主要讲述行为科学(重点是心理学)中使用的统计知识,在第一版的基础上,我们增加了多元统计和统计建模的内容(第 20～22 章);更重要的是,增加了美国心理学会近年来倡导的"新统计"的内容,即不单纯依赖显著性检验,而是更多地考虑效果量、置信区间和元分析的观念(第 23 章)。

　　具体来看,全书可以被划分为五个部分:第一部分,描述性统计,包括次数分布、集中量数与差异量数、z 分数和正态分布;第二部分,推论统计,包括样本均值的分布、假设检验初步、二项分布、t 统计量简介、两个独立样本的假设检验、两个相关样本的假设检验、总体参数的估计、单因素和重复测量方差分析、二因素方差分析、相关、回归初步、χ^2 检验、非参数检验;第三部分,多元统计,包括多元回归分析、因素分析、多元方差分析以及中介模型与调节模型;第四部分,以结构方程模型为例,介绍统计建模的过程;第五部分,介绍"新统计"的基本思想。

　　随着多媒体教学技术的发展,我们也做了一些努力,希望能将一本传统的教科书制作得更加便于老师和学生使用。我们为选用本书作为教材的老师提供配套课件及相关课程资料、习题答案等,获取方法:第一步,关注"博雅学与练"微信公众号;第二步,扫描右侧二维码,获取上述资源。书中练习题涉及的 SPSS 数据也可通过上述方法获取。此外,因 SPSS 软件汉化后的一些名词翻译不够准确或与习惯用法不一致,所以本书我们使用的是英文原版软件 SPSS 20.0。另需说明的是,由于书中设置例题的目的是借助数学公式向学生展示各种统计方法的思想和概念,计算过程和最终得数都不是很重要。因此,在解答例题时,凡遇到除不尽的情况,中间结果保留 3 位小数,最后结果保留 2 位小数。

　　我们希望各高校心理学专业的学生能够通过学习本书,读懂心理学文献中结果部分的统计内容、正确处理心理学研究中的统计问题、正确写作心理学论文中的结果部分

并最终完成符合研究论文统计和报告规范的科研文章。

本书的第一和第二部分作为初级统计的内容适合高等院校相关专业本科生阅读，第三至第五部分可供高年级本科生或研究生作为 SPSS 和高级统计课程的辅助教程。同时，本书既可作为高等院校心理学和社会科学专业统计课的教材，亦可用于自学和研究生入学考试复习。

在科研的崎岖山路上，在荆棘中觅径开路，随时撒种、随时开花，把这条山路点缀得花香弥漫，使穿枝拂叶的学生满心欢喜地披荆斩棘，到达山顶而终得硕果累累——这是我们多年执教所追求的境界。每当我们把自己辛苦地在知识的海洋中遨游所得到的最前沿的科学方法和领悟毫无保留地分享给学生的时候，收获的是学生的成长、成就以及内心最真挚的感念。

在本书第一版至第二版的编写过程中，下列同学参与了收集资料和编写的工作，在此一并致谢：陈一笛、方华、李洁、刘松琦、刘兴、曲晓艳、沈秀琼、吴超荣、吴昊、杨曼殊、张怡玲、张莹、朱珊珊、庄明科、祖霁云。

本书列入北京大学 2016 年度教材建设立项，并得到北京大学教材建设项目资助经费的支持，在此表示感谢。同时，一并向北京大学出版社编辑的工作表示感谢，没有他们细致的编校工作，本书是不可能与读者见面的。

限于作者的水平，本书肯定会存在着一些不足或错误，望读者不吝指正。

甘怡群　郑　磊
于北京大学心理与认知科学学院

目 录

1 统计和度量的基本概念 ··· 1
  §1 统计、科学和观察 ··· 1
  §2 科学方法和实验设计 ··· 2
  §3 心理统计中常用的一些概念和统计符号 ································· 5

2 次数分布 ··· 11
  §1 次数分布表 ··· 11
  §2 次数分布图 ··· 15
  §3 次数分布的特征和计算 ··· 18

3 集中量数与差异量数 ··· 22
  §1 集中量数 ··· 23
  §2 差异量数 ··· 29

4 z 分数、正态分布和概率 ··· 39
  §1 z 分数及其应用 ··· 39
  §2 正态分布 ··· 42

5 概率和样本：样本均值的分布 ··· 48
  §1 样本均值的分布 ··· 48
  §2 样本均值分布与概率 ··· 53

6 假设检验初步 ··· 57
  §1 假设检验的性质和种类 ··· 58
  §2 假设检验的基本逻辑 ··· 58
  §3 z 检验 ··· 61
  §4 假设检验的两类错误 ··· 63
  §5 假设检验的前提 ··· 64
  §6 假设检验的效力 ··· 65

7 二项分布 ··· 68
  §1 二项分布的概率 ··· 68
  §2 二项分布的均值和标准差 ··· 73
  §3 百分比检验 ··· 75

8　t 统计量简介 ··· 79
　§1　t 统计量简介 ··· 80
　§2　t 统计量和 z 统计量的比较 ··· 82
　§3　t 统计量的自由度 ··· 83
　§4　t 分布 ·· 83
　§5　t 检验 ·· 85

9　两个独立样本的假设检验 ·· 92
　§1　独立样本均值差异的分布 ·· 92
　§2　独立样本的 t 统计量 ··· 94
　§3　独立样本 t 检验的统计前提 ·· 96
　§4　独立样本 t 检验 ·· 97
　§5　独立样本 t 检验的效应量、95% 置信区间和效力 ····························· 102

10　两个相关样本的假设检验 ·· 104
　§1　相关样本 t 检验统计量的计算 ··· 105
　§2　相关样本 t 检验的效应量和 95% 置信区间 ································· 107
　§3　相关样本的假设检验 ·· 108
　§4　相关样本 t 检验的统计前提 ··· 112
　§5　相关样本设计的问题 ·· 113

11　总体参数的估计 ·· 118
　§1　点估计的概念和优良性 ··· 119
　§2　区间估计的概念和一般步骤 ·· 120
　§3　和总体均值相关的估计 ··· 122
　§4　影响置信区间宽度的因素 ··· 127
　§5　区间估计和假设检验的联系 ·· 128

12　单因素和重复测量方差分析 ·· 130
　§1　方差分析的基本原理 ·· 131
　§2　独立样本方差分析 ··· 137
　§3　事后检验 ·· 139
　§4　重复测量方差分析 ··· 141
　§5　方差分析的数据前提 ·· 146
　§6　方差分析的效应大小和统计效力 ·· 146

13　二因素方差分析 ·· 149
　§1　相关概念及其表示方法 ··· 150
　§2　二因素方差分析过程 ·· 155

§3 二因素方差分析结果的解释 ……………………………… 161
§4 二因素方差分析的统计前提 ……………………………… 169

14 相关 …………………………………………………………… 170
§1 相关的数据表和散点图 …………………………………… 170
§2 相关的特点 ………………………………………………… 171
§3 Pearson 相关 ……………………………………………… 173
§4 Spearman 相关 …………………………………………… 183
§5 点二列相关 ………………………………………………… 186
§6 Kendall 和谐系数 ………………………………………… 188

15 回归初步 ……………………………………………………… 190
§1 回归方程 …………………………………………………… 191
§2 回归线的准确性 …………………………………………… 194
§3 回归的假设检验 …………………………………………… 198
§4 效应量 ……………………………………………………… 199
§5 一元线性回归的数据要求和统计前提 …………………… 200

16 χ^2 检验 ………………………………………………………… 201
§1 χ^2 匹配度(拟合优度)检验 ……………………………… 202
§2 χ^2 独立性检验 …………………………………………… 208

17 非参数检验 …………………………………………………… 212
§1 顺序型数据和秩统计量 …………………………………… 213
§2 曼-惠特尼 U 检验 ………………………………………… 214
§3 符号检验法 ………………………………………………… 219
§4 维尔克松 T 检验 ………………………………………… 221
§5 克-瓦氏单向方差分析 …………………………………… 224
§6 弗里德曼双向方差分析 …………………………………… 226

18 多元回归分析 ………………………………………………… 228
§1 多元回归分析简介 ………………………………………… 229
§2 多元回归过程和结果输出 ………………………………… 232

19 因素分析 ……………………………………………………… 243
§1 因素分析简介 ……………………………………………… 243
§2 因素分析的步骤 …………………………………………… 244
§3 用 SPSS 进行因素分析 …………………………………… 248

20 多元方差分析 ………………………………………………… 256

§1 多元方差分析简介 …………………………………………… 256
§2 相关理论问题 ………………………………………………… 258
§3 数据要求与统计前提 ………………………………………… 259
§4 使用 SPSS 完成多元方差分析 ……………………………… 260
§5 重要参数及解释 ……………………………………………… 261
§6 多组比较的敏感性和稳健性 ………………………………… 262

21 中介模型与调节模型 …………………………………………… 271
§1 中介模型简介 ………………………………………………… 271
§2 中介模型原理 ………………………………………………… 273
§3 中介效应检验 ………………………………………………… 273
§4 SPSS 检验中介效应 ………………………………………… 280
§5 调节模型简介 ………………………………………………… 284
§6 调节模型的原理 ……………………………………………… 285
§7 调节效应的检验方法 ………………………………………… 286
§8 使用 SPSS 检验调节效应 …………………………………… 287
§9 同时包括调节和中介效应的模型 …………………………… 296

22 结构方程模型 ……………………………………………………… 299
§1 结构方程模型简介 …………………………………………… 299
§2 验证性因素分析 ……………………………………………… 303
§3 全模型 ………………………………………………………… 328
§4 路径分析 ……………………………………………………… 338
§5 常见问题 ……………………………………………………… 341

23 新统计 …………………………………………………………… 349
§1 效应量 ………………………………………………………… 351
§2 置信区间简介 ………………………………………………… 354
§3 元分析 ………………………………………………………… 355

参考文献 ……………………………………………………………… 368
综合练习题 …………………………………………………………… 369
综合练习题 1 …………………………………………………………… 369
综合练习题 2 …………………………………………………………… 371
综合练习题 3 …………………………………………………………… 374
综合练习题 4 …………………………………………………………… 377
综合练习题 5 …………………………………………………………… 379
综合练习题 6 …………………………………………………………… 381

综合练习题 7 ··· 384
　　综合练习题 8 ··· 388
　　综合练习题 9 ··· 390
　　综合练习题 10 ··· 393
　　选择题答案 ··· 396
附表 ·· 397
　　附表 1　标准正态分布表 ··· 397
　　附表 2　t 的临界值表 ·· 400
　　附表 3　Cohen's d 与两个样本分布的不重叠部分百分比 ······························· 401
　　附表 4　F 的临界值表 ·· 402
　　附表 5　HSD 检验中 q 的临界值 ·· 405
　　附表 6　F_{max} 的临界值表 ·· 406
　　附表 7　Pearson 相关的临界值表 ··· 407
　　附表 8　相关系数 r 值的 Zr 转换表 ··· 408
　　附表 9　Spearman 相关系数的临界值表（双尾） ·· 409
　　附表 10　χ^2 的临界值表 ·· 410
　　附表 11.1　曼-惠特尼 U 检验的临界值表（双侧） ······································ 413
　　附表 11.2　曼-惠特尼 U 检验的临界值表（单侧） ······································ 414
　　附表 12　符号检验的临界值表 ··· 415
　　附表 13　维尔克松 T 检验的临界值 ·· 416
　　附表 14　克-瓦氏单向方差分析 H 临界值表 ··· 417
　　附表 15　弗里德曼双向等级方差分析的临界值表 ······································· 419

1

统计和度量的基本概念

行为科学，从广义上说是研究在自然和社会环境中人类的全部行为的科学。学术界公认的行为科学包括心理学、社会学、社会人类学，以及其他与研究行为有关的学科组成的学科群。与其他自然科学类似，行为科学同样会采用实验和观察等研究方法。本书所强调和要着重介绍的就是统计学在行为科学(尤其是心理学)中的应用，通过相关统计方法和原理的学习，达到一定的实用目标：

- 能够对研究报告中所使用的统计方法的适宜性、所得研究结果的可靠性做出评价；
- 能够在自己的研究和论文中，运用适当的统计方法解决问题；
- 提高分析思维和批判性思维的能力。

本章将从心理学的学科性质谈起，进而介绍一些心理学的研究方法，以及心理统计学中的基本概念和符号，从而为后面的学习做铺垫。值得注意的是，心理统计学本身是为心理学服务的，因此在选择统计方法、进行数据分析、解释统计结果的时候都要时刻牢记与实际的研究情境相结合，活学活用，这样才能做到统计方法在心理学研究中的有效和合理运用，避免各种统计误用和乱用，使统计学成为心理学研究的科学工具。

§1 统计、科学和观察

统计不仅是行为科学研究离不开的工具，我们在日常生活中也常常要和它打交道。例如，我们可以通过一个国家的 GDP 数值来了解它的发展水平，也可以通过一个地区的降雨量来了解近来的天气情况，还可以通过交通事故发生率来了解交通安全情况。具体到更细致的地方，我们在公司里要统计员工的出勤率，在学校里要统计学生成绩的合格率、升学率等。其实这些都是统计。利用统计得出的平均数、百分比等数字，我们可以获得需要的信息，不仅能对事物有一个整体的了解，而且迅速有效，因为我们只需要这一个或几个数字，而不用去关注每一个个体的情况。

以上我们举的例子是最简单的统计现象。在心理学研究中，我们要通过发问卷、做实验等方式来收集数据。为了验证研究假设，我们需要分析数据，得到支持研究假设的证据。这其实就是一个统计的过程。

正如我们前面提到的,统计方法可以帮助我们有效地获取信息,得出结论。在一个研究中,研究者使用统计方法来归纳、整理数据,并推论出研究假设的正确与否。这个过程也是可以为其他研究者所理解的,并可以在不同研究之间进行比较,因为统计学给研究者提供了一套标准化的方法,这些方法在整个科学领域里是通用和默认的。因此,我们可以清楚地理解其他研究者的统计思路以及研究结果。比如,一名研究者报告一个班的平均学业成绩是 81.40 分,标准差是 9.56,我们就可以知道这个班的成绩大体是良好的,但离散程度很大,即学生之间的成绩并不是很接近。从这个角度来说,统计学可以帮助我们更好地学习、理解他人的研究,促进学术交流和发展。

行为科学,称之为科学,自然也是在事实的基础上进行观察研究,而要将这些观察结果转化成一目了然的、可以为大家所理解的信息,就必然要使用统计方法。心理学作为行为科学的一个组成部分,其发展的历史证明,科学心理学离不开科学实验或调查,而实验或调查无论从最初的研究设计和条件控制,收集、录入数据,还是到最后的数据分析,从而得出有意义的研究结论,都离不开统计的帮助,这使得统计学在心理与行为科学中成为一个不可或缺的科学工具。如何收集资料才能最有效地反映研究课题;采用什么方法整理和分析所得数据才能最大限度、最客观地呈现这些数据所反映的信息;怎样才能把从抽取的样本中所获得的结果推广到总体,得出一般性、规律性的科学结论;等等。没有统计学的帮助,这些问题就无法解决。

§2 科学方法和实验设计

科学的主要任务就是发现宇宙万物的规律。在古代,人们就注意到了周围世界的许多规律性,比如四季的更迭、潮涨潮落、月亮的阴晴圆缺等,并且有意识地对这些现象进行观察从而阐明这些规律性的变化。这些本身是变化的或者对不同个体有不同取值的特征或条件我们就将其称为变量(variable)。而常数(constant)则是相反的,其本身是不变的且对不同的个体,值也是相同的。

科学涉及对不同变量之间关系的探索。比如,在广告投放量和产品销量之间存在着一种关系。在最开始的阶段,广告投放量不断增多,产品销量也随之增加;等广告投放了一段时间以后,产品的销量开始稳定,不再随着广告投放量的增多而提高,并且如果此时减少广告投放,销量有可能还会回落。如果我们想要弄清楚这两个变量之间的关系,就必须对这两个变量进行观察,即计量广告投放量和产品销量。在心理学研究中,我们常常用以下几种方法来研究这些变量间的关系:相关研究、实验研究、准实验研究和非实验研究。

相关研究(correlational method)也可以看作是观察研究(observational method),即观察在自然情景中存在的两个变量,是寻求变量之间关系的最简单的方法。比如说我们想知道中学生的学业成绩和每天的学习时间是否有关联,可能我们会假定学习时间越长,学业成绩越高。为了验证这一假定,我们要同时观察这两个变量,最后得到二者之间的关系。但是这种相关研究只能提供两个变量之间相关程度的结果,不能提供因果关系的证据,即我们不能说学业成绩高是因为学习时间长。如果想要进一步做因果关系的研究,确定学业成绩高是不是由于学习时间长造成的,就要控制许多无关变量,设定自变量和因变量,这些就是实验研究的任务。

实验研究的目标是要确定两个变量之间的因果关系,即一个变量的变化是不是由另一个变量的变化引起的。在一些比较复杂的实验研究中,可能需要同时控制几个变量的变化来观察另外几个变量的变化,在这里我们只举最简单的例子,即控制一个变量来看另一个变量的变化情况。实验研究一般来说有两个特征:①研究者需要操纵一个变量,然后观察另一个变量,看这种操纵是否带来了变化;②要对研究中的其他无关变量进行控制,以确保这些变量不会对研究结果产生影响。研究者需要操纵的变量在实验研究中称为自变量(independent variable),需要观察的变量就是因变量(dependent variable)。研究者的目的就是要看自变量的变化能否引起因变量的变化。但是,能够引起因变量变化的因素有很多,我们可以把这些能够对因变量造成影响的变量统称为相关变量,其他的就是无关变量。在上文举的例子中,如果我们想要考察学习时间长短和学业成绩高低之间是否具有因果关系,那么学习时间就是自变量。在行为科学研究中,自变量常常包括两个或更多的处理条件。比如我们可以将学习时间的长度设置为平均每天 6,8,10 小时这样三个水平,我们也可以处理成每天 5,9 小时这样两个水平,处理条件的设定由研究目的决定。学业成绩则是因变量,我们可以用阶段考试的分数作为学业成绩的指标,从而观察每天平均学习小时数的不同是否会带来考试分数的显著不同。所有能对学业成绩产生影响的因素都可称为相关变量,其他如天气、学生的身高等则是无关变量。在相关变量中,除了自变量之外,其他的变量是研究者不感兴趣的,即额外变量,因此必须控制这些变量才能真正了解自变量对因变量的影响,因此额外变量又叫控制变量。在上述例子中,必须控制的变量之一就是智商,必须保证所有参与研究的中学生的智商在同一水平,当然可能还有许多其他会影响实验结果的变量需要控制。

最后我们来看看准实验研究和以上两种研究的差异。顾名思义,准实验研究(quasi-experimental design)就是介于真实验研究和非实验研究之间的一种研究,它对无关变量的控制好于非实验研究,但又不能像真实验研究控制得那么充分和严格。在真实验研究中,我们往往是控制自变量,然后对因变量的结果进行比较,而在准实验研究中,自变量是一些我们无法控制的、自然存在的因素,如性别、时间序列等,我们考察已有的各组被试间的差别(如性别差异)或不同时间内采集的数据的差异(如处理前和处理后),这里的分组变量称为准自变量,每个被试的分数则是因变量。例如,我们想要研究 20 岁和 40 岁不同年龄者记忆能力的差异问题,我们可以先给两个年龄组的被试同样的学习材料，让他们不断记忆，直到记住为止。一周以后，让这两个组的被试进行自由回忆，从而比较记忆能力的差异。那么，这里被试的年龄就是分组变量，即准自变量，而回忆材料的数量则是因变量。被试的其他特征，如教育背景、性别等都是额外变量，有可能与准自变量混淆，应该加以控制。那么也许我们就应该在选择20岁和40岁的被试时，在教育背景、性别、种族或者其他所有特征上让两个年龄组的被试完全等同，然而这在实际中基本上是不可能做到的，所以完全的实验研究在这个问题中是不可能实现的。因此，为了获得有用的信息，我们不得不退而求其次，采取折中的办法使用这种准实验研究。

比起准实验研究，在控制的严格性上更次一些的是非实验研究，一般用于考察自然存在的变量之间的关系，是一种对现象的描述，常见的方法有观察法、问卷法等。例如，考察一种认知治疗方法对于社交焦虑患者的疗效，可以在治疗前和治疗后分别测量患者的焦虑分数。但是这种非实验研究能够控制的因素更少，相比准实验研究也没有控制组进行比较。从以上准实验和非实验研究的例子中，我们也可以看到，心理学的研究不同于完全的自然科学研究，它的许多现象是不能用绝对的真实验研究去进行的，如果非要完全采用实验研究的方法，就会损失大量有用的信息，从而不能更全面和深刻地探究心理学现象。因此，在我们追求科学性的同时，也要考虑到心理学领域的特殊性，使用一些准实验、非实验的研究方法，来探讨社会文化中的心理学问题。

在心理学乃至大部分科学研究中，理论和假设是两个不可或缺的概念。心理学理论是对行为的潜在机制的一系列陈述，它可以用来解释心理学各个领域中的问题，我们所做的心理学研究也常常是在理论背景的指导下进行。而在进行每个心理学研究之前，我们都会提出假设；在统计分析时，也需要在提出虚无假设的基础上进行。假设是针对每次研究更加具体的一种预测，它会提出不同变量之间可能的关系。比如，在实验研究中，一个假设往往就是预测如何操控自变量能够影响到因变量；在其他研究中，一个假设就是预测一个变量在不同的环境或者在时间发展的不同点上会有什么不同的表现。事实上，一个研究就是要来验证一个假设正确与否。当研究的结果与我们的假设相符，则这个从一系列理论中得到的假设成立，原来的理论得到加强或补充；如果研究的结果与我们的假设背道而驰，那么假设被推翻，我们需要将这个新的发现填充到理论中，对理论进行修订，然后从中得到一个新的假设，继续进行研究。

理论中常常会包含一些假设的概念，这些概念可以帮助我们描述许多行为表象下潜藏的机制，但正因为它们是假设的潜藏机制，因此是无法观察到的对象。我们将这些概念称为构念，心理学中常见的构念包括智力、人格、动机等，这些构念无法实际观察，也不像学业成绩那样可以明确量化。那么，要如何研究它们呢？为了解决这个问题，我们就必须去定义这些概念，从而使它们可以被观察和研究，这些定义就称为操作性定义。同一个构念，可以有几种不同的操作性定义，经过操作性定义的解释后，将原本无法观察和研究的构念转化成可以观察的过程和操作。比如，我们可以将智力定义为韦氏成人智力量表的得分。看到这里，读者也许会产生这样的疑问：既然一个构念可以有不同的操作性定义，那么到底哪个可以真正代表构念呢？其实心理学的研究最独特的地方便在于此，因为许多心理和行为现象提升到构念这个层次后，是无法实际触摸到的，因此很难有人告诉我们哪个操作性定义所得到的结果是更接近其实质的，也正因为如此才会产生信效度的问题，我们希望所使用的操作性定义是具有较高的信效度以及易操作的。在心理学领域中，有许多操作性定义得到了普遍认同，这些定义可能经过了反复的验证，并在最大程度上接近构念的理想化状态。当我们进行研究的时候，对于任何一个要研究的构念，对如何产生操作性定义这件事就要谨慎一些，要不断地推敲，并且借鉴前人的经验，从而使得到的操作性定义更少被质疑，更多地得到认同，这样研究的结果才能被认可和普遍接受。

§3 心理统计中常用的一些概念和统计符号

一、总体、样本和随机取样

在进行心理学研究时，我们首先要做的是确定研究对象，这就涉及总体的确立，以及样本的选取。

总体（population）是指具有某些共同的、可观测特征的一类事物的全体，构成总体的每个基本单元称为个体。在心理学研究中，总体是特定研究所关注的所有个体的集合，我们往往根据研究的兴趣和目的规定研究的总体，其特征和范围也随目的和要求的变化有所不同。比如某个人格障碍研究所关心的是所有12～18岁的青少年总体，而一个记忆衰退研究可能关注的是40～60岁的中年总体。总体既可以是有限的也可以是无限的，全靠如何定义和推理这个总体，就如我要统计一天中经过某个地点A的人数是多少，如果我设定要统计的是2019年3月的每一天经过地点A的人数，那么就可以得到一个总和为31人的有限的总体，而如果我要统计从古至今再到未来的每一天经过地点A的人数，那么这个总体就是无限的。

如果我们想要研究一个问题，最好的情况自然是对总体中的每个个体加以测量，但在实际研究中，往往无法对整个总体进行研究，有的是无法办到，有的是人力、财力的限制，有的是根本就没有必要。因此我们只能从总体中抽取一些个体作为真正的研究对象。从总体中选出来的个体的集合，我们称之为样本（sample），换句话说，样本是总体的子集。在研究中，为了解决上述问题，我们常常以样本为基础，通过统计和推论，得到关于总体的结论。从总体中抽取的样本有大有小，一般来说要依据研究的目的而定。比如，某调查公司负责进行美国大选的民意测查，选定的样本数量就不可能只有10个人或者100个人。而如果我们要研究单盲病人的脑结构损伤情况，两三个个体组成的样本就已经是难能可贵了。一般来说，样本越大，越接近总体，对总体的代表性越强，所反映的结果就越接近总体的真实情况;样本小时,有可能产生取样的偏差,个别数值的变化就会造成整个统计结果的变化,误差较大,对总体的代表性也较差。

从总体中抽取一个小样本的优点是节约整个总体研究的时间与开支,假如抽样恰当,即样本具有较强的代表性,就能将样本信息以最小的误差近似正确地推论到整个目标总体。这里就涉及随机取样的问题。随机取样(random sampling)是从总体抽取样本的一种策略,要求总体中的每一个体被抽到的机会均等,用随机取样法得到的样本叫随机样本。随机取样的方法是多种多样的,然而不论采用什么方法,在进行随机取样之前,对总体的特征有个全面且清晰的了解都是非常必要的。只有对总体的分布、特征等有了全面的认识,才可能选取恰当的随机取样方法,保证所抽取的样本在最大程度上接近总体的分布和特征,达到采取随机方法所希望的效果。比如要研究某大学一年级学生目前学业成绩与高考成绩是否相关,那么就需要了解这个大学各个院系一年级学生的人数和性别比例情况。假如物理学院男女比例是10:1,那么在抽取的时候就应该注意保证进入样本的物理学院的学生男女比例也是10:1,这样才能使分析的样本能够在最大程度上代表总体。具体的随机取样方法及适用情境我们将会在后面的章节中介绍。

二、描述统计和推论统计

当心理学研究得到了所有被试的反应数据之后,我们首先想知道的无非是数据的总体情况:这些被试的分数位于哪个区间,平均水平是多少,离散情况如何(被试的分数较为接近还是差异较大)……要了解这些问题,我们就需要对数据进行描述统计。描述统计(descriptive statistics)是指用来整理、概括、简化数据的统计方法,侧重于描述一组数据的全貌,刻画一件事物的性质。最常用的描述统计莫过于求平均值,不论一组数据中包括多少个值,100个还是1000个,最终都可以用一个平均值为全部数据提供有关集中趋势的简单描述。而要了解数据的离散情况,我们常用标准差来提供这方面的信息。描述统计常利用图、表的方式来表示,这样做可以为我们提供一个直观的对数据的整体认识。

但是在心理学研究中,我们常常不满足于描述统计得来的结果。因为心理学研究的目的是要对一个总体的某个问题得出特定的结论来验证研究假设,而由于现实条件的限制,我们无法逐个考察总体中的每一个个体,只能利用有代表性的样本来推测总体的情况。这就是推论统计的思想。推论统计(inferential statistics)是指用一系列数学方法,将从样本数据中获得的结果推广到样本所在的总体。进行推论统计的关键在于所抽取的样本要能够尽量接近所要研究的总体,能够充分代表总体,使得用样本中的信息来推论总体时产生的误差最小。我们可以根据具体的研究情境选择适合的随机取样方法。

三、参数、统计量和取样误差

对于在研究中获得的数据,有必要区分它们来自总体还是样本。总体的任何一个特征,被称为总体参数。参数(parameter)是描述总体的数值,它可以从一次测量中获得,也可以从总体的一系列测量中推论得到。而样本的特征则用统计量表示。统计量(statistic)是描述样本的数值,它可以从一次测量中获得,或者从样本的一系列测量中推论得到。一旦取了样本,我们就可以计算统计量,但是我们在总体范围内换一个样本,统计量可能就改变了。也就是说,参数是一个固定的数字,而统计量的值是不定的,会随着我们所取的样本而变化。在心理学的很多研究中,总体参数常常是无法得知的,因此我们也常用样本统计量来估计总体参数。

为了区分一个特征是描述总体的还是样本的,我们往往用不同的数学符号来表示参数和统计量。比如,我们得到了一个数据的平均值,为了表示这个平均值到底是总体平均值还是样本平均值,就需要使用不同的符号。对于一个研究来说,使用一个抽样得到的样本就必然意味着存在一个总体,因此对于每一个总体的参数,总是存在一个样本统计量与之相对应,如总体平均数用 μ 来表示,而样本平均数用 $\bar{X}$ 来表示。

既然样本不能完全等同于总体,那么在样本统计量和总体参数之间自然就会多多少少地存在一些差异,这些差异就是取样误差。取样误差(sampling error)是指样本统计量与相应的总体参数之间的差距。打个比方,你见到一个陌生人,和他交谈了 5 分钟,之后你会对这个人有一些评价,比如聪明的或是愚蠢的,开朗的或是腼腆的等,但是要注意,你的这些判断都是基于你和他的一面之缘以及那 5 分钟的谈话。这就相当于统计中所说的,第一印象仅仅是一个样本,你会用这个样本来推论总体,即这个人的所有的人格品行等。换句话说,你用第一印象建立起对一个人的认识就好比用一个样本来推断总体一样。在往后与这个人越来越多的接触中,你会发现,第一印象存在着许多偏差,不够准确。而这就好比用样本来推测总体时总是存在着取样误差。这告诉我们一个信息,基于有限的信息所做出的推论或结论有可能不是那么准确。影响取样误差的因素有很多,包括样本容量、总体的变异情况、取样方式等。当然,取样误差无法完全避免,我们要做的就是尽可能减少取样中的误差,并使之保持在研究所允许的范围内,这就涉及上述许多影响因素,具体的方法(如取样方法等)我们会在后面陆续介绍,这里不再赘述。

四、离散型变量和连续型变量

在心理学研究的统计结果中,变量类型通常可以分为离散型变量和连续型变量。了解这两种变量之间的差异非常重要,因为变量类型会影响统计方法的选取。

离散型变量(discrete variable)是由分离的、不可分割的范畴组成,在邻近范畴之间没有值存在。以掷骰子为例,掷出的 1 点和 2 点之间是没有任何值存在的,我们不会说自己掷出了 1.2 点。通常我们说到离散型变量，比较有代表性的是计数数字，比如一个年级组织出去旅游，需要各个班统计一下人数，有的班是 40 人，有的班是 41 人，在 40 人和 41 人之间是没有其他值的。同样的，那些在某方面性质存在差异的不同类别也可以是离散型变量，比如一个心理学家研究人格障碍问题，根据一些标准将人格障碍分为反社会型人格障碍、强迫型人格障碍、表演型人格障碍等，这些人格障碍类型就是离散型变量，因为我们可以观察到相互区别而又有限的类别。

当然，还有许多变量不是离散型的，比如时间、长度、质量等，它们都不可能被限定成一组分离的、不可分割的类别。只要我们愿意，大可以用米、分米、厘米、毫米，甚至微米作为度量单位来测量长度，我们称这样的变量为连续型变量。连续型变量（continuous variable）在任何两个观测值之间都存在无限多个可能值，它可以分割成无限多个组成部分。例如我们测量一组被试的反应时，有的被试的反应时是 0.3 秒，有的被试是 0.4 秒，只要测量工具足够精确，我们完全可以测到 0.34 秒、0.35 秒，甚至 0.345 秒这样的反应时。一般来说，一个连续型变量可以用一条连续的实数直线表示，在实数直线上存在着无数个点，在任何两个相邻的点之间依然可以找到无数个点。

但是，我们在说到一个连续型变量的某个观测值时，往往不是指实数直线上的某个固定的点，而是实数直线上的一个区间。例如，23 所代表的区间是从 22.5 到 23.5。构成这个区间的边界被称为精确界限（real limit）。在这个例子中，22.5 是精确下限，23.5 是精确上限。

在这里我们需要说明的是，离散型变量和连续型变量并非完全对立。在心理学研究中，当离散型变量的取值空间较大，取值点比较密集时，也可以视为连续型变量。在研究中更常见的情况是，为了研究的方便，我们将连续型变量转化为离散型变量处理，做法就是将连续型变量分组，例如将不同年龄的被试分到青年组、中年组、老年组等。

五、变量的测度等级

很显然，收集数据需要我们对所观察的现象进行测量。这种测量可以是对事件进行分类（定性测量），或者使用数字来描述事件的大小程度等（定量测量）。换句话说，我们用变量来量化描述概念，但是不同概念能够被量化的程度有所不同。按照这种被量化的程度，变量的测度等级通常可以划分为四类：命名测度、顺序测度、等距测度和比例测度。它们分别强调了测量的不同特点，各种测量类型的局限性直接关系到统计分析方法的选择，某种测度等级的数据可以用一种统计方法进行处理，而另外一些测度等级的数据就不能用这种统计方法计算。在 SPSS 统计软件包的较高版本中都要求定义变量的测度等级，以便限制适用的统计程序。比如，我们研究焦虑和进食的关系，需要测量个体的体重，可以用轻、中等、重三类来表示，但使用这种测度等级收集上来的数据是不可能计算出平均体重的，也无法计算其与身高这类比例测度的相关关系。因此，我们在收集数据时，如果不增加过多的人力、财力就能收集到测度等级高的数据，就不要收集测度等级低的数据。如果具体的统计运算需要测度等级低的数据,可对其进行重编码。

命名测度(nominal scale)是最低的一种测度,也称名义测度等级,是由一系列具有不同名称的类型所组成。命名等级的度量对观察所得进行标定并分类,它只包含质性差异,不能提供任何有关量的差异的信息,也就是说,通过命名测度得来的数据并无大小之分。比如,我们做大学生问卷调查的时候,经常需要被试填写性别或者系别等,这里性别可能就是两个分类的命名变量,而系别就是多个分类的命名变量。尽管命名测度并非定量数据,但是并不代表它不能用数字表示。比如在研究中我们可能需要记录住院患者的房间号,对于用数字表示的房间号 203 或 204,它们并不反映定量信息,不能说 204 就比 203 大。除此之外,在进行统计分析时,为了方便起见,我们也常对命名测度进行数字编码,比如性别,我们可以将男性编码为 0,将女性编码为 1。

顺序测度(ordinal scale)的量化水平高于命名测度,也可称为序次测度,是由一系列按顺序排列的范畴所组成。也就是说,观察得到的结果不但被分成了类别,而且还是按照一定顺序进行排列的。一般来说,是将观察所得按其大小或数量排定秩次(rank)。比如学历,一般会说学士、硕士、博士等,我们就会知道硕士的学历高于学士,博士高于硕士,可是我们却说不出具体高出多少。这就是说,顺序等级可以提供不同个体之间的顺序差异,然而不能说明这种差异的程度和大小。

等距测度(interval scale)的量化水平更高,还可以称作间距测度,是由一系列按顺序排列的范畴组成,且每两个邻近范畴之间的距离都是相等的。一般来说,等距测度是采用一定单位的实际测量值,可以应用加减法得到两值之间的和或差,加减运算反映数目的大小差距。但是由于这种等距变量没有物理意义上的绝对零点,乘除运算没有任何意义。比如,我们平时说的摄氏温度是有零值的,但是这个零值是个相对的零点,当我们把摄氏温度换算为华氏温度后,这个零值就改变了。因此我们不能说 15℃ 是 3℃ 的三倍,这样说是毫无意义的。

心理量表所得的数据之所以能够进行很多统计处理,是由于其假设态度、意见的不同方向和程度之间具有等距性。如下面的里科特(Likert)5 点等级量表。其中假定相邻两种态度之间的差距是相等的。除了 5 点量表以外,常见的还有是/否的两点,以及 4 点、7 点等级量表。

1 ———— 2 ———— 3 ———— 4 ———— 5

1	十分不同意	如果你十分不同意或觉得这句话绝对是假的
2	不同意	如果你不同意或觉得这句话多半是假的
3	无意见	如果你不能决定、无意见或觉得这句话半真半假
4	同意	如果你同意或觉得这句话多半是真的
5	十分同意	如果你十分同意或觉得这句话绝对是真的

比例测度(ratio scale)是水平最高的测度等级,它除了具有等距测度的所有特征外,还拥有绝对零点。因此比例等级的变量除了可以进行加减运算,还可以进行乘除运算,乘除运算反映数量间的比例关系,比如年龄、体重、反应时等。

等距测度和比例测度有时容易混淆,区分它们的关键是"是否有绝对零点"。如智商是一个以 100 为平均值,15 为标准差的正态分布,没有绝对零点,因此它是一个等距测度;而反应时的"绝对零点"就是在呈现刺激的同时做出反应,因此它是一个比例测度。

六、常用的基本统计符号

在涉及具体的统计符号时,后面各个章节都会针对具体内容给出并加以解释,这里只将最基本的几个统计符号列出。由于统计符号往往都是参数与统计量成对出现,因此我们会把这些相对应的符号用列表的形式给出,便于比较。

在统计中,许多计算都需要将一系列的分数加起来。由于这种方法使用非常频繁,因此有一个专门的符号来表示一系列分数的和——希腊字母 $\sum$。如果我们要求变量 X 的所有值求和,就可以表示为 $\sum X$。

表 1.1 常见统计符号

	参数(总体)	统计量(样本)
群体大小	N	n
平均数	μ	$\overline{X}$
标准差	σ	S
方差	σ^2	S^2
相关系数	ρ	r

专栏 1.1

对于初学者,我们给出如下建议:

(1)将注意力放在概念上。心理统计应该是一门概念性的科学,而非数学。因此在本书中,例题数据都尽可能的简单,真实研究中的数据很少会是这样的。

(2)一定要将统计方法与心理学研究情境结合起来。因此在本书中,特别是例题和习题中,描述了不少心理学研究情境,希望读者不要将其当作可看可不看的"调料",而要当成"正餐"的一部分享用。

(3)一定要弄懂一个概念再开始学下一个。课程的前半部分应用性较差,一定要学透弄懂,切不可追求实用,从中间看起。

(4)作题按照推荐的格式,会减少出错的概率。

2

次 数 分 布

当一名研究者完成实验的数据收集工作后,一般会得到大量数据,但我们很难一眼看出这些数据的特定趋势并进行比较。最好的方法是对这些数据进行描述统计,这也是我们分析数据需要做的第一步。

描述统计是用来整理、概括、简化数据的统计方法,如求平均值、标准差等都属于描述统计。在描述统计中,最基本的莫过于将数据分门别类进行整理,了解数据的大概分布。例如,对于数据中被试的基本信息,我们需要知道其中男性、女性被试各有多少名(尤其是样本容量很大的时候);在学生群体中发放问卷,还需要知道不同年级的被试各有多少;等等。对于研究想要考察的问题,我们更希望能够了解不同类别的被试数目,例如考察大学新生的心理健康状况,需要了解抑郁、焦虑等负性情绪类别的分布和比例情况。这样就可以获得一批数据在某一量度的每一个类目上出现的次数,我们称之为次数分布。在心理学研究中,我们绝大多数情况下统计的是人的个数,但是有时候也会碰到其他研究对象,例如企业、动物、产品等。我们把这些个数、头数或只数等统称为次数,其分布就是次数分布。

在统计中,要想得到次数分布,方法就是将原本没有组织的数据从高到低进行排列,将相同值的数据合并在一组。例如,在一批数据中,最大的值是5,我们就把所有值为5的数据合成一组,然后把4,3等数据同样进行合并。这样做使得我们能够很清楚地看到整个数据的分布情况。

在具体的表示形式上,次数分布可以表达为图或者表的形式。下面我们将依次介绍次数分布表和次数分布图。

§1 次数分布表

一、简单次数分布表

根据前面所说的方法,我们将相同值的数据归在一组,这样可以得到每个值出现的次数。以表的形式表示出来,我们可以将数据(X)从大到小排成一列,然后在另一列列出每个数值出现的次数(f),这样就得到了最简单的次数分布表。

例 2.1 某个班的 26 名学生在一次测验中的分数如下(10 分为满分):
9 2 3 8 10 9 9 2 1 2 9 2 5 2 9 9 3 2 5 7 2 10 1 2 9

这个班的老师希望看出分数的大体分布情况,请试做一个次数分布表来表示。

从这些分数中,我们可以看到,最高分为 10 分,最低分为 1 分。因此,我们按从高到低的顺序把 10 到 1 分依次列出来,数出每个分数出现的次数,在另一列中对应填上 f 值。请注意,我们需要把所有可能的值都列出来,例如本题虽然没有出现 6 分和 4 分,但是我们也把这两个分数列上,它们的次数均为 0。计数时,可以用画"正"字的方法,这样比较方便。当然,在正式的次数分布表中,只需要 X 和 f 两列,表 2.1 的第二列可以省略。

表 2.1 26 名学生测验分数的次数分布表

X		f
10	丅	2
9	正丅	7
8	丅	2
7	一	1
6		0
5	丅	2
4		0
3	丅	2
2	正下	8
1	丅	2

在本例中,我们是按测验分数大小从高到低排列在表中。当数据为顺序、等距或比例量表时,类别要按顺序进行排列(一般是从大到小);而对于命名量表,可以按照任何顺序排列。

用次数分布表对数据进行组织后,我们就可以很快地了解数据的大体分布。例如,由表 2.1 可以看到,在这个测验中,得 9 分和 2 分的比较多,中间的分数比较少,说明这次考试成绩两极分化,学生要么考得很好,要么很差,处于中等分数的比较少。

简单次数分布表中 f 列的每一格列出的是每一个分数出现的次数,如果要计算所有分数的个数,自然是将 f 列的所有值相加,即:

$$N = \sum f$$

有时我们还需要通过次数分布表来计算变量总和。要计算变量总和,我们需要将所有的分数相加。由次数分布表来看,因为每个 X 各出现了 f 次,因此应该先求 X 和 f 的乘积,然后将乘积的结果求和,这样得到的 $\sum fX$ 就是变量总和。

在例 2.1 中,我们可以按照上述方法来计算分数的总和。如表 2.2,我们在 X 和 f 两列旁边添了一列 fX,得到每个 X 对应的和,将这一列的值相加,就得到总和 $\sum fX$。

$$\sum fX = 140$$

在次数分布表中,最基本的是上面讲到的数据 X 和次数 f 这两列。另外还有一些指标也是我们用来描述次数分布常用的,最常见的就是比例和百分比。

比例(proportions)就是全组中取值为 X 的比例。计算公式如下:

$$p = f/N$$

其中,N 为观察的总数。

在例 2.1 中,分数为 8 的学生所占比例为:$p=2/26≈0.077$。

百分比(percentages)就是将小数形式的比例乘以 100 转换而成的。在例 2.1 中分数为 8 的学生所占百分比约为 7.7%。

用百分比就可以看出每一类别中的数据占总数据个数的比例,可以更加清楚地反映各类别数据在总数据中的分布和结构,它们代表的是相对次数。在例 2.1 中,加上比例和百分比这两列,我们可以得到一个更详细的次数分布表,如表 2.3 所示。

表 2.2 计算分数总和

X	f	fX
10	2	20
9	7	63
8	2	16
7	1	7
6	0	0
5	2	10
4	0	0
3	2	6
2	8	16
1	2	2

表 2.3 分数的比例和百分比

X	f	p	%
10	2	0.077	7.7
9	7	0.269	26.9
8	2	0.077	7.7
7	1	0.038	3.8
6	0	0	0
5	2	0.077	7.7
4	0	0	0
3	2	0.077	7.7
2	8	0.308	30.8
1	2	0.077	7.7
总和	$N=26$	1.00	100

二、分组次数分布表

例 2.1 中可能的分数只有 10 个,直接用上述简单次数分布表一目了然。但如果是百分制的分数,那么可能的分数就有 100 个,如果我们仍用上述方法来整理,将会得到 100 行的次数分布表,非常烦琐,很难达到对数据进行归纳和总结的目的。事实上,当数据的范围很大的时候,我们没有必要去了解每一个数据出现了多少次,更好的方法是把数据分成一段一段的区间,计算出各区间内数据的次数,这样会显得更加清晰明了。按照这种方式得到的次数分布表称作分组次数分布表,其中 X 是以区间的形式出现,而不是某一特定值。分组次数分布表常用在老师统计学生成绩时,例如将学生成绩在 90~99 的分为一组,80~89 的分为一组,依此类推。

进行分组次数分布统计,关键的一点便是划分数据区间,即确定每组的取值范围。

每组中所包含数据的最大值与最小值的差距我们称作组距,而全部数据的最大值与最小值的差距叫作全距。如果将数据分得太细,即组距很小,则会得到很多组,达不到精简和归纳的目的;如果分得太宽泛,又会过于笼统,可能会损失一些信息,且误差较大。具体如何分组需要综合考虑全距以及样本容量(数据个数)。一般来说,我们应当将组数控制在 10 个左右,不少于 5 组,也不要超过 15 组,这样能使得数据易于直观感受和理解。

当组数定下来,再根据全距,我们可以大概确定组距。这三者的关系为:

$$组距 = \frac{全距}{组数} \tag{2.1}$$

之所以说根据全距和组数只是"大概"确定组距,是因为对于组距的确定另外还有一些要求。首先,组距应该是较为简单的数字,如 2,5,10,20 等,这样符合人们的阅读习惯,也方便进一步的计算。另外,每个组的起点值也应该是较简单的数字,且为组距的倍数,这样也是为了方便计算,并由此确定其余各组的上下限。因此,最终组距的确定我们应该综合考虑各个因素。

下面我们以例 2.2 来说明制定分组次数分布表的具体过程。

例 2.2 下面是参加某专业研究生入学考试的一部分考生的英语成绩,请做出这些分数的次数分布表。

65 77 31 54 50 73 55 43 30 58 64 39 77 53 63 46 78 65 52 34 52 76 33 62 43 33 51 51 66 48 71 47 72 35 67 61 75 66 49 30 68 50 78 75 70 76

首先我们来计算一下这些分数的全距。其中,最大的数是 78,最小的数是 30,因此全距为 48。若将数据分为 10 组,则根据公式(2.1)得到组距为 4.8。我们可以按照前面所说的原则,将组距调整为 5,组数为 10。

表 2.4 某专业研究生入学考试英语分数的分组次数分布表

X	f
75～79	8
70～74	4
65～69	6
60～64	4
55～59	2
50～54	8
45～49	4
40～44	2
35～39	2
30～34	6

接下来我们要确定实际的分组区间,也就是每组的上下限。由于所有分数中,最小的数是 30,所以第一个分组区间自然要包含 30 这个数。我们可以设第一个分组区间为 30～34,则第二组为 35～39,依此类推。这样每一组的起点值正好是组距的倍数。

确定了组数和组距,我们就可以列出各组的区间,然后将每个分数对应到各组当中,得到各组的次数,如表 2.4 所示。

细心的读者会注意到,在表 2.4 中,每组的起点值我们用的是组距的倍数,而终点值是下一组的起点值减 1。例如,30～34 的终点值是 34,而 35～39 起点值是 35。这只是我们为了方便起见而一般通用的写法,实际上真正代表的意义是[30,35),[35,40),等等。

在第一章我们曾经提到,连续变量中一个特定的数值并不是代表一个点,而是对应实数直线上的一个区间。构成这个区间的边界我们称之为精确界限(real limit)。对于上述[30,35)中30这个分数,实际上代表的是29.5~30.5这一段区域,而30.5是精确上限,29.5是精确下限。因此,在次数分布表中,[30,35)这个组的下限真正指的并不是30,而是29.5。

在例2.2中,分组次数分布表是等组距的,每个组距都是5。这种等组距型次数分布表是我们常用的形式。不过在有的情况下,根据实际情况将数据分成不等组距的会更为方便。例如对某一群体进行年龄的次数分布统计,往往就不是按等组距来分,而是按照幼儿、青少年、成人、老人等年龄群组分为0~6岁组,7~17岁组,18~59岁组,60岁以上组,或是其他类似的分法。这样更加有效地呈现了不同类别群体的次数。最后一组我们没有设定上限,这常用在无法确定全距的情况下,像这种没有上下限的组叫作开口组。

§2 次数分布图

在次数分布表的基础上,我们可以进一步画出次数分布图,从而更清晰直观地给出数据的分布趋势。次数分布图也有不同的类型,下面我们逐一进行介绍。

一、直方图和棒图

直方图(histogram)用横轴表示数据X,纵轴表示次数f,以一些画在每个数据之上的直方条来表示次数分布,因此直方条的高度代表了各个数据的次数,宽度代表数据的精确区间。表2.5是某班学生在一次测验中某道题上得分分布的简单次数分布表,我们试着将它用直方图表示出来。

首先画出直角坐标系,我们只需要取其正半轴。一般来说,为了美观起见,纵坐标的高度应为横坐标长度的2/3或3/4左右。然后在横坐标上依次标出X值,从1到7,在纵坐标上标出f值。最后按照表2.5每个X对应的f值画出不同高度的直方条。我们也可以利用Excel软件的画图功能得到这样的直方图,如图2.1所示。

图2.1是简单次数分布的直方图,对于分组次数分布表,我们也同样可以用直方图表示。这样,横坐标上的数值是每组数据的中间值,直

表2.5 学生在某道题上得分的分布

X	f
7	2
6	3
5	5
4	4
3	2
2	2
1	1

方条的宽度代表组距,而纵坐标则代表了该组包含的数据个数。需要注意的是,只有当数据是等距或比例测度时,才能用直方图。

当数据是命名或顺序测度时,则用棒图(bar graph)表示次数分布。棒图与直方图类似,也是用一些直方条画在每个分数(或类别)之上来表示次数分布,不同的是,棒图在每个直方条之间要留有一定的空间,而不是紧挨着的。

制作棒图的方法与直方图差不多,只需要注意它们的不同点就行。图2.2就是一个典型的棒图,用于表示参加某项心理测验的被试的工作性质情况。

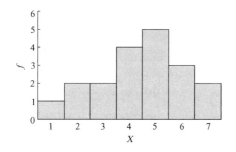 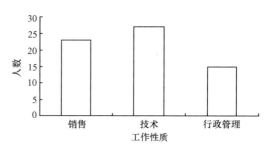

图2.1 学生在某道题上的得分分布直方图　　图2.2 参加某项心理测验的被试的工作性质情况

二、折线图

可以用直方图表示的次数分布,一般也可以用折线图来表示。折线图又叫次数分布多边图(frequency distribution polygon),它与直方图的绘制方法差不多,不同的是折线图不是以直方条的高度代表次数,而是将每个 X 值对应的次数点相连成折线。和直方图一样,折线图适用于等距或比例型数据。图2.3是将表2.5的简单次数分布表用折线图来表示。

从图2.3我们可以看到,折线图与直方图相比,以线条表示数据的变化趋势,在很多研究情境下非常有用,这是直方图和棒图无法做到的。

用折线图还可以表示数据的增长趋势,也就是累积次数,如图2.4所示。关于累积次数的概念我们会在本章后面详细介绍。

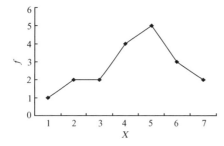 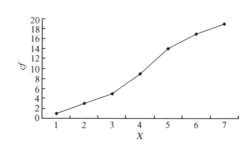

图2.3 学生在某道题上的得分分布折线图　　图2.4 学生在某道题上的得分累积次数折线图

在用折线图表示分组次数分布表时,与分组次数分布的直方图一样,每一个点的横坐标是每个分组的中间值,纵坐标是该组包含的数据个数。

三、茎叶图

前面介绍的对数据的分组整理,不管是分组次数分布表,还是分组次数分布图,虽然能简明扼要地给出数据在不同区间的分布,但是有时候我们又会觉得过于简明扼要,丧失了一些简单次数分布所能给出的信息。例如我们想要知道 90~100 这一组中得 100 分的有多少人,从分组次数分布表或图中是看不出来的。1977 年,J. W. Tukey 发明了一种方法,可以不用分组次数分布表来表示众多的数据,从而弥补了上述缺陷,这种方法被称为茎叶图(stem and leaf display)。在图中,每个分数被分为两部分:第一位数字作为"茎",第二位数字作为"叶"。例如 $X=75$ 就可以分 7 为"茎",5 为"叶"。这样,"茎"就相当于分组,"叶"则可以表示这些组内的数据。我们以例 2.3 做具体说明。

例 2.3 以下数据是从某个态度测验得到的分数,请做出茎叶图。
10 74 62 52 54 31 26 74 60 47 78 56 14 59 11 77 12 30 19 25 43 80 11 68 83

我们可以看到,这些分数中最低分是 10,最高分是 83。因此,我们需要列出的"茎"是从 1 到 8,如表 2.6 的第一列所示。

接下来我们需要逐个记下各个分数,将每个分数的"叶"记在对应的"茎"的旁边。例如,对于第一个分数 $X=10$,由于茎为 1,所以我们在"茎"的一栏中"1"的右边记下"叶"0。按照这样的方法,将所有分数都记下来,结果见表 2.6。从这个过程我们可以感觉到,画茎叶图比直方图要容易得多,只需要把数据从头到尾梳理一遍,就可以得到。

茎叶图和次数分布图有类似之处。茎叶图中,"茎"一栏的数值对应于分组区间。比如,"茎"5 代表着五十几,即 50~59 的数据。每个

表 2.6 某态度测验分数分布的茎叶图

茎	叶
8	0 3
7	4 4 8 7
6	2 0 8
5	2 4 6 9
4	7 3
3	1 0
2	6 5
1	0 4 1 2 9 1

"茎"右边的"叶"的数量则代表了与"茎"相对应区间内的次数,例如 50~59 的分数有 4 个。通过茎叶图,我们可以看到所有数据,例如从表 2.6 中,我们可以知道,50~59 之间的 4 个分数分别是 52,54,56 和 59,这是茎叶图相比于分组次数分布图最有优势的一个地方。茎叶图不仅列出了所有的数据,而且并没有丧失次数分布图所拥有的直观特性,从茎叶图我们也可以很清楚地看出数据分布的形状,将茎叶图按逆时针方向旋转 90°看,可以发现它和次数分布直方图很相似。

有时,我们可能需要对分布的情况进一步细化,这时只要将每个"茎"分成两部分就行了,也就是将每个"茎"写两次。比如,第一次对应的是值为 0~4 的"叶"的值,第二次

对应的是值为5~9的"叶"的值。实质上,这种做法只是改变了原来的分布图的区间宽度,即从10变为5。

从以上的介绍我们可以看到,茎叶图在实际研究的数据整理中有很大的作用。但是在这里我们需要指出的是,虽然茎叶图用处不小,但我们最好将它视作一种对数据作初步整理的方法。在正式的报告中,一般不列出茎叶图,而是使用传统的次数分布表或次数分布图。

§3 次数分布的特征和计算

一、次数分布的形状

对于一个分布,我们可以用三个特征来描述它:形状(shape)、集中趋势(central tendency)和变异性(variability)。其中,集中趋势告诉我们分布曲线重心的位置,数据围绕这个重心上下波动,而变异性则告诉我们数据的波动性或离散程度,即数据是分散的还是聚集在一起的。在后面的章节中我们会详细讨论集中趋势和变异性。这一节我们主要来讨论一下简单次数分布的形状。

最简单的分布类型是对称分布。对称分布(symmetrical distribution)就是可以在曲线中间画一条垂直线,使得该线两侧的曲线互为镜像的分布(图2.5)。

相比于对称分布,非对称分布可以有很多种形式,其中常见的一种叫偏态分布(skewed distribution)。在偏态分布中,数据堆积在分布的一端,而另一端成为比较尖细的尾端(tail)。举个简单的例子,假设一次测验的题目非常难,那么大部分的人分数会比较低,也就是会聚集在分数低的一端,这样的分布就是一个偏态分布。我们形象地把数据堆积逐渐变细的那部分称为该分布的尾部。

由于尾部在右的偏态分布其尾端指向 X 轴的正数一端,因此我们称之为正偏态(positively skewed)分布;反之,如果尾部位于左边,则该分布被称为负偏态(negatively skewed)分布(图2.6)。

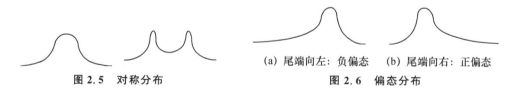

图 2.5　对称分布　　　　(a) 尾端向左:负偏态　(b) 尾端向右:正偏态
　　　　　　　　　　　　　　　　　图 2.6　偏态分布

在我们前面举的例子中,如果测验题目很难,那么大多数人分数都会偏低,只有少数人能得高分,也就是尾部朝向正数一端,画出来就会是一条正偏态的分布曲线。类似地,简单测验的分数分布呈负偏态,因为大部分学生得分很高,只有少数人得分低。

二、次数分布的累积次数、百分等级和内插法

当我们要了解数据在各个区间内的大体分布时,可以使用前面介绍的次数分布表。但有的时候,我们还想知道一些原始数据不能提供的信息,例如位于某个数据以上或以下的数据的个数。比如,老师想知道 60 分以下和 85 分以上的学生各有几名;在临床心理学研究中,我们想要知道在所有被试中抑郁分数在 16 分以上的个体有多少;等等。另一方面,我们也想了解某一分数在数据集合中的位置。又如,若一名学生一次测验的得分为 $X=71$,并不能据此推断出他成绩的优劣,还需要更多的信息,比如有多少人得分比他低,才能对这个分数做出评价。这些都要用到累积次数分布。

累积次数分布表实际上就是在简单或分组次数分布表的基础上,再加一列累积次数(cumulative frequency,简称 cf),也就是对各个 X 对应的次数进行累加。累积次数分布表可以有两个方向的累积:按照数据大小从大到小累积,或者从小到大累积。

我们试着将表 2.1 中的数据进行累积次数的统计,如表 2.7 所示。

表 2.7 累积次数分布表

X	f	累积次数(由大到小)	累积次数(由小到大)
10	2	2	26
9	7	9	24
8	2	11	17
7	1	12	15
6	0	12	14
5	2	14	14
4	0	14	12
3	2	16	12
2	8	24	10
1	2	26	2

根据表 2.7,我们就可以判断某个数据在整个数据范围中的大概位置。例如,按照分数从高到低排名,分数为 7 的学生大概位于第 12 名的位置。

分组次数分布表也可以按照同样的方法进行次数累积,同样可以有两个不同方向的累积,即大于等于各组下限的累积次数以及小于等于各组上限的累积次数。大家可以试着将表 2.4 转化为累积次数分布表。

对于比例和百分比,显然也可以进行累积,这样就可以看出累积相对次数,即在某一数据以上或以下的数据所占的百分比。表 2.8 比表 2.7 更加全面了。累积百分比可由下式计算得出:

$$c\% = cf/N \times 100\%$$

其中，$c\%$ 代表累积百分比，cf 代表累积次数。

表 2.8 中最后一列累积百分比也可被称为某个分数的等级或百分位数等级（percentile rank），是指在整个分布中，在某一值之下或等于该值的分数所占的百分比，对应的分数就叫作百分位数或百分点（percentile）。举个例子，如果有 58% 的同学的分数为 7 分或在 7 分以下，那么，分数 $X=7$ 的百分位数等级为 58%，这个分数就是第 58 个百分位数。

表 2.8 某班考试分数的次数分布表

X	f	p	累积次数	累积比例	$c\%$
10	2	0.077	26	1.00	100
9	7	0.269	24	0.92	92
8	2	0.077	17	0.65	65
7	1	0.038	15	0.58	58
6	0	0	14	0.54	54
5	2	0.077	14	0.54	54
4	0	0	12	0.46	46
3	2	0.077	12	0.46	46
2	8	0.308	10	0.38	38
1	2	0.077	2	0.08	8
总和	26	1.00			

根据累积比例（相对次数）和累积百分比，我们还可以判断当参加测验的人数更多的时候，某个分数的位置。

在次数分布表中，百分位数等级给出了具有某个 X 值或小于这个值的个体所占的百分比。然而，必须注意表中的 X 值不是某个数值范围上的一点，而是代表着一个区间。例如，$X=7$ 这个记分，表示测量值位于真实下限 6.5 和真实上限 7.5 之间。因此，当表中显示，对应于 $X=7$ 这个记分的百分位数等级为 58%，表示有 58% 的个体位于 $X=7.5$ 这一区间的顶端数值之下。请注意，每个百分位数等级都对应于一个区间的真实上限。

因此，已知次数分布表，求百分位数等级的时候，若百分位数正好等于某一真实上限，或百分位数等级正好是表中所显示的百分比时，可以直接求出结果。例如我们可以知道分数 7.5 对应的百分位数等级为 58%，6.5 对应的百分位数等级为 54%。但是有的数值不能从表中直接得到。例如，分数 7.0 对应的百分位数等级是多少？60% 所对应的测验分数又是多少呢？要计算这个，我们必须用插值法（interpolation）来求。

插值法是一种求解中间值的方法，这里的中间值指的是位于两个数值之间的值。它的假设是在所求解点的附近 1 个组距单位区间之内的分数和对应的百分比的变化是线性的。因为插值法是在这样的假设上来求解问题，所以我们的计算结果仅仅是一个估计值。

要用插值法来求解,首先我们需要找到距求解点最近的两个区间,区间的端点是已知的。如果是较远的区间,则不满足线性假设。由于我们要求的不外乎是一个点对应的分数或是累积百分比,其中有一个是已知的,因此我们可以根据线性假设来用比例相等求得。我们以表 2.8 中的数据来求分数 7.0 对应的百分位数等级。

我们要求的未知值和已知条件如表 2.9:

表 2.9 插值法求百分位数等级

分数(X)	百分位数等级
7.5	58%
7.0	x%
6.5	54%

根据以上数据,我们可以用这个式子计算 x:

$$\frac{7.5-7.0}{7.5-6.5} = \frac{58-x}{58-54} \quad \text{或者} \quad \frac{7.0-6.5}{7.5-6.5} = \frac{x-54}{58-54}$$

可以算得 $x=56$。

反过来,要计算一个百分位数等级所对应的百分位数,可以按照同样的方法来求。大家可以试着自己计算一下表 2.8 中 60% 对应的测验分数是多少。

如果数据是分组次数分布表,也可以使用插值法来计算。需要注意:累积百分比是和精确上限对应的。我们来看下面这个例子。

例 2.4 使用表 2.10 中的数据,求出第 50 个百分点。

表 2.10 例 2.4 所用数据

X	f	cf	c%
40—49	10	50	100%
30—39	10	40	80%
20—29	15	30	60%
10—19	10	15	30%
0—9	5	5	10%

50% 这个值不在表中,然而我们可以看到,它位于表中给出的 30% 和 60% 之间。这两个百分数分别对应于真实上限 19.5 和 29.5。

$$\frac{29.5-x}{29.5-19.5} = \frac{60-50}{60-30}$$

求得第 50 个百分点为:$x=26.17$。

表 2.11 插值法计算百分点

记分	百分位数等级
29.5	60%
x	50%
19.5	30%

3

集中量数与差异量数

在行为科学的研究中,当通过实验或测量得到我们需要的数据之后,首先应当对数据进行基本的描述统计,方便展示研究结果,并进行学术交流。前一章我们已经介绍了最基本的统计知识——次数分布,但只对数据进行次数分布的描述是不够的,不仅仅是因为遇到大量数据时过于烦琐和不实用,更重要的是无法进一步进行比较和计算。因此,我们需要寻找一个可以代表数据分布特征的量化指标。想想看,如果我们想要用一个具体的数值来代表全班男生的身高该怎么办?你可能会立即想到小学算术学过的知识,把所有男生的身高值加起来再除以人数,求出平均值;也许你会仿效排座位惯常的做法,让所有男生按个子高矮站成一列,然后请站在正中间的一位出列,记下他的身高;当然,你可能已经画出了身高数值的次数分布图,决定选取人数最多的那个值……以上种种思路所得到的结果从不同角度来看均反映了这个班级男生身高的分布特点,我们将其称为全班身高数据的集中量数。显然,答案不是唯一的,那这些集中量数各自的特点是什么呢?在本章中我们会对这一问题做详细阐述。

然而,在描述数据分布的时候,仅得到集中量数还是不够。让我们将上述男生身高的例子简化一下:现有 A,B 两组男生,每组 4 人;A 组的身高数据分别为 163 cm,167 cm,174 cm 和 176 cm;B 组的身高数据为 160 cm,162 cm,170 cm 和 188 cm。如果让这两组同学站在一起,会发现其身高分布很不同,尤其是 B 组的那位高个子同学格外地显眼。可是如果计算两组身高的平均值,会得到相同的结果:170 cm。从这个例子我们可以直观地认识到,同一组数据彼此之间的差别也是数据分布的一个重要特征。A 组同学身高相差不多,而 B 组则是高的高、矮的矮,差异很大。同样,为了进一步的比较和计算,我们需要为数据分布的这种变化性的特征寻找一个量化的指标,称为差异量数。在本章中,我们会逐一介绍全距、标准差和四分位距这三种在行为科学中较为常用的差异量数。

集中量数和差异量数不仅能反映数据分布的特征,作为其他高级统计运算的基础,在行为科学的研究中也有着重要的作用。

§1 集中量数

集中量数又叫集中趋势(central tendency)，是体现一组数据一般水平的统计量。它能反映频数分布中大量数据向某一点集中的情况。比如，在前面的例子中，我们形象地介绍了选择集中量数的三种最常用的方法：第一是从平均来考虑，算术平均数是最常使用的一个，还包括较少使用的几何平均数、调和平均数等；第二是根据中间值来考虑，用队列最中间的那个男生来代表全体，班里男生有一半比他高，有一半比他低；第三是根据数据出现的频数来考虑，哪个数值对应的人数最多，就选取哪个。

一、算术平均数

算术平均数(mean)是最常用的，也是最容易理解的一个集中量数指标，我们常听说的平均分、人均国民生产总值等就是算术平均数的一些实际应用。算术平均数指的是所有观察值的总和与总频数之商，也简称为平均数、均值或者均数，只有在与其他的一些平均数进行区别的时候才称之为算术平均数，可以用 μ 来表示。如果想表示变量 X 的平均数，可以表示为 $\overline{X}$。

假设 $X_1, X_2, \cdots, X_N$ 代表各次观测值，N 为观察的总频数，则总体的算术平均数为：

$$\mu = \frac{X_1 + X_2 + X_3 + \cdots + X_N}{N}$$

记作：

$$\mu = \frac{1}{N} \sum_{i=1}^{N} X_i \tag{3.1}$$

其中，$\sum_{i=1}^{N}$ 表示从 $i=1$ 到 $i=N$ 的所有观测值 X_i 的总和。

而对于样本的算术平均数而言，计算公式与之类似：

$$\overline{X} = \frac{1}{n} \sum_{i=1}^{n} X_i \tag{3.2}$$

根据算术平均数的计算公式，我们可以很容易地推导出其具有以下一些性质：

(1) 数据中如果每一个数据都加上一个常数 C，则算术平均数也需要加上 C，即

$$\frac{1}{n} \sum_{i=1}^{n} (X + C) = \overline{X} + C \tag{3.3}$$

(2) 数据中如果每一个数据都乘以一个常数 C，则算术平均数也需要乘以 C，

即
$$\frac{1}{n}\sum_{i=1}^{n}(X\cdot C) = \overline{X}\cdot C \tag{3.4}$$

由于这几个性质的证明都比较容易,这里就不详细列出了。

下面,让我们进入行为科学的研究情境,看看算术平均数是如何应用的。

例 3.1 在一项认知心理学实验中,一个被试的 8 次选择反应时(单位:ms)数据分别为:285,305,360,400,320,380,295,355,则该被试的平均选择反应时是多少?

解 根据公式(3.2),将已知数据代入,计算平均选择反应时:

$$\overline{X} = \frac{285+305+360+400+320+380+295+355}{8} = 337.5$$

研究者有时候面对的数据是现成的次数分布表,或者如果数据中相等的观测值很多的话,研究者也可以先编制成简单的次数分布表,然后按照下面的公式来计算算术平均数:

$$\overline{X} = \frac{\sum_{i=1}^{n} f_i X_i}{\sum_{i=1}^{n} f_i} \tag{3.5}$$

其中,X_i 代表第 i 个观测值,f_i 为第 i 个观测值的次数,n 为观测值的个数,$\overline{X}$ 为 X 的算术平均数。

例 3.2 某部门 20 名员工的工作满意度得分情况如下,请计算该部门员工的平均工作满意度水平。

2 6 7 5 3 5 5 7 6 3 6 5 8 8 4 6 7 5 5 4

分析 当然,如此简单的数据直接用前面的公式就可以了,但是下面还是用处理次数分布的方法进行演示。

(1) 先将各观测值列成简单次数分布表,如表 3.1 的第 1、第 2 列;

表 3.1 利用次数分布表计算 20 名员工的平均工作满意度

观测值(X_i)	次数(f_i)	$f_i X_i$
2	1	2
3	2	6
4	2	8
5	6	30
6	4	24
7	3	21
8	2	16
总和	$\sum_{i=1}^{n} f_i = 20$	$\sum_{i=1}^{n} f_i X_i = 107$

(2) 求出各观测值(X_i)与其观测次数(f_i)的乘积,填入表 3.1 的第 3 列;

(3) 求出次数的总和 $\sum_{i=1}^{n} f_i = 20$ 与乘积之和 $\sum_{i=1}^{n} f_i X_i = 107$,填入表 3.1 的最后一行;

(4) 代入公式(3.5),得出结果:

$$\overline{X} = \frac{107}{20} = 5.35$$

因此,可以说该部门 20 名员工工作满意度的平均水平为 5.35。

在有些情况下,我们只知道总体各子部分的平均数以及各子部分个体的数目,如果要计算总体平均数,则需要使用加权的计算方法,其思路和例 3.2 类似。

例 3.3 某个企业内部有人事部、市场部、财务部和研发部四个部门,对各部门进行绩效水平的考核发现,其平均绩效水平分别为 89,80,75,84,各部门相应的员工数目是 21,43,18,36,则企业的平均绩效水平是多少?

解 利用加权的方法,得到企业的平均绩效水平为:

$$\overline{X} = \frac{89 \times 21 + 80 \times 43 + 75 \times 18 + 84 \times 36}{21 + 43 + 18 + 36} = 82.06$$

由此可见,该企业的平均绩效水平约为 82.06。

通过上述例子,我们对算术平均数的概念和计算有了一定的了解。其实平均数的思想可以用我们熟悉的所谓"大锅饭"式的分配方式来阐释,不管个人干多干少,最终分到的只和总产量以及总人数有关。另外,如果我们回顾中学物理课本中力学部分的章节,会发现其实平均数就是一个分布的支点,如图 3.1 所示。

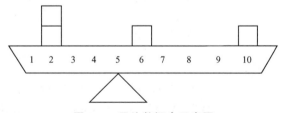

图 3.1 平均数概念示意图

二、中数

中数(median)又叫中位数,它将我们所研究的数据分为数目相等的两半,其中一半的值比它小,另一半的值比它大,等价于百分位数是 50 的那个数。如果将所有数据按照大小顺序进行排列,那么中数正好位于正中间。中数用 M_d 表示。对于一个分布而言,中数将其分为大小相同的两个组。

对于没有经过处理的原始数据来说,寻找它们的中数需要先将所有数据按照大小顺序排成一个数列。以下三种情况,中数有各自不同的求法。

1. 数列的总个数为奇数

假设数列共有 n 个数(n 为奇数),一般说来,如果处于数列中间的数跟相邻的值都不相等,则最中间的那个,即第 $\frac{n+1}{2}$ 个数就是这 n 个值的中数,比它小和比它大的数都有 $\frac{n-1}{2}$ 个。

例 3.4 求 13,32,24,27,18 的中数。

分析 首先,将数据按照从小到大的顺序排列为:13,18,24,27,32。

一共有 $n=5$ 个数据,n 是奇数,$\frac{n+1}{2}=3$,则第 3 个数是最中间的数,在这里是 24,而且跟 24 相邻的数分别是 18 和 27,都不等于 24,因此 24 就是这 5 个数据的中数,即:

$$M_d = 24$$

2. 数列的总个数为偶数

如果 n 是偶数,那么数列之中没有一个相应的值将该数列分成相等的两半,按照惯例,可以取位于中间的两个数(第 $\frac{n}{2}$ 和第 $\frac{n}{2}+1$ 个值)的平均数作为中数。

例 3.5 求 13,32,24,27,18,26 的中数。

分析 同理,可以将数据按照从大到小的顺序排列为:32,27,26,24,18,13。

现在 $n=6$,是一个偶数,$\frac{n}{2}=3$,$\frac{n}{2}+1=4$,第 3 和第 4 个数分别是 26 和 24,它们与相邻的数都不相等,因此可以用这两个数的平均数作为中数,即:

$$M_d = \frac{26+24}{2} = 25$$

3. 分布的中间有相等的数

如果按照大小顺序排列好之后,位于数列中间的数与其相邻的数有相等的情况,则要进行一定的处理。其原则是将重复的数字看成一个连续体,利用中间数据的精确上下限使用插值法。

插值法我们已经在前面的章节中介绍过,具体步骤我们用下面的例子来说明。

例 3.6 求数列 12,13,13,14,15,15,15,15,15,16 的中数。

分析 在这个例子中,$n=10$,按例 3.5 的方法,找到第 5 个和第 6 个数都是 15,它们与第 7,8,9 个数相等,不能用例 3.5 的方法来计算了。如图 3.2 所示,我们将 15 看作一个连续体,其精确下限为 14.5,精确上限为 15.5。由于中数是 50% 的百分等级所对应的值,可以利用累积百分位数的插值法来求中数。

3 集中量数与差异量数

表 3.2 例 3.6 所用数据

X	f	%	c%
16	1	10	100
15	5	50	90
x			50
14	1	10	40
13	2	20	30
12	1	10	10

$$\frac{15.5-x}{15.5-14.5}=\frac{90-50}{90-40}$$

$$15.5-x=0.8, \quad x=14.7$$

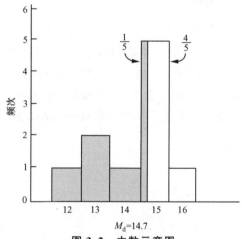

图 3.2 中数示意图

为了直观地验证所求得中数的正确性，我们可以绘制图 3.2 这样的中数示意图。数一数中数 14.7 这条线两边单位格子面积的多少，看它们是否相等？在图 3.2 中，中数 14.7 这条线两边各有 5 个单位格子的面积。

一般来说，如果数据的重复数目比较多而整个数列的数字个数不多，较少使用中数作为整个数据的集中量数，算术平均数会更加合适一些。

三、众数

众数（mode）是指出现次数最多的那个数或类目，用 M_o 来表示。

对于原始数据来说，只要列出次数分布表，根据定义，哪个是众数就一目了然了（图 3.3）（当然，如果数据不多的话，甚至连次数分布表都没有必要列出来，只是这样的情况很少出现）。不过有一个问题需要留意：众数有可能不止一个，如图 3.4 所示。

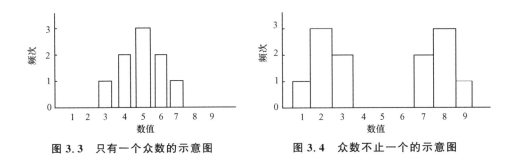

图 3.3　只有一个众数的示意图　　　　图 3.4　众数不止一个的示意图

例如,对于图 3.3 所示数列,众数显然是 5;而对于图 3.4 所示数列,众数则是 2 和 8。

四、分布的形状与集中量数

如果将大量数据画成光滑的次数分布曲线,则可以认为算术平均数是数据分布的重心或平衡点,中数则正好把分布分成相等的两半,而分布最高点对应的就是众数。如果分布对称,则这三个值重合(图 3.5);如果分布稍微有些偏斜,在正偏态分布中,算术平均数＞中数＞众数(图 3.6),而在负偏态分布中,算术平均数＜中数＜众数(图 3.7)。因此,如果知道了算术平均数、中数与众数的大小,就可以大概知道分布的偏斜情况了。

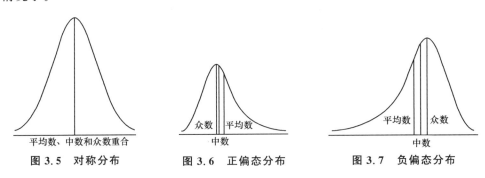

图 3.5　对称分布　　　　图 3.6　正偏态分布　　　　图 3.7　负偏态分布

五、三种集中量数的比较

1. 算术平均数

考虑集中量数时,算术平均数应作为首选,它在计算的时候将所有的数值都纳入了考虑范围,反映了分布的变异。与中数与众数相比,算术平均数的反应最灵敏、最客观且最有代表性。此外,算术平均数也可以进行代数运算,这在后面的推论统计中非常有用。

不过,算术平均数也有缺点,即如果数据中存在极端值,算术平均数的代表性会受到一定的影响。例如,如果用社会每一个个体的收入的算术平均数来衡量整个社会的收入水平,就会出现高估现象,因为社会中少量富翁的收入水平远高于大众的收入水平,从而导致算术平均数比较高,误导了人们对社会收入水平的认识。

2. 中数

中数由于只和位置有关,因此对数据变动的反应不够灵敏。然而,这恰好又是它的优点,即不受极端值的影响,从这个方面来看中数要优于算术平均数。对于一些总体上分布还算对称的数据,如果某一端有一些极端值,并且我们不希望其对集中量数产生太大的影响,可以采用中数作为集中量数的指标。不过,中数的代表性要弱于算术平均数,而且它不能进行代数运算,因此很难将中数应用到更进一步的统计分析中。除极端值以外,在下列情境中应考虑使用中数:①分布中有不确定的值;②所考查的分布是开放式的,例如最后一个选项是"5 或更多";③所考查的分布是顺序型数据。

3. 众数

众数相对来说比较直观,容易理解。对于命名型数据,一般来说只能用众数。此外,众数也不受极端值的影响,因此对于分布范围不太大,数据分布比较集中的情况,众数的代表性比较强。不过众数的缺点也是很明显的,它的反应不够灵敏,代表性比中数还差,也不可以进行代数运算,因而应用较少。同时,当数据分布没有一个明显的中心的时候,众数就没有什么意义了。

§2 差 异 量 数

上一节我们探讨了数据的集中量数,它衡量的是数据往中心集中的趋势。而在本章开头我们也讲到,集中量数只是分布的三个主要特征之一,举个简单的例子,对于数列 7,8,8,9,10,10,11,它们的算术平均数是 9;而对于数列 1,3,5,7,9,11,13,15,17,它们的算术平均数也是 9,但显然后者的分布范围要广一些。参见图 3.8,两个分布的集中量数相同,但是两者的分散程度显然不一致。

因此,要全面了解一批数据,我们还需要了解数据分布的变异性,这个特征我们用差异量数来描述。差异量数是对于分布的延伸和聚集状态程度的定量化描述。差异量数越大,表示数据间的差别越大;差异量数越小,表明数据间越近似。集中量数与差异量数是相互补充、不可分离的,在后面的推论统计中,前者用来估计和预测总体的情况,后者则用来衡量估计与预测的误差的大小。

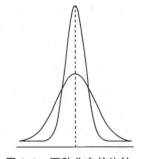

图 3.8 两种分布的比较

心理学常用的差异量数包括全距、标准差和四分位距等,下面逐一进行详细介绍。

一、全距

全距也叫极差,指数据中最大值与最小值之差,用符号 R 表示(见图3.9)。全距小表示数据比较集中,全距大则表示数据比较分散。全距的计算比较简单,不过由于只跟数据最两端的值有关,而忽视了其他中间的值,因此代表性比较差,很容易受极端值的影响。在实际应用中,全距只被视为一个大致的、粗略的差异量数,一般只用于预备性检查,用来了解数据大概的分布情况,确定分组的方法。

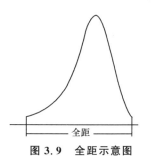

图3.9 全距示意图

在连续型数据全距的计算中,需要注意使用数据的精确上下限,即:

$$R = X_{\max} - X_{\min} \qquad (3.6)$$

其中,$X_{\max}$,$X_{\min}$ 分别表示数据中的最大值和最小值。

例3.7 计算连续型数据1,2,2,4,5的全距。

解 由公式(3.6)知,数据的最大值为5,精确上限是5.5,最小值是1,精确下限是0.5,则全距为:

$$R = 5.5 - 0.5 = 5$$

需要注意的是,当数据是离散型的,可直接将最大值与最小值的差值作为全距;而当数据是连续型时,应严格按照上述精确上下限的方法进行计算。

二、标准差

标准差这一名词对大多数读者而言,应该并不陌生。在报告一个心理学实验的结果时,研究者通常会以规范的格式将因变量的均值和标准差表示出来。例如,在某个以反应时为因变量的实验中,研究者经过统计计算,得出所有被试反应时的均值为700 ms,标准差为130 ms,那么任何想了解该实验结果的人都可以根据这些数据在各自心中勾勒出整个样本的大致分布情况。同时,如果我们知道某一名被试的反应时为3000 ms,那么由于这一数据与均值遥遥相隔(以标准差作为单位来衡量,它与均值之间相差了17个标准差以上),我们有理由认为该数据在正常操作的情况下是不会出现的,应该被剔除掉,不纳入结果统计。由这个简单的例子,我们可以看出标准差的两个重要功能:一是用于描述分布,二是用作度量标准。标准差和均值就好比建造房屋所用的钢筋,钢筋构成了建筑的骨架,而标准差和均值就是数据分布形状的骨架。

如果用数学语言来描述,标准差是一种最重要也是最常用的差异量数,它描述了分布中的每一个个体与某一标准之间的距离,也就是每一个个体偏移某一标准的距离。这个标准便是该分布的均值。标准差描述了分布中的大部分数据是聚集在均值周围还是离均值较远,它将分布中的所有信息都考虑在内。

一般来说,标准差的值大约是各数据点到均值的平均距离。因此,我们也可把标准差看作分布中的数据点到均值的标准距离或典型距离。

要找出计算标准差的数学公式,必须先从标准差的统计意义入手。简言之,我们试图用标准差来描述分布中的数据点与平均值之间的典型距离。那么,在找出数据点与均值之间的典型距离之前,我们首先应该找出计算任意数据点到均值的距离的方法。

1. 离差

我们将分布中的某数据点到均值的距离定义为离差(deviation):

$$离差 = X - \mu$$

例如在某次考试中,全班的平均分是 80 分,你的得分是 90 分,那么你的离差就为 90−80=10;如果你的得分是 75 分,那么离差就是 75−80=−5。从公式和这个简短的例子中我们很容易看出,离差由两部分组成:正负符号和其后的数值。符号表示了某分数与均值之间的位置关系。当分数的值大于均值时,离差为正值,而当分数的值小于均值时,离差为负值。离差的数值则表明了某分数与均值之间的绝对距离。

在找出了分布中每点到均值的距离后,我们的下一步自然是计算出这些距离的平均值,因为我们的目标是点与均值间的标准距离。然而,值得注意的是,无论分布的形状如何,任何一个分布中的所有个体的离差值之和必然为零。如果我们用离差的计算公式来解释这一点,可以得出:

$$\begin{aligned}\sum(X-\mu) &= (X_1-\mu)+(X_2-\mu)+(X_3-\mu)+\cdots+(X_{n-2}-\mu)\\&\quad +(X_{n-1}-\mu)+(X_n-\mu)\\&=(X_1+X_2+X_3+\cdots+X_{n-2}+X_{n-1}+X_n)-n\mu\\&=\sum X-n\mu=n\mu-n\mu=0\end{aligned}$$

从另一个角度去思考,由于均值是一个分布的平衡点,那么在均值之上的所有点到均值的距离应该等同于在均值之下的所有点到均值的距离,于是将离差是正数的一半加起来,再将离差是负数的一半加起来,它们应该相互抵消,最后离差之和必然为零。

例如,某个由 8 个分数组成的分布,其原始分数分别为 3,8,12,5,6,9,9,4,其均值为 7,那么离差之和由右表可知为 0。

既然离差之和始终为零,也就是说,无论分数是紧密地聚集在一起还是疏落地分散开来,离差的平均值就只能带给我们一个常数 0,所以用离差来衡量不同分布中的点与均值之间的典型距离显然是不可行的。

表 3.3 示例数据

X	$X-\mu$
3	−4
8	1
12	5
5	−2
6	−1
9	2
9	2
4	−3
	$\sum(X-\mu)=0$

2. 和方

离差之所以无法代表离中趋势，是因为其正值和负值相互抵消，那么，如果我们将离差的符号去掉，将所有的离差值做平方，是否就能较好地代表分布的离中趋势呢？沿着这一思路，和方（sum of squares）的概念应运而生。用公式来表示，和方的定义为：

$$SS = \sum (X - \mu)^2 \tag{3.7}$$

将每一个离差平方，很好地解决了正负符号所带来的难题。从定义公式中不难看出，和方值永远是正数。

在分布的均值不是整数的情况下，用定义公式会使得计算过程相当烦琐。经过数学变换，得出和方的计算公式：

$$SS = \sum X^2 - \frac{(\sum X)^2}{N} \tag{3.8}$$

这一公式的优势在于可以直接利用分布中的原始分数（即 X 值）。

公式(3.8)可以说是本书中最重要、最基础的公式了。此后无论是 t 检验、方差分析，还是相关、回归，无不与此公式关系密切。公式(3.8)计算的关键在于列出 X 的和以及 X^2 的和。我们推荐读者采用例3.8所示格式。

例3.8　求 3，6，1，3，2 的和方。

解　列表求 X 的和以及 X^2 的和。根据公式(3.8)：

表3.4　例3.8所用数据

X	X^2
3	9
6	36
1	1
3	9
2	4
总和 15	59

$$SS = \sum X^2 - \frac{(\sum X)^2}{N} = 59 - \frac{15^2}{5} = 14$$

3. 总体的方差和标准差

和方会在很大程度上受到样本量大小的影响，不能作为分布差异性的指标。由此人们引出了方差的概念。

总体的方差（population variance）是指和方除以总体容量所得出的数值，用公式表示：

$$\sigma^2 = \frac{SS}{N} \tag{3.9}$$

总体方差实际上就是离差平方的平均值（mean squared deviation），因此也被称为均方（mean square）。方差在本质上是对距离的平方的一种量度。由于我们的最终目标是确定原始分数到均值的标准距离，也就是对距离的一种量度，因此需要将总体方差开方。由此，我们得到了总体标准差。总体的标准差（standard deviation）是指总体方差的平方根，其公式为：

$$\sigma = \sqrt{\frac{SS}{N}} \tag{3.10}$$

和之前介绍过的总体参数一样,这里的总体方差和标准差作为总体参数,都以小写的希腊字母表示,分别为 σ^2 和 σ,从它们的代表符号中我们也能直观地看出方差和标准差之间是平方关系。

在推论统计中,方差是一个很有价值的量数。但是,在描述数据的差异性方面,标准差比方差更有用,因为标准差和离差处于同一数量级别,是对距离的一种量度,可以在分布图上形象地表示出来,如图 3.10。

一般而言,约三分之二的原始分数都分布在距均值正负一个标准差的范围之内。

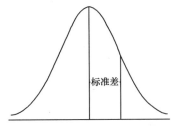

图 3.10 总体分布的标准差示意

这样,经过离差、和方、方差等概念的一步步推导,我们最终得出了标准差这一可用于表征分布中各点与均值间的典型距离的差异量数。将之前的步骤归纳起来,我们可以得出计算总体标准差的几个必经步骤:①计算出和方 SS;②用 SS 除以容量 N 确定方差;③取方差的平方根确定标准差。

4. 样本的方差和标准差

我们进行推论统计的目标是希望利用来自样本的有限信息推测出有关总体的信息或结论。进行推论统计的一个必要前提是我们所选取的样本能很好地代表总体的相关特征,即样本具有代表性。但是,不可避免的是,样本的变异性(variability)往往比它所来自的总体的变异性要小。从图 3.11 中我们可以直观地看出总体和样本之间的关系。假如样本是具有代表性的,样本和其总体的分布形状应该是相似的。但是,由于样本是从总体中抽取出的一部分,其变异程度应该小于总体。

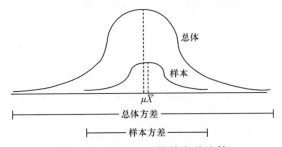

图 3.11 样本和总体的方差比较

如果我们将有关的样本信息代入之前的方差和标准差计算公式,便可得出基于样本的方差和标准差。但是,由于样本变异性小于总体变异性,用这种方法计算出的方差和标准差实际上低估了实际的总体参数。当我们完全以样本的统计量来代表总体参数,而出现高估或低估的结果时,就被称为有偏估计。为了校正用样本数据来推论总体信息时可能出现的偏差,我们需要对总体的方差和标准差公式进行一定的修正。

在计算样本的和方 SS 时,需要用样本均值 $\overline{X}$ 代替 μ,用样本容量 n 来代替总体大小 N。用公式表示为:

定义公式 $$SS = \sum(X - \overline{X})^2 \tag{3.11}$$

计算公式 $$SS = \sum X^2 - \frac{(\sum X)^2}{n} \tag{3.12}$$

在计算出和方之后,接下来就涉及区分样本和总体的最关键一步。为了校正样本数据所带来的偏差,在计算样本方差时,以自由度校正样本误差,有利于总体参数的无偏差估计:

$$S^2 = \frac{SS}{n-1} \tag{3.13}$$

对于样本的标准差而言,也是同样的道理:

$$S = \sqrt{\frac{SS}{n-1}} \tag{3.14}$$

作为样本统计量,样本的方差和标准差均以大写英文字母表示,分别为 S^2 和 S。

我们的目的是用样本来估计总体的性质,既然样本的变异性较小,那我们校正的目标就是使最后得到的数值增大。以 $n-1$ 作为分母,使得分母数值缩小,那么方差和标准差的值就会相应变大,从而更接近总体实际的变异性。

自由度(degree of freedom)是指可自由变化的数值的个数,用符号 df 表示,其值为 $n-1$。之所以要减去 1 是由于其均值是确定的,在一个样本的分布中,固定了前 $n-1$ 个数据,最后一个数据也就被固定了,如果只固定一个数据,那么其余 $n-1$ 个数据都可以任意变化。

例如样本均值为 5,前四个数分别为 5,4,6,2,那么最后一个数为多少?在此,$\overline{X} = 5$,$\sum X = n\overline{X}$,所以 $5+4+6+2+X = 5 \times 5$,即 $X = 8$,也就是最后一个数被固定为 8。

例 3.9 在一个 Stroop 效应的实验中,①抽取一个 $n=8$ 的被试样本,其反应时分别为 3 s, 7 s, 9 s, 9 s, 6 s, 8 s, 4 s, 10 s,求这个样本的方差和标准差;②假设刚才的 8 个数据来自 $N=8$ 的总体,求这个总体的方差和标准差。

解 ① 由已知数据求和方

$$SS = \sum X^2 - \frac{(\sum X)^2}{n} = 44$$

根据公式,样本方差:

$$S^2 = \frac{SS}{n-1} = \frac{44}{8-1} = 6.29$$

样本标准差：

$$S = \sqrt{\frac{SS}{n-1}} = \sqrt{6.29} = 2.51$$

② 由已知数据求和方

$$SS = \sum X^2 - \frac{(\sum X)^2}{N} = 44$$

根据公式,总体方差：

$$\sigma^2 = \frac{SS}{N} = \frac{44}{8} = 5.5$$

总体标准差：

$$\sigma = \sqrt{\frac{SS}{N}} = \sqrt{5.5} = 2.35$$

从这个例子中可以看出,对于同一组数据,解题的关键之一在于判断该组数据是作为一个总体来考虑还是作为一个样本来考虑,在不同的情景下,我们需要选择不同的计算公式,所得出的结果的意义也不尽相同。

在对结果精确程度要求不高或者计算条件不足的情况下,我们可以利用拇指原则粗略地估计出分布的均值和标准差。拇指原则是指:对于对称分布,均值常在分布的中点,标准差常在全距的四分之一处左右。拇指原则对于验算和估算条件不足的问题是一个非常有用的工具。

为方便起见,我们在解决实际问题时常常需要将分布中的数据进行转换,比如将每个原始数据加上一个常数或乘上一个常数。例如,某问题需要我们将分布中所有的点的单位由分钟换算为秒,就需要将原来的每个数值乘以 60,在这类转换中,分布的标准差是否会改变呢？

在对经验数据进行归纳的基础上结合公式推导,我们得出了标准差的两点性质：

(1) 对分布中的每一个分数加上一个常数所得的新的分布,其标准差不会改变。

例如,一个分布的原始分数分别为 2,2,3,3,3,3,3,4,4,4,4,5,其分布图如图 3.12 中左侧的图形所示。如果我们将每个原始分数加上 7,所得的新分布如图 3.12 中右侧图形所示。由图中我们可以看出,新旧两个分布的形状是完全相同的,新的分布相当于原始分布沿横轴向右移动了 7 个单位,由于图形形状不变,其变异程度自然也没有改变,那么标准差不变也就可由图中直观地看出了。

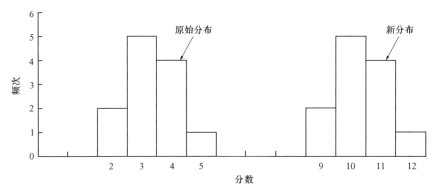

图 3.12 加上一常数所得的新分布与原始分布比较

例 3.10 求 883,887,889,889,886,888,884,890 的方差和标准差。

分析 不难看出,将上列数减去 880 就是例 3.9 的原始数据。

(2) 分布中的每一个分数乘上一个常数,所得分布的标准差是原分布的标准差乘以这个常数。

对每个原始数据乘以一个常数 a 使得分布中任两点的距离都扩大了 a 倍,既然标准差被视为分布中的点到均值的典型距离,那么标准差扩大 a 倍就是意料之中的结果了。由标准差的计算公式也可推导出这一结论:

原始分布:
$$\sigma = \sqrt{\frac{\sum(X-\mu)^2}{N}}$$

新分布:
$$\sigma' = \sqrt{\frac{\sum(aX-a\mu)^2}{N}} = \sqrt{\frac{a^2\sum(X-\mu)^2}{N}}$$
$$= a\sqrt{\frac{\sum(X-\mu)^2}{N}} = a\sigma$$

5. 差异系数

标准差是我们最常用的一种差异量数,通过它我们可以比较两个相似群体的相同单位的数据差异,例如对于初三两个班的学生,一个班的学生身高的标准差为 0.30 m,另一个班的学生身高标准差为 0.10 m,我们可以知道,第一个班的学生身高差异大。但是对于两个不同单位的数据该如何比较呢?例如,同样是一个班的学生,身高平均值为 1.52 m,标准差为 0.30 m,而他们的体重平均值为 45 kg,标准差为 5 kg。那么这个班的学生身高和体重的差异哪个大?由于身高和体重使用不同的单位衡量,我们也不可以直接拿 0.30 m 和 5 kg 进行比较。而有时候对于两个相同单位的数据,我们也不能直接用标准差的比较来判断差异大小。例如,某班在进行一次期末考试后,发现全班语文成绩平均分为 74 分,标准差为 10 分,数学成绩平均分 80 分,标准差为 6 分,那我们显然也不能直接用 10 分与 6 分来进行比较,因为虽然数据的单位一样,但是它们考查的是两个不同的事物(语文和数学两科),无法直接比较。

因此,碰到以上的情况,我们需要用差异系数(CV)来考查差异的大小。公式如下:

$$CV = \frac{S}{\overline{X}} \times 100\% \tag{3.15}$$

其中 S 为标准差,$\overline{X}$ 为平均数。

从公式(3.15)中可以看出,差异系数是一个没有单位的相对数值。

使用差异系数,我们就可以回答上述问题了。对于平均数和标准差分别为 1.52 m 和 0.30 m 的身高,以及平均数和标准差分别为 45 kg 和 5 kg 的体重,我们可以分别计算出它们的差异系数。身高的差异系数为:

$$CV = \frac{S}{\overline{X}} \times 100\% = \frac{0.30}{1.52} \times 100\% = 19.74\%$$

体重的差异系数为:

$$CV = \frac{S}{\overline{X}} \times 100\% = \frac{5}{45} \times 100\% = 11.11\%$$

可以看出,身高的差异比体重的差异大。

大家可以试着用同样的方法比较一下上述语文和数学期末考试成绩的差异。

总的来说,只有当对同一对象使用同一测量工具进行测量,且测得的水平较为接近时,我们才能通过直接比较标准差获知差异大小。反之,就需要用差异系数进行比较。

例 3.11 以下 A 组数据是 6 位经理在年终考核中的分数,B 组数据是 6 位员工在年终考核中的分数,问经理和员工年终考核分数哪个分散程度较大?

A 组:91 86 92 95 85 88
B 组:62 64 65 70 71 70

解 由已知数据分别计算出 A 组的均值:89.5,标准差:3.834;B 组的均值:67.0,标准差:3.795。

分别计算差异系数:

$$CV_A = \frac{S}{\overline{X}} \times 100\% = \frac{3.834}{89.5} \times 100\% = 4.3\%$$

$$CV_B = \frac{S}{\overline{X}} \times 100\% = \frac{3.795}{67.0} \times 100\% = 5.7\%$$

所以,员工年终考核分数分散程度较大。

三、四分位距

四分位距(interquartile range,IQR)指数据中间 50% 数据的全距,它常常使用在

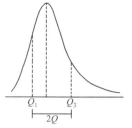

图 3.13 四分位距示意图

用中数作为集中量数的情况下。由上一节可以知道,中间的 50% 的数据是由两个四分位数 Q_1 和 Q_3 所分开的,因此,

$$IQR = Q_3 - Q_1 \qquad (3.16)$$

其中,Q_1 是第一四分位数或者也叫下四分位数,即比 Q_1 小的数占数据总数的 25%;Q_3 是第三四分位数或者叫上四分位数,即在全体数据中,比 Q_3 小的数占 75%。因此,四分位距就是指 25% 和 75% 两个四分位数之间的距离(2Q)。此外,还有一个常用的概念,叫半四分位距(semi-interquartile range),又叫四分差。顾名思义,四分差就是四分位距的一半,用 $SIQR$ 表示:

$$SIQR = \frac{Q_3 - Q_1}{2} \qquad (3.17)$$

四分位数的求法类似于中位数,在前一节已经有所介绍,故在此不再赘述。

四、三种差异量数的比较

跟集中量数一样,差异量数也各有优缺点,应在不同场合有所选择。

全距是其中最简单的一种差异量数,计算简单,不过由于它仅仅涉及两个数,包含的信息量太少,代表性有限,尤其受极端数据的影响大,因此全距仅用于对数据进行初步的粗略考查。

标准差是应用范围最广的差异量数,它包含了所有的信息,代表性强,而且方便使用代数方法进行运算,尤其在更进一步的统计分析(比如相关分析、方差分析、回归分析等)中的作用更是其他差异量数所不能比的。但是,方差与标准差的含义较难理解,而且笔算起来也比较麻烦,不过在计算机技术如此发达的今天,使用 SPSS 统计软件,可以很方便地得到标准差等基本描述统计指标。

四分位距常常与中数一起使用,不过由于它只包含了一半的数据,因此代表性稍差,但在有极端数据的时候使用比较适合。

4

z 分数、正态分布和概率

在第 3 章中,我们系统地介绍了有关一个分布的集中趋势和差异量数,通过这两个概念和特定的指标(如均值、标准差等),我们可以描述整个分布的特点。这一章,我们将从形态的角度来介绍一个非常重要的分布——标准正态分布(有关正态分布的定义请参见附录相关内容)。了解了分布的整体特性,我们需要进一步研究分布中的单个分数,为了描述分布中的每一个原始分数在分布中所处的位置,我们引入了 z 分数。

§1 z 分数及其应用

如果我们以均值作为一个参照点,在单个的分布中,我们可以利用离差来衡量每个原始分数的位置。但是,如果我们想比较两个或多个分布中的原始分数的相对位置,离差就无法发挥作用了。

例 4.1 假设你在先后两次心理统计的测验中分别得了 85 分和 90 分,两次测验全班成绩分布的均值都是 70 分,但第一次测验中全班成绩分布的标准差为 5,第二次的标准差为 7,试问这两次测验中哪一次你名次较靠前?

如果单纯以离差来作为衡量标准的话,第一次测验的离差分数为 15,第二次为 20,显然第二次的分数到均值的绝对距离较长。但是,我们是否能据此断定第二次测验发挥较好呢?如果我们将标准差这一因素考虑进去,就会发现,第一次测验的分数相距均值的距离为 3 个标准差(15/5=3),而第二次测验的得分距离均值为 2.86 个标准差(20/7=2.86),也就是说第二次测验的分数与均值之间的相对距离反而较第一次更小。换句话说,如果我们把两次测验的分布图转换为相同大小,那么第一次测验的分数比第二次测验更加远离均值。实际上,第一次的 85 分比第二次的 90 分含金量更高。

从例 4.1 中可以看出,当我们需要在不同的分布间进行比较时,只依靠原始分数的绝对值是远远不够的,甚至会导致很多不必要的错误。为了避免这类错误,可以做如下处理:

(1) 绘出这两种分布的分布图,再将需要比较的原始分数在图中定位,并进行比较。这种方法只有在两个分数的相对位置相差很大的时候才能进行粗略的判断,在大多数力求精确的情况下是不可行的。

（2）计算百分位数等级（percentile ranks）。这在第3章我们已经介绍过了。

（3）计算标准差。

比较以上三种方法，如果从简便和准确的角度出发，那么计算标准差的方法无疑是最佳的选择。其实，计算标准差的方法也就是将两个不同的分布转化成第三种共同的普遍适用的形式，用标准差的个数这一共同的标准来衡量距离。这就好比对于一个不熟悉重量单位的人而言，可能很难判断1公斤和1磅究竟哪一个更重。但是，如果告诉他1公斤等于1000克，1磅等于453.597克，也就是把"公斤"和"磅"都换算到"克"这个共同单位上，他就很容易判断出1公斤较重。

我们在统计中建立 z 分数这一概念的目的有两点：一方面，就单个的分数而言，我们将原始分数转换为 z 分数，这个衍生出来的新数值能够包含更多有用的信息，例如原分数在分布中的确切位置；另一方面，就整个分布而言，z 分数使我们能够将整个分布标准化，这样我们就能便捷地在不同的测验之间进行比较。例如尽管存在各种不同的IQ测验，这些测验的最后结果都被标准化处理，建立起均值为100，标准差为15的分布。那么无论被试采用的是哪种IQ测试，只要其最后的得分为140分，我们都可以肯定地认为其智商较高。

一、z 分数与原始分数

z 分数和离差类似，由正负符号和数值两部分组成。符号的正负表示出了 z 分数所对应的原始分数比均值大还是小，正号表示分数比均值大，负号表示比均值小。而 z 分数的数值表示的是原始分数和均值之间相差几个标准差，即以标准差的个数表示出原始分数和均值之间的距离。例如，z 分数 -1.5 表示原始分数比均值小 1.5 个标准差，也就是位于分布图中均值以左 1.5 个标准差处。

z 分数的计算公式如下：

$$z = \frac{X - \mu}{\sigma} \tag{4.1}$$

公式（4.1）简单易记，但它也是本书中最重要的几个公式之一。

举个例子，贝利婴儿发展量表（Bayley Scales of Infant Development）的均值为100，标准差为16，如果一名婴儿经测试得分为132分，那么其 z 分数为 $(132-100)/16=2$；另一名婴儿得分为76，转化为 z 分数为 $(76-100)/16=-1.5$。

在有些情况下，我们已知的是原分布的均值、标准差以及 z 分数，也可以逆推回来，求得原始分数：

$$X = z\sigma + \mu \tag{4.2}$$

例 4.2 一名学生在某测验中所得的 z 分数为 0.5，该测验的均值为 16，标准差为

8,那么该学生所对应的原始分数是多少?

解 根据公式(4.2),原始分数:

$$X = z\sigma + \mu = 0.5 \times 8 + 16 = 20$$

二、z 分数与标准分布

z 分数的另一用途是将整个分布标准化。在总体或样本的均值和标准差都已知的情况下,我们便能将分布中的所有原始分数都转换为 z 分数:

总体:
$$z = \frac{X - \mu}{\sigma}$$

样本:
$$z = \frac{X - \bar{X}}{S}$$

如果我们将一个分布中的所有原始分数转化为 z 分数,所得的新分布就被称为 z 分数分布,也称标准分布(standardized distribution),并称此过程为标准化。z 分数分布具有以下特征:

(1) z 分数分布的形状和未转换前的原始分布的形状完全相同。我们将原始分布转化为标准分布,只是改变了分数的表现形式,而所有分数的相对位置仍然是不变的。如果原分布呈正偏态,那么得出的 z 分布也必然是正偏态;如果原分布是正态的,那么得到的 z 分布也是正态。因此,如果要绘出某 z 分数分布图,只需要在其所对应的原始分布图上将横轴的数值稍做变化,对于整个图形的曲线完全没必要修改。

(2) z 分数分布的均值一定为 0。由公式(4.1)可以知道,一个分布中均值对应的 z 分数为 0,因此将整个分布转化为 z 分数分布,其均值必为 0。这样的设定使我们很容易为原始分数进行定位,只要观察 z 分数的符号正负,我们就可以迅速判断出原始分数位于均值之上还是之下。

(3) z 分数分布的标准差一定为 1。当原始分数距离均值刚好为 1 个标准差时,由公式(4.1)可知 z 分数为 1 或 −1。在 z 分数分布中,z 分数为 1,表示数据点恰位于均值的一个标准差之上;z 分数为 −1,则表示数据点位于均值的一个标准差之下。

原始分数和 z 分数之间的转换过程实际上就是对分布轴的一种重新标定,在将原始分布转换为 z 分布的过程中,X 轴的中心由均值变为 0,一个标准差的距离被标定为 ±1。

例 4.3 某女生身高 168 cm,体重 59 kg,假设其所在大学的全体女生身高和体重均呈正态分布,身高的均值 $\mu_1 = 160$ cm,标准差 $\sigma_1 = 6$ cm,体重的均值 $\mu_2 = 51$ kg,标准差 $\sigma_2 = 5$ kg。试判断该女生的身高和体重哪个在全校女生的分布中相对位置更高?

分析 由于身高和体重是两个不同的变量,要将两者加以比较的话,须将它们标准化为 z 分数。就身高而言:

$$z_1=\frac{X_1-\mu_1}{\sigma_1}=\frac{168-160}{6}=1.33$$

对于体重：

$$z_2=\frac{X_2-\mu_2}{\sigma_2}=\frac{59-51}{5}=1.6$$

因此，我们可以得出结论，该生的体重在总体中更偏高。

三、z 分数的意义

前面我们介绍了 z 分数在很多情况下的应用。总结起来，z 分数不仅可以为我们提供分数在分布中的位置信息，而且可以使整个分布标准化，易于在两个分布中进行分数的比较。更进一步来说，z 分数还具有以下实际意义。

首先，z 分数可以代表概率。对于每个 z 分数都对应于固定概率的分布，如正态分布，我们只要知道了 z 分数的区间，便可推算出相应的概率。这一点是极其重要的，在稍后我们会有详细的阐述。

其次，z 分数可以代表变量间的关系。如例 4.3 所述，对于身高和体重这两个不同的变量，我们只要知道了 z 分数，便可以比较它们和均值之间的距离远近，从而确定它们的相对关系。如例 4.3 中，我们比较两个 z 分数，可知该生的体重比身高在总体中更偏高，则可推出该生偏胖。

有一点值得注意的是，如果总体为偏态分布，那么 z 分数只能帮助我们比较不同总体内的分数相对于均值的距离，而不能帮助我们确定分数在总体中的位置。例如两个同样是 $z=1$ 的原始分数，如果一个处于正偏态分布中，另一个处于负偏态分布中，则两个分数的相对位置很可能是不同的。

§2 正 态 分 布

一、概率初探

在谈及正态分布之前，我们先要引入一个概念——概率(probability)。概率在我们日常生活中很常见，例如降水概率、彩票中奖率等。在心理学统计中，概率是联系总体和样本的纽带。例如，假设我们要从一个装满围棋子的罐子中拿出 1 颗白棋(容量为 1 的样本)，如果罐中有 50 颗白棋和 50 颗黑棋(总体)，那么我们就有 50% 的可能性会拿出 1 颗白棋。但是，如果罐中共有 95 颗黑棋和 5 颗白棋，那我们拿出 1 颗白棋的可能性就降低到 5% 了。在这个例子中，如果我们把拿出 1 颗白棋的可能性定义为概率的话，概率就是指从某个总体中得到特定的样本的可能性。就这样，概率将总体和样本联结在了一起。

在某种情景下,我们可能得到各种不同的结果,就像上例中,我们的结果可能是拿出白棋,也可能是拿出黑棋。假设可能出现的结果有甲、乙、丙、丁等,那么出现甲结果的概率被定义为:

$$甲的概率 = \frac{出现甲结果的数目}{可能出现的结果的总数}$$

例如我们要从 52 张扑克牌中随机抽出一张,那么抽到红桃 Q 的概率就为 1/52。在更多的情况下,我们企图从总体中抽取的不是单个的个体,而是多个个体组成的特定样本。例如我们要从一副扑克牌中抽出三张牌,而这三张牌分别为红桃 2,3,4,那么这三张牌就构成了一个特定的样本。

为了得出正确的概率,我们在选取个体的过程中必须采取随机取样。随机取样应满足下述两个条件:

(1) 总体中的每一个个体都有同样的机会被选择到。例如,如果我们想就社会支持与大学生应对方式的关系这一问题进行研究,那么我们应该在大学生这一总体中随机选取被试,而不能仅仅在心理系大学生这一范围内取样,后者会使其他院系的学生失去被选择到的机会。

(2) 如果样本需要选择两个或以上的个体,那么每次作选择时选出某一个体的概率都应该是相同的。例如,我们要从一副扑克牌中随机抽出一张牌,那么第一次抽的时候,抽到 8 的概率为 4/52;如果第一次抽到了 8,那第二次抽到 8 的概率就是 3/51;如果第一次没抽到 8,那第二次抽到 8 的概率就是 4/51。这样,由于第一次抽出的牌没有再放回去,使得第二次抽到 8 的概率完全不同于第一次,就不能称为随机取样。要满足条件(2)就必须做到回置取样(sampling with replacement),即在每次选择之前都应将之前取出的样本放回总体中。

二、正态分布

接下来,我们系统地讨论一下正态分布。正态分布在统计学中是一个相当重要的概念。许多出现在日常生活中的经验数据表明,在我们的周围,有很多实际数据的分布都接近正态分布。例如人的身高、体重,某种植物的叶片的厚度,在过去的 100 年中每一年的 10 月 1 日某地的最高气温,等等。当样本量足够大时,我们会发现生活中许多变量的分布都近似于正态曲线,因此有"上帝偏爱正态分布"一说。

自从棣美弗(Abraham de Moivre)于 1733 年发现正态分布以后,高斯(Carl Friedrich Gauss)等人也对正态分布的研究做出过贡献,因此正态分布也被称为高斯分布。

从直观的印象入手,我们可以很快地总结出正态分布的一些特点:

(1) 正态曲线的形状就像一口挂钟,呈对称分布,其均值、中数、众数实际上对应于同一个数值。

(2) 大部分的原始分数都集中分布在均值附近,极端值相对而言是比较少的。

(3) 曲线两端向靠近横轴处不断延伸,但始终不会与横轴相交。

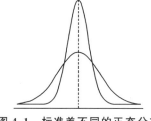
图 4.1 标准差不同的正态分布

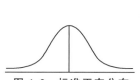
图 4.2 标准正态分布

如果用数学公式来表示,我们可以利用下面的公式来得出正态曲线中的任何一个原始分数(X 值)所对应的曲线纵高(Y 值)。

$$Y=\frac{1}{\sqrt{2\pi\sigma^2}}e^{-\frac{(X-\mu)^2}{2\sigma^2}}$$

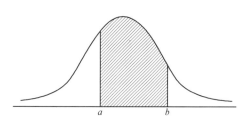
图 4.3 正态分布的曲线下面积

要准确的描述正态曲线的特点,也可以通过描述曲线下每一部分的面积进行,这就需要用到我们刚才所介绍的有关概率的知识。由积分的知识我们可以推导出,如果把整个正态曲线下的面积定为1,那么介于横轴上任两点 a,b 之间的曲线下面积(如图4.3所示)就等于 $a<X<b$ 的概率。例如,如果全国男性的身高呈正态分布的话,那么在身高的分布图上,介于 160 cm 到 170 cm 之间的曲线下面积,就代表了在全国范围内随机取样所选取的男性身高为 160 cm 到 170 cm 之间的可能性(即概率)。

研究者通过数学推导和计算得知,如果将任意正态分布进行标准化处理(即得到标准正态分布),以 z 分数作为横轴,那么任意 z 分数和 0 点之间所对应的曲线下面积占总区域面积的比例都是固定的(此处请未学过概率统计的读者扫描二维码参阅相关内容)。例如,介于均值和一个标准差之间的区域所占的比例必然为 34.13%,而从一个标准差到两个标准差之间的区域,其比例必然为 13.59%,两个标准差以外的部分所占比例必然为 2.28%(见图 4.4(a))。95%的分数会落入 −1.96 与 1.96 标准差之间,5%的分数会落入 −1.96 与 1.96标准差之外(见图 4.4(b));90%的分数会落入 1.65 标准差以左,10%的分数会落入 1.65标准差以右;99%的分数会落入 −2.58 与 2.58 标准差之间,1%的分数会落入

−2.58与2.58标准差之外(见图4.4(b));99.9%的分数会落入−3.30与3.30标准差之间,0.1%的分数会落入−3.30与3.30标准差之外。

于是,我们可以得出一个结论:当且仅当分布的每一部分都占有正确的比例(概率)时,该分布才可能是正态分布。另一方面,由于正态曲线呈对称分布,所以镜像对称的两部分应该占有相同的比例。

上述标准正态曲线中,每一部分的固定比例对于我们以后解题非常重要,请读者尽量在一开始就背熟记牢。

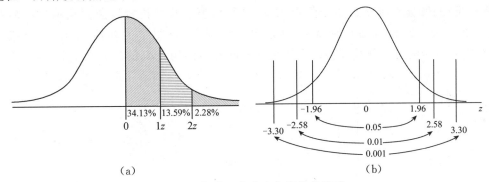

图 4.4 标准正态分布各部分的概率

结合图4.4以及上述结论,我们现在已经清楚地知道了当 z 分数为整数时,对应区域在分布中所占的比例。但是,在解决实际问题时,我们所遇到的 z 分数往往并非整数,这就需要我们引入一种更为精确有效的工具——标准正态分布表(the unit normal table)。标准正态分布表由两列数据组成,见附表1。z 列为标准正态分布中精确到小数点后两位的正数 z 分数,一般标准正态分布表上的 z 分数列到3.99,更详细的会列到5.00。p 列为每个 z 分数值之外的曲线下面积(p 值)(图4.5)。该表的部分数据如表4.1所示。

表 4.1 标准正态分布表样例

z	p
0.00	0.5000
0.01	0.4960
0.02	0.4920
0.03	0.4880

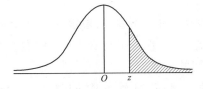

图 4.5 标准正态分布表对应的曲线下面积

标准正态分布表并未给出任何负数 z 分数所对应的 p 值,但是根据正态分布的对称性,我们很容易将它们推断出:绝对值相同而符号不同的两个 z 分数,所对应的 p 值都是完全相同的。例如,$z=2.00$ 和 $z=-2.00$ 时,所对应的 p 值都应该是0.0228。

由于正态分布是对称的,那么均值以左的整个区域所占的比例就应该是50%,均值以右亦然。因此,当我们所求区域的比例大于50%(如图4.6(b)阴影部分)时,只需用 1 减去 z 分数所对应的 p 值,便得到了所占比例。当要求 z 分数值与均值之间的曲线下面积(即概率)时(图 4.6(a)),只需用 0.5 减去 z 分数所对应的 p 值即可。如求 $z=0.03$ 到 $z=0$ 所对应的曲线下面积,就是 $0.5-0.488=0.012$,也就是说 $0<z<0.03$ 的概率为 0.012。

不同的教科书所给出的 z 分布表不同,有些教科书给出了较大部分面积或均值与 z 分数值之间曲线下部分面积,即对应于图 4.6 的(b)和(a)。

总结起来,用标准正态分布表由 z 分数查概率的步骤如下:①画出分布图,标出均值和标准差;②标出所要查的分数点,查核其与均值的相对位置以及到均值的粗略距离;③重读一次题目看清你所需要的分数区间概率,将图中的相应面积涂为阴影;④将 X 分数转换为 z 分数;⑤在标准正态分布表中使用正确的栏目(以及符号)找出概率。

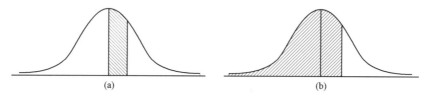

图 4.6 无法直接由标准正态分布表得出的曲线下面积

我们通过以下几个例子来进一步了解正态分布中由原始分数求解概率的问题。

例 4.4 在 IQ 测验中,获得 130 及以上的分数的概率为多少?

分析 因为在 IQ 测验中,总体呈正态分布,均值为 100,标准差为 15,所以我们的目标是计算出 $X \geqslant 130$ 的概率。

首先,计算出原始分数 X 所对应的 z 分数,因为 $X \geqslant 130$,所以 $z\sigma + \mu \geqslant 130$,推出:

$$z \geqslant \frac{130-\mu}{\sigma} = \frac{130-100}{15} = 2$$

查标准正态分布表,得出 $z=2$ 时,$p=0.0228$。因此 $z \geqslant 2$ 的概率 $P(z \geqslant 2)=0.0228$。

例 4.5 在一个均值为 80,标准差为 9 的正态分布中,试求原始分数 X 介于 73 到 97 之间的概率。

解 先将原始分数的区间转化为 z 分数的区间:因为 $73 \leqslant X \leqslant 97$,所以 $73 \leqslant z\sigma + \mu \leqslant 97$。因此

$$\frac{73-\mu}{\sigma} \leqslant z \leqslant \frac{97-\mu}{\sigma}$$

$$\frac{73-80}{9} \leqslant z \leqslant \frac{97-80}{9}$$

得到

$$-0.778 \leqslant z \leqslant 1.889$$

查标准正态分布表并做插值法计算知,当 $z=0.778$ 时,$p=0.21828$;当 $z=1.889$ 时,$p=0.02947$。

由正态分布的对称性可知,z 为 -0.778 时,p 值亦为 0.21828。最后得出

$$P(73 \leqslant X \leqslant 97) = 1 - 0.21828 - 0.02947 = 0.75225$$

已知 z 分数,可查表求得曲线下方面积。反之,已知概率,亦可查表求得 z 分数。只是后者在大多数情况下,我们必须借助插值法,因为表中的概率大部分是非常不整齐的 5 位小数。

用标准正态分布表由概率查 z 分数的步骤:①画出正态分布图,标出均值和标准差;②将所求的概率相应区域涂为阴影;③在标准正态分布表上找到所求的概率的适当栏(有时需换算);④用查到的 z 分数标记阴影区域的边界;⑤计算所对应的原始分数 X。

例 4.6 相当于人群顶端 15% 的 IQ 是多少?

分析 顶端 15% 即 $p=0.15$,先用插值法将 0.15 转化为 z 分数:

$$\begin{array}{ll} 0.1515 & 1.03 \\ 0.15 & x \\ 0.1492 & 1.04 \end{array}$$

$$x = 1.036$$

根据 IQ 得分中 $\mu=100$,$\sigma=15$ 计算:

$$\text{IQ} = 100 + 1.036 \times 15 = 115.54$$

相当于人群顶端 15% 的 IQ 是 115.54。

5

概率和样本:样本均值的分布

在第1章中我们就提到过,在心理学研究当中,由于现实条件的限制,我们不可能考虑到一个总体的全部,而需要从总体中抽取样本来进行研究,用样本的情况来对总体进行最佳的估计。这就是推论统计的逻辑。在这个过程中,涉及这样一个问题:选取的样本能不能较好地代表总体呢?我们来看图5.1,假设从同一总体中抽取三次不同的样本,会发现每一个都不同,有不同的形状、不同的均值、不同的方差。那么,我们如何对总体的情况做出最好的估计?

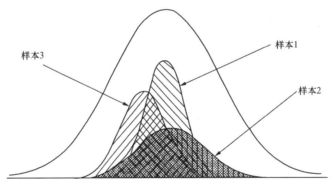

图 5.1 从同一总体中抽取的三个不同的样本

事实上,在实际的研究中,我们能够抽取的样本远远不止三个。所有这些可抽取的样本可构成一个集合,它们之间的关系以及它们与总体的关系是怎样的,在怎样的情况下能够最佳地代表总体,这都是我们这一章将要探讨的内容。

§1 样本均值的分布

一、取样方法

我们知道,在无法对总体进行全面考查的时候,我们需要从总体中抽取能代表总体的样本作为考查对象。前面我们提到过,为了使样本能够有效地代表总体,样本不应该仅仅是总体的一部分,而且还应该是随机的,因此要用到我们前面所说的随机取样方法。

随机取样的方法有很多种,我们在这里做一个简单介绍。最基本的一种随机取样方法叫简单随机抽样,即对于整个总体完全随机地抽取个体,具体操作时可以将每一个个体都编上号码并抽签,或者利用随机数字表。正因为这样,简单随机抽样只适用于总体数目较少且总体的个体之间差异程度较小的时候。

当总体的数目非常大,以上方法将变得相当烦琐。因此我们可以使用另一种相似但更简便的方法——等距抽样,也就是将已编好号码的个体按序排列,然后每隔若干个抽取一个。例如在一个 $n=200$ 的总体当中,我们要抽取容量为 40 的样本,那么间距为 $200/40=5$。然后将总体中每一个个体都编号之后,需要确定一个取样的起点。例如我们设起点为 3 的话,那么被抽取的个体号码分别为 3,8,13,18,23,…,183,188,193,198。一旦定下取样间隔和起点之后,这样的抽取方法事实上并没有使得每一个个体有相等的机会被抽取到,而是只有每隔一定的间隔的个体才能被抽取。但是这个方法使得被抽取的个体均匀地分配在总体当中,而不会发生聚堆的现象。不过,也正是因为这样,当总体的排列呈周期性时(即每隔一段距离出现特定性质的个体),那么这种方法得到的样本就有可能会出现偏差。

当总体内的个体差异比较大的时候,我们必须考虑到总体的这种信息再进行随机抽取。例如,假设我们要考查中学生的自我效能感,由于中学生的自我效能感可能与学习成绩和学校环境有关,因此在抽取样本的时候,我们也许需要将学生来自的学校区分为重点中学和非重点中学,再在这两种学校中分别抽取学生。这种方法叫分层随机抽样。在进行分层随机抽样的时候,在每一层中抽取的样本数目可以是不同的,更恰当的方法是我们应当考虑总体的比例。

当总体容量很大时,直接以总体中的所有个体为对象,从中进行抽样,在实际调查或研究中存在很大困难。因此在实际中对于大范围的调查研究一般采取阶段抽样方法,如两阶段随机抽样。例如,假设前面的研究例子要考查全国中学生的自我效能感,那么第一步需要先确定调查的城市,也就是先以城市为抽取单位,从全国所有城市中随机抽取一部分,第二步再从这些城市中随机抽取中学生。

不管采取哪种取样方法,在进行随机取样之前,我们必须先确定研究的对象是什么,也就是对总体有一个较好的了解,然后再选择适合的方法进行随机取样得到样本。

二、取样分布

前面我们在学习 z 分数、正态分布等内容的时候,涉及的基本都是原始分数的分布。一个总体中所有原始分数的分布就形成了总体分布(population distribution)。而在实际的研究中,我们往往无法对总体分布进行直接的考查,而是从这个总体中抽取出一些个体组成样本进行考查,抽取出来的样本的分数就形成了样本分布*(sample distribution),也就是指一个总体中一部分测量的分数的集合。

当然,从同一总体中我们可以抽取出很多个样本。总体中可抽取的所有可能的特定容量分布的统计量(包括平均数,两平均数之差,方差,标准差,相关系数,回归系数,等等)所形成的统计分布就是取样分布(sampling distribution),例如所有可能的特定容量的样本的均值的分布。因此,取样分布与总体分布以及样本分布的区别在于,取样分布是参数或统计量的集合,而总体分布和样本分布则是原始分数的集合。

试体会一下以下三种研究情境:

(1) 2000年北京人口普查的结果,将其家庭成员个数做一次数分布。
(2) 在北京市民中随机抽取3000个家庭,将其家庭成员个数做一次数分布。
(3) 在北京市民中取样100次,每次随机抽取30个家庭,将100次的家庭成员平均个数做一次数分布。

大家可以比较一下上述三种研究情境,考虑一下它们分别属于什么分布?正确的答案应该是分别为总体分布、样本分布和取样分布。

三、样本均值分布

取样分布的一个特例便是样本均值的分布(distribution of sample means),也是我们这一章要学的重点。它是指总体中可抽取的所有可能的特定容量(n)的随机样本的均值的集合。在上例中,这个特定容量就是30。具体来说,如果我们要建构一个样本均值的分布,我们首先从总体中随机抽取得到一个包含n个分数的样本,计算出它的均值并把它记下来。然后选择另一个随机样本,也计算出均值。重复这样的步骤,我们便得到所有可能的随机样本,它们的均值便形成了样本均值的分布。这个过程其实也就是我们前面提到过的回置取样,即抽取了一个样本之后,把它放回总体再进行下一次抽取。

需要注意的是,样本均值的分布包含所有可能的样本,而远不止上例所说的取样100次。另外,由于属于取样分布,在样本均值的分布中,值不是分数,而是统计量(样本均值)。因为统计量是由样本得来的,因此统计量的分布就可以用来代表样本的分布。

样本均值的分布在形状上接近正态分布,这是样本均值的分布最显而易见的特点。尤其当总体是正态分布,或者样本量较大(30以上)的时候,样本均值的分布几乎可以看作是完全的正态分布。而在大多数情况下,当$n>30$时,不管原始总体的形状如何,样本均值的分布几乎都是正态的。

既然样本均值的分布形状接近正态分布,那么这个分布的均值是多少呢?我们

---

* 在某些教科书中,样本分布是指本章讲的取样分布(sampling distribution),请注意区别。

可以回忆一下,取样是为了对总体进行最好的估计。因此当我们从总体中抽取出一个样本,它的均值应该是趋近于总体均值,它可以代表这个总体。这样一来,样本均值主要是集中在总体均值附近。而越靠近分布的两端,则代表取样越有偏差。如果 n 足够大,那么分布是正态,也一定是对称和单峰,则均值、中数和众数这三者是相等的。

在无偏估计的情况下,样本均值是等于总体均值的,这也就是正态情况下样本均值分布的均值。当我们得到所有可能的样本的时候,它们的均值就完全与总体均值相等了。因此所有样本均值的平均叫作 $\overline{X}$ 的期望值,应该等于总体均值。

相比于正态分布的标准差,样本均值分布也有一个类似的指标来衡量分布的变异性。不过在样本均值分布中不叫标准差,而用标准误(standard error of $\overline{X}$, 简称 SE)来描述。标准误就是指样本均值分布的标准差。

$$\overline{X} \text{ 的标准误} = \sigma_{\overline{X}} = \overline{X} \text{ 与 } \mu \text{ 的标准距离}$$

应该注意的是,虽然我们期望样本能够反映总体的性质,但是样本总是不能完全准确地代表总体,两者之间总会存在一定的误差。标准误就反映了样本均值和总体均值之间平均有多大的差异。σ 是指与均值的一个标准差或标准距离,而下标 $\overline{X}$ 是指我们测量的是样本均值的分布的标准差。因此,标准误就测量了 $\overline{X}$ 与 μ 之间平均起来能预期到的误差,反映了一个样本均值能在多大程度上准确地代表其总体均值。

四、中心极限定律

标准误的定义公式如下所示:

$$\overline{X} \text{ 的标准误} = \sigma_{\overline{X}} = \frac{\sigma}{\sqrt{n}} \tag{5.1}$$

从公式(5.1)我们可以看到,总体标准差越小,样本容量越大,样本均值的标准误就越小。也就是说,样本均值的标准误受样本容量和总体标准差的影响。下面我们来分别介绍一下这两个影响因素。

样本容量对样本均值标准误的影响我们可以很自然地想到。既然是从总体中抽取样本来对总体进行估计,当样本越大的时候,就能越准确地代表总体。当样本完全等于总体的时候,对总体的估计就完全没有偏差了。试想这样一个简单的例子:一个盒子里有白色和黑色两种球,你从中抽取出了 2 个白色的球,或者从中抽取了 20 个白色的球,然后你都得出结论认为盒子中白色的球占大多数。哪种情况下你的判断更可信呢?毫无疑问,当然是选择抽取出 20 个白球的时候,因为这时样本容量更大,而取 2 个球得出结论很可能是取样误差造成的。随着样本容量的增大,样本均值与总体均值之间的误差会减小。换句话说,样本容量(n)越大,样本越能准确地代表总体。这个规律叫作大数定律(law of large numbers)。

在我们平常做研究的过程中,通常也会面临这样一个问题:既然从总体中可以抽取出很多个样本,那么是不是换一个样本,均值就会不同,研究就会得出不同的结果呢？这就涉及对样本均值的信度的衡量,也就是同一总体的样本之间的近似程度。假如所有样本都比较接近,那么我们无论从中抽取的是哪一个,对于得到的结果都是比较可信的。相反,如果样本之间差异非常大,那么我们就不太能肯定从中抽取的一个样本是否能够代表总体,得到的结果是不是就反映了总体的情况。我们已经知道,样本容量越大,越能准确地代表总体。同时,样本容量大的时候,样本均值分布的标准误就小。由于标准误反映了样本均值分布的变异程度,因此标准误小,代表样本均值分布的变异小,所有特定容量的样本都围绕在总体均值周围,极端的样本均值少。也就是说,在这种情况下,无论从中抽取的是哪一个样本,都是比较接近总体均值的,因此信度就高。通俗地讲,这时我们由其中一个样本去推断总体的情况是比较有信心的。所以,我们平时做研究的时候,一定要在确定总体范围的情况下,慎重地定好样本容量,尽可能地减少取样误差。

除了样本容量之外,还有一个能影响标准误的因素是总体的方差。当总体方差较大时,总体本身包含的分数比较分散,离总体均值较远的极端值比较多,因此从中抽取样本,也会包含较多极端值,难以较好地对总体均值进行估计;反过来,当总体方差较小的时候,抽取的样本分数都比较靠近总体均值,能更好地估计总体均值。因此通常来说,总体方差越大,标准误就越大,如图 5.2 所示。

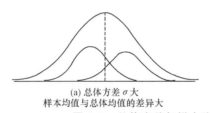

(a) 总体方差 σ 大
样本均值与总体均值的差异大

(b) 总体方差 σ 小
样本均值与总体均值的差异小

图 5.2　总体方差与样本均值的方差的关系

前面我们已经提到,样本均值的分布在形状上接近正态分布,尤其是在样本容量大的情况下。同时,$\bar{X}$ 的期望值等于总体均值 μ。再结合公式(5.1),我们就得到了中心极限定律(central limit theorem):对于任何均值为 μ,标准差为 σ 的总体,样本容量为 n 的样本均值的分布随着 n 趋近无穷大,会趋近均值为 μ,标准差为 $\frac{\sigma}{\sqrt{n}}$ 的正态分布。因此,当 n 足够大时(30 或以上),近似地有 $\bar{X} \sim N\left(\mu, \frac{\sigma}{\sqrt{n}}\right)$。我们可以看到,中心极限定律综合了样本均值的三个主要特性:形状、均值和方差。

五、标准差、标准误和取样误差

可能有的读者对标准差(standard deviation)、标准误(standard error)和取样误差

(sampling error)这三个概念的区别不是很清楚,在这里我们简单区分一下。标准差是总体中的概念,指的是总体中一个分数与总体均值的标准距离,即 $X-\mu$。而标准误是样本均值分布中的概念,是指一个样本均值和其相应的总体均值之间的标准距离,即 $\bar{X}-\mu$。因此,标准差和标准误虽然都是衡量分布的变异性,但一个是衡量次数分布的变异性,另一个衡量的是样本均值分布的变异性。取样误差描述的角度又与它们不同。取样误差的概念描述了这样一个事实:在样本和总体所得到的统计量和参数之间总会有一定偏差(或误差),任何一个样本均值可能大于或小于总体均值。而标准误则提供了一个衡量取样误差的方法。在很多研究中,总体的均值是未知的,我们无法知道样本均值与总体均值之间的距离。但是标准误则告诉了我们样本均值与总体均值之间平均起来有多大的差异,这样就使我们可以知道样本能在多大程度上代表总体。

我们也可以把标准差看作标准误的特例。我们来看标准误的公式:

$$\sigma_{\bar{X}}=\frac{\sigma}{\sqrt{n}}$$

如果你面对的是单个分数,即 $n=1$,那么

$$\sigma_{\bar{X}}=\frac{\sigma}{\sqrt{n}}=\frac{\sigma}{\sqrt{1}}=\sigma$$

在这个时候,标准误刚好等于标准差。事实上,在 $n=1$ 的情况下,标准误就相当于在总体分布中取其中一个分数,其实也就是总体分布的变异性。

§2 样本均值分布与概率

一、样本均值分布中概率的计算

前面我们学过 z 分数,它是对分布中的每一个原始分数,描述其在分布中的位置。除了能用 z 分数来描述单个的分数,我们同样也可以用 z 分数来描述选取的一个样本在样本均值分布中的位置。例如,$z=-2.00$ 表明选取的这个样本均值远远小于期望值,它处于 $\bar{X}$ 的期望值以左的两个标准差外。而 $z=0$ 则表明选取的这个样本均值刚好等于总体的均值,它表示这个样本是位于中间的、有代表性的。这里的 z 分数的计算公式与前面所学的标准的 z 分数公式有些不同。首先,由于我们要考查的是样本而不是单个的分数,因此 $\bar{X}$ 代替了原来公式中的 X;另外,这个分布的标准差是由标准误来衡量,因此 $\sigma_{\bar{X}}$ 代替了原来公式中的 σ。

$$z=\frac{\bar{X}-\mu}{\sigma_{\bar{X}}} \tag{5.2}$$

我们可以看到,事实上,这里的 z 分数与前面所学的 z 分数是类似的,只不过我们

把单个的分数换成了样本的均值,而对应的分布是样本均值的分布。同样地,每一个样本均值都有一个 z 分数来描述其在样本均值分布中的位置。通过 z 分数,我们便能确定一个特定样本均值的概率。

例 5.1 一位老师对班上学生的 IQ 感兴趣,她班上有 9 位学生,她认为他们都很聪明,这些学生的 IQ 均值大于等于 115 的概率是多少?

分析 看到这道题,我们可能很容易想到,由于 IQ 测验的均值为 $\mu=100$,标准差为 $\sigma=15$,那么 115 正好位于标准差为 1 处,如图 5.3(a)所示。那么大于 115 的概率也就是大于 $z=1$ 对应的概率,即 $50\%-34.13\%=15.87\%$。

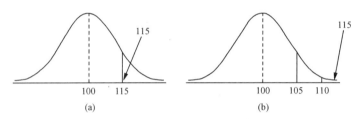

图 5.3 分数 115 和均值 115 的位置

如果我们再仔细想一想,就会发现这样的做法是有问题的。$\mu=100$,$\sigma=15$ 的分布是总体的分布,115 是位于这个分布中标准差 1 处的单个分数。而题目相当于是问从这个总体中,抽取 $n=9$ 的样本(这 9 位学生),样本均值大于等于 115 的概率,也就是要从样本均值的分布中去考查。既然是这样,那么分布的标准差就不是 $\sigma=15$ 了,而应该求出样本均值分布的标准误:

$$\sigma_{\overline{X}}=\frac{\sigma}{\sqrt{n}}=\frac{15}{\sqrt{9}}=5$$

因此,我们要考查的分布应当是 $\mu=100$,$\sigma_{\overline{X}}=5$ 的样本均值的分布,如图 5.3(b)所示。在这里,虽然 $n<30$,但是我们假定其正态分布。这样的话,1 个标准差的位置是 105,2 个标准差的位置是 110,那么 115 应该位于 3 个标准差处。计算过程如下:

由公式(5.2), $$z=\frac{\overline{X}-\mu}{\sigma_{\overline{X}}}=\frac{115-100}{5}=3$$

因此, $$P(\overline{X}\geqslant 115)=P(z\geqslant 3)=0.5-0.49865=0.00135$$

可以看出,这个概率是非常小的。

反过来,我们也可以通过概率来求得样本均值,我们来看下面这个例题。

例 5.2 假设一所小学对所有六年级的学生都进行了数学计算能力的测验,发现均值 $\mu=75$,标准差 $\sigma=15$。这个年级有一个 25 人的数学兴趣小组,如果他们的数学计算能力均值位于顶端 10%,那么其均值是多少?

分析 首先我们还是要知道样本均值的分布(同样,n 小于 30,但我们仍然假定其正态分布）。这个分布的均值为总体均值 $\mu=75$，标准误 $\sigma_{\bar{X}}=\dfrac{\sigma}{\sqrt{n}}=\dfrac{15}{\sqrt{25}}=3$。那么，$\bar{X}\sim N\left(\mu,\dfrac{\sigma}{\sqrt{n}}\right)=N(75,3)$。

接下来我们应该算出在这个分布当中，位于右端 10% 的分数。这个公式与我们前面用过的类似：

由

$$z=\dfrac{\bar{X}-\mu}{\sigma_{\bar{X}}}$$

得到

$$\bar{X}=z\times\sigma_{\bar{X}}+\mu=z\dfrac{\sigma}{\sqrt{n}}+\mu$$

查标准正态分布表可知，90% 的概率对应的 z 分数是 1.28。因此，$\bar{X}=1.28\times 3+75=78.84$。

所以，对于 25 个人的样本，他们的均值只要在 78.84 以上就能位于分布顶端的 10%。

那么，如果例 5.2 中样本较小，例如 $n=16$，答案会不会有变化？

由前面所讨论的内容可知，标准误是与样本容量有关的，样本容量越小，标准误越大。因此答案肯定是有变化的。我们来具体做一下：

第一步，查标准正态分布表，90% 的概率对应 z 分数为 1.28；

第二步，$\bar{X}=z\dfrac{\sigma}{\sqrt{n}}+\mu=1.28\times\dfrac{15}{\sqrt{16}}+75=79.80$。

因此，对于 16 个人的样本，他们的均值必须在 79.80 以上才能位于分布顶端的 10%。同样我们可以算出：

$$当\ n=9\ 时, \bar{X}=81.40$$
$$当\ n=4\ 时, \bar{X}=84.60$$
$$当\ n=1\ 时, \bar{X}=94.20$$

可见，样本容量越小，取样误差（标准误）越大，因此要达到某个概率的样本均值也必须越大。

二、标准误与概率

在样本均值的分布中，标准误的作用是非常大的，它甚至可以在很多研究中帮助我们下结论。在我们平常的很多研究中，常常涉及这样一个问题：实验处理到底有没有作用？例如，一种智力开发训练是否会提高儿童的智力？一种阅读培训是否会提高学生的阅读水平？一种药物是否会对病人的血压产生影响？这些都是常见的研究问题。

在这些研究中，我们几乎都只能采用样本来进行研究。通常的做法除了设立条件组与控制组(两个样本)之外,在知道总体均值的情况下,我们常常是从总体中抽取出一个样本,对样本实施实验处理,然后将处理过的样本与未经处理的总体进行比较,如果处理过后的样本均值大于总体均值,我们就可以认为处理是有效的。

不过,在这里存在这样一个问题:样本均值超出总体均值多少,我们才能认为处理有效?我们前面讲了取样误差,也就是说抽取出来的样本本身就不能完全代表总体,很可能这个样本均值原本就大于总体均值,即这个差异并不是由实验处理引起,而是取样误差的影响。这时,我们就需要利用标准误来帮助判断。比如对于均值 $\mu=100$ 的总体来说,我们抽取了一个样本进行处理之后,得到均值为 $\bar{X}=110$,比总体均值高出了 10 分。那么,这 10 分是由于处理效应引起还是取样误差引起的呢?我们需要比较这个差异与标准误的大小。假设标准误是 2,远小于 10 分,那么我们可以认为取样误差比较小,因此 10 分的差异表明处理发挥了作用。但是如果标准误是 10 或者更大,那么我们应当慎重地考虑结论,因为这 10 分的差异很有可能只是取样造成的误差。

6

假设检验初步

在前面的章节中我们已经提到,在心理学和其他行为科学中,我们的研究对象往往是由相当数目的个体所组成的总体,例如中国男性、北京大学的学生、某小区的居民等。然而,由于时间、经费、人力等种种因素的限制,行为科学研究不可能也没有必要细致到将每一个目标个体都纳入研究中来。我们惯常的做法是从目标总体中抽取包含一定数量个体的样本,即我们在第 5 章中所介绍过的抽样。通过分析样本数据(包括对样本特征的描述或对样本进行某种处理所得到的结果等),我们就所关心的问题得到一定的结论,并试图将该结论推广、应用到整个目标总体中去。然而,这种从局部认识整体的方法存在着相当的风险,抽样带来的随机误差可能导致研究结果和事实相背离。

那么,对于特定的研究假设,该如何运用我们的研究结果来判定其到底是真相还是谎言呢?举例说明,某中学正在进行优秀教师的考评,A 老师是热门人选,大家纷纷认为他的教学水平非同一般,所教授的班级里学生的成绩比起整体水平而言要高出不少。尤其是在近期的一次年级统考中,该班平均成绩比整个年级的平均成绩高出 10 分!然而,考核小组对一年来的若干次考试进行了回顾,发现若综合分析的话,该班级的平均分只比总平均分高出 1 分。此结果公布后,很多原先的支持者产生了疑惑,这 1 分到底能不能说明 A 老师实力超群呢?会不会是由于当初分班的时候他们班的学生素质碰巧比较高?也许很多读者已经注意到了这样一种现象:当差异悬殊的时候,人们倾向于对 A 老师的实力表示信服;而当差异较小的时候,则倾向于将其归结于好运气。人们的这种经验性的倾向不无道理,回忆一下我们在上一章中介绍过的样本均值的分布就明白了:样本均值和总体均值差异越小,由于随机抽样所致的概率越大。然而,这个差异小到什么程度才算小呢?显然,我们需要一套标准来判断这个班的成绩优势到底是因为老师出类拔萃,还是因为分班时由于随机误差占了便宜,而不能只是凭感觉猜测。

假设检验(hypothesis testing)就是这样的一套推断程序,利用样本数据来评价关于目标总体的某一假设的可置信性。在本章中,我们将为大家依次介绍假设检验的性质和种类、检验的基本逻辑和方向性、检验中存在的不确定性和可能出现的错误以及检验结果的统计效力,并着重介绍一种最简单的假设检验——z 检验。

§1 假设检验的性质和种类

从上述定义中不难看出,假设检验的实质是对可置信性的评价。所谓假设的可置信性,就是指在多大程度上我们可以相信这个假设是正确的。程度的判断实际上是基于样本均值的概率分布,例如一个样本均值从总体中被随机抽中的概率为10%,我们就有90%的把握认为该样本不是从这一总体中抽出,而只有10%的把握认为该样本的确是从这一总体中抽出的。如果我们的假设为该样本是从这一目标总体中抽出,那么该假设的可置信性就为10%,即我们有10%的把握认为该假设是正确的,或接受该假设。因此,假设检验是我们在了解了某假设可能正确的概率之后,判断到底是不是接受它的过程。请注意,假设检验并不是对假设的正确性做出确定的判断,而是对一个不确定问题的决策过程,其结果从概率上讲很有可能是正确的,但是不排除错误的可能性。这也告诉我们,假设检验只是认识世界、了解真相的一种手段和方法,不应该迷信其结果,将其等同于真理。

在实验心理学的课程中,大家应该学习了如何通过控制无关和干扰变量,来考查自变量对于因变量的影响。那么,在侦察到了自变量不同水平上因变量的差异之后,还需要判断是因为产生了处理效应(treatment effect),还是由于随机误差所致。因此,假设检验作为一种统计方法,在心理学等行为科学中往往是和研究设计紧密结合运用的。对于不同的研究设计,我们有相应的不同的假设检验方法。例如,对于单样本设计,可以采用单样本假设检验方法,根据总体方差是否已知选取单样本 z 检验或 t 检验;对于独立样本设计,即比较两个独立抽取的样本均值的差异,可采用独立样本假设检验;如果两个样本数据之间是相关的,如重复测量或匹配等,即所谓相关样本研究设计,我们也有相应的相关样本假设检验程序。

§2 假设检验的基本逻辑

一、两种假设

对于任何一种研究设计而言,其结果不外乎有两种可能:要么符合我们的预期,自变量对因变量确实有作用;要么处理效应其实不存在,我们所观察到的差异只是随机误差在起作用。

我们称前者为备择假设(alternative hypothesis),用 H_1 表示,表明因变量的变化、差异确实是由于自变量的作用,实际上往往就是我们对于研究结果的预期。

称后者为虚无假设(null hypothesis),用 H_0 表示,意为实际上什么也没有发生,我们所预计的改变、差异或处理效果都不存在。

应该注意的是,虚无假设和备择假设有时没有方向性,我们只是关注两者是否不同,如"A 和 B 之间没有(有)显著差异"。而在有些情况下,我们关注的是二者是否有某种不同,例如"B 不大于 A"或"A 显著大于 B",而对于 A 是否小于 B 并不关心,也就是说假设具有方向性。

二、决策标准

既然假设检验是一个关于假设的可置信性的决策过程,那么必然需要有某种可依据的标准。在检验过程中,我们总是对虚无假设的结果作出评价,这是因为评价所依据的是随机抽样所得样本均值的概率分布,即研究结果在多大程度上是由随机误差所致是可以评估的,而多大程度由实验处理所致则无法通过计算得到。因此,假设检验的结论通常只是接受或拒绝虚无假设 H_0,这也就是 H_1 被称为"备择假设"的原因。换个角度思考,一般来说证明一件事情不是真的比证明它是真的要容易。例如,我们要证伪"所有的昆虫都有六条腿",只需要找出一只不是六条腿的昆虫作为样本就可以了;而如果要证实"所有的昆虫都有六条腿",则要逐一检查总体中的每一个个体是不是服从该假设。在行为科学的研究中,我们无法了解总体中除样本以外的个体情况,因此尝试拒绝虚无假设的方法应该优于证明备择假设。

在进行任何计算步骤之前,我们必须明确规定决策标准,即显著性水平(significance level),也称为 α 水平,其实质是一个特定的概率。在检验过程中,我们假设 H_0 是真实的,同时计算出所观测到的差异完全是由于随机误差所致的概率,称为观测概率(obtained probability),简写为 p。将 p 和我们事先界定好的显著性水平 α 进行比较,从而对虚无假设 H_0 得出结论:如果 $p \leq \alpha$,则拒绝 H_0;如果 $p > \alpha$,则不能拒绝 H_0,即接受 H_0。

在心理学研究中我们常用的 α 水平是 $\alpha=0.05(5\%)$ 或 $\alpha=0.01(1\%)$,即所观测到的差异有 5% 或 1% 的可能完全是由于随机误差所致。换个角度思考,假设 $\alpha=0.05$,我们划分出了如果没有处理效应存在的话,最不可能的 5% 样本均值(极端值)和最有可能的 95% 样本均值(中间值)。这些极端值构成的区域称为临界区域(critical regions),当样本均值落在其中时,我们认为数据与虚无假设不一致,因此拒绝虚无假设。事实上,这正是假设检验所遵循的思路。

选择决策标准的时候同样存在检验的方向性的问题。如果检验是没有方向性的,概率分布曲线的左右两端都属于临界区域,因此我们也将其形象地称为"双尾检验"(two-tailed test),如图 6.1 所示。这时候,如果我们事先规定显著性水平 $\alpha=0.05$,那每一段的临界区域所包含的临界值实际上都只是总样本均值数量的 2.5%(切记,不是两边各 5%)。

如果检验是有方向性的,临界区域只分布在概率分布曲线的一端,我们将其称为单尾检验(one-tailed test),如图 6.2 所示。

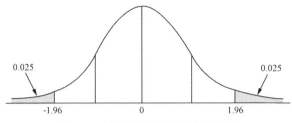

图 6.1　双尾检验临界区域示意图

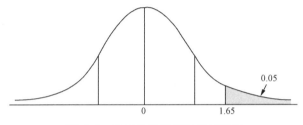

图 6.2　单尾检验临界区域示意图

三、考验统计量

那么,是不是我们直接把样本均值拿来和总体均值相比,就可以完成假设检验了呢?没有这么简单。回忆一下我们介绍过的中心极限定律,样本均值的分布同时受到样本容量和总体方差的影响。例如有一个总体 $\mu=65$,取到一个均值是 $\overline{X}=80$ 的样本的概率是多大?我们很容易计算得出,当总体的方差 $\sigma=10$ 的时候,和 $\sigma=5$ 的结果完全不同。此外,当所抽取的样本容量 $n=100$,和 $n=200$ 的时候也不一样。而在这几种情况中,样本均值 $\overline{X}$ 和总体均值 μ 的差异始终没有变。因此,如果根据样本均值分布的概率对假设的可置信性作出评价,我们不能只考虑集中量数,而忽略了分布的变异性。

既然使用均值的绝对差异是行不通的,我们就该转而考虑这样一种统计量:能够将样本均值与其从目标总体中随机抽中的概率一一对应,即表示其在目标总体的样本均值分布中的相对位置。大家也许马上就想到了先前讲过的 z 分数,从公式(5.2)中我们可以直观地看出,z 分数的计算不仅考虑了样本均值与总体均值的差异,还同时考虑了总体的均值和样本容量。因此,我们所面临的问题不再是 p 值和显著性标准 α 值的比较,也不再是直接判断样本均值是不是落在了临界区域里,而是将代表显著性 α 水平的那个临界值转化成了临界 z 分数(我们通常记作 z_{crit}),然后将根据样本均值所计算出的实际 z 分数(记作 z_{obs})与之进行比较,从而得出结论。图 6.3 直观地给出了我们常用的显著性水平 $\alpha=0.05$ 的双尾检验中样本均值和 z 分数的对应,其中临界 z 分数为 ± 1.96。

当然,考验统计量不是 z 分数的专利。z 分数的使用要求总体的方差明确给定,而这一前提对于很多实际研究情境而言是无法满足的。在后面的章节中,我们将一一为大家介绍其他考验统计量及相应的假设检验方法。

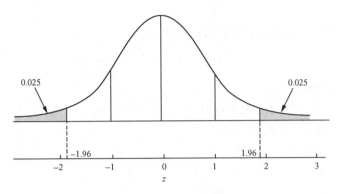

图 6.3 样本均值分布与 z 分数

§3 z 检 验

使用 z 分数的假设检验称为 z 检验。下面让我们通过两道例题来详细地演示 z 检验的操作方法和基本步骤。

例 6.1 SAT 测验分数遵从 $\mu=500,\sigma=100$ 的正态分布。一位老师办辅导班,希望能够提高学生的 SAT 分数。随机抽取了 16 个学生参加他的辅导班,参加测验后得到的平均分数是 $\overline{X}=554$。请问:参加这个辅导班对学生的 SAT 分数有影响吗?(1) 以 $\alpha=0.05$ 为检验标准,进行假设检验。(2) 如果以 $\alpha=0.01$ 为检验标准,结论有变化吗?

分析 (1) z 检验的步骤如下:

步骤 1 陈述假设。

虚无假设 H_0:参加这个辅导班对学生的 SAT 分数没有影响;

备择假设 H_1:参加这个辅导班对学生的 SAT 分数有影响。

步骤 2 确定检验的显著性水平和方向性。

已知显著性水平 $\alpha=0.05$。由于假设中没有指明分数的变化方向,因此是双尾检验。

步骤 3 查临界 z 分数。

在图 6.3 中我们已经知道,$\alpha=0.05$ 对应的临界 z 分数为 ± 1.96。其他概率所对应的 z 分数值我们可通过查 z 分数表得到,在前面的章节我们已经介绍过了。

步骤 4 计算样本的实际 z 分数。

$$\sigma_{\overline{X}}=\frac{\sigma}{\sqrt{n}}=\frac{100}{\sqrt{16}}=\frac{100}{4}=25$$

$$z_{\text{obs}} = \frac{\overline{X} - \mu}{\sigma_{\overline{X}}} = \frac{554 - 500}{25} = 2.16$$

步骤 5 比较临界和实际 z 分数的绝对值。

$$|z_{\text{obs}}| = 2.16 > z_{\text{crit}} = 1.96$$

步骤 6 做出判断。

由于实际 z 分数的绝对值大于临界 z 分数,因此拒绝 H_0,接受 H_1,即认为参加这个辅导班对学生的 SAT 分数有显著影响。

至此,我们就完成了一个假设检验。

(2) 如果选择显著性水平 $\alpha = 0.01$,检验结果如下:

查表得临界 z 分数 $z_{\text{crit}} = 2.58$,而

$$|z_{\text{obs}}| = 2.16 < z_{\text{crit}} = 2.58$$

因此,实际 z 分数的绝对值小于临界 z 分数,接受 H_0,即认为参加这个辅导班对学生的 SAT 分数没有影响。

例 6.2 对大批大学生被试进行词汇记忆任务考查,得到总体均值 $\mu = 65$,标准差 $\sigma = 10$。现抽取容量为 $n = 25$ 的样本,对其进行记忆技巧培训后得到样本均值 $\overline{X} = 69$。请问:该培训是否能够提高词汇记忆任务的成绩?($\alpha = 0.05$)

分析 我们还是按照规范的假设检验程序来操作。

步骤 1 陈述假设。

虚无假设 H_0:参加该培训不能提高词汇记忆任务的成绩;

备择假设 H_1:参加该培训能够提高词汇记忆任务的成绩。

步骤 2 确定检验的显著性水平和方向性。

已知显著性水平 $\alpha = 0.05$。由于假设中指明了分数是否"提高",因此是有方向的,选择单尾检验。

步骤 3 查临界 z 分数。

查标准正态分布表得临界 z 分数为 1.65。

步骤 4 计算样本的实际 z 分数。

$$\sigma_{\overline{X}} = \frac{\sigma}{\sqrt{n}} = \frac{10}{\sqrt{25}} = \frac{10}{5} = 2$$

$$z_{\text{obs}} = \frac{\overline{X} - \mu}{\sigma_{\overline{X}}} = \frac{69 - 65}{2} = 2$$

步骤 5 比较临界和实际 z 分数的绝对值。

$$|z_{\text{obs}}| = 2 > z_{\text{crit}} = 1.65$$

步骤 6 做出判断。

由于实际 z 分数的绝对值大于临界 z 分数，因此拒绝 H_0，接受 H_1，即认为参加该培训能够显著提高词汇记忆任务的成绩。

§4 假设检验的两类错误

我们讲过了假设检验是一个根据样本信息推断总体情况和决策的过程。由于样本所携带的信息并不能完全描述总体特征，这一推断过程势必可能产生错误。与实验心理学中的信号侦察论极为相似，假设检验的结论（我们的判断）与实际情况（信号的真实与否）是否吻合存在着一个 2×2 的矩阵，如图 6.4 所示。在该矩阵中，有两种情况是我们的判断与事实相符，即假设检验的结论正确；而另外两种情况则与事实不符，即出现了错误。

图 6.4 研究结论与实际情况的可能关系矩阵

第一类（Ⅰ类）错误也叫 α 错误，是指当虚无假设正确时，我们拒绝了 H_0 所犯的错误。这意味着研究者得出了处理有效果的结论，而实际上并没有效果，即观察到了实际上并不存在的处理效应，形象地说便是"无中生有"。

Ⅰ类错误的症结可能在于样本数据自身的误导性，即样本中包含的某些极端数据与总体有很大差异；也可能是由于研究者所采用的决策标准过于宽松。在大多数研究情境中，犯Ⅰ类错误的结果是十分严重的。研究者"发现"了处理效应，往往会报告甚至发表研究结果，对别的研究者乃至整个学术界产生影响。其他人如果在这个本来不存在的处理效应的基础上做后续研究或发展理论，会极大地浪费时间和人力资源。如果说这还不够引起读者的重视的话，我们举一个更触目惊心的例子。在法庭上，对嫌疑人的判决也是一个根据证据决策的过程，和假设检验极为相似。虚无假设为嫌疑人实际上是清白的，而如果执法者们犯了Ⅰ类错误，侦察到了该嫌疑人实际上并不存在的"罪过"，对其判刑，一个无辜的人就将承受数年的牢狱之苦，甚至失去生命。

显然，严格的司法程序尽可能地减小了上述草菅人命情况的发生。同样，假设检验程序也控制和最小化了犯Ⅰ类错误的风险。我们通过预先设定显著性标准，将样本均值分布结构化，使得样本均值只有落在那个可能性相当小的临界区域时，才拒绝虚无假设。因此，犯Ⅰ类错误的风险很小，而且受到研究者自身的控制。不难发现，犯Ⅰ类错误的概率就等于我们设定的 α 水平。

第二类（Ⅱ类）错误也叫 β 错误，是指当虚无假设是错误的时候，我们没有拒绝所犯的错误。这意味着假设检验未能侦察到实际存在的处理效应，在实际的研究情境中也就意味着我们与一项新的发现或理论突破失之交臂。当然,犯Ⅱ类错误所造成的后果没有Ⅰ类错误严重,如果研究者对自己的假设很有信心,或者有较强的理论支持的话,往往会另外抽样重复实验,或是对实验程序进行改进,从而证明处理效应是存在的。即使这位研究者心灰意冷,也会有后人填补这一空白。

Ⅱ类错误常常是由于实验设计不够灵敏,样本数据的变异性过大,或是处理效应本身比较小。虽然处理对样本产生了作用,但是样本均值并没有落在临界区域内,样本不能够有效地与原先的总体加以区分,也就不能拒绝虚无假设。与Ⅰ类错误不同的是,Ⅱ类错误无法由一个准确的概率值来衡量,它的概率依赖于许多因素,需要用函数表示。

尽管Ⅱ类错误没有具体的概率值,但是我们应该清楚地看到Ⅰ类错误和Ⅱ类错误之间存在着此消彼长的关系。不同学科对于显著性标准的要求是有差别的,通常使用较广泛的有 0.05 和 0.01。心理学常用 0.05 作为发表研究结果的标准,本书中除非特殊注明,显著性水平一律采用 $\alpha=0.05$。当然如果你的研究结果在 0.01 水平上也显著的话,也可以专门强调。学术杂志通常会用特殊的符号标出结果的显著性,在 0.05 水平上显著的话用"*"表示,而在 0.01 水平上显著的话用"**"表示。但是,以下一些在研究中可能出现的倾向和做法应严格避免:研究者往往因为研究结果差一点点不够显著而感情用事,原先设定的是 0.01 的标准,结果发现不显著,便将标准放宽到 0.05;或者原先的假设是双尾的,发现在某个方向上接近显著,就将假设改成单尾……这种事后根据结果修改假设的方法是违背学术规范的,同时也是危险的,是Ⅰ类错误的重要来源。

§5 假设检验的前提

我们知道假设检验的这一套推断统计程序是以概率论为基础的,所使用的数据需要满足一定的基本条件。如果这些前提不能满足的话,会干扰假设检验的结果,从而使得建立在假设检验结论基础上的决策变得十分危险。请大家不要忽视这些基本前提,它能够确保统计方法的正确使用。不同的假设检验对于数据的要求也不同,我们在后面的章节中会一一介绍。在这里我们先来看看进行 z 检验之前需要注意些什么。

一、随机抽样

我们用来推断总体的样本必须是随机抽取的,只有这样样本才能够有效代表其所来自的总体。z 检验对假设的可能性的判断立足于样本均值的概率分布,而这一分布是根据随机抽样的原则形成的。如果抽样不随机,所形成的分布必然与之不符,假设检验之后的步骤自然都是不妥而且不正确的。

二、独立观察

样本中的个体的值必须是独立观察得到的,即两次观察之间不应该有任何关联。

更准确地说，根据概率论的原则，第一件事情的发生对第二件事情发生的概率没有任何影响。样本个体之间观察独立的前提通常可以通过随机抽样来满足，从而确保样本能够代表总体，以及根据样本得到的结果可以推广到总体。独立的观察也要求被试间的作答不能互相影响。因此，被试参与心理学实验时，研究者要避免让等候者看到前面被试的实验过程；在问卷调查方便取样中，若取到同一宿舍的大学生被试，应避免他们就某些问题进行讨论。

三、原总体标准差保持恒定

我们在假设检验过程中所重视的处理效应的发生，实际上相当于给原总体中的每一个个体都加上或减去了一个常数，这样一来总体的均值发生变化，或者可以理解为总体分布向某个方向移动。但是，在这一过程当中，总体分布的形状是不变的，加上或减去一个常数并不影响总体分数的变异大小，即总体的标准差是不变的。

事实上，z 检验考验统计量的计算过程中也应用了这一前提。我们知道，虚无假设是针对处理之后的总体提出的，也就是针对样本所代表的总体提出的。从 z 分数的构成中我们可以分析得出，分子中样本均值是处理后总体的估计值，因此分子包含了两个总体的比较。然而分母呢？我们实际上并不知道处理后的总体的变异性到底有多大，而是直接利用原来总体的标准差来计算标准误。于是，z 分数的计算暗含了这样的假设，即处理前后总体的标准差是保持恒定的。

四、样本均值正态分布

我们选用 z 分数来评价假设，并通过标准正态分布表来确定临界 z 分数，划分临界区域。然而，只有在分布为正态的时候，z 分数和分布中的绝对数值才有一一对应的关系。因此，如果样本均值分布不满足正态前提的话，使用 z 分数会引起结果的偏差。其实这一前提实质上也是在要求随机化抽样。

§6 假设检验的效力

效力(power)对于读者们而言还是一个陌生的概念，让我们先从假设检验的错误开始说起。在前面我们提到Ⅱ类错误是当虚无假设是错误的时候，我们没能拒绝它，而使得实际存在的处理效应被埋没了。尽管我们无法确定地知道Ⅱ类错误的概率，但是常用 β 来表示。

假设检验的效力是指该检验能够正确地拒绝一个错误的虚无假设的概率，因此效力可以表示为 power$=1-\beta$。换句话说，效力也反映了假设检验能够正确侦察到真实的处理效应的能力。检验的效力越高，侦察能力越强。请大家回头看图 6.4，不难发现，效力实际上就是矩阵右上方的部分所代表的概率。图 6.5 为我们直观地展示了效力大小以及与临界区域的关系:请注意我们所抽取的样本代表的是处理后的总体,如果均值落在了阴影区域,即处于临界区域,我们会拒绝虚无假设,认为该样本来自另一个总体。也就是说,样本均值落在阴影区域的时候,我们正确拒绝了错误的虚无假设,因此阴影区域即表示假设检验的效力。而如果样本均值落在了旁边的横条纹区域,则不能拒绝虚无假设,假设检验没能侦察到实际存在的处理效应,也就是所谓的Ⅱ类错误。因此,横条纹区域实际上代表了Ⅱ类错误的概率 β。

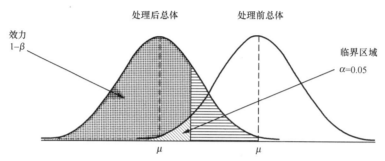

图 6.5　假设检验效力示意图

影响假设检验效力的因素主要有:

一、处理效应大小

显而易见,处理效应越明显,越容易被侦察到,假设检验的效力也就越大。图 6.6 呈现了两个假设检验情境。左边的图中两总体差异较大,即处理效应较大,处理后的总体中位于临界区域内的部分较多,阴影区域较大,从而效力较高;而右边的图中两总体差异较小,处理后总体位于临界区域的面积,即阴影区域较小,效力较低。

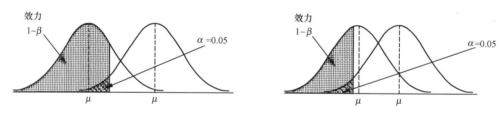

图 6.6　处理效应大小对假设检验效力的影响

二、显著性标准

从刚才的比较中我们发现,代表检验效力的阴影区域就是处理后总体位于临界区域内的部分。那么,如果临界区域的面积增加,就会将另外一部分处理后总体的面积也涂上阴影,从而增加检验效力,如图 6.7 所示。除了形象思维以外,我们从假设检验的原理也能够推断出显著性标准和统计效力的关系。临界区域增加,拒绝虚无假设的概率增大,先前由于Ⅱ类错误而未侦察到的处理效应显现出来。

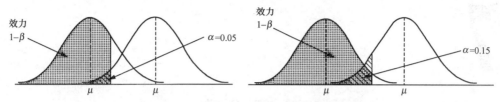

图 6.7　显著性标准对假设检验效力的影响

三、检验的方向性

既然临界区域的大小能够影响效力，读者也许会想到图 6.1 和图 6.2，即双尾检验和单尾检验。从那两幅图中我们会发现，对于同样的显著性标准 α，在某一个方向上，单尾检验的临界区域要大于双尾检验。因此，如果差异发生在该方向，单尾检验侦察处理效应的能力显然高于双尾检验，即效力更高，如图 6.8 所示。

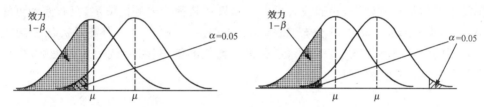

图 6.8　检验的方向性与效力的关系

四、样本容量

先前我们都在讨论总体的平移以及标准的平移，现在让我们来看看分布形状变化对效力的影响。不难发现，如果两总体均值差异固定，且选用特定的显著性标准，当分布越为扁平的时候，处理后总体在临界区域内的面积越小；而分布越为瘦长的时候，处理后总体在临界区域内的面积越大，如图 6.9 所示。以上是形象的说法，分布的"扁平"和"瘦长"实际上是其变异的大小。在假设检验中需要遵循总体方差不变的前提，因此根据中心极限定律，只有样本容量能够改变样本均值分布的变异程度。样本容量越大，标准误越小，样本均值分布越集中，代表统计效力的阴影区域越大，统计效力越高。

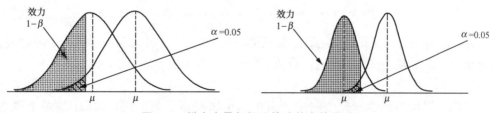

图 6.9　样本容量与假设检验效力的关系

7

二项分布

我们先来看看这样一个例子:我们掷硬币的时候,掷了2次,2次均掷到正面(字朝上)的概率是多少?

可以看出,这不同于前面讲的情况,例如考试分数或者身高。在这个例子当中,每次掷硬币的结果只有两个:正面或者反面。如果在某种特定的情境下,只有两种可能的结果,其结果就形成一个二项分布(binomial distribution)。二项分布是离散型随机变量最常用的一种类型。除了掷硬币,还有很多类似的例子:考试成功或者失败,生男孩或者生女孩,对是否题的回答,等等。

§1 二项分布的概率

假设两个事件分别是 A 和 B,我们设 p 为 A 的概率,q 为 B 的概率,那么 $p+q$ 等于多少呢?把这个问题放到掷硬币的情境中,我们可以很快想到,掷到正面(事件 A)和反面(事件 B)的概率之和为 1,也就是说,$p+q=1$,即 $q=1-p$。

我们以 n 来表示样本中所包含个体(或观察)的数目,而 X 为样本中事件 A 发生的数目,那么,在 n 次观察中,事件 A 发生的总次数 X 就是二项变量,X 的概率分布就叫二项分布。自然,X 的可能取值为 $0,1,2,\cdots,n$,二项分布表达了与从 $X=0$ 到 $X=n$ 的每一个 X 值有关的概率。

那么,二项分布可以用以下的公式来表示:

$$P(X=x) = C_n^x p^x q^{n-x}, \quad (x=0,1,2,\cdots,n) \tag{7.1}$$

在二项分布中,如果 $n=1$,那么 X 只能取值 0 和 1,这时的分布称为 0-1 分布或两点分布,它是二项分布的特例。分布律为 $P(X=0)=1-p$,$P(X=1)=p$,其中 $0<p<1$。

我们可以用心理学研究中的一个简单例子来具体了解公式(7.1)中的各个概念。假设研究者要了解抑郁患者的性别比例,在一个抑郁患者样本中,随机抽取一名患者。若设事件 A 为抽取对象为女性,则 A 发生的概率为抑郁患者总体中女性患者的比例。

n 为样本的含量,那么 X 就是样本中的女性人数。再如,假设生男孩的概率为 p,生女孩的概率为 $q=1-p$,令 X 表示随机抽查出生的 4 个婴儿中男孩的个数。那么,X 可取值 $0,1,2,3,4$。X 的概率函数为:$P(X=x)=C_4^x p^x q^{4-x}$,其中 $x=0,1,2,3,4$。大家可以在掷硬币、是否题等例子中考虑一下这些符号所指。

下面我们来看一个关于天气的具体例子:

例 7.1 假设每年 9 月份的降水概率为 0.40。若设 30 天的降水次数为 X,20 年的 9 月份降水次数的分布即为一个二项分布。

在这个具体情境中,我们可以知道,$p=0.40, q=0.60, n=30$。而 X 的取值范围是从 0 到 30。如果 20 年的 X 值分别为:15,18,11,12,11,16,14,12,10,12,13,14,13,14,12,8,9,10,12,13。根据前面所学过的知识,我们可以很快做出这个二项分布的次数分布图,如图 7.1 所示。

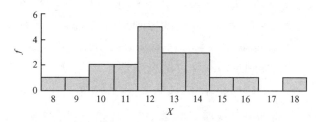

图 7.1 20 年 9 月份降水次数分布图

让我们再回到掷硬币的例子。二项分布的概率是与事件 A 发生的概率 p 有关的。我们不妨作出两种情况的二项分布图来对比一下。图 7.2(a) 和图 7.2(b) 分别是 $n=6$ 的情况下的二项分布图,但两者的差别在于 p 不同,分别为 0.5 和 0.3。

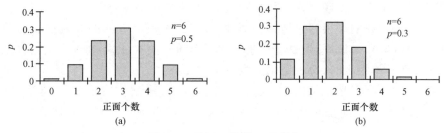

图 7.2 不同 p 值的二项分布

大家可以看到,当 $p=0.5$ 时,二项分布是正态的;而当 $p=0.3$ 时,二项分布是正偏态的。

总的来说,二项分布的图形有这样的特点:对于固定的 n 和 p,当 x 增加时,概率 $P(X=x)$ 先是随之增加直至最大值,然后单调减少。在后面的内容中,我们还会介绍二项分布图形的另一重要特性。

一、利用公式求二项分布的概率

我们尝试用公式(7.1)来计算二项分布的概率。先看下面这个例子：

例 7.2 在一个有关电脑游戏成瘾的心理学研究中，研究者在一所中学里随机、有放回地抽取 $n=10$ 的样本，假设这所中学里玩游戏和不玩游戏的学生比例为 1:1，那么，样本中正好有 4 名玩游戏的学生的概率是多少？

在这个题目中，$n=10, x=4, p=0.5, q=0.5$。那么，代入公式(7.1)，可以得到：

$$P(X=x) = C_n^x p^x q^{n-x} = C_{10}^4 (0.5)^4 (0.5)^{10-4} = \frac{10 \times 9 \times 8 \times 7}{4 \times 3 \times 2 \times 1}(0.5)^{10} = 0.2051$$

在这个例子中，我们注意到抽样的过程是"有放回地"，但是实际研究中我们也常常会遇到无放回的情况，这个时候我们就不能用以上的方法来解决问题了。

例如若将上题改成随机、无放回地抽取样本，其他均不变，那么由于被抽中的学生不再放回原总体去参加下一次抽取，每次抽取到玩游戏的学生的概率都会受到前一次抽取结果的影响。我们假设学校学生的总体为 1000 人，其中玩游戏的学生为 500 人。第一次抽取学生的时候，抽到玩游戏学生的概率是 0.5；当第一次抽到一名不玩游戏的学生时，总体还剩 999 人，玩游戏的学生仍然是 500 人，那么下一次抽到玩游戏学生的概率是 $\frac{500}{999}$；当第一次抽到一名玩游戏的学生时，总体还剩 999 人，玩游戏的学生却只有 499 人，则下一次抽到玩游戏学生的概率只有 $\frac{499}{999}$……这样看来，每一次抽取都不是相互独立的，会受前一次抽取的影响。而当有放回地抽取时，不管抽到的是玩游戏的还是不玩游戏的学生，抽到一人记下名字再放回总体之后，下一次抽取时，总体还是 1000 人，玩游戏的学生也仍为 500 人，每次抽到玩游戏学生的概率均为 0.5。

这样一分析，我们能很容易地区分两种情况：当解决有放回的随机抽取问题时，我们可以用公式(7.1)来计算，但是如果是无放回的随机抽取，就不属于上述情况。当然，当总体很大而样本很小时，两者结果并没有很大差异。

因此，在这里我们必须指出，二项分布的公式(7.1)的成立有一个非常重要的前提假设：n 次试验彼此之间是相互独立的，每一次试验的概率并不因为其他试验的结果而受到影响。

总结起来，公式(7.1)的成立暗含了以下几个假设：①事件是二分的，也就是只可能出现两个结果；②事件是排他的，也就是如果发生 A，就不可能发生 B；③事件是相互独立的；④遵循随机抽样原则。

有时候，我们会遇到需要概率相加的情况。在上面的例题中，样本中至少有 5 名玩游戏的学生的概率是多少？至少有 1 名玩游戏的学生的概率又是多少？

对于第一个问题，我们需要将样本中有 5 名、6 名、7 名、8 名、9 名和 10 名玩游戏的学生的概率相加：

$$P(x \geqslant 5) = C_{10}^5(0.5)^5(0.5)^5 + C_{10}^6(0.5)^6(0.5)^4 + C_{10}^7(0.5)^7(0.5)^3$$
$$+ C_{10}^8(0.5)^8(0.5)^2 + C_{10}^9(0.5)^9(0.5) + C_{10}^{10}(0.5)^{10}$$
$$= 0.24609 + 0.20508 + 0.11719 + 0.04395 + 0.00977 + 0.00098$$
$$= 0.62306$$

对于第二个问题,我们显然可以用更简便的方法来求得,即至少有1名玩游戏的学生的概率等于1减去10名学生全不玩游戏的概率:

$$P = 1 - P(x = 0) = 1 - C_{10}^0(0.5)^{10} = 1 - 0.00098 = 0.99902$$

但是公式(7.1)也并非万能,当 n 比较大的时候,计算将是非常烦琐的。比如下面这个例子:

例 7.3 在一个产品生产中,生产次品的概率是 0.001。那么从 5000 个已生产的产品中随机抽取得到 5 个以上(不包括 5 个)次品的概率是多少?

根据题意和公式(7.1),我们将得到以下计算式:

$$P(X > 5) = \sum_{x=6}^{5000} P(X = x) = \sum_{x=6}^{5000} C_{5000}^x (0.001)^x (0.999)^{5000-k}$$

我们可以看到,计算变得非常困难。在这种情况下,我们应该怎样更为方便地计算二项分布的概率呢?

二、二项分布与正态分布

现在我们回到掷硬币的情境中,从简单的问题开始进一步了解二项分布的概率问题。

假设事件 A 为掷硬币掷到正面朝上,B 则是反面朝上。那么我们知道,在硬币均匀的前提下,$p = P(A) = \frac{1}{2}, q = P(B) = \frac{1}{2}$。假设 $n=2$(即将硬币掷 2 次),则有多少可能的结果呢?

简单来想,可以得到表 7.1 所示的几种情况,并画出次数分布图:

表 7.1 掷硬币($n=2$)的可能结果

第 1 次	第 2 次	正面个数
正面	正面	2
正面	反面	1
反面	正面	1
反面	反面	0

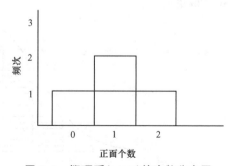

图 7.3 掷硬币($n=2$)的次数分布图

那么，考虑一下以下这些问题：①两次掷到正面的概率是多少？②掷不到正面的概率是多少？③只有一次掷到正面的概率是多少？④至少一次掷到正面的概率是多少？根据表7.1和图7.3，我们可以很快得到上述问题的答案，分别是 $\frac{1}{4}$，$\frac{1}{4}$，$\frac{1}{2}$ 和 $\frac{3}{4}$。

以上这个例子是 $n=2$ 的简单情况，那么假设 $n=6$，有多少种可能的结果呢？通过分析我们可以知道是64种，公式是 2^n，表7.2和图7.4分别为得到的可能结果和次数分布图。

表7.2 掷硬币（$n=6$）的可能结果

第1次	第2次	第3次	第4次	第5次	第6次	正面个数
正面	正面	正面	正面	正面	正面	6
正面	正面	正面	正面	正面	反面	5
正面	正面	正面	正面	反面	正面	5
正面	正面	正面	正面	反面	反面	4
⋮	⋮	⋮	⋮	⋮	⋮	⋮
反面	反面	反面	反面	反面	反面	0

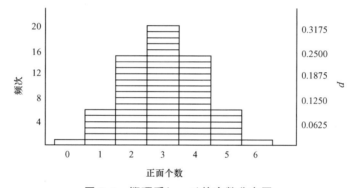

图7.4 掷硬币（$n=6$）的次数分布图

我们看到 $n=6$ 的时候，二项分布已经与正态分布有些类似了，可以通过图7.5的形式看得更清楚：

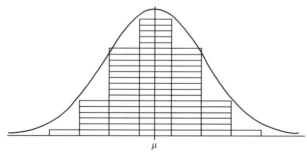

图7.5 二项分布与正态分布

这就给我们提出这样一个问题:在什么条件下,二项分布可以近似为正态分布?答案是当 n 足够大($pn>10$ 和 $qn>10$)时,二项分布可以近似为正态分布。大家可以试试看在掷硬币的情景下,n 更大时的二项分布。

了解了二项分布与正态分布的关系,我们在二项分布近似于正态分布时,可以利用正态分布来求二项分布的概率。

§2 二项分布的均值和标准差

假如我们把 1000 个均匀的硬币掷到地上,那正面朝上的概率分布就是一个正态分布。显然,$p=0.50$。虽然要计算各个正面朝上数目 X 的概率是非常烦琐的,但是也许你已经猜到 X 的均值是 500。同样,如果是 600 个均匀的骰子,6 点朝上的概率 $p=1/6$,X 的均值则是 100。

二项分布的均值计算公式

$$\mu = pn \tag{7.2}$$

而方差的公式则是

$$\sigma^2 = npq \tag{7.3}$$

因此标准差的公式是

$$\sigma = \sqrt{npq} \tag{7.4}$$

例 7.4 一个考生做 20 道每题 1 分的是非题,如果完全不会做,只凭猜测,那么靠猜测得分的范围有多大?

这道题的意思是,若按照正态分布 95% 的置信区间来看,考生的得分在哪个范围。我们知道,正态分布中,95% 的置信区间对应的 z 值是 1.96,那么我们可以这样来做:

解

$$\mu = pn = 20 \times \frac{1}{2} = 10$$

$$\sigma = \sqrt{npq} = \sqrt{20 \times \frac{1}{2} \times \frac{1}{2}} = 2.236$$

由于 $z = \dfrac{X-\mu}{\sigma}$,所以 $X = \mu \pm z \times \sigma = 10 \pm 1.96 \times 2.236 = 10 \pm 4.38$。

也就是说,这个考生靠猜测的是非题得分有 95% 的可能性会在 5.62~14.38 分之间。

利用正态分布来求二项分布的概率要注意的一点是,正态分布中 X 的值是一段,而并非一点,所以当二项分布近似为正态分布时,需要考虑精确上下限。因为我们是在用连续型分布(正态分布)来估计离散型分布(二项分布)的值。

在下面这个例子中,就需要考虑精确上下限。

例 7.5 农村中学学生有些会中途退学,如果每个人中途退学的概率是 0.10,那么,在 100 人的班上:①有不少于 15 个学生退学的概率是多少?②有多于 15 个学生退学的概率是多少?

分析 对这两个问题,我们都可以先求出均值和标准差,方法是一样的。

由于 $\qquad n=100, p=0.10, q=0.90$

那么 $\qquad \mu=pn=0.10\times 100=10$

$$\sigma=\sqrt{npq}=\sqrt{100\times 0.10\times 0.90}=\sqrt{9}=3$$

接下来,对于两个问题中概率的算法却不一样,一个是不少于 15 个学生,一个是多于 15 个学生。也就是说,一个是要利用 15 的精确下限,另一个则是要利用 15 的精确上限。具体是这样做的:

① 根据 $z=\dfrac{X-\mu}{\sigma}$,由于 $X\geqslant 14.5$,则 $z\geqslant \dfrac{14.5-10}{3}=1.5$,查正态分布表可知对应的 $P=0.0668$。

② 根据 $z=\dfrac{X-\mu}{\sigma}$,由于 $X\geqslant 15.5$,则 $z\geqslant \dfrac{15.5-10}{3}=1.833$,查正态分布表可知对应的 $P=0.0335$。

例 7.6 假如一个考生参加一个 50 道题的选择题测验(每题 2 分),二选一。他全凭猜测作答,猜对 30 道题得到 60 分的概率是多少?

解 由题目中的条件可知 $n=50, p=1/2, q=1/2$,因此 $pn=25, qn=25$。由于 pn 和 qn 都大于 10,我们可以假定分布近似正态分布。

30 道题放在正态分布图中应当看作是对应 29.5 到 30.5 之间这段距离。

因此 $\qquad \mu=pn=\dfrac{1}{2}\times 50=25$

$$\sigma=\sqrt{npq}=\sqrt{50\times \dfrac{1}{2}\times \dfrac{1}{2}}=3.536$$

30.5 对应的 z 分数为 $\qquad z_1=\dfrac{X-\mu}{\sigma}=\dfrac{30.5-25}{3.536}=1.555$

29.5 对应的 z 分数为 $\qquad z_2=\dfrac{X-\mu}{\sigma}=\dfrac{29.5-25}{3.536}=1.273$

查标准正态分布表可知,两个 z 分数对应的概率 P_1 和 P_2 分别是 0.4400 和 0.4003,因此,

$$P=P_1-P_2=0.4400-0.4003=0.0397$$

也就是说,得到 60 分的概率应该是 0.0397。

§3 百分比检验

通过前面的学习,我们已经了解到,在二项分布涉及的问题中,个体要么具有某种特征,要么不具有某种特征。也就是说,要么发生事件 A,要么发生事件 B。而在实际的研究中,我们常常遇到的不仅仅是上述有关做题、掷硬币等可以直接计算的问题,而是需要从总体中抽取样本来估计总体的情况。例如,从一个城市的居民中抽取一部分,其中男性的比例为 60%,那么这个城市居民的性别比例是多少?在类似这样的例子中,我们需要以抽取的样本的情况来估计总体的情况。

一、对总体的百分比检验

在上述例子中,城市居民的男性比例是总体百分比例,而抽取的一部分居民中男性比例则是样本百分比例。我们把总体比例记作 p,是总体中具有某种特征的个体数占全部个体数的比例;把样本比例记作 p',是样本中具有这种特征的个体数占样本的全部个体数的比例。我们可以知道,样本百分比例会随着抽取到的样本的不同而发生变化,因此可以形成一个取样分布。在第 5 章中,我们介绍过由样本和总体的关系以及均值形成的取样分布。

在这里,我们可以发现,样本百分比例的取样分布与二项分布有很大的关系。因为,与二项分布所研究的问题一样,在同一个总体当中,要么发生事件 A,要么发生事件 B。因此,当我们从一个总体中抽取出一个容量为 n 的样本时,对应前面所学的二项分布的概念,样本中事件 A 发生的次数 X(或者说具有某种特征的个体数)应该是服从二项分布的,而样本比例 p' 显然也服从二项分布:

$$p' = \frac{X}{n}$$

前面我们已经给出二项分布的均值为 $\mu = pn$,而标准差为 $\sigma = \sqrt{npq}$。那么,百分比例的均值和标准误是多少呢?百分比例的均值也就是指百分比例在取样分布上的均值,它与二项分布的均值的实质意义其实是相同的,只是单位不同而已。二项分布是以事件 A 出现的次数来表示,而百分比例要将次数再除以 n。因此,我们可以想到,如果将二项分布的均值除以 n,就可以得到百分比例的均值。同理,我们也可以将二项分布的标准差除以 n,以得到百分比例的标准误:

$$\mu_p = \frac{pn}{n} = p \tag{7.5}$$

$$\sigma_p = \frac{\sigma}{n} = \frac{\sqrt{npq}}{n} = \sqrt{\frac{pq}{n}} \tag{7.6}$$

当总体的 p,q 未知时,我们可以用样本的 p',q' 代替:

$$\sigma_p = \sqrt{\frac{p'q'}{n}} \tag{7.7}$$

例 7.7 对高三年级的 500 名学生进行一次模拟测验后,从中随机抽取 50 名学生,发现合格的有 30 人。那么整个高三年级合格的人数有多少?

分析 这道题是以样本的百分比例来估计总体情况。总体的 p 和 q 都是未知的,但我们可以求出样本的 p' 和 q',其中 X 是指样本中合格的人数:

$$p' = \frac{X}{n} = \frac{30}{50} = 0.6, \quad q' = 1 - p' = 1 - 0.6 = 0.4$$

由前面学习的内容可知,此时 $p'n > 10$,因此我们可以利用正态分布来求二项分布的概率。

设合格人数比例的置信水平为 0.95,可知正态分布中 95% 的置信区间对应的 z 值是 1.96。先求出标准误:

$$\sigma_p = \sqrt{\frac{p'q'}{n}} = \sqrt{\frac{0.6 \times 0.4}{50}} = 0.0693$$

总体的 p 的 0.95 置信区间为:

$$0.6 \pm 1.96 \times 0.0693 = 0.6 \pm 0.136$$

所以,整个高三年级合格人数比例在 0.464~0.736 之间,乘以全年级人数 500 人,可得到合格人数为 232~368 人。

有时我们从总体中抽取一个样本,需要检验这个样本的百分比例是否与总体的百分比例相同,这就涉及对总体的百分比检验,也就是样本的百分比例 p' 与总体比例 p 之间有无显著性差异。这时我们的虚无假设为 $H_0: p = p'$,即假设样本的百分比例 p' 与总体比例 p 之间没有显著性差异;反过来,$H_1: p \neq p'$。如果利用正态分布来计算的话,当 $|z_{\text{obs}}| > z_{\text{crit}}$ 时,应当拒绝虚无假设 H_0。也就是说,当我们计算出来的观测值大于置信区间的临界值时,虚无假设不成立,样本的百分比例 p' 与总体比例 p 之间有显著性差异,它们不属于同一总体。相反的,当 $|z_{\text{obs}}| < z_{\text{crit}}$ 时,就应该接受虚无假设,即样本的百分比例 p' 与总体比例 p 之间没有显著性差异。

例 7.8 已知某市的男女性别比例是 55%,在一次调查中,抽取了市里 500 名居民,其中男性 310 名。那么,调查被试的男女性别比例与全市的性别比例是否相同?(取 $\alpha = 0.05$ 的显著性水平)

解 全市居民可以看作一个总体,$p = 0.55$,$q = 1 - p = 0.45$。样本中,

$$p' = 310/500 = 0.62$$

假设调查被试的男女比例与全市的性别比例相同,则

$$H_0: p = p', \quad H_1: p \neq p'$$

接下来计算样本的实际 z 分数。对应前面学过的有关均值的 z 分数,可以推出这里百分比例的 z 分数计算方法如下:

$$\sigma_p = \sqrt{\frac{pq}{n}} = \sqrt{\frac{0.55 \times 0.45}{500}} = 0.022$$

计算 z 分数的值:

$$z_{\text{obs}} = \frac{p' - p}{\sigma_p} = \frac{0.62 - 0.55}{0.022} = 3.18$$

若以 0.95 为置信水平,则 z 的临界值为 1.96,可见,$|z_{\text{obs}}| > z_{\text{crit}}$,因此我们应当拒绝虚无假设,调查被试的男女性别比例与全市的性别比例不同,而且是高于全市的男女比例。

二、两总体的百分比检验

有关百分比检验,在上一节中我们介绍的是样本与总体的百分比检验。还有另外一种情况是,已知两个样本的百分比例,要由此推断出这两个样本所代表的总体的情况。后一种情况,我们要用两总体的百分比检验来解决。因此,两总体的百分比检验也就是指检验两样本各自对应总体的百分比例 p_1 和 p_2 之间差异是否显著。

我们先来了解一下两样本百分比例差异的取样分布。假设从百分比例为 p_1 和 p_2 的两个总体中分别随机抽取样本容量为 n_1 和 n_2 的样本,得到两百分比例 p_1' 和 p_2'。当样本容量足够大时(一般 $p_1'n > 10, p_2'n > 10$),我们可以将 p_1' 和 p_2' 的差 D_p 看作是正态分布。这个正态分布的均值和标准误分别如下:

$$\mu_{p_1 - p_2} = p_1 - p_2 \tag{7.8}$$

$$\sigma_{p_1 - p_2} = \sqrt{\frac{p_1 q_1}{n_1} + \frac{p_2 q_2}{n_2}} \tag{7.9}$$

如果总体的百分比例 p_1 和 p_2 未知,则可以用样本的比例 p_1' 和 p_2' 来代替:

$$\sigma_{p_1 - p_2} = \sqrt{\frac{p_1' q_1'}{n_1} + \frac{p_2' q_2'}{n_2}} \tag{7.10}$$

如果两个样本是来自同一总体,即 $p_1 = p_2$ 的时候,我们就不能用上述方法来计算标准误,而是先要通过加权平均数的方法计算得到平均百分比例:

$$\bar{p} = \frac{n_1}{n_1+n_2} p'_1 + \frac{n_2}{n_1+n_2} p'_2 = \frac{n_1 p'_1 + n_2 p'_2}{n_1+n_2} \qquad (7.11)$$

然后再将这个平均百分比例代入公式(7.9)中,得到:

$$\sigma_{\bar{p}} = \sqrt{\bar{p}\bar{q}\frac{n_1+n_2}{n_1 n_2}} \qquad (7.12)$$

例 7.9 分别在城市 A 和城市 B 分别抽取了 500 人和 400 人,发现男女性别比例分别是 0.54 和 0.49,那么,这两个城市的性别比例是否一样?(取 $\alpha=0.05$)

分析 设 $H_0: p_1 = p_2$

由于有这个假设,就不能用公式(7.10)来做,而是先要按公式(7.11)计算出平均百分比例:

$$\bar{p} = \frac{n_1 p'_1 + n_2 p'_2}{n_1+n_2} = \frac{500 \times 0.54 + 400 \times 0.49}{500+400} = 0.518$$

因此:
$$\bar{q} = 1 - \bar{p} = 1 - 0.518 = 0.482$$

代入公式(7.12):

$$\sigma_{\bar{p}} = \sqrt{\bar{p}\bar{q}\frac{n_1+n_2}{n_1 n_2}} = \sqrt{0.518 \times 0.482 \times \frac{500+400}{500 \times 400}} = 0.034$$

计算 z 分数的值:

$$z_{\text{obs}} = \frac{p'_1 - p'_2}{\sigma_{\bar{p}}} = \frac{0.54 - 0.49}{0.034} = 1.47$$

当以 0.95 为置信水平时,z 的临界值为 1.96,因此,$|z_{\text{obs}}| < z_{\text{crit}}$,因此我们应当接受虚无假设,即城市 A 和城市 B 的性别比例没有显著性差异。

8

t 统计量简介

在第 6 章中,我们介绍了假设检验的逻辑以及 z 检验的具体过程。仔细回顾一下不难发现,如果想要通过 z 统计量来判定是否拒绝虚无假设,我们必须对总体和样本的分布状况有清晰的了解,即不仅要知道其各自的均值,还必须要知道总体的差异量数——标准差。例如,某高校教师教授普通心理学课程已十个学期,期末考试分数(满分为 50 分)总体上呈参数为 $\mu=42, \sigma=9$ 的正态分布。本学期班上有 100 名学生,该教师尝试了新的教学方法,本次期末考试的平均分 $\bar{X}=46.5$。那么,新的教学方法是否有效呢?利用前面所学的知识,我们可以通过确定 α 水平和检验方向,找出临界值,计算出 z 统计量与之比较,从而很轻松地解答这个问题。

然而,在实际的研究工作当中,情形并不总是与上述情境中类似。假如该教师并没有对以往的分数进行很好的保存,只知道上学期期末考试分数总体上呈参数为 $\mu=42$,σ 未知的正态分布。本次期末考试分数的均值 $\bar{X}=46.5$,标准差 $S=9$。总体分布的差异量数未知,这时候还能计算 z 统计量吗?答案是否定的。但是,总体方差未知的情况是相当普遍的,甚至可以说绝大多数的研究情境都如此。"总体"这一概念对研究者而言常常是"可望而不可即",很少有人会把总体中的每一个个体都纳入分析当中。我们通常都是在对"总体"进行估计,利用科学的采样方法以及一定的样本数量来保证估计的质量。因此,z 检验通常只在以下少数研究情境中得以应用:①应用多年的标准化成就测验,如美国教育考试服务中心的 GRE 考试等;②已确立常模的标准化心理测验,如 IQ 测验;③二项分布。在相当一部分研究中,我们无法得知虚无假设总体方差。因此,也无法使用 z 分数进行假设检验。

沿袭利用样本对总体进行估计的思路,上述问题是完全可以得到解决的。虽然总体的方差未知,我们可以根据样本分布的差异情况来代替。在本章中,我们将为大家介绍另一种广泛应用的假设检验——t 检验,包括 t 统计量的概念和计算方法,t 检验的步骤等,并与之前介绍过的 z 检验进行比较。

§1 t 统计量简介

既然是用样本的差异量数来估计总体的变异性,我们不妨首先来回顾一下样本方差的相关知识。在第 3 章介绍差异量数时,我们介绍了样本方差的计算方法:

样本方差 $$S^2=\frac{SS}{n-1}$$

样本标准差 $$S=\sqrt{\frac{SS}{n-1}}$$

由于总体方差未知,我们将使用由上述公式得出的样本方差来估计标准误。做法与之前介绍过的内容完全相同,只需要将原公式中的总体方差 σ 替换为样本方差 S 即可。计算出的标准误的估计值用 $s_{\overline{X}}$ 表示,以注明其是由样本方差计算得到,和先前的 $\sigma_{\overline{X}}$ 加以区别,即:

估计标准误 $$s_{\overline{X}}=\sqrt{\frac{S^2}{n}}=\frac{S}{\sqrt{n}} \tag{8.1}$$

将标准误的估计值 $s_{\overline{X}}$ 代入 z 分数的计算公式,即得到本章重点介绍的 t 统计量:

$$t=\frac{样本均值-总体均值}{估计标准误}$$

即 $$t=\frac{\overline{X}-\mu}{s_{\overline{X}}} \tag{8.2}$$

效应量(effect size)表示两个分布的重叠程度,反映了研究中处理效应的大小。效应量越大,如图 8.1 所示,两分布重叠的程度越小,效应越明显。更重要的是,效应量不受样本量影响。t 检验中常用的效应量是 Cohen's d,效应量 d 会因为联合标准差的计算方式不同而不同。

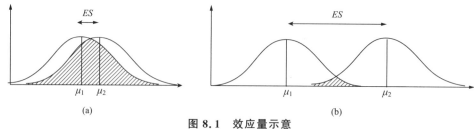

图 8.1 效应量示意

将均值差异和标准差代入效应量公式:

8 t统计量简介

$$\text{Cohen's } d = \frac{\overline{X} - \mu}{S}$$

利用均值和标准误计算得到均值差异的 95% 置信区间(95%CI,对置信区间的详细介绍请参见第 11 章):

$$\text{Upper} = (\text{样本均值} - \text{总体均值}) + t_{(0.05/2, df)} \times \text{标准误} \tag{8.3a}$$

$$\text{Lower} = (\text{样本均值} - \text{总体均值}) - t_{(0.05/2, df)} \times \text{标准误} \tag{8.3b}$$

例 8.1 已知总体均值 $\mu = 22$,根据表 8.1 样本的原始数据求 t 统计量的值。

表 8.1 例 8.1 的原始数据

编号	X
1	27
2	24
3	16
4	40
5	25
6	29
7	18
8	32
9	22
10	33
11	25
12	15

解 首先根据原始数据算出 X^2,见表 8.2:

表 8.2 例 8.1 的计算过程

编号	X	X^2
1	27	729
2	24	576
3	16	256
4	40	1600
5	25	625
6	29	841
7	18	324
8	32	1024
9	22	484
10	33	1089
11	25	625
12	15	225
$n=12$	$\sum X = 306$	$\sum X^2 = 8398$

由表 8.2 可知:$\sum X = 306, \sum X^2 = 8398$。分别计算下列统计量:

$$\overline{X} = \frac{\sum X}{n} = \frac{306}{12} = 25.5$$

$$SS = \sum X^2 - \frac{(\sum X)^2}{n} = 8398 - \frac{306^2}{12} = 595$$

$$S = \sqrt{\frac{SS}{n-1}} = \sqrt{\frac{595}{12-1}} = 7.355$$

$$s_{\overline{X}} = \frac{S}{\sqrt{n}} = \frac{7.355}{\sqrt{12}} = 2.123$$

求得

$$t_{\text{obs}} = \frac{\overline{X} - \mu}{s_{\overline{X}}} = \frac{25.5 - 22}{2.123} = 1.65$$

$$\text{Cohen's } d = \frac{\overline{X} - \mu}{S} = 0.48$$

$$95\% CI = (\overline{X} - \mu_0) \pm t_{(0.05/2, df)} \times s_{\overline{X}} = [-1.17, 8.17]$$

§2 t 统计量和 z 统计量的比较

表 8.3 z 统计量和 t 统计量的比较

	z 统计量	t 统计量
使用条件	σ^2 已知	σ^2 未知
标准误	标准误 $\sigma_{\overline{X}} = \frac{\sigma}{\sqrt{n}} = \sqrt{\frac{\sigma^2}{n}}$	估计标准误 $s_{\overline{X}} = \frac{S}{\sqrt{n}} = \sqrt{\frac{S^2}{n}}$
考验统计量	$z = \frac{\overline{X} - \mu}{\sigma_{\overline{X}}}$	$t = \frac{\overline{X} - \mu}{s_{\overline{X}}}$

表 8.3 对至今为止我们介绍过的两种统计量进行了比较。不难看出，t 统计量是当总体方差 σ^2 未知时，用来检验虚无假设总体均值的统计量，其公式在结构上同 z 分数公式基本相同，只是用样本方差替代了总体方差，从而采用了标准误的估计值。由于二者的标准误的公式几乎是一样的，所计算出的考验统计量也非常的接近。到这里，我们对于两种统计量的适用规则也应有清楚的认识：当总体方差 σ^2 已知时，用 z 统计量；当总体方差 σ^2 未知时，用样本方差估计总体方差，使用 t 统计量。因此，在一定程度上我们可以将 t 统计量看作是在条件不满足时对 z 统计量的一种替代，而且正如前文所讲，这种替代在实际研究情境中是相当普遍的。

那么，二者有什么不同呢？从表 8.3 中可以直观地看出，二者的差异全部来自样本方差 S^2 对总体方差 σ^2 的替代。而如果我们进一步对 S^2 和 σ^2 的计算公式进行考查，就会发现在二者的替代过程中涉及一个新的概念——自由度。

§3 t 统计量的自由度

广义的自由度(degree of freedom)描述了一个统计量中可以自由变化的分数的数目,而对于 t 统计量而言,自由度就是样本中可以自由变化的分数的数目。在计算样本方差 S^2 之前,我们必须知道样本的均值 $\overline{X}$。由于样本均值的限制,其中的一个分数不能再自由变化,因此 t 检验中的自由度 df 等于样本容量 n 减去 1,即

$$df = n - 1 \tag{8.4}$$

了解 t 统计量自由度的概念之后,我们可以对样本方差的公式进行如下变换:

$$S^2 = \frac{SS}{n-1} = \frac{SS}{df}$$

§4 t 分 布

一、t 分布的形状

在第 6 章讲的 z 检验中,z 分数的分布是正态分布。而本章将会介绍一种新的分布——t 分数的分布,简称 t 分布。从样本方差 S^2 和总体方差 σ^2 的计算公式中可以看出,当样本容量 n 的数目越大时,S^2 是 σ^2 更好的估计值,样本对总体的代表性就越好。因此,对于考验统计量而言,t 分布的形状是样本容量 n 的函数。更确切地说,t 分布的形状是自由度 df 的函数。对每一个自由度 df,都有一个特定形状的 t 分布与之对应。n 或 df 的数目越大,t 分布的形状越接近正态分布,如图 8.2 所示。当自由度趋近于正无穷的时候,t 分布曲线与正态分布曲线重合。同正态分布相比,t 分布的曲线相对扁平,表明其变异性相对较大。

从图 8.2 中我们可以直观地看出,对于分布曲线的尾部,也就是极端值的区域,t 分布曲线始终是在正态分布曲线之上的。这就意味着对于给定的 α 水平,t 分布的临界值大于正态分布的临界值,使得 z 检验总是比 t 检验更加敏感。同样,随着自由度 df 的值逐渐增大,两种分布的临界值之间的差距也越来越小。

由于 z 分数的分布是正态分布,我们在进行 z 检验的过程中使用标准正态分布表来确定假设检验的临界值。同样,在运用 t 统计量进行假设检验的时候,我们也需要确定临界值,因此将会用到 t 分布表。

二、t 分布表

从表 8.4 中可以看出,t 分布表描述了若干个不同的分布。表中的每一行都对应

着一个自由度 df,相应地也就对应着一个不同的 t 分布(虽然当 df 越来越大时,不同分布之间的差异变得微乎其微)。由于空间有限,t 分布表不可能列出所有可能的 t 分数的概率,其所列出的只是最常用的临界区域的 t 分数(即只对那些最常用的 α 水平而言)。从 t 分布表中数值的变化我们也可以得出刚才的结论,即自由度 df 越小,t 分布的曲线越为扁平,变异性越大;自由度 df 越大,t 分布的形状越接近正态分布。只需要注意代表某一显著性水平的纵行,会发现当 df 越来越大时,临界分数逐渐减小,表明 t 分布的变异性在逐渐变小。

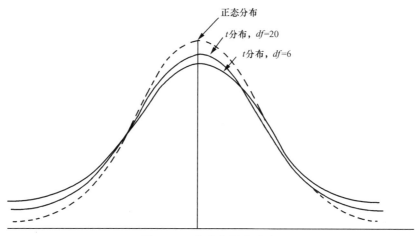

图 8.2 t 分布与正态分布

t 分布表的使用比标准正态分布表复杂些。回忆第 6 章的内容,我们决定是否拒绝 H_0 的一个方法是找出对应于临界区域的临界 z 分数(如,$\alpha=0.05$ 单尾检验的临界 z 分数是 1.65),然后考查计算出来的实际 z 分数,看它是否大于(或等于)临界 z 分数;如果是,我们就拒绝 H_0;如果不是,我们就接受 H_0。由于标准正态分布表只对应一个分布,对于 $\alpha=0.05$ 的单尾检验,临界值只有 1.65 一个数值。t 分布表的逻辑也是一样,但临界值会随 t 分布函数而变,也就是随 df 值而变,查表时应同时关注横、纵两个方向的标度。

表 8.4 t 的临界值表样例

df	单尾检验的显著性(α)					
	0.1	0.05	0.025	0.005	0.0025	0.0005
	双尾检验的显著性(α)					
	0.2	0.1	0.05	0.01	0.005	0.001
2	1.886	2.920	4.303	6.965	9.925	31.598
3	1.638	2.353	3.182	4.541	5.841	12.941
4	1.533	2.132	2.776	3.747	4.604	8.610
5	1.476	2.015	2.571	3.365	4.032	6.859

例如,对于自由度 df 等于5的 t 分布,我们若想要知道其右端5%的临界值,应该先找到自由度等于5的那一横行,由于我们只需要知道一侧的临界值,因此应该对应于单尾检验。然后再在表的顶端找到对应 $0.05(5\%)$ 的纵列。这样,我们就可以在相应的横行和纵列的交汇处找到需要的临界值 $t_{0.05}=2.015$。

此外,由于篇幅的限制,t 分布表一般只给出部分自由度水平的临界分数值。对于未列出的 df 值的 t 分布,不能用插值法,应选用其所列出的相邻的 df 较小的 t 值。例如,如果自由度 $df=39$,我们查表时发现只有 $df=30$ 和 $df=40$ 的值,这时应当选用 $df=30$ 的临界分数值,也就是临界值较大的那一个。这样是采取保守的策略,使我们不会拒绝那些本不应该被拒绝的虚无假设,从而保证Ⅰ类错误在既定的 α 水平以下。

§5 t 检 验

一、t 检验的逻辑

t 检验属于一种推论统计方法,我们根据所抽取的样本来推测其所代表的总体的分布。也就是说,样本所代表的总体的分布对于我们来说是未知的。当我们打算将这个未知总体与某个我们已知的总体的分布进行比较的时候,就需要使用 t 检验了。这种比较的实际表现形式是多种多样的,例如我们想要检验某一种处理方式,如药物、行为训练等是否有效,就需要将经过处理的总体和已知的未经过处理的总体进行比较;又如我们想要了解某一特殊的群体,如某种疾病的患病人群在某项指标或任务上和正常人是否有所不同,就需要将该特殊群体所在的总体和正常人的总体进行比较。那么,在 t 检验中,我们所设定的虚无假设 H_0 表示用于比较的两个总体的均值没有差异,从而表明处理方式没有效果,或者特殊人群的表现和正常人没有差异等。而备择假设 H_1 表示用于比较的两个总体的均值是有差异的,从而可以推出处理方式产生了效果等结论。

回顾公式(8.2),t 统计量的构成实际上完成了对两个总体的比较。我们利用样本均值 $\bar{X}$ 来估计未知总体的均值 μ_1,并求出其和已知总体均值 μ_0 的差值,并同分母中样本的标准误所代表的变异性进行比较。因此 t 统计量的大小反映了用于比较的两个总体均值的差异和样本分数的变异性之间影响力的比较。当这个差异足够大时,可认为该差异不是由于随机性所致,而是由于两个总体的均值确实存在差异,从而拒绝虚无假设 H_0。这里需要注意的是,由于 t 分布是一个对称分布,当 t 为负值时,t 的临界值亦为负值(与正态分布类似,在 t 分布表上我们并不能查到负值,而是根据 t 分布的对称性质推算)。这时,与 t 是正数的情况相反,我们需要 t 的观测值小于 t 的临界值才能拒绝虚无假设 H_0。

为使上述情况简单化,我们用 t 统计量观测值的绝对值与临界值的大小做比较。当 t 统计量观测值的绝对值大于等于我们所设定的显著性水平的临界值时,则拒绝虚

无假设 H_0。如果 t 统计量观测值的绝对值小于所设定的临界值时,说明结果主要是由于随机性而带来的变异的影响,因此不能判定两个总体的均值之间确实存在差异,从而接受虚无假设。

二、t 检验的步骤

使用 t 统计量进行假设检验的步骤和第 6 章中介绍过的 z 检验的步骤相似,如下所示:

步骤 1　陈述虚无假设 H_0 和备择假设 H_1,并确定显著性水平。

步骤 2　确定检验的方向是单尾还是双尾。假如研究者已经能够确定差异样本可能发生变化的方向,只是需要检验该变化是否显著,应采用单尾检验。但如果对于变化的方向并不能事先确知,则应采用双尾检验。另外,当根据研究情境选择单尾检验时,备择假设里的不等号应换用大于或小于号,以体现出明显的方向性。

步骤 3　根据样本容量确定 t 统计量的自由度,由公式 $df=n-1$ 得出。

步骤 4　根据步骤 3 中所得到的自由度以及先前确定的显著性水平,在 t 的临界值表中查出临界 t_{crit}。

步骤 5　计算实际 t 分数的值 t_{obs}。

步骤 6　比较临界 t 分数和实际 t 分数,并做出判断。如 $|t_{\text{obs}}|>t_{\text{crit}}$,则说明样本所代表的总体的均值和原先总体均值有显著差异,拒绝 H_0;如 $|t_{\text{obs}}|<t_{\text{crit}}$,则接受 H_0,即认为样本所代表的总体均值和原先总体均值没有显著差异。

例 8.2　9 位学生完成了一次 30 分钟的打字测验,研究者想了解这组学生是否比过去的学生错误更少。过去学生的平均错误次数是 9.0。9 位学生的错误次数是:6,7,7,8,8,8,9,9,10。那么这组学生是否比过去的学生错误更少呢?(用 $\alpha=0.05$ 的显著性水平)

解　由题意可知,该问题应采用单个样本的假设检验。由于总体方差未知,因此应使用 t 统计量进行假设检验。设 μ_0 为过去学生平均错误次数,μ_1 为这组学生的平均错误次数。

首先陈述假设:

虚无假设 H_0:$\mu_1 \geqslant \mu_0$,这组学生不比过去的学生错误更少

备择假设 H_1:$\mu_1 < \mu_0$,这组学生比过去的学生错误更少

已知显著性水平 $\alpha=0.05$。由于题中明确指出是否比原来更少,因此是单尾检验。

已知 $n=9$,从而自由度 $df=n-1=8$,查 t 的临界值表得临界值 $t_{0.05}=1.860$。由已知数据,分别计算 X^2,$\sum X$ 及 $\sum X^2$,见表 8.5:

表 8.5　例 8.2 的数据计算

X	X^2
6	36
7	49
7	49
8	64
8	64
8	64
9	81
9	81
10	100
$\sum X = 72$	$\sum X^2 = 588$

根据公式，分别计算各统计量及 t 分数的值：

$$\overline{X} = \frac{\sum X}{n} = \frac{72}{9} = 8$$

$$SS = \sum X^2 - \frac{\left(\sum X\right)^2}{n} = 588 - \frac{72^2}{9} = 12.0$$

$$S = \sqrt{\frac{SS}{n-1}} = \sqrt{\frac{12}{9-1}} = 1.225$$

$$s_{\overline{X}} = \frac{S}{\sqrt{n}} = \frac{1.225}{\sqrt{9}} = 0.408$$

$$t_{\text{obs}} = \frac{\overline{X} - \mu_0}{s_{\overline{X}}} = \frac{8-9}{0.408} = -2.45$$

与临界值进行比较：

$$\text{Cohen's } d = \frac{\overline{X} - \mu}{S} = 0.82$$

$$95\% CI = (\overline{X} - \mu_0) \pm t_{(0.05/2, df)} \times s_{\overline{X}} = [-1.94, -0.06]$$

$$|t_{\text{obs}}| = 2.45 > t_{0.05} = 1.86$$

差异的 95% 置信区间不包含 0，因此拒绝虚无假设 H_0，接受备择假设 H_1，即认为这组学生比过去的学生错误更少。

例 8.3　同样是例 8.2 中的这位研究者，在回顾数据资料时发现记录有误，过去学生的平均错误次数应该是 8.9。那么请问：这组学生是否与过去的学生错误次数不同？（用 $\alpha = 0.05$ 的显著性水平）

解　由题意可知，仍应该使用 t 统计量进行假设检验。设 μ_0 为过去学生平均错误次数，μ_1 为这组学生的平均错误次数。

首先陈述假设：

虚无假设 $H_0: \mu_1 = \mu_0$，这组学生的平均错误次数和过去相同

备择假设 $H_1: \mu_1 \neq \mu_0$，这组学生的平均错误次数和过去不同

已知显著性水平 $\alpha=0.05$。由于题中未指出检验的方向，因此采用双尾检验。已知 $n=9$，从而自由度 $df=n-1=8$，查 t 的临界值表得临界值 $t_{0.05/2}=2.306$。

根据公式计算 t 分数的值：

$$\overline{X} = \frac{\sum X}{n} = \frac{72}{9} = 8$$

$$SS = \sum X^2 - \frac{(\sum X)^2}{n} = 588 - \frac{72^2}{9} = 12.0$$

$$S = \sqrt{\frac{SS}{n-1}} = \sqrt{\frac{12}{9-1}} = 1.225$$

$$s_{\overline{X}} = \frac{S}{\sqrt{n}} = \frac{1.225}{\sqrt{9}} = 0.408$$

$$t_{\text{obs}} = \frac{\overline{X} - \mu_0}{s_{\overline{X}}} = \frac{8-8.9}{0.408} = -2.21$$

$$\text{Cohen's } d = \frac{\overline{X} - \mu}{S} = 0.73$$

$$95\%CI = (\overline{X} - \mu) \pm t_{(0.05/2, df)} \times s_{\overline{X}} = [-1.84, 0.04]$$

与临界值进行比较：

$$|t_{\text{obs}}| = 2.21 < t_{0.05/2} = 2.306$$

且差异的 95% 置信区间包含 0，因此接受 H_0，即认为这组学生的平均错误次数和过去相同。

例 8.4 一位研究者编制问卷来评定抑郁水平，并对相当数量的正常人进行了测量，得到均值 $\mu=55$，且分数分布呈正态。测验中，高分表示抑郁程度高。为确定测验是否对那些有抑郁情绪的个体有足够的敏感性，随机抽取了一个抑郁症病人样本，对其进行测试。得到一组数据如下：

59，60，60，67，65，90，89，73，74，81，71，71，83，83，88，83，84，86，85，78，79

病人在这一测验上的分数与正常人显著不同吗？（用 $\alpha=0.01$ 的显著性水平）

解 由于总体方差未知，应使用 t 统计量进行假设检验。设 μ_0 为正常人的得分均值，μ_1 为抑郁个体的得分均值。

首先陈述假设：

虚无假设 $H_0: \mu_1 = \mu_0$，抑郁个体的得分与正常人没有显著不同

备择假设 $H_1: \mu_1 \neq \mu_0$，抑郁个体的得分与正常人有显著不同

已知显著性水平 $\alpha=0.01$,由于题目中未指出检验方向,采用双尾检验。

自由度 $df=n-1=21-1=20$,查 t 的临界值表得临界值 $t_{0.01/2}=2.845$。

由于题目中的数据偏大,因此为了简化计算过程,我们将这些数据减去一个中间值75,得到一组较小的数据进行计算,如表 8.6 所示:

表 8.6 例 8.4 的数据计算

X	X^2
−16	256
−15	225
−15	225
−8	64
−10	100
15	225
14	196
−2	4
−1	1
6	36
−4	16
−4	16
8	64
8	64
13	169
8	64
9	81
11	121
10	100
3	9
4	16
$\sum X = 34$	$\sum X^2 = 2052$

根据公式计算 t 分数的值:

$$\bar{X} = \frac{\sum X}{n} = 75 + \frac{34}{21} = 76.619$$

$$SS = \sum X^2 - \frac{(\sum X)^2}{n} = 2052 - \frac{34^2}{21} = 1996.952$$

$$S = \sqrt{\frac{SS}{n-1}} = \sqrt{\frac{1996.952}{21-1}} = 9.992$$

$$s_{\bar{X}} = \frac{S}{\sqrt{n}} = \frac{9.992}{\sqrt{21}} = 2.180$$

$$t_{\text{obs}} = \frac{\overline{X} - \mu_0}{s_{\overline{X}}} = \frac{76.619 - 55}{2.180} = 9.92$$

$$\text{Cohen's } d = \frac{\overline{X} - \mu}{S} = 2.16$$

$$95\% CI = (\overline{X} - \mu) \pm t_{(0.01/2, df)} \times s_{\overline{X}} = [15.42, 27.82]$$

与临界值进行比较：

$$|t_{\text{obs}}| = 9.92 > t_{0.01/2} = 2.845$$

且差异的 95% 置信区间不包含 0，因此拒绝虚无假设 H_0，接受备择假设 H_1，即认为在 $\alpha=0.01$ 的水平上抑郁个体的得分与正常人有显著不同。这表明该问卷对于抑郁个体有足够的敏感性。

注意例 8.4 的解答中利用了"对分布中的每一个分数加上一个常数所得的新的分布，其方差不会改变"，以及"数据中如果每一个数据都加上一个常数 C，则算术平均数也需要加上 C"的性质，将每一个分数减去 75，大大简化了计算。

三、t 检验结果的报告

当我们完成一项研究，以论文或研究报告的形式和学术界同事进行交流的时候，需要对描述统计和推论统计的结果进行简单明晰的阐述。让我们回到例 8.4 的情境中去，看看标准的 t 检验结果报告方式：

"抑郁个体（$M=76.62, SD=9.99$）在问卷得分上同正常人有显著差异。统计检验表明，抑郁个体的得分显著高于正常个体，$t_{\text{obs}}(20)=9.92, p<0.01$。"

下面我们对上述结果报告方式逐一进行解释。首先是报告描述统计的结果。为了便于了解分数的分布状况，通常需要将均值和标准差给出，将结果缀于相应的文字叙述之后。这里特别需要注意的是在论文形式的报告中，均值一定要用 M，标准差用 SD，与解题过程中使用的不同。在学生的作业中，如果要求"用论文形式报告"就要如上述格式写，如没作特殊要求，简单写出结论就可以了。其次，报告推论统计的结果，即研究结果是否接受 t 检验中的虚无假设，通常我们使用"显著"一词来表示拒绝虚无假设，使用"不显著"表示接受虚无假设。最后报告实际得到的 t 统计量值和样本自由度的大小（后者置于圆括号中），以及该次统计检验的显著性水平。在推论统计检验中，表示显著性的概率有两种。一种是先验概率，即 α 水平，用以表示错误拒绝一个虚无假设时可接受的水平，是假设检验中 I 类错误的概率。在报告具体的结果之前，按惯例需要申明为统计检验而选择的 α 水平。另一种是通过计算得到的后验概率，是指假定虚无假设为真时，获得一个与实际统计值同样极端或更极端的结果的可能性。比如，假定虚无假设为真，计算出的概率为 0.008，用 p 表示。当然，我们利用已经学过的初级统计知识还无法算出实际的后验概率值，因此只需要给出 p 的范围就可以了（通常和设定的 α 水平进行比较,给出二者的大小关系)。一般的统计软件包都会给出 p 的具体值,但在报告的时候仍可选择报告具体值或仅报告与之接近的通常使用的概率值。除此之外,我们建议研究者同时报告 95% 置信区间,它表明在随机抽样中,均值差异会有 95% 的概率落入此区间。

9

两个独立样本的假设检验

至此，我们介绍了如何以一个样本为基础来推论一个总体，即如何进行单样本的 z 检验（总体方差已知的假设检验）和 t 检验（总体方差未知的假设检验）。本章我们要考查的不是单个总体，而是比较两个不同的总体。在实际的研究中，虽然我们有时会用到单样本，但更多的时候我们关注的是两组数据。例如，社会心理学家想要比较不同收入水平的人对于不断攀升的房产价格的反应是否有差异；发展心理学家想要比较两个不同年龄段儿童的认知能力；临床心理学家想要知道对于抑郁症的治疗，药物治疗和认知疗法哪个更有效。这种情况下，我们就要使用一种新的假设检验的方法。

心理学的很多研究设计是要比较两个样本均值的差异，而不是比较样本均值与总体均值的差异，其原因多种多样，例如总体均值经常是未知的，并且许多实验需要使用控制组。那么，用于比较的两组数据在心理学和行为科学中有哪些主要的来源呢？首先，这两组数据可能来自两个不同且完全独立的样本。例如，在跨文化研究中我们可能需要比较一个来自中国的样本和一个美国样本，或在药物实验中比较实验组和控制组。这种使用完全不同的两个样本的情况，被称为独立样本的研究设计（independent-measures research design），也叫被试间设计（between-subjects design）或组间设计（between-group design）。在本章中，我们将介绍如何对这种实验设计所得到的数据进行统计分析，包括如何分析来自两个独立样本的数据，估计两个总体或两种处理条件的均值差异等。

此外，两组数据还可能来自同一个样本。例如，我们在治疗前测量一组抑郁症病人的抑郁水平，在采取认知疗法六周后测量同一样本得到第二组数据。这种情况下，两组数据来自同一样本，我们称之为重复测量的研究设计或被试内设计。这部分内容我们将在下一章详细介绍。

§1 独立样本均值差异的分布

在独立样本设计中，每个总体都有一个均值分布，这样我们就将面对两个不同的均值分布。我们先从第一个总体的均值分布中随机选择一个均值，再从第二个总体的均值分布中随机选择一个均值。将所抽取的两个均值相减,得到一个均值差异的分数。如果多次重复这一过程,就得到一个均值差异的分布,如图9.1所示。

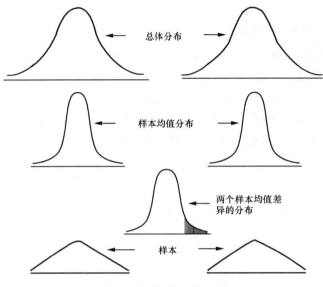

图 9.1　均值差异分布示意图

图 9.1 表现了均值差异分布的全过程。最上面是两个总体分布,我们并不知道这两个总体分布的特征,但我们知道如果虚无假设正确,两个总体的均值是相等的,即 $\mu_1 = \mu_2$;我们也能基于样本信息来估计总体的方差。接下来的两个分布就是来自总体的样本均值分布,我们可以看到样本的均值分布比起原来的总体相对集中。将每次抽取的两个均值相减,就得到两个均值差异的样本分布。由于这一分布的方差根本上取决于估计的总体方差,因此我们可以把它看成是一个 t 分布。独立样本 t 检验的目的是检验两个来自不同总体的样本的均值差异是否落在了这一包括所有可能的均值差异分布的临界区域以外(如图9.1中的阴影部分)。如果落在临界区域以外,我们有相当的把握认为两个样本所代表的总体的均值之间存在显著差异;而如果落在临界区域以内,则无法确定所得到的差异到底是因为两个总体的均值的确不同,还是由随机误差所致。

在上述整个过程中,不难发现,我们真正掌握的数据只有两个样本的均值和方差,其他分布的信息完全基于样本的分布进行估计得到。我们利用样本的均值来估计两个总体的均值,用相减后得到的值来估计差异分布的均值。变异性的估计更为复杂:我们先利用样本方差来估计总体方差,从而估计总体样本均值分布的方差,然后再结合两个样本均值分布的方差构造一个新的估计值,用来描述样本均值差异分布的变异。

§2 独立样本的 t 统计量

一、独立样本检验的假设

在推论统计的众多章节中,我们都是在用手中掌握的样本的信息来对总体的参数进行估计,从而检验我们对于总体的假设的正确性。在独立样本设计中,无论是想要考查不同组别之间的差异,还是考查实验组和对照组之间的差异,我们所关注的对象都是两个总体:它们的均值是否有显著差异?虚无假设为,独立样本所来自的两个总体的均值之间没有显著的差异,即差异为 0。或者也可以说,所抽取的两个样本实际来自同一个总体,用符号表示为:

$$H_0 : \mu_1 - \mu_2 = 0$$

而备择假设为,独立样本所来自的两个总体的均值之间有显著差异,用符号表示为:

$$H_1 : \mu_1 - \mu_2 \neq 0$$

二、总体方差的估计

只有一个样本时,总体方差的估计值 $S^2 = \dfrac{SS}{df}$。但由于独立样本假设检验的分析对象是两个总体,利用样本分布信息来估计总体方差的程序和之前我们在单样本 t 检验那一章中所介绍过的就很不一样了。我们对于总体变异性的估计必须同时包含两个样本的特征,但由于两个样本的容量可能有所不同,在计算的时候不能直接平均,而应该采用加权平均。在这里应当注意的是,其权重不是样本容量,而是样本的自由度,即样本容量减去 1。我们将加权平均后得到的总体方差的估计值称为合并估计值(S^2_{pooled}),简写为 S^2_p,其计算公式为:

$$S^2_p = \frac{SS_1 + SS_2}{df_1 + df_2} \tag{9.1}$$

需要注意的是,上述操作只有在两个样本的方差大抵相等,即满足方差同质性的时候才能成立。如果相差太大的话,该估计的可靠性将会大大降低。

例 9.1 从同一个总体抽取两个样本,第一个样本 $n_1 = 4, SS_1 = 36$;第二个样本 $n_2 = 8, SS_2 = 56$。如何估计总体的方差?

分析 估计时应同时考虑两个样本的方差。由已知分别计算:

$$df_1 = n_1 - 1 = 4 - 1 = 3, \quad df_2 = n_2 - 1 = 8 - 1 = 7$$

$$S^2_1 = \frac{SS_1}{df_1} = \frac{36}{3} = 12, \quad S^2_2 = \frac{SS_2}{df_2} = \frac{56}{7} = 8$$

所以，满足方差同质性（具体的判断方法我们会在后文详细介绍）。
总体方差的值为：

$$S_p^2 = \frac{SS_1 + SS_2}{df_1 + df_2} = \frac{36+56}{3+7} = 9.2$$

三、均值分布的方差的计算

尽管我们假设两个样本的方差是基本一致的，但由于样本容量可能存在差异，两个样本均值的分布不一定相同。因此，对均值分布的变异性的估计需要考虑样本容量的影响，其方差估计值的公式如下：

$$S_1^2 = \frac{S_p^2}{n_1}, \quad S_2^2 = \frac{S_p^2}{n_2}$$

四、均值差异样本的方差和标准差

重复抽取两个均值相减后，我们会得到一个均值差异的样本，其方差等于两个总体的均值分布的方差之和，用公式表示为：

$$S_{\overline{X}_1 - \overline{X}_2}^2 = S_1^2 + S_2^2$$

因此，均值差异样本的标准误公式为：

$$s_{\overline{X}_1 - \overline{X}_2} = \sqrt{\frac{S_p^2}{n_1} + \frac{S_p^2}{n_2}} \tag{9.2}$$

五、独立样本差异的 t 统计量的计算

回顾公式(8.2)，我们得到 t 统计量的基本公式为：

$$t = \frac{样本均值 - 总体均值}{估计标准误}, \quad 即 \quad t = \frac{\overline{X} - \mu}{s_{\overline{X}}}$$

那么，对于均值差异的样本而言，我们的样本均值为两个样本实际均值的差 $\overline{X}_1 - \overline{X}_2$，而总体均值等于 $\mu_1 - \mu_2 = 0$，估计标准误 $s_{\overline{X}_1 - \overline{X}_2} = \sqrt{\frac{S_1^2}{n_1} + \frac{S_2^2}{n_2}}$。因此，独立样本的 t 统计量计算公式如下：

$$t = \frac{(\overline{X}_1 - \overline{X}_2) - (\mu_1 - \mu_2)}{s_{\overline{X}_1 - \overline{X}_2}} = \frac{\overline{X}_1 - \overline{X}_2}{s_{\overline{X}_1 - \overline{X}_2}} \tag{9.3}$$

§3 独立样本 t 检验的统计前提

在使用独立样本 t 检验之前,有三个前提条件需要满足:①观察间彼此独立;②两个总体均为正态分布;③两个总体具有相等的方差(或称为方差同质性)。

前两个条件同我们在单样本 t 检验中提醒大家注意的内容类似。一般情况下,独立样本 t 检验对于违反前提条件的情况有一定的耐受性。对于总体分布正态的前提,只有当两个总体有极偏的分布且方向不同时,才会有很大的问题。当使用双尾检验或当样本量不是很小时,t 检验都是很稳健(robust)的。如果因为某些原因我们觉得总体有可能不是正态分布,那么应该尽量选用相对较大的样本。

第三个条件被称为方差同质性(homogeneity of variance),即要比较两个总体是否具有相同的方差。假设经过处理后,每一个个体的分数都增加(或减少)了一定的分数,而通过简单的数学推导我们就可以得出,总体的方差在处理后和处理前并没有发生变化。如前所述,t 统计量公式中的联合方差是对两个样本方差进行平均以后得到的,而这样的操作只有当这两个值是用来估计同一总体方差——即满足方差同质性的前提时才有意义。如果两个样本方差代表不同的总体方差,那平均操作就没有意义了。在之前的 z 检验和单样本 t 检验中我们也遇到过类似的统计前提。满足方差同质性是十分必要的,如果违反了这一前提,我们就难以得到对独立测量实验数据的有意义的解释。

下面让我们来具体地分析一下违反方差同质性前提可能出现的后果。在计算 t 统计量时,除了总体均值差异来自虚无假设以外,我们在公式中用到的所有数据都来自样本。当计算得到的 t 统计量落入了临界区域后,我们就得出拒绝虚无假设的结论。但是,用于假设检验的数据如果不满足方差同质性前提的话,对于联合方差的错误平均操作也有可能造成显著的 t 值。这样一来,我们在拒绝虚无假设的结论面前就无所适从了:到底是总体均值确实有差异,还是一切都只是因为我们违规操作所造成的假象?

对于样本方差合并的公式,只有当总体方差大抵相等的时候我们才能够应用。如果差异太大的话,直接套用显然是不对的。那么,在具体的研究当中,我们判定方差是否同质的标准是什么呢?这里我们需要介绍一种检验方差是否同质的方法——Hartley 最大 F 值检验(Hartley's F_{max} test),其思路并不复杂:我们使用样本统计量对总体的分布进行估计,如果两总体的方差是相同的,那么两样本的方差也应该相差无几。因此,在该检验中,我们对两样本方差的比值划定一定的标准,从而确定样本数据是否满足方差同质性的前提。具体计算如下:

$$F_{max} = \frac{S_1^2}{S_2^2}$$

需要注意的是,我们把值较大的那个样本方差置于分子,即 S_1^2;较小的那个置于分母,即 S_2^2,这样一来,F_{max} 的值总是大于 1 的。

根据拇指原则:对于小样本($n<10$),如果 F_{max} 的值在 4 以上,即一个样本方差至少比另一个大 4 倍,就不能满足方差同质性假设;对于大一些的样本,如果一个样本方差比另一个大 2 倍以上,即 F_{max} 大于 2 的时候,多半会违反方差同质性前提。

如果统计前提无法满足,例如总体分布明显不是正态,或者 Hartley 最大 F 值检验表明方差不同质,就无法进行独立样本 t 检验了。这时应考虑采用其他的统计方法,比如非参数检验(我们将在第 17 章介绍)。

§4 独立样本 t 检验

从独立样本 t 统计量的结构我们可以看到,和单样本的假设检验相比,独立样本的假设检验有以下三个特点:①所利用的分布是均值的差异的分布,而不是均值的分布;②t 统计量临界值的确定需要同时考虑两个样本的自由度;③所比较分布的样本分数是基于两个分数的差。

下面,让我们利用一个心理学的研究情景,来演示一下独立样本 t 检验的完整程序。

例 9.2　一位组织管理心理学研究者对员工性别和工作满意度的关系十分感兴趣,他想要知道在同一个企业文化环境和薪酬标准当中,男性员工和女性员工对工作的满意程度是否有所不同?他选用了一份工作满意度问卷,对一家企业中的 18 名员工进行了测量,男女各半,所得结果如下所示:

男性员工得分:67　73　74　70　70　75　73　68　69
女性员工得分:69　63　67　64　61　66　60　63　63

那么,不同性别员工的工作满意度是否有差异呢?(用 $\alpha=0.05$ 的显著性水平)

分析　由题意可知,两样本彼此独立,且总体方差未知,因此应采取独立样本 t 检验,其过程可分为以下几个主要步骤。

步骤 1　陈述假设。

由题意,虚无假设为不同性别员工的工作满意度没有差异,用 μ_1 代表男性员工总体工作满意度的均值,μ_2 代表女性员工总体工作满意度的均值,则虚无假设用公式表示为:

$$H_0: \mu_1 - \mu_2 = 0$$

备择假设为不同性别员工的工作满意度有差异,用公式表示为:

$$H_1: \mu_1 - \mu_2 \neq 0$$

步骤 2　确定检验的方向。

由于题中研究者对于不同性别员工的工作满意度高低没有做出预测,因此假设检验没有方向性,应采取双尾检验。

步骤 3 确定考验的自由度 df。

自由度描述了样本中可以自由变化的分数的数目。因为样本均值对于样本中的分数值构成了限制,所以样本有 $n-1$ 个自由度。在独立样本设计中,我们使用了两个总体,每一个样本各代表其中的一个。因此我们需要使用总体参数的估计量,必须考虑自由度。差异样本的自由度可由两个原始样本的自由度相加而得,如下所示:

$$df=(n_1-1)+(n_2-1)=n_1+n_2-2=16$$

步骤 4 根据显著性水平 α 和自由度 df,查表求临界 t 分数。

已知显著性水平 $\alpha=0.05$,双尾检验,结合自由度查 t 临界值表得临界值 $t_{0.05/2}=2.12$。

步骤 5 对两独立样本进行方差同质性检验。

采用我们先前介绍过的 Hartley 最大 F 值检验,首先根据原始数据算出两样本的均值和方差为:

$$\overline{X}_1=71.0,\ SS_1=64.0,\ S_1^2=\frac{SS_1}{df_1}=\frac{64}{8}=8$$

$$\overline{X}_2=64.0,\ SS_2=66.0,\ S_2^2=\frac{SS_2}{df_2}=\frac{66}{8}=8.25$$

得到,$F_{\max}=8.25/8=1.03<2$,根据拇指原则可认为两样本方差同质。

步骤 6 计算实际 t 分数。

根据公式(9.1),我们得到总体方差的合并估计值:

$$S_p^2=\frac{SS_1+SS_2}{df_1+df_2}=\frac{64+66}{8+8}=8.125$$

根据公式(9.2),计算出差异样本的标准误:

$$s_{\overline{X}_1-\overline{X}_2}=\sqrt{\frac{S_p^2}{n_1}+\frac{S_p^2}{n_2}}=\sqrt{\frac{8.125}{9}+\frac{8.125}{9}}=1.344$$

根据公式(9.3),计算实际 t 分数:

$$t_{\text{obs}}=\frac{(\overline{X}_1-\overline{X}_2)-(\mu_1-\mu_2)}{s_{\overline{X}_1-\overline{X}_2}}=\frac{\overline{X}_1-\overline{X}_2}{s_{\overline{X}_1-\overline{X}_2}}=\frac{71-64}{1.344}=5.21$$

步骤 7 比较临界 t 分数和实际 t 分数。

$|t_{\text{obs}}|=5.21>t_{0.05/2}=2.12$,实际观察 t 分数的绝对值大于临界值。

步骤 8 估计效应量(见本章 §5)。

$$\text{Cohen's }d=\frac{\overline{X}_1-\overline{X}_2}{S_p}=\frac{71-64}{\sqrt{8.125}}=2.46$$

步骤 9 估计差异的 95% 置信区间（见本章 §5）。

差异的 $95\%CI = (\overline{X}_1 - \overline{X}_2) \pm t_{(0.05/2, df)} \times s_{\overline{X}_1 - \overline{X}_2} = 7 \pm 2.12 \times 1.344 = [4.15, 9.85]$

步骤 10 得出结论。

拒绝虚无假设 H_0，接受备择假设 H_1，即认为不同性别员工的工作满意度有显著差异，且男性员工的工作满意度水平相对较高。

步骤 11 报告假设检验结果。

同第 8 章中介绍过的一样，独立样本 t 检验在报告结果的时候也需要注意信息的完整性和格式的规范性。针对例 9.2，正确的结果报告方式如下：

"男性员工的工作满意度（$M=71.0, SD=2.83$）高于女性员工的工作满意度（$M=64.0, SD=2.87$）。两组均值的差异显著，Cohen's $d=2.46, t(16)=5.21, 95\%CI=[4.15, 9.85], p<0.05$（双尾检验）。"

接下来让我们通过几道例题来巩固一下刚刚学习的独立样本 t 检验的方法。

例 9.3 一位研究者对双性化的心理特征很感兴趣。他在大学一年级新生中选取了 10 名双性化学生和 20 名非双性化学生对其施测自尊量表。10 名双性化学生在量表上得到的平均分是 $\overline{X}_1 = 25, SS_1 = 670$。20 名非双性化学生的平均分是 $\overline{X}_2 = 18, SS_2 = 1010$。这些数据表明两组间是否有显著差异？（用 $\alpha = 0.05$ 的显著性水平）

解 （1）由题意，两样本属于独立样本，且总体方差未知，应采取独立样本 t 检验。首先陈述假设：

H_0：双性化与非双性化学生的自尊分数没有显著差异，即：$\mu_1 = \mu_2$

H_1：双性化与非双性化学生的自尊分数有显著差异，即：$\mu_1 \neq \mu_2$

（2）依题意，检验没有方向性，用双尾检验。

（3）由已知得 $df = 10 + 20 - 2 = 28$，显著性水平 $\alpha = 0.05$。

（4）查 t 临界值表得临界 t 分数 $t_{0.05/2} = 2.048$。

（5）由已知计算两样本方差：

$$\overline{X}_1 = 25.0, \quad SS_1 = 670, \quad \overline{X}_2 = 18.0, \quad SS_2 = 1010$$

$$S_1^2 = \frac{SS_1}{df_1} = \frac{670}{9} = 74.444, \quad S_2^2 = \frac{SS_2}{df_2} = \frac{1010}{19} = 53.158$$

（6）进行方差同质性检验：

$$F_{\max} = S_1^2 / S_2^2 = 74.444 / 53.158 = 1.40 < 2$$

根据拇指原则，可以认为两个总体方差同质。

（7） $$S_p^2 = \frac{SS_1 + SS_2}{df_1 + df_2} = \frac{670 + 1010}{28} = 60$$

$$s_{\bar{X}_1-\bar{X}_2} = \sqrt{\frac{S_p^2}{n_1}+\frac{S_p^2}{n_2}} = 3$$

$$t_{\text{obs}} = \frac{\bar{X}_1-\bar{X}_2}{s_{\bar{X}_1-\bar{X}_2}} = \frac{25-18}{3} = 2.33$$

(8) $$\text{Cohen's } d = \frac{\bar{X}_1-\bar{X}_2}{S_p} = \frac{25-18}{\sqrt{60}} = 0.94$$

$$95\%CI = (\bar{X}_1-\bar{X}_2) \pm t_{(0.05/2,df)} \times s_{\bar{X}_1-\bar{X}_2} = 7 \pm 2.048 \times 3 = [0.856, 13.144]$$

(9) $|t_{\text{obs}}| > t_{0.05/2}$，且差异的 95% 置信区间不包含 0，所以在 $\alpha = 0.05$ 水平上拒绝 H_0。

(10) 报告结果：双性化（$M=25.0, SD=8.63$）与非双性化学生（$M=18.0, SD=7.29$）在自尊水平上有显著差异，Cohen's $d=0.94, t(28)=2.33, 95\%CI=[0.856, 13.144], p<0.05$（双尾检验）。

例 9.4 在认知失调理论的经典实验中，Festinger 和他的同事让 40 名大学生被试参加一个非常枯燥乏味的实验。完成实验后指示这些被试对其他人说这是一个有趣的实验，劝其参加。将这些被试随机分成两组。其中一组的 20 人每人给 1 美元的报酬（低报酬组），另一组 20 人每人给 20 美元的报酬（高报酬组）。之后，让每个学生评定实验的有趣程度（高分表示认为实验比较有趣）。表 9.1 是一组虚构的数据：

表 9.1 认知失调实验数据表

低报酬组				高报酬组			
7	5	7	5	4	2	3	3
4	6	5	3	2	3	6	2
6	3	3	6	4	5	4	3
5	2	2	3	5	1	5	6
9	8	3	4	1	2	6	1

认知失调理论预测低报酬组比高报酬组更容易以为实验真的有趣，因为这样比较容易让他们认知协调。那些得到足够报酬的被试则不需要改变态度，因此其观点更容易反映真实的情况。以上数据有没有支持这个预测？（用 $\alpha=0.05$ 的显著性水平）

解 两组被试样本随机分配，且总体方差未知，因此采用独立样本 t 检验。

(1) 陈述假设：

H_0：低报酬组没有比高报酬组更容易以为实验真的有趣，即：$\mu_1 \leqslant \mu_2$

H_1：低报酬组的确比高报酬组更容易以为实验真的有趣，即：$\mu_1 > \mu_2$

(2) 依题意，检验有明确的方向性，因此使用单尾检验，$\alpha=0.05$。

(3) $df = 20+20-2 = 38$，查 t 临界值表得 $t_{(0.05,38)} = 1.697$，插值法计算得 $t_{(0.05/2,38)} = 2.02$。

(4) 计算两样本方差：

$$\overline{X}_1 = 4.8, \quad SS_1 = 75.20, \quad \overline{X}_2 = 3.4, \quad SS_2 = 54.80$$

$$S_1^2 = \frac{SS_1}{df_1} = \frac{75.2}{19} = 3.958, \quad S_2^2 = \frac{SS_2}{df_2} = \frac{54.8}{19} = 2.884$$

进行同质性检验 $\quad F_{\max} = S_1^2/S_2^2 = 1.37 < 2$

根据拇指原则,可以认为两个总体方差同质。

(5) 计算 t 分数的值:

$$S_p^2 = \frac{SS_1 + SS_2}{df_1 + df_2} = \frac{75.2 + 54.8}{38} = 3.421$$

$$s_{\overline{X}_1 - \overline{X}_2} = \sqrt{\frac{S_p^2}{n_1} + \frac{S_p^2}{n_2}} = \sqrt{\frac{3.421}{20} + \frac{3.421}{20}} = 0.585$$

$$t_{\text{obs}} = \frac{\overline{X}_1 - \overline{X}_2}{s_{\overline{X}_1 - \overline{X}_2}} = \frac{4.8 - 3.4}{0.585} = 2.39$$

(6) $\quad$ Cohen's $d = \dfrac{\overline{X}_1 - \overline{X}_2}{S_p} = \dfrac{4.8 - 3.4}{\sqrt{3.421}} = 0.76$

$$95\% CI = (\overline{X}_1 - \overline{X}_2) \pm t_{(0.05/2, df)} \times s_{\overline{X}_1 - \overline{X}_2} = [0.22, 2.58]$$

(7) 差异的 95% 置信区间不包含 0,且 $|t_{\text{obs}}| > t_{0.05}$,所以拒绝 H_0,接受 H_1。

(8) 报告结果:数据支持认知失调理论所作出的预测,即低报酬组($M = 4.80$,$SD = 1.99$)的确比高报酬组($M = 3.40, SD = 1.70$)更容易以为实验真的有趣,Cohen's $d = 0.76, t(38) = 2.39, 95\% CI = [0.22, 2.58], p < 0.05$(单尾检验)。

例 9.5 以下数据给出了小学一年级男女学生的样本在大五人格量表中的内外向维度上的得分(分数越高,表明越外向)。

表 9.2 男女学生内外向人格测量得分表

男生	6	7	9	9	8	8	7	6	5	3	7	8	7	9
女生	2	2	2	3	1	5	4	3	2	4	6	2	5	3

以上数据显示男女学生在内外向维度上的得分有显著差异吗?(用 $\alpha = 0.05$ 的显著性水平)

解 男女学生属于独立样本,总体方差未知,应采取独立样本 t 检验。

(1) 陈述假设(设 μ_1 为男生平均值;μ_2 为女生平均值):

H_0:男女学生在内外向维度上的得分没有显著差异,即:$\mu_1 = \mu_2$

H_1:男女学生在内外向维度上的得分有显著差异,即:$\mu_1 \neq \mu_2$

(2) 由题意,检验没有方向性,采用双尾检验,$\alpha = 0.05$。

(3) $df = n_1 + n_2 - 2 = 14 + 14 - 2 = 26$,查 t 临界值表得 $t_{0.05/2} = 2.056$。

(4) $\overline{X}_1 = 7.07, \overline{X}_2 = 3.14, SS_1 = 36.929, SS_2 = 27.714$,因此

$$S_1^2 = \frac{SS_1}{df_1} = \frac{36.929}{13} = 2.841, \quad S_2^2 = \frac{SS_2}{df_2} = \frac{27.714}{13} = 2.132$$

同质性检验：
$$F_{\max} = S_1^2/S_2^2 = 1.33 < 2$$

根据拇指原则，可以认为两个总体方差同质。

（5）计算 t 分数的值：

$$S_p^2 = \frac{SS_1 + SS_2}{df_1 + df_2} = (36.929 + 27.714)/26 = 2.486$$

$$s_{\bar{X}_1 - \bar{X}_2} = \sqrt{\frac{S_p^2}{n_1} + \frac{S_p^2}{n_2}} = \sqrt{\frac{2.486}{14} + \frac{2.486}{14}} = 0.596$$

$$t_{\text{obs}} = \frac{(\bar{X}_1 - \bar{X}_2)}{s_{\bar{X}_1 - \bar{X}_2}} = \frac{7.07 - 3.14}{0.596} = 6.59$$

（6） $$\text{Cohen's } d = \frac{\bar{X}_1 - \bar{X}_2}{S_p} = 2.49$$

$$95\% CI = (\bar{X}_1 - \bar{X}_2) \pm t_{(0.05/2, df)} \times s_{\bar{X}_1 - \bar{X}_2} = 3.93 \pm 2.056 \times 0.596 = [2.70, 5.16]$$

（7）差异的 95% 置信区间不包含 0，且 $|t_{\text{obs}}| > t_{0.05/2}$，所以拒绝 H_0，接受 H_1。

（8）根据假设检验结果我们可以得到：男生（$M = 7.07, SD = 1.69$）和女生（$M = 3.14, SD = 1.46$）在大五人格量表的内外向维度上的得分有显著差异，Cohen's $d = 2.49, t(26) = 6.59, 95\% CI = [2.70, 5.16], p < 0.05$（双尾检验）。

§5 独立样本 t 检验的效应量、95% 置信区间和效力

一、效应量

在独立样本中，效应量实际上反映了两个独立总体分布之间的差异，因为总体参数无法直接获得，需要通过样本进行估计。样本平均数是总体平均数的无偏估计量，所以可以用两独立样本平均数的差异对总体差异进行估计。但是，两个样本分布间的差异有独特的测量尺度，不同研究之间不能直接进行比较，所以要进行标准化，标准化后就得到了标准效应量。

$$\text{Cohen's } d = \frac{\mu_1 - \mu_2}{\sqrt{\sigma_{\text{pooled}}^2}} = \frac{\bar{X}_1 - \bar{X}_2}{S_p} \qquad (9.4)$$

二、95% 置信区间

独立样本差异的 95% 置信区间的计算需要查 t 分布表中 0.05 显著性水平下双尾临界 t 值。在独立样本中，t 分布的自由度 $df = n_1 + n_2 - 2$。

$$\text{Upper} = (\overline{X}_1 - \overline{X}_2) + t_{(0.05/2, df)} \times SE \tag{9.5a}$$

$$\text{Lower} = (\overline{X}_1 - \overline{X}_2) - t_{(0.05/2, df)} \times SE \tag{9.5b}$$

三、效力

那么,知道了一个研究的效应大小,我们所做的假设检验的效力(power)有多大呢?这还跟假设检验选定的显著性水平、样本容量以及检验的方向性有关。给定独立 t 检验的效应大小和样本容量,统计学家用积分的方法求得其统计效力。为了方便,我们将一些常用的值列在表 9.3 中。从表 9.3 中我们可以看出,样本量越大,假设检验的效力越高;效应越大,假设检验的效力也越高。

表 9.3 在 $\alpha=0.05$ 水平做假设检验的效力

	样本容量	效应大小		
		0.2	0.5	0.8
(单尾)	10	0.11	0.29	0.53
	20	0.15	0.46	0.8
	30	0.19	0.61	0.92
	40	0.22	0.72	0.97
	50	0.26	0.8	0.99
	100	0.41	0.97	1
(双尾)	10	0.07	0.18	0.39
	20	0.09	0.33	0.69
	30	0.12	0.47	0.86
	40	0.14	0.6	0.94
	50	0.17	0.7	0.94
	100	0.29	0.94	1

四、研究设计中的样本容量

增加样本容量可以提高假设检验的效力。表 9.4 中给出了在显著性水平 $\alpha=0.05$ 时,对于不同的效应大小,如果要达到 80% 的统计效力,假设检验所需要的样本容量。可见,如果效应较低的话,想达到预期的统计效力,需要较大的样本容量。

表 9.4 在 $\alpha=0.05$ 水平做假设检验效力为 80% 所需的样本容量

	效应大小		
	0.2	0.5	0.8
单尾	310	50	20
双尾	393	64	26

10

两个相关样本的假设检验

在设计心理学实验时,研究者首先应当考虑的是如何将被试分配到自变量的不同水平中去。主要有两种可能:其中一种是每一个实验条件都使用完全不同的样本,称为独立指标的研究设计,也叫被试间设计或组间设计,其假设检验的内容和方法我们在上一章中有述。这种设计方法相对保守,由于一名被试只接受一种实验处理,因此不会对另一种处理方式产生影响或干扰。但它的缺点在被试数目较少时很明显,个体间可能存在的差异会降低结果的有效性。

在本章中,我们将探讨另一种可能性,即研究者为避免个体差异的影响而使样本相关。这其中又包括两种情况:一种情况是几种实验处理条件都采用相同被试,这样的设计叫重复测量的研究设计,也叫被试内设计或组内设计。在这类设计中,针对同一变量使用同一组被试样本进行了两次或两次以上的测量,每名被试都参与了所有的处理条件。由于每名被试都是在和自己前后的表现进行比较,因此重复测量设计有效地控制了个体差异的影响。例如,临床心理学研究人员想要考查一种新的治疗方法对于抑郁症的效果,会在治疗前后分别用自评抑郁量表等工具对研究对象施测,分别取得两组可代表抑郁程度的分数,并加以比较。注意,在这个过程中,研究者对每名被试都进行了两次测量,即重复测量。

在实验设计的理念中,不管所要观察的行为差异是什么,原则上都有可能受到混淆变量,如个体差异等的干扰。由于重复测量设计并不能适用于所有的实验情况,因此许多研究者使用对关键的相关变量加以匹配的方法来取长补短,试图获得被试内设计的效果,这就是相关样本的另一种情况。例如,在对精神分裂症患者和正常个体进行比较的时候,两组之间可能在年龄、教育水平、智力水平等很多方面有所不同。为了保证研究结果体现的只是精神分裂症患者和正常个体的不同,我们可以选用在上述诸多相关变量上都基本与患病被试相仿的正常个体。因此,我们可以总结出匹配被试设计的特点,即一组样本中的每一个个体都和另一组中的个体进行匹配。匹配后的结果是两组个体在研究者想要控制的变量上可以看作是等同的。其实匹配的过程正体现了实验法相比其他研究方法的优越性,即对无关变量加以控制。

由于重复测量设计和匹配被试设计中不同处理得到的数据之间都因为被试的缘故

有直接的关联,统称为相关样本设计,在统计处理方法上也是基本相同的。在本章中,我们主要着眼于重复测量设计,因为其最能体现相关样本设计的理念,且最为普遍。不过大家应当清楚,本章所学到的统计知识也适用于匹配被试设计。

§1 相关样本 t 检验统计量的计算

在前几章我们提到,当总体呈正态分布,总体方差未知的时候,要用 t 检验来进行差异的检验。相关样本的 t 统计量和我们先前讲过的几种 t 统计量的算法较为相似,最大的区别在于相关样本的 t 统计量的计算是基于样本分数的差异,而不是原始分数。以下我们将着重考查差异分数并得出相关样本 t 统计量的算法。

首先请看一组来自生理心理学研究的实验结果。研究者认为大脑中一个叫外侧下丘的区域与进食行为密切相关。为了检验该假设,研究者选取一组大白鼠,并通过内置电极对其外侧下丘进行刺激。假如该区域确实影响进食行为,进行刺激后动物的进食行为(如食量等)将会发生改变。作为实验的控制条件,在动物的另一无关脑区位置也埋入电极进行刺激,刺激的时间和强度与实验条件一致。记录每只动物在实验期间的食量,并根据刺激位置的不同得到两组样本分数。其中第一组分数(X_1)是对外侧下丘进行刺激后大白鼠的食量,而第二组分数(X_2)是对无关脑区刺激后大白鼠的食量。由于我们感兴趣的是外侧下丘对于进食行为的特殊作用,每一只动物的食量将只由一个差异分数 D 来表示。其中,D 由两组样本分数 X_1 和 X_2 相减得到,即:

$$D = X_1 - X_2$$

因此,每一对对应数据的差异 D 构成了一个差异样本。在本实验中,研究者旨在通过样本数据来探讨总体情况下外侧下丘是否对于白鼠的进食行为有影响。我们所关注的是刺激外侧下丘和刺激其他无关脑区相比食量的变化,即两种条件之间的差异分数。更确切地说,我们关注的是差异分数总体的均值,用 μ_D 表示。

按照之前介绍过的假设检验的思想,虚无假设认为两个样本所代表的总体没有区别。那么,对于上述研究中的相关样本来说,虚无假设即认为实验条件和控制条件下动物的进食行为(食量)没有差异。所以,虚无假设用符号表示为:

$$H_0 : \mu_D = 0$$

应当注意的是,这个虚无假设是针对整个差异样本所代表的总体提出的(如图 10.1 所示)。也就是说,对于某些动物被试而言,刺激外侧下丘时的食量要大于刺激无关脑区,而对于另一些被试则相反。但是这些不同的差异是随机产生和分布的,具有非对称性,并最终经过平衡后完全抵消。而备择假设则认为,外侧下丘确实对白鼠的进食行为有特殊的影响。相比刺激无关脑区时的食量,刺激外侧下丘时白鼠的食量要明显偏大(或是偏小)。按照备择假设,个体差异分数的方向具有一致的倾向(正或是负),

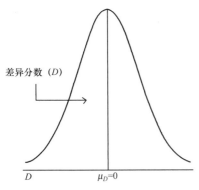

图 10.1 对于差异分数总体的虚无假设

表明两种条件代表的总体间存在差异。用符号表示为：

$$H_1: \mu_D \neq 0$$

接下来的步骤应该是似曾相识了。同先前介绍过的总体和方差未知的假设检验一样，我们现在同样面对未知的差异分数的总体和方差，并且需要用一组被试样本的数据来检验对于总体的假设。因此，前面提到的 t 统计量的计算公式在相关样本 t 检验中仍然适用，即：

$$t = \frac{\overline{X} - \mu}{s_{\overline{X}}}$$

在相关样本设计中，样本数据是差异分数，用 D 表示，而不是原公式中的 X。而总体均值是指差异分数总体的均值，用 μ_D 表示。而样本的标准误也是基于差异分数得出，用 $s_{\overline{D}}$ 表示。因此适用于相关样本的 t 统计量计算公式为：

$$t = \frac{\overline{D} - \mu_D}{s_{\overline{D}}} \tag{10.1}$$

在公式（10.1）中，差异样本的标准误 $s_{\overline{D}}$ 和单样本 t 统计量中标准误 $s_{\overline{X}}$ 的计算方法完全相同，即根据以下公式首先求出差异样本的和方 SS_D，然后求出样本方差 S_D^2：

$$SS_D = \sum D^2 - \frac{(\sum D)^2}{n}$$

$$S_D^2 = \frac{SS_D}{n-1} = \frac{SS_D}{df} \quad 或 \quad S_D = \sqrt{\frac{SS_D}{df}}$$

则样本的标准误由样本方差 S_D^2 和样本量 n 得出：

$$s_{\overline{D}} = \sqrt{\frac{S_D^2}{n}} \quad 或 \quad s_{\overline{D}} = \frac{S_D}{\sqrt{n}}$$

那么，对两组原始数据差异（$X_1 - X_2$）的显著性检验实际上就是对 $\overline{D}$ 的显著性检验。由于虚无假设中 $\mu_D = 0$，因此相关样本的 t 统计量为：

$$t = \frac{X_1 - X_2}{\sqrt{\frac{S_D^2}{n}}} = \frac{\overline{D} - 0}{\sqrt{\frac{SS_D}{n(n-1)}}} = \frac{\overline{D}}{\sqrt{\frac{\sum D^2 - \frac{(\sum D)^2}{n}}{n(n-1)}}}$$

§2 相关样本 t 检验的效应量和 95% 置信区间

在掌握了相关样本假设检验的方法之后,我们可能会想到同上一章一样的问题:我们可以根据实际 t 分数和临界值的比较来判断自变量对于因变量的效应是否显著,可是这个效应到底有多大呢?前面我们介绍了独立样本假设检验效应大小的计算方法,相关样本 t 检验的效应计算原理与之相似,过程稍有不同,需根据如下公式得出:

$$\text{Cohen's } d = \frac{\overline{D}}{S_D}$$

即 效应量=差异样本均值/差异样本标准差

研究表明,以下四个因素总是紧密相连的,即研究结果的统计效力、效应大小、样本容量以及显著性水平,任意三者给定都可以确定第四个因素。表 10.1 给出了当显著性水平为 0.05 时,统计效力与效应大小、样本容量的关系。可以看出,当显著性水平确定时,三者的变化方向是相同的。

表 10.1 统计效力与效应大小、样本容量关系表($\alpha=0.05$)

	样本容量	效应大小		
		0.20	0.50	0.80
(双尾)	10	0.09	0.32	0.66
	20	0.14	0.59	0.93
	30	0.19	0.77	0.99
	40	0.24	0.88	1
	50	0.29	0.94	1
	100	0.55	1	1
(单尾)	10	0.15	0.46	0.78
	20	0.22	0.71	0.96
	30	0.29	0.86	1
	40	0.35	0.93	1
	50	0.40	0.97	1
	100	0.63	1	1

两个相关样本差异的 95% 置信区间为:

$$\text{Upper} = \overline{D} + t_{(0.05/2, df)} \times s_{\overline{D}}$$
$$\text{Lower} = \overline{D} - t_{(0.05/2, df)} \times s_{\overline{D}}$$

§3 相关样本的假设检验

在了解了相关样本的 t 统计量之后,我们于本节正式介绍相关样本设计的假设检验。进行相关样本设计的研究者想要知道实验条件和控制条件对于被试所产生的效应是否有差异,即两种条件所代表的总体到底是重合、没有差异的,还是两个彼此独立的总体。从统计学的角度来讲,要回答上述问题,我们需要考查样本数据支持还是拒绝对总体的虚无假设。具体而言,我们所关注的是差异样本的均值究竟是接近零(没有差异),还是和零相距甚远(有差异)。问题此时集中于如何判定样本数据和零的距离,而 t 检验正是解决方法。相关样本 t 检验的程序和独立样本 t 检验类似,也由以下一系列基本步骤组成:

步骤 1 陈述假设,选择显著性水平。对于相关样本研究而言,虚无假设表示为:

$$H_0 : \mu_D = 0$$

备择假设表示为:

$$H_1 : \mu_D \neq 0$$

步骤 2 确定检验的方向是单尾还是双尾。假如研究者已经能够确定差异样本可能发生变化的方向,只是需要检验该变化是否显著,应采用单尾检验。但如果对于变化的方向并不能事先确知,则应采用双尾检验。另外,当根据研究情境选择单尾检验时,备择假设里的不等号应换用大于或小于号,以体现出明显的方向性。

步骤 3 确定差异样本 t 统计量的自由度,由公式 $df = n-1$ 得出。

步骤 4 查 t 临界值表求出 t_{crit}。

步骤 5 计算实际 t 分数的值。计算出差异样本均值 $\overline{D}$ 和标准误 $s_{\overline{D}}$,根据公式(10.1)计算出 t_{obs}。

步骤 6 计算效应量和 95% 置信区间,比较 t_{obs} 和 t_{crit}。

步骤 7 做出判断。假如实际观察得到的 t 分数在临界值之外,则表明实验条件有显著的效应产生,拒绝 H_0;而假如实际 t 分数包括在临界值的范围之内,则接受 H_0,即认为两种条件的数据来自同一个总体,实验条件并没有显著的效应产生。

步骤 8 报告结果。

以上步骤构成了完整的相关样本假设检验的过程,下面让我们通过具体的例子加以说明。

例 10.1 表 10.2 中的数据是对一组被试进行打字训练一小时前后测得的被试单位时间内的错误次数。请问这一小时的打字训练是否对被试的打字技能有显著影响?(用 $\alpha = 0.05$ 的显著水平)

表 10.2　打字训练前后测得的被试在单位时间内的错误次数数据表

被试	前测	后测	D	D^2
A	31	30	1	1
B	34	31	3	9
C	29	29	0	0
D	33	29	4	16
E	35	32	3	9
F	32	34	−2	4
G	35	28	7	49
总和			16	88

解　由于两组样本数据来自同一组被试前测和后测的结果,因此该实验设计属于相关样本设计。首先陈述假设:

虚无假设 $H_0:\mu_D=0$,打字训练对被试的错误次数没有影响

备择假设 $H_1:\mu_D\neq 0$,打字训练对被试的错误次数有影响

已知显著性水平 $\alpha=0.05$,为双尾检验。

已知 $n=7$,自由度 $df=n-1=6$,查 t 临界值表得临界值 $t_{0.05/2}=2.447$。

计算 t 分数的值:

$$\sum D=16,\ \overline{D}=2.29,\ \sum D^2=88$$

$$SS_D=\sum D^2-\frac{\left(\sum D\right)^2}{n}=88-\frac{16^2}{7}=51.429$$

$$S_D^2=\frac{SS_D}{n-1}=\frac{SS_D}{df}=\frac{51.429}{6}=8.572$$

$$s_{\overline{D}}=\sqrt{\frac{S_D^2}{n}}=\sqrt{\frac{8.572}{7}}=1.107$$

$$t_{\text{obs}}=\frac{\overline{D}-\mu_D}{s_{\overline{D}}}=\frac{2.29-0}{1.107}=2.07$$

$$\text{Cohen's }d=\frac{\overline{D}}{S_D}=\frac{2.29}{\sqrt{8.572}}=0.78$$

$$95\%CI=\overline{D}\pm t_{(0.05/2,df)}\times s_{\overline{D}}=[-0.42,4.99]$$

差异的 95% 置信区间包含 0,且 $t_{\text{obs}}<t_{0.05/2}$,实际得到的 t 分数小于临界值。因此,接受虚无假设 H_0。

报告结果:打字训练前被试的错误次数($M=32.71,SD=2.21$)与打字训练一小时后被试的错误次数($M=30.43,SD=2.07$)没有显著差异,Cohen's $d=0.78$,$t_{\text{obs}}(6)=2.07,95\%CI=[-0.42,4.99]$,$p>0.05$(双尾检验)。

例 10.2　很多研究者报告观看暴力影视节目会增加儿童的攻击行为。一位研究

者选取 9 名学龄前儿童。分别记录他们观看暴力录像前后攻击行为出现的频率、程度等，并参照一定标准评分，具体数据见表 10.3。分数越高，攻击行为越严重。请根据样本数据说明观看暴力影视节目是否会显著增加儿童的攻击行为。（用 $\alpha=0.05$ 的显著水平）

表 10.3　攻击行为实验被试得分表

被试	前测	后测	D	D^2
1	67	69	2	4
2	63	73	10	100
3	67	74	7	49
4	64	70	6	36
5	61	70	9	81
6	66	75	9	81
7	60	73	13	169
8	63	68	5	25
9	63	69	6	36
总和			67	581

分析　与例 10.1 相似，两组数据来自同一组被试前测和后测的结果，属于相关样本设计。

解　由于研究者对攻击行为分数的变化方向有较确定的预期，需要检验的是变化是否显著，因此陈述假设为：

虚无假设 $H_0:\mu_D \leqslant 0$，观看暴力影视节目不会增加儿童暴力行为

备择假设 $H_1:\mu_D > 0$，观看暴力影视节目显著增加儿童暴力行为

已知显著性水平 $\alpha=0.05$，为单尾检验。

由已知 $n=9$，自由度 $df=n-1=8$，查 t 临界值表得临界值 $t_{0.05}=1.86$。

根据表 10.2 数据，求出 t 分数的值，计算得：

$$\sum D = 67, \quad \overline{D} = 7.444, \quad \sum D^2 = 581$$

$$SS_D = \sum D^2 - \frac{(\sum D)^2}{n} = 581 - \frac{67^2}{9} = 82.222$$

$$S_D^2 = \frac{SS_D}{n-1} = \frac{SS_D}{df} = \frac{82.222}{8} = 10.278$$

$$s_{\overline{D}} = \sqrt{\frac{S_D^2}{n}} = \sqrt{\frac{10.278}{9}} = 1.069$$

$$t_{obs} = \frac{\overline{D} - \mu_D}{s_{\overline{D}}} = \frac{7.444 - 0}{1.069} = 6.96$$

$$\text{Cohen's } d = \frac{\overline{D}}{S_D} = \frac{7.444}{\sqrt{10.278}} = 2.32$$

$$99\%CI = \overline{D} \pm t_{(0.01/2, df)} \times s_{\overline{D}} = [3.85, 11.03]$$

99%置信区间不包含0,且$t_{obs} > t_{0.05}$,实际得到的t分数大于临界值。因此,拒绝虚无假设H_0。

报告结果:观看暴力节目后儿童的攻击行为($M=71.22, SD=2.54$)比观看暴力节目前儿童的攻击行为($M=63.78, SD=2.49$)显著增加,Cohen's $d=2.32$,$t_{obs}(8)=6.96, 99\%CI=[3.85,11.03]$,$p<0.05$(单尾检验)。

在本章开始我们介绍过,匹配被试设计的假设检验也可以使用上述方法。下面让我们来看一个匹配研究的例子。

例10.3 儿童数学能力的发展是认知心理学家、发展心理学家和教育心理学家共同关心的问题。研究者们新近开发了一套数学教学的方法,试图检验其相对于普通教学方法而言对儿童数学能力的提高效果。研究选取两组被试,一组按照新的教学方法学习,而另一组作为控制组,按照普通的教学方法学习同样的教学内容。然而,儿童数学能力的发展存在较大的个体差异。为避免该因素对研究结果的干扰,在研究前先依据以往的数学成绩对两组被试进行一对一的匹配。例如:在实验组中有一名平时成绩为80分的被试,那么研究者会找出另一名平时成绩也为80分的被试与其匹配,作为控制组的成员。这样,对于由上述一个个匹配而成的被试样本,研究者们有理由认为实验组和控制组在数学能力上是不相上下的。那么,假如两组样本的结果有显著差异,则可以认为是教学方法的效果不同。研究结束后,对所学内容进行测验,结果见表10.4,请问:新的教学方法和普通方法相比是否有不同的效果?(显著性水平为0.01)

表10.4 新旧教学方法组测验分数表

被试对	新方法	旧方法	D	D^2
1	67	60	7	49
2	68	61	7	49
3	69	63	6	36
4	70	63	7	49
5	70	63	7	49
6	73	64	9	81
7	73	66	7	49
8	74	67	7	49
9	75	67	8	64
总和			65	475

分析 研究者采用的是匹配组设计,其假设检验方法与相关样本设计基本相同。让我们再来回顾一下整个过程:

解 虚无假设$H_0: \mu_D=0$,新的教学方法与普通方法的效果没有区别

备择假设$H_1: \mu_D \neq 0$,新的教学方法与普通方法的效果有显著区别

已知显著性水平$\alpha=0.01$,为双尾检验。

由已知 $n=9$,自由度 $df=n-1=8$,查 t 临界值表得临界值 $t_{0.01/2}=3.355$。如表 10.3 所示,求出经过匹配的两组被试的差异分数 D,计算 t 分数的值:

$$\sum D = 65, \quad \overline{D} = 7.222, \quad \sum D^2 = 475$$

$$SS_D = \sum D^2 - \frac{(\sum D)^2}{n} = 475 - \frac{65^2}{9} = 5.556$$

$$S_D^2 = \frac{SS_D}{n-1} = \frac{SS_D}{df} = \frac{5.556}{8} = 0.694$$

$$s_{\overline{D}} = \sqrt{\frac{S_D^2}{n}} = \sqrt{\frac{0.694}{9}} = 0.278$$

$$t_{obs} = \frac{\overline{D} - \mu_D}{s_{\overline{D}}} = \frac{7.222 - 0}{0.278} = 25.98$$

$$\text{Cohen's } d = \frac{\overline{D}}{S_D} = \frac{7.222}{\sqrt{0.694}} = 8.66$$

$$99\%CI = \overline{D} \pm t_{(0.01/2, df)} \times s_{\overline{D}} = [6.29, 8.15]$$

99% 置信区间不包含 0,且 $t_{obs} > t_{0.01/2}$,实际得到的 t 分数值大于临界值。所以,拒绝虚无假设 H_0。报告结果:用新方法教学的成绩($M=71, SD=2.83$)比使用传统方法教学的成绩($M=63.78, SD=2.49$)显著提高,Cohen's $d=8.66$,$t_{obs}(8)=25.98$,$99\%CI=[6.29, 8.15]$,$p<0.05$(双尾检验)。

根据以上对相关样本 t 检验的介绍,我们可以总结出以下这样一个对照表(表 10.5),方便我们更好地区分独立样本和相关样本,进一步加深对相关样本 t 检验的理解:

表 10.5 独立样本和相关样本 t 检验的比较

	独立样本	相关样本
假设	$H_0: \mu_1 = \mu_2$ $H_1: \mu_1 \neq \mu_2$	$H_0: \mu_D = 0$ $H_1: \mu_D \neq 0$
df	$n_1 + n_2 - 2$	$n-1$
方差	联合方差 $S_p^2 = \frac{SS_1 + SS_2}{df_1 + df_2}$	差异样本的方差 $S_D^2 = \frac{\sum D^2 - \frac{(\sum D)^2}{n}}{df}$
标准误	$s_{\overline{X}_1 - \overline{X}_2} = \sqrt{\frac{S_p^2}{n_1} + \frac{S_p^2}{n_2}}$	$s_{\overline{D}} = \sqrt{\frac{S_D^2}{n}}$

§4 相关样本 t 检验的统计前提

了解了相关样本的假设检验过程,我们现在来总结一下进行假设检验之前要确定的几个统计前提。

首先，在每一种处理条件内，观察都彼此独立。这个假设与相关样本的概念并不矛盾，因为重复测量设计是同一名被试接受了一种以上的处理条件，但是就具体的某个处理条件而言，所得到的结果分数都是来自不同被试的。也就是说，处理条件内部的观察应该是独立的。

其次，差异分数的总体分布应该是正态的。尤其对于小样本的研究而言，如果差异分数偏离正态较为严重，其结果会受到较大的影响。

以上两个统计前提和第9章中介绍过的独立样本的统计前提基本相似，但是在独立样本假设检验中必须满足的方差同质性前提，在相关样本假设检验中则不做要求。因为我们从公式中可以看出，相关样本的计算并不像独立样本那样，需要由两个样本方差共同来估计总体方差，而只是以相对应的两组数据之差作为考查对象来进行显著性检验。

§5 相关样本设计的问题

一、独立样本设计和相关样本设计的比较

我们在§1中提到过，独立样本设计和相关样本设计都是备选的研究方法，通常需要对所研究的问题、自变量的特点、被试数量以及其他许多因素进行综合考虑后进行选择。然而，研究者们逐渐意识到，在某些研究情境下，其结果有可能依赖于所选择的实验设计方法。下面我们通过一个具体的研究来对两种设计方法以及各自统计处理的结果进行比较。

例 10.4 启动效应是认知心理学关于无意识研究的重要内容。研究者们发现，不仅文字具有启动效应，图像也可以产生语义启动。为了对词语和图像的语义启动量进行比较，一位心理学家使用了等量且具有相同意义的图片和词语作为启动材料，要求被试完成随后的语义归类等任务，并测得12名被试词语和图片的平均启动量。结果统计见表10.6。请问这两种启动材料的启动量是否有显著差异？（显著性水平 $\alpha=0.05$）

表 10.6　词语和图片材料的启动量比较

被试	词语	图片	D	D^2
1	54	50	4	16
2	48	42	6	36
3	35	36	−1	1
4	58	55	3	9
5	62	58	4	16
6	45	40	5	25
7	48	49	−1	1
8	51	53	−2	4

续表

被试	词语	图片	D	D^2
9	56	58	-2	4
10	43	38	5	25
11	32	25	7	49
12	55	48	7	49
总和			35	235

解 研究采用的是被试内设计,因此按照相关样本的检验方法进行检验。

(1) 陈述假设:

虚无假设 $H_0:\mu_D=0$,词语和图片作为启动材料所产生的启动量没有差异

备择假设 $H_1:\mu_D\neq 0$,词语和图片作为启动材料所产生的启动量有显著差异

(2) 已知显著性水平 $\alpha=0.05$,为双尾检验。

(3) 由已知 $n=12$,自由度 $df=n-1=11$,查表得临界值 $t_{0.05/2}=2.201$。

(4) 由表10.6,计算 t 值:

$$\sum D = 35, \bar{D} = 2.917, \sum D^2 = 235$$

$$SS_D = \sum D^2 - \frac{(\sum D)^2}{n} = 235 - \frac{35^2}{12} = 132.917$$

$$S_D^2 = \frac{SS_D}{n-1} = \frac{SS_D}{df} = \frac{132.917}{11} = 12.083$$

$$s_{\bar{D}} = \sqrt{\frac{S_D^2}{n}} = \sqrt{\frac{12.083}{12}} = 1.003$$

$$t_{obs} = \frac{\bar{D} - \mu_D}{s_{\bar{D}}} = \frac{2.917 - 0}{1.003} = 2.91$$

$$\text{Cohen's } d = \frac{2.917}{\sqrt{12.083}} = 0.84$$

$$95\% CI = \bar{D} \pm t_{(0.05/2, df)} \times s_{\bar{D}} = [0.71, 5.12]$$

差异的95%置信区间不包含0,且 $t_{obs} > t_{crit}$,实际得到的 t 分数值大于临界值。因此,拒绝虚无假设 H_0,接受备择假设 H_1,即认为词语和图片作为启动材料所产生的启动量有显著差异,效应量为0.84。

然而,对于这个研究而言,被试内设计并不是唯一的方法。我们可以从同一总体中随机选取两组被试作为独立样本,分别完成上述实验任务,并取其中一组被试的词语启动量和另一组被试的图片启动量进行比较。对于虚无假设而言,随机抽取两组独立被试样本可以认为 $\mu_1=\mu_2$,那么两组材料启动量的对比集中体现在样本均值的差异,即 $\bar{X}_1-\bar{X}_2$。那么,作为两种结果处理方法的比较,我们假设表10.6中的数据分别来自上

述两独立样本,从而按照独立样本假设检验的方法来进行操作。

由于两组样本量相等,$n_1=n_2=12$,因此检验过程如下所示:

虚无假设 $H_0:\mu_1=\mu_2$,词语和图片作为启动材料所产生的启动量没有差异

备择假设 $H_1:\mu_1\neq\mu_2$,词语和图片作为启动材料所产生的启动量有显著差异

已知显著性水平 $\alpha=0.05$,为双尾检验,自由度 $df=n-2=24-2=22$,查 t 临界值表得:$t_{0.05/2}=2.074$。

计算 t 分数的值:

$$\overline{X}_1 = \frac{\sum X_1}{n_1} = \frac{587}{12} = 48.917$$

$$\overline{X}_2 = \frac{\sum X_2}{n_2} = \frac{552}{12} = 46.000$$

$$SS_1 = \sum X_1^2 - \frac{(\sum X_1)^2}{n_1} = 29617 - \frac{587^2}{12} = 902.917$$

$$SS_2 = \sum X_2^2 - \frac{(\sum X_2)^2}{n_2} = 26496 - \frac{552^2}{12} = 1104$$

$$S_p^2 = \frac{SS_1+SS_2}{df_1+df_2} = \frac{902.917+1104}{11+11} = 91.224$$

$$s_{\overline{X}_1-\overline{X}_2} = \sqrt{\frac{S_p^2}{n_1}+\frac{S_p^2}{n_2}} = \sqrt{\frac{182.448}{12}} = 3.900$$

$$t_{\text{obs}} = \frac{\overline{X}_1-\overline{X}_2}{s_{\overline{X}_1-\overline{X}_2}} = \frac{48.917-46.000}{3.900} = 0.75$$

$$\text{Cohen's } d = \frac{48.917-46.000}{\sqrt{91.224}} = 0.31$$

$$95\%CI = (\overline{X}_1-\overline{X}_2) \pm t_{(0.05/2,df)} \times s_{\overline{X}_1-\overline{X}_2} = [-5.12, 11.01]$$

95%置信区间包含0,且 $t_{\text{obs}}<t_{0.05/2}$。因此,接受虚无假设 H_0,即认为词语和图片作为启动材料所产生的启动量没有显著差异。

以上两组检验过程的比较应当引起我们的注意。同样的数据,当来自相关样本设计的时候,检验过程侦察到了显著差异并拒绝了虚无假设;而当数据来自独立样本设计的时候,检验结果则表明没有显著差异,接受虚无假设。为什么会出现这样看似彼此矛盾的结果呢?既然数据是相同的,让我们重新回顾一下独立样本和相关样本 t 检验的概念来加以探讨。表10.7中集中比较了例10.4中两种设计 t 统计量的构成(两样本量都为 n,方差同质)。

表 10.7 独立样本和相关样本设计 t 统计量比较

相关样本	独立样本
$t = \dfrac{\overline{D} - \mu_D}{s_{\overline{D}}}$	$t = \dfrac{\overline{X}_1 - \overline{X}_2}{s_{\overline{X}_1 - \overline{X}_2}}$
$= \dfrac{\overline{X}_1 - \overline{X}_2}{\sqrt{\dfrac{S_D^2}{n}}}$	$= \dfrac{\overline{X}_1 - \overline{X}_2}{\sqrt{\dfrac{S_1^2 + S_2^2}{n}}}$

可见,两种设计 t 统计量的差别全部体现在用样本方差估计总体方差的步骤中。

当总体呈正态分布,而总体方差未知时,需要用 t 检验来侦察差异。在使用样本方差来估计总体方差的时候,两个样本之间是否有相关性对估计的过程和结果有直接的影响。我们知道,方差的一个重要性质是当两个变量彼此独立时,其和或者差等于各自方差的和或差:

$$\sigma_{(X \pm Y)}^2 = \sigma_{(X)}^2 \pm \sigma_{(Y)}^2$$

而当两个样本变量之间存在相关,且相关系数为 r 的时候,两变量差的方差等于

$$\sigma_{(X-Y)}^2 = \sigma_{(X)}^2 - 2r\sigma_{(X)}\sigma_{(Y)} + \sigma_{(Y)}^2$$

因此,对于相关系数为 r 的两相关样本 t 统计量中的方差,也有

$$S_D^2 = S_1^2 + S_2^2 - 2rS_1S_2$$

这时我们就可以很清楚地看出两种设计针对同一套数据计算出来的 t 统计量为什么有差别了。差异样本方差 S_D^2 是两相关样本之间差异的变异的度量,而独立样本方差 $S_1^2 + S_2^2$ 则是样本原始分数变异的度量。正是由于差异样本变异的减小使得相关样本设计中的 t 统计量大于独立样本设计,从而出现例 10.4 的结果。

让我们用一个简单形象的例子来说明独立样本和相关样本的差别。如果我们想比较两家超市的物价差别,如果用独立样本设计,我们在超市 A 随机选择 50 件商品,诸如酱油、卫生纸、洗发水,记录它们的价格;在超市 B 随机选择 50 件商品,诸如香皂、鸡精、豆腐,记录它们的价格。我们已经可以看出,这种设计是不能很好地达到比较超市间物价差别的目的的。商品间价格的个体差异,已经大过同类商品的价格差异。所以,恰当的设计是相关样本设计,我们在超市 A 随机选择 50 件商品,酱油、卫生纸、洗发水等,在超市 B 选择同样的 50 件商品。这样不同商品间价格的差异因素才能够被去除。

二、相关样本设计的优势和不足

通过例 10.4 将独立样本和相关样本设计加以比较之后,让我们来总结一下相关样本独特的优势以及存在的不足。

首先,相关样本设计有效地控制了个体差异对研究结果的影响。在独立样本设计中,尽管研究者们希望控制干扰变量,使得抽取的两个样本在与研究目的无关的变量上尽可能保持一致,却总是无法避免侦察到的处理间差异有可能是个体差异造成的影响。而在相关样本设计中,需要加以比较的处理过程由同一名被试完成,或由经过相关变量匹配的被试完成,大大减小了个体差异对结果的影响。

其次,如同我们在例 10.4 中看到的,相关样本设计通过对个体差异的控制使得样本的方差大大减小。在前几章曾经提到过,方差代表数据的波动,容易对分析过程产生混淆。方差越大,越难以清晰地辨明处理效应。因此,样本方差的减小有利于更好地分析数据,同时增大了结果显著的可能性。

然而,相关样本设计也有其明显的缺陷。一名被试在经历了若干处理过程之后,对实验程序和内容都有所了解。而在某些情况下,这个问题被放大到足以严重干扰实验结果,使得研究者们不得不忍痛割爱。较为常见的是练习效应,当被试在接受一次重复或相似的处理方式的时候,可能因为先前的经验而增加了操作任务的熟练程度,也可能会对任务感到厌倦或因为处理过程太多而疲劳。这样的话,不同处理过程之间因先后顺序不同会受到被试不同的"待遇",从而造成对结果的干扰。尽管顺序效应可以通过平衡设计而实现,但仍会导致步骤冗繁以及成本过高等问题。更为严重的是延续效应,即前一个处理所产生的效应直接影响被试在后一个处理中的反应。例如医学实验中比较药物效果,第一次注射的药物可能在很长时间内对被试产生影响,且这种影响难以清除。那么,采用相关样本的计划将难以实现。另外,还有一些情况下根本无法重复测量。例如,当自变量为命名型变量(如性别、年龄等),每一名被试只能属于其中的一个水平(男或女),因此对该自变量水平间差异的比较就无法通过同一被试加以实现。不过我们应该认识到,独立样本和相关样本设计并不是互相排斥的。在同一研究过程中,一些自变量在被试内处理,另一些容易产生上述问题的自变量则交予被试间处理。尽管不如完全的相关样本设计那样经济,但混合设计的处理方式常常更为安全。

另外,从统计学角度来讲,相关样本设计虽然节约了被试,却使得自由度减少了近一半。查看 t 临界值表可以清楚地发现,自由度越少,t 临界值就越大,因此侦察到显著差异的可能性越低。

11

总体参数的估计

日常生活中我们随处可以听到或看到这样的话:"60%的公众支持总统今年的财政预算案""经调查,我校大学生的平均睡眠时间约为 6 小时""某商场每天平均接待顾客 1000 人次",等等。但是仔细思考往往不难发现:没有人曾对总统财政预算案进行普查;睡眠时间的调查往往并没有涉及全体学生;商场不可能逐个清点前来购物的顾客。实际上,公众支持率的调查可能仅仅涉及几十个城市的人,平均睡眠时间可能来自一个问卷总数不过几百人的调查的结果,商场顾客数只是商场根据近几天来某几个时段的情况的一个猜测。它们的共同特点是:一个总体(公众态度、学生睡眠时间、顾客来访数目)的具体情况未知,为了获得这些情况,人们调查了总体的一个部分(样本),并根据这个调查对未知的总体的情况进行猜测。这种通过样本对总体的参数进行猜测的统计推断方法就是估计。

在前几章我们介绍了假设检验,估计与假设检验一样,也是一种通过样本提供的信息对总体的参数进行推断的方法。在这里我们先来谈谈二者的区别。回忆一下假设检验的内容,它所要回答的问题是:总体的参数是否和给定的数值有差异(或两总体的参数是否相等)。例如,"两个不同厂家生产的灯泡的寿命是否不同?""考前补课是否会让差生的成绩有所提高?""实验情境下被试对于某种商品的选择是否超出了随机水平?"我们通过检验得到的结果只有两种:第一种是拒绝虚无假设,即发现总体的参数与给定的数值差异显著(或两总体的参数差异显著);另一种是接受虚无假设,即认为总体的参数与给定的数值差异不显著(或两总体的参数差异不显著)。这种"有"或"无"的结果在很多情况下并不能满足我们的需求,我们往往想要知道总体的参数是多少,或两个总体的差异有多大。

这正是参数估计所要回答的问题。对于上述问题,我们进行参数估计的时候关注的是"甲厂家生产的灯泡相比乙厂家生产的灯泡寿命长多少小时?""新的教学方法能让差生的成绩提高多少分?""实验情境下被试选择某种商品的概率增加了多少?"等。通过参数估计,我们将得到一个数值(点估计)或一个区间(区间估计)来表示未知的总体的参数或参数可能的变化范围,这样就比假设检验得到的简单的"是"或"否"的回答提供了更多的信息。

假设检验为我们提供的是一种"统计显著性":当虚无假设被拒绝的时候,我们知道结果在统计上是显著的,即犯Ⅰ类错误(我们拒绝了虚无假设而实际上虚无假设成立)的概率能够被控制在很小的水平上;但是这离实际应用所要求的"实际显著性"还有距离。拿前面举的例子来说:我们知道了甲厂家的灯泡比乙厂家的灯泡耐用,但也许仍不足以抵消它们在价格上的差异;我们发现新的教学方法能让差生成绩提高,但是也许仍不能让他们及格;我们发现某种方法能影响被试对于商品的选择,但其带来的经济效益也许仍不能让商家摆脱困境。要取得"实际显著性",我们只能依靠估计。

尽管相比假设检验,参数估计能够提供更加详尽的信息,但是和假设检验一样,它也是一种根据样本推断总体的方法,也会有抽样误差的问题。由于样本抽取带有随机性,样本的信息并不能完全表达总体的信息,于是统计推断的结果和实际情况有差距,而且具有随机性。在假设检验中,这体现为两类错误的概率;在参数估计中,这体现为估计量的随机性。正是由于这种随机性,用一个点往往不足以很好地描述总体的参数,而需要采用一个区间,说明总体的参数大约分布在这个区间里。但是区间的端点本身也是根据样本计算的统计量,本身也带有随机性。

参数估计在研究中的应用很广。很多情况下我们的目的就是知道总体的一些情况,而又不可能逐一考查总体中的所有个体,这时候就要应用参数估计,从抽取的样本信息中估计总体参数。例如,我们要了解在校大学生的睡眠时间,而又不可能调查学校中的所有学生,于是按院系、年级、性别比例选择一定量的学生作为样本,用这些学生的平均睡眠时间估计学校所有学生的平均睡眠时间。此外,当我们已知某种实验操作会引起显著效应,或在经过假设检验发现了效应显著后,我们自然会想到确定这种显著的变化的具体数量。例如我们发现经过补习之后差生的学习成绩会显著提高,然后可以采用前测和后测成绩均值之差来估计补习带来的效应。

§1 点估计的概念和优良性

点估计(point estimate)就是用单一的数值对总体的未知参数进行估计。例如我们用样本的均值估计总体均值,用样本方差估计总体方差等,都属于点估计。由于抽样误差问题,估计量本身具有随机性,不可能正好和总体的被估计的参数相等。但是我们希望它能和被估参数接近,而且越接近越好。那么怎么刻画一个随机变量和一个值的接近程度呢?

首先,我们希望估计量(注意这里估计量是从样本计算得到的统计量,它是一个随机变量)的抽样分布的均值和被估计的参数相等,这样估计量总是围绕着被估计的参数变化。如果一个估计量的抽样分布的均值和被估计的参数相等,我们称这个估计量是无偏的。其次,对于一个无偏估计量,我们希望估计量形成的分布相对集中,也就是方差越小越好。如果一个无偏估计量的抽样分布的方差小于另一个无偏估计量的抽样分布的方差,我们称前一个估计量比后一个有效。最后,我们希望随着样本容量的增加,估计将越来越精确，也就是说估计量将越来越接近被估计的参数。如果一个估计量当样本容量趋于无穷的时候趋于被估计的参数，我们称这个估计量为一致的。

这里需要指出，一致性和无偏性是两个概念。无偏性是指样本容量固定，统计量的分布的均值和被估计的参数相等，它的统计特性体现在样本的组数无限增加时，即组数无限增加的时候，如果对各组得到的统计量平均，平均值趋于被估计的参数。一致性是指样本容量无限增多的时候，估计量趋于被估计参数，它的统计特性体现在样本容量无限增加的时候。这两个概念没有必然联系：一个一致的估计可能不是无偏的，一个无偏估计可能不是一致的。例如：设 X_i 独立同分布，可证明 $\frac{1}{n}\sum_{i=1}^{n}(X_i - \overline{X})^2$ 和 $\frac{1}{n-1}\sum_{i=1}^{n}(X_i - \overline{X})^2$ 都是方差的一致估计量，但只有后者是无偏的；$\overline{X_i}$ 和 $\overline{X} = \frac{1}{n}\sum_{i=1}^{n}X_i$ 都是均值的无偏估计量，但只有后者是一致的。

§2 区间估计的概念和一般步骤

点估计用一个数值进行估计，这样显得比较精确。但是正如前面所讲的，由于抽样误差的作用，这个估计值本身具有随机性，它和总体未知参数恰好相等的概率可能很小，如果这个估计量作为随机变量具有连续型的分布，这个概率将为零！例如，我们考虑正态总体的样本均值，它是总体均值的一个估计量，它本身也服从一个正态分布：总体均值是它的分布的均值，是分布的最高点，但是恰好取到这个点的概率仍是零。这就说明点估计虽然精确，但很不可靠。

为了弥补这一缺点，我们可以改变估计的方法，用一个区间而不是一个点来估计总体的未知参数，同时说明我们对于这个区间包含这个参数的把握。这种指明一个区间以及这个区间覆盖总体未知参数的概率的估计方法称为区间估计（interval estimates），这个区间称为置信区间（confidence intervals，CI），相对应的概率称为置信度（或置信系数）。例如，当谈到大学生睡眠时间问题的时候，我们不直接回答"某大学学生睡眠时间平均为 6 小时"，而是说"我有 90% 的把握说这个大学的学生平均睡眠时间在 5 到 7 个小时之间"。这里区间[5,7]就是置信区间，90% 就是这个区间的置信度。

和假设检验中的显著性类似，置信度一般是根据需要人为给定的。置信度和置信区间的长度有一个代偿关系：置信度越高，置信区间越宽；反之，置信度越低，置信区间越窄。也就是说，我们对于估计越有把握，估计就越不准确；相反，我们估计得越精确，把握越小。比较点估计和区间估计我们发现，前者没有包括任何估计准确性的信息，而后者则无法提供一个确定的值，只有一个值可能所在的区间。

那么我们应该怎么进行区间估计呢？下面我们就以已知方差的正态分布 $N(\mu, \sigma_0^2)$ 的均值的估计为例说明如何从点估计构造区间估计。

(1) 找到被估计的总体参数的一个较好的点估计量。例如对于正态分布的总体均值，这个估计量就是样本均值 $\overline{X}$。

(2) 研究这个估计量的抽样分布。这个分布一定与要估计的参数有关，而且往往还和其他未知参数有关。例如样本均值 $\overline{X} = \dfrac{1}{n}\sum_{i=1}^{n} X_i$ 作为正态分布总体均值的估计量，其分布呈正态分布 $N\left(\mu, \dfrac{\sigma_0^2}{n}\right)$，其均值和方差与总体的均值和方差有关。

(3) 通过对估计量进行变换得到一个新的量，这个量只与总体待估的未知参数有关，而与其他未知参数无关，其抽样分布与总体的所有未知参数无关，这样才能为下面关键的"确定范围"的一步做准备，这个量叫枢轴量。这里需要指出，一般使用的枢轴量都和同样问题的假设检验中所使用的统计量相同，唯一的区别是：假设检验问题的虚无假设指定了参数的值，这样统计量中不包含未知参数，是可以计算的；而在这里，枢轴量包含了未知参数，不能计算它的值。例如对于方差已知的正态分布，我们通过对样本均值进行标准化得到枢轴量 $z = \dfrac{\overline{X} - \mu}{\sigma_0/\sqrt{n}}$，这就是进行同类问题假设检验时所用的统计量，区别在于其中的参数 μ 未知，但是它的抽样分布为标准正态分布 $N(0,1)$，与未知参数无关。

(4) 确定这个枢轴量"应该"存在的范围。一般认为抽样的结果不应该是小概率事件（不应该那么巧）。应用这个逻辑，枢轴量作为从样本得到的量，其值应该取在它自己抽样分布的众数周围，而不应该恰在某个极端位置，比如尾端。这样，我们应该把枢轴量限定在这样的一个区间上，这个区间对应的概率为给定的置信度，而且枢轴量的抽样分布在这个区间上最密集。例如如果给定置信度为 95%，由于 z 服从标准正态分布，我们应该在标准正态分布中取一个概率为 95% 的区间，而且找分布最密集的区间，这就是正中间的峰值周围的那个，即 $[-1.96, 1.96]$。

(5) 令枢轴量落在这个区间之内，并把未知参数的范围反解出来，得到的区间就是这个参数的给定置信度的置信区间。由于认为枢轴量应该落入上一步指定的区间，而且概率为给定的置信度，那么现在从枢轴量反解出的未知参数也应该落入从指定范围反解得到的置信区间，且概率为给定的置信度。例如对于方差给定的正态分布，其未知均值的置信度为 95% 的置信区间应该为 $\left[\overline{X} - \dfrac{1.96\sigma_0}{\sqrt{n}}, \overline{X} + \dfrac{1.96\sigma_0}{\sqrt{n}}\right]$。

从上面的步骤可以更为清晰地发现前面提到的置信区间宽度和置信度之间的代偿关系。在上面的区间估计的第(4)步中，如果给定的置信度越高，所确定的枢轴量的变化范围也就越大，最后得到的未知参数的置信区间往往也就越宽，如果置信度达到 100%，那么对枢轴量的变化范围将没有明确的约束，未知参数的置信区间就会遍及它所能达到的所有值。例如已知方差的正态分布的均值的估计，如果置信度为 100%，那么在第(4)步中我们将确定 z 的变化范围为全体实数,得到的置信区间也为全体实数。

另一方面,如果置信度低至 0,那么我们所确定的枢轴量的范围就会退缩到其分布的众数位置上,得到的置信区间为一个点。对于上面的例子,我们将取 z 的值为它的分布 $N(0,1)$ 的众数 0,得到的估计恰好就是样本均值 $\bar{X}$,也就是总体均值的点估计。但是并非所有置信区间在置信度降为 0 时都恰好退缩为点估计。

§3 和总体均值相关的估计

前面讲过有关正态分布总体均值的假设检验,主要有四种:已知方差和未知方差的总体均值的假设检验、独立组和相关组总体均值差异的假设检验。下面我们就分别讲一下这四类问题的参数估计。

一、方差已知情况下总体均值的估计

例 11.1 一位老师希望知道自己的阅读水平提高班的教学成果如何。他随机在其所在省的范围内找了 100 名某年级小学生,让他们参加这个学习班,并在结业时对他们施测某标准阅读测验,得到的结果是:这些学生的平均成绩为 85 分。同时我们知道该阅读测验在省的该年级学生中的常模为 80±10。如果假设该提高班对不同阅读水平的学生效果相同,那么学生的水平提高了多少分?

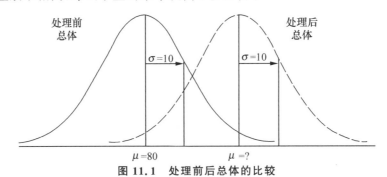

图 11.1 处理前后总体的比较

要进行参数估计,首先要弄清被估计的总体是谁。辅导班的老师不仅希望知道自己找的这些学生的成绩是否提高,更希望知道自己的教学方法对一个学生群体的作用。换句话说,我们所要估计的总体是所有该省的该年级小学生接受培训之后在标准阅读测验上的得分。由于老师的教学和学生的初始阅读水平没有交互作用,我们可以认为这个总体的标准差和接受培训之前相同,即 10 分(如图 11.1)。这样,这个题目就转化为估计一个已知方差的总体的均值的问题。设 $X_1, X_2, \cdots, X_n$ 为来自某总体的简单随机样本,已知这个总体的方差为 σ_0^2,但总体均值 μ 未知,求总体均值的点估计和以 $1-\alpha$ 为置信度的区间估计。

(1) 点估计。根据前面所学的,我们知道用样本均值 $\overline{X} = \dfrac{1}{n}\sum_{i=1}^{n} X_i$ 做总体均值的估计最佳。可以证明,如果我们能够得到所有可能随机的样本,那么最佳的估计就是样本均值分布的均值。

(2) 区间估计。前面讲区间估计的步骤的时候,我们已经讲了总体为正态分布时的情况。当总体为正态分布的时候,样本均值服从分布 $N\left(\mu, \dfrac{\sigma_0^2}{n}\right)$,于是我们选择 z 分数作为枢轴量,它的分布为标准正态分布。我们有 $1-\alpha$ 的把握 z 落在标准正态分布正中间的区间 $[-z_0, z_0]$ 上,其中 z_0 为标准正态分布的 $1-\dfrac{\alpha}{2}$ 临界值,区间 $[-z_0, z_0]$ 对应的概率为 $1-\alpha$。于是得到总体均值置信度为 $1-\alpha$ 的置信区间

$$\left[\overline{X} - \dfrac{z_0 \sigma_0}{\sqrt{n}}, \overline{X} + \dfrac{z_0 \sigma_0}{\sqrt{n}}\right]$$

需要强调的是:和点估计不同,上面讲到的总体均值的区间估计要求下面两个条件至少有一个成立:① 总体为正态分布;② 样本容量很大(例如超过 50)。

下面我们回过头来考虑例 11.1 提出的问题。根据前面的分析,我们已经把问题转化为:已知总体标准差为 10,样本容量为 100,样本均值为 85,求总体均值的估计。我们用样本均值作为总体均值的点估计,得到总体均值的点估计为 85 分。由于前面所学知识,我们知道

$$z = \dfrac{\overline{X} - \mu}{\sigma_0 / \sqrt{n}}$$

近似服从标准正态分布。查表得到标准正态分布 $p=0.025$ 的临界值为 1.96,即我们有 95% 的把握 z 落在区间 $[-1.96, 1.96]$ 内。又由 $z = \dfrac{85-\mu}{10/\sqrt{100}} = 85-\mu$,这样得到总体均值 μ 的置信度为 95% 的置信区间为 $[83.04, 86.96]$。它的含义是:我们有 95% 的把握总体均值落入这个区间。

二、方差未知情况下总体均值的估计

例 11.2 某心理学家开发了一套测量自尊的问卷,想获得这套问卷的总体参数。他随机选取了 25 名被试并对其施测,得到的结果为:这些被试的平均分为 43 分,分数的离差平方和为 2400。如果所有同类个体在这套问卷中的得分呈正态分布,其平均值是多少?

例 11.2 和例 11.1 很相近,都是一个总体的均值未知需要估计。但是区别在于:在例 11.1 中,虽然经过训练之后的学生的得分均值不知道,但是由于所采用的阅读测验

的常模中提供了分数的方差,而且我们认为这个方差也适合于训练之后的个体,所以实际上被预测的总体的方差是已知的;而在这个题目中,问卷是新开发的,我们对于问卷的所有参数都不知道。我们现在面临的是一个在未知总体方差的情况下对总体均值进行估计的问题。我们仍然可以采用样本均值作为总体均值的点估计,只要总体方差存在,其性质也和前面讨论过的相同;但是由于方差未知,在区间估计中我们无法使用 z 值。这就需要我们想其他办法解决。很自然,我们想到了用第 8 章学到的 t 统计量作为枢轴量。我们知道 t 服从于 $n-1$ 个自由度的 t 分布,这样可以令枢轴量 t 落在 $n-1$ 个自由度的 t 分布的峰值的周围。通过查表找到这个分布的 $1-\frac{\alpha}{2}$ 临界值 t_0,进而知道区间 $[-t_0, t_0]$ 对应的概率为给定的置信度 $1-\alpha$,于是我们有 $1-\alpha$ 的把握 t 统计量落在区间 $[-t_0, t_0]$ 中。我们再把 t 值中的 μ 反解出来,即得到了 μ 置信度为 $1-\alpha$ 的置信区间为 $[\overline{X}-t_0 s_{\overline{X}}, \overline{X}+t_0 s_{\overline{X}}]$。

对于例 11.2,所有同类个体问卷得分的均值的点估计就是样本均值 43。由于总体服从正态分布,我们可以使用 t 分布计算置信区间。已知:

$$df = n - 1 = 25 - 1 = 24$$

$$s_{\overline{X}} = \sqrt{\frac{SS}{(n-1)n}} = \sqrt{\frac{2400}{25 \times (25-1)}} = 2$$

且

$$t = \frac{\overline{X} - \mu}{s_{\overline{X}}}$$

服从自由度为 24 的 t 分布。我们规定置信度为 95%,查 t 临界值表得自由度为 24 的 t 分位数相应的临界点为 2.064。于是我们有 95% 的把握说:枢轴量 t 在 $[-2.064, 2.064]$ 之内,由 $t = \frac{43 - \mu}{2}$ 反解出总体均值 μ,得到 μ 的 95% 的置信区间为 $[38.872, 47.128]$。即我们有 95% 的把握,分数区间 $[38.872, 47.128]$ 覆盖同类个体问卷得分的均值。

三、独立组总体均值差异的估计

例 11.3 某生产玩具的厂家注意到不同性别的个体可能在购买玩具的花销上有区别。研究者随机调查了 62 名某年龄段的个体在一段时间内购买玩具的情况,其中男女数目各半,男性平均开销 1200 元,开销的离差平方和为 4 600 000,而这两个数字对于女性则是 1500 和 4 700 000。如果假设无论是这个年龄段的男性还是女性其在一段时间内的玩具开销均服从正态分布,而且方差相等,问这个年龄段的女性比男性在购买玩具上的支出多多少?

很明显,研究采用的是组间设计,得到两个独立组的数据,现在我们要求的是两个组的总体分布均值的差异。我们下面就来探讨这个问题。设 $X_1, X_2, \cdots, X_{n_A}$ 和 Y_1,

$Y_2, \cdots, Y_{n_B}$ 分别是来自独立总体 A 和 B 的简单随机样本,且两组样本之间独立抽取,两个总体的方差 σ_A^2, σ_B^2 均存在,均值 μ_A, μ_B 未知,现在要求总体均值差异 $\mu_A - \mu_B$ 的点估计和以 $1-\alpha$ 为置信度的置信区间。

1. 点估计

既然两组样本的平均数分别是总体均值的点估计,我们自然可以采用样本均值的差 $\overline{X} - \overline{Y}$ 去估计总体均值的差 $\mu_A - \mu_B$。由于样本均值是总体均值的无偏估计量,那么它们的差也是总体均值差的无偏估计量。同时,当两个样本的容量均趋于无穷时,样本均值的差也趋于总体均值的差。

2. 区间估计

如果两总体方差未知,按照以往的经验,我们应该用两个总体的方差的估计值代替方差本身,然而很遗憾的是,这种方法这次并不奏效,因为所得到的枢轴量的分布一般都不是 t 分布。但是当两个总体方差相等的时候,即 $\sigma_A^2 = \sigma_B^2 = \sigma^2$ 时,这个问题可以类似求解。此时 $\overline{X} - \overline{Y}$ 服从正态分布 $N\left[\mu_A - \mu_B, \sigma^2\left(\dfrac{1}{n_A} + \dfrac{1}{n_B}\right)\right]$,我们只需要估计总体的方差 σ^2。需要注意的是,由于两个正态分布的方差相等,因此两个分布只是位置上不同,没有形态上的差异。这样我们应该把两组样本的离差平方和相加作为总的离差平方和(pooled sum of squares)来度量样本之间差异情况,然后除以总的自由度得到总体方差的估计,即

$$S_P^2 = \frac{SS_A + SS_B}{df_A + df_B}$$

用两组样本的样本方差相加的估计方法是不好的,因为它没有用到两个总体方差相等的信息,所以不够精确。我们进而得到样本均值差异的方差的估计:

$$s_{\overline{X}-\overline{Y}}^2 = S_P^2 \left(\frac{1}{n_A} + \frac{1}{n_B}\right) = \frac{SS_A + SS_B}{n_A + n_B - 2}\left(\frac{1}{n_A} + \frac{1}{n_B}\right)$$

使用总离差平方和的估计方法的最大好处在于:用这个估计量代替未知的总体方差构造的枢轴量 $t = \dfrac{\overline{X} - \overline{Y} - (\mu_A - \mu_B)}{s_{\overline{X}-\overline{Y}}}$ 服从 t 分布,其自由度就是总离差平方和所对应的总的自由度:$df_A + df_B = n_A + n_B - 2$。这样我们就可以通过 t 分布的 $1 - \dfrac{\alpha}{2}$ 临界值 t_0 来对总体均值差异 $\mu_A - \mu_B$ 进行估计,所得到的 $1-\alpha$ 置信区间为 $[\overline{X} - \overline{Y} - t_0 s_{\overline{X}-\overline{Y}}, \overline{X} - \overline{Y} + t_0 s_{\overline{X}-\overline{Y}}]$。

我们现在回过头来看例 11.3,考虑女性群体和男性群体的消费均值的差异。这个差异的点估计就是两组样本的均值之差 $\overline{X} - \overline{Y} = 1500 - 1200 = 300$(元)。下面考虑区间估计。由于我们假设了两个群体的消费都呈正态分布,而且方差相同但未知,于是可以使用 t 统计量进行估计。

我们首先计算样本均值差异的方差的估计量的值:

$$s^2_{\bar{X}-\bar{Y}} = \frac{SS_A + SS_B}{n_A + n_B - 2}\left(\frac{1}{n_A} + \frac{1}{n_B}\right) = \frac{4\,600\,000 + 4\,700\,000}{62-2}\left(\frac{1}{31} + \frac{1}{31}\right)$$

$$= \frac{9\,300\,000}{60} \times \frac{2}{31} = 10\,000$$

$$t = \frac{\bar{X} - \bar{Y} - (\mu_A - \mu_B)}{s_{\bar{X}-\bar{Y}}} = \frac{300 - (\mu_A - \mu_B)}{\sqrt{10\,000}} = 3 - \frac{\mu_A - \mu_B}{100}$$

由于该 t 统计量服从自由度为 60 的 t 分布,如果我们规定置信度 99%,查表得到相应的 $t_0 = 2.66$,那么我们有 99% 的把握 t 落在区间 $[-2.66, 2.66]$ 内,从而由 $t = 3 - \frac{\mu_A - \mu_B}{100}$ 解出 $\mu_A - \mu_B$ 的 99% 置信区间为 $[34, 566]$。也就是说:我们有 99% 的把握该年龄段的女性和男性群体在给定时间段内在玩具上的消费差异在 34 元到 566 元之间。

四、相关组总体均值差异的估计

例 11.4 某小学校长为了检验教学的情况,随机抽取了 9 名某年级学生,在学期第一周和最后一周对他们进行同样水平的测验,得到的结果如下:开学初的成绩的均值为 52 分,期末成绩的均值为 60.5 分,个体分数前后变化值的和方 SS_D 为 72。如果学生的测验成绩均认为是正态分布,问:这个年级的学生经过一个学期的学习后在该水平的测验上成绩平均提高多少分?

很明显,这是一个组内设计,同一组被试先后经过两次测验,测验中间有实验处理,要考查这种实验处理的效果,因此两组样本数据是彼此相关的,不能再采用上述独立样本的估计方法来进行分析。我们设 $X_1, X_2, \cdots, X_n$ 和 $Y_1, Y_2, \cdots, Y_n$ 分别是来自总体 A 和 B 的简单随机样本,且相同标号的样本之间有对应关系。两个总体的均值 μ_A, μ_B 未知,现在要求对总体均值差异 $\mu_A - \mu_B$ 进行点估计和以 $1-\alpha$ 为置信度的置信区间估计。

由于两组样本的样本容量相同,而且有对应关系,我们可以考虑对应的数据之间的差值 $D_i = X_i - Y_i$,它对应的总体就是两个总体间相对应的个体之间的差异所构成的总体,记作 D。这个总体均值应该是总体 A 和总体 B 的均值的差,即 $\mu_D = \mu_A - \mu_B$,差异总体的方差记为 σ_D^2。于是问题转化为:已知 $D_1, D_2, \cdots, D_n$ 是来自总体 D 的简单随机样本,D 的方差 σ_D^2 未知,现在要估计它的未知均值 μ_D。这个问题实际上就是方差未知的总体均值的估计问题,我们在前边已经讲过了。

因此,我们首先应该把两个样本中的对应数据相减(例如后测验成绩减去前测验成绩),得到的数据就是差异总体的样本,可以计算其均值 $\bar{D}$ 及其标准误 $s_{\bar{D}}$。然后按照未知总体的均值的估计方法进行估计:用 $\bar{D}$ 估计总体均值的差异 $\mu_A - \mu_B$,对于区间估计,可以构造枢轴量 $t = \frac{\bar{D} - \mu_D}{s_{\bar{D}}}$。通过查表找到这个分布的 $1 - \frac{\alpha}{2}$ 临界值 t_0,进而得到 $\mu_A -$

μ_B 的置信度为 $1-\alpha$ 的置信区间为 $[\overline{D}-t_0 s_{\overline{D}}, \overline{D}+t_0 s_{\overline{D}}]$。

这里需要强调的是相关组和独立组总体均值差异问题的区别。首先,独立组问题往往来自组间设计;相关组问题往往来自组内设计。其次,独立组的两个样本的容量可以不同,而且其中的数据没有对应关系;相关组的两个样本中的数据是一一对应的,于是样本容量必然相同。第三,相关组问题本质上是差异总体 D 的参数估计问题,我们关心的是差异总体 D 的方差和相应的样本均值的标准差,而对两个总体的方差同质没有要求;独立组小样本问题在方差未知的情况下必须要求方差同质。

我们回到例 11.4 中来,首先求出两总体均值差异的点估计为:

$$\overline{D} = \overline{X} - \overline{Y} = 60.5 - 52 = 8.5$$

由于学生的成绩被认为呈正态分布,那么两测验的差异总体也是正态分布,但因为不知道两个总体的方差和相关情况,我们无法求出差异总体和差异样本的均值的方差,只能代之以估计:

$$s_{\overline{D}} = \frac{S}{\sqrt{n}} = \frac{\sqrt{\frac{SS_D}{df}}}{\sqrt{n}} = \frac{\sqrt{\frac{72}{9-1}}}{\sqrt{9}} = 1$$

于是求出枢轴量 $t = \frac{\overline{D}-\mu_D}{s_{\overline{D}}} = \frac{8.5-\mu_D}{1} = 8.5-\mu_D$。因 $t = \frac{\overline{D}-\mu_D}{s_{\overline{D}}}$ 服从自由度为 8 的 t 分布,如果我们规定置信度为 95%,查 t 临界值表得到相应的 $t_0 = 2.306$。那么我们有 95% 的把握 t 落在区间 $[-2.306, 2.306]$ 内,从而解出 μ_D 的 95% 置信区间的下限为:

$$\overline{D} - t_0 s_{\overline{D}} = 8.5 - 2.306 \times 1 = 6.194$$

上限为:
$$\overline{D} + t_0 s_{\overline{D}} = 8.5 + 2.306 \times 1 = 10.806$$

即我们有 95% 的把握认为一年的教学让学生在所测试卷上的成绩提高的分数在 6.194 分到 10.806 分之间。

§4 影响置信区间宽度的因素

综合前面所讲到的各种区间估计,我们可以发现区间估计的宽度受到以下因素的影响。

一、样本量

对于上面讲到的各种估计,样本量会直接影响估计量的标准误,进而影响区间估计的置信区间的宽度:样本量越大,估计量的标准误越小,于是置信区间的宽度越小。此外,对于采用 t 分布的区间估计,样本量还会通过影响 t 分布的自由度影响置信区间。样本量越大,t 分布的自由度越大,于是分布越是薄尾,临界值越低,置信区间越窄。对于一般的区间估计问题,虽然不一定引入估计量的标准误的概念,但是样本量对于置信区间宽度的影响规律仍然是适用的:样本量越大,置信区间的宽度越小;样本量越小,置信区间的宽度越大。这种规律的本质是:样本量越大,我们所获得的信息越多,于是估计的准确性就越高。样本量影响置信区间有两个途径:一方面它影响统计量,比如点估计的标准误;另一方面,对于某些区间估计问题,样本量还影响枢轴量的分布的自由度。

二、置信度

置信度的含义前面已经讲到了,指的是事先规定的置信区间覆盖参数真值的概率,也就是对估计的把握程度。如果规定的置信度越高,也就是要求估计有很大把握覆盖真正的参数值,那么准确性就会降低,置信区间就会变宽。这种置信区间宽度和置信度的代偿关系前面我们也已经分析过了。

三、样本方差

从区间估计上、下限的公式可知,区间宽度由枢轴量和对样本均值的标准误决定。前者与前面所讲的置信度和样本容量有关,而后者除样本容量以外,就和样本数据的变异性——样本方差有关了。一般来说,样本数据的变异性越大,对于相同的置信度,所需要的覆盖区间也就越宽。

§5 区间估计和假设检验的联系

正如我们前面提到的:区间估计和假设检验有着密切的联系。这里我们需要指出的是:如果总体参数 θ 的置信度为 $1-\alpha$ 的置信区间为 $[a,b]$,那么对于区间 $[a,b]$ 中的任意一点 θ_0,给定显著性水平为 α 的假设检验问题的结果一定是"不能拒绝虚无假设"。

我们以已知方差的正态分布 $N(\mu,\sigma_0^2)$ 的均值的区间估计和假设检验问题作为例子说明这一点。我们知道已知方差的正态分布 $N(\mu,\sigma_0^2)$ 均值 μ 的置信度为 $1-\alpha$ 的置信区间为 $\left[\overline{X}-\dfrac{z_0\sigma_0}{\sqrt{n}},\overline{X}+\dfrac{z_0\sigma_0}{\sqrt{n}}\right]$。注意到这个区间中的任何一个点 μ_0 满足 $|\overline{X}-\mu_0|\leqslant\dfrac{z_0\sigma_0}{\sqrt{n}}$,于是就有 $|z|=\dfrac{|\overline{X}-\mu_0|}{\sigma_0/\sqrt{n}}\leqslant z_0$,也就是说 z 值在临界值 z_0 之内,于是显著性水平为 α 的假设检验问题 $H_0:\mu=\mu_0\leftrightarrow H_1:\mu\neq\mu_0$ 的结论一定是:不能拒绝虚无假设。

为什么会有这样的"巧合"呢?实际上,读者回忆一下区间估计的一般方法中的例子不难看到:实际上均值 μ 的置信区间就是通过限定枢轴量 $z=\dfrac{\overline{X}-\mu}{\sigma_0/\sqrt{n}}$ 的范围得到的,那么置信区间内的值能让统计量 $z=\dfrac{\overline{X}-\mu_0}{\sigma_0/\sqrt{n}}$ 在临界值之内就很自然了。

对于一般的区间估计和假设检验问题,我们前面曾讲过,区间估计所使用的枢轴量和假设检验所使用的统计量往往形式是一样的,分布也是相同的。唯一的区别是:在区间估计问题中,枢轴量含有未知参数,不能计算,我们要通过给定枢轴量的范围来划定未知参数的范围;在假设检验问题中,虚无假设给定了参数的值,于是统计量可以计算,我们要通过考查统计量是否落入临界值之外判断是否拒绝虚无假设。这样,在置信区间之内的值一定让枢轴量落在正常范围之内,于是在同样问题的对应假设检验中,统计量一定落在正常范围中,于是不能拒绝虚无假设。

12

单因素和重复测量方差分析

例 12.1 一位发展心理学研究者对影响儿童阅读能力的因素感兴趣。根据以往研究,他认为每次阅读时间的长短可能有着重要的影响。该研究者设计了以下实验:将参与实验的儿童随机分配到三个阅读条件组中:第一组阅读时间为 5 分钟;第二组为 15 分钟;第三组为 30 分钟。两个星期之后使用某规范化测量工具测试了这些儿童的阅读能力,结果如表 12.1 所示。问这些数据是否表明阅读时间是儿童阅读能力发展的重要影响因素?

表 12.1 阅读测试得分表

	第一组	第二组	第三组	($K=3$)
($n=5$)	10	15	10	
	14	20	12	
	12	17	6	
	8	8	12	
	11	15	10	
$\overline{X}_i$	11	15	10	$\overline{X}=12$

注:$n=5$ 表示每个组内有 5 名被试,$K=3$ 表示共有 3 个实验处理组,$\overline{X}_i$($i=1,2,3$)表示每一组的平均数,$\overline{X}$ 表示总平均数

我们在之前的几章中给大家介绍了应用于不同情境的假设检验,可是需要比较的都只是两组数据。而本例中出现了三组数据,难道要两两组合,分成三次进行检验不成?在这里我们不能简单地应用 t 检验或 z 检验,因为这两种方法不能用于多于两组的数据。处理这类数据需要用一种新的推论统计方法,这就是我们在本章中所要介绍的方差分析。

方差分析又称变异数分析(analysis of variance,简称 ANOVA),由英国统计学家 Ronald Fisher 发展而来,而方差分析中的关键步骤 F 检验也是用他的名字命名。方差分析能够解决简单的 t 检验,z 检验不能解决的问题,对实验设计和统计分析的发展起到了巨大的推动作用,由此人们可以把实验设计丰富化,来研究一些原来不能解决的问题。

在心理学和行为科学的很多研究中,比较两组样本平均数的问题其实很少,大部分研究都会涉及三组、四组或者更多组的比较。此外,影响研究和实验的因素可能不止一个,这时也需要我们找出主要的影响因素。那么在这里很多同学也许有疑问了,为什么我们不能将其两两组合,然后用 t 检验进行比较呢?仅仅是因为麻烦吗?当然不是!这其中涉及我们在第 6 章讲过的假设检验 I 类错误的问题。在 t 检验中,我们从 t 分布中随机取一个 t 值,其落在大于临界值的位置的概率是一定的,比如最常用的 0.05。也就是说,我们犯 I 类错误的风险概率是 5%。然而,当我们为了得到同一个研究结论而采取多个 t 检验时,就相当于从 t 分布中随机抽取多个 t 值,其落在大于临界值的范围内的概率显然大大增加,犯 I 类错误的概率也随之增加,因此是不可取的。而方差分析能够分析出数据中不同来源的变异对总变异贡献的大小,以此判断自变量对因变量是否有影响以及影响的大小,可应用于两种以上实验处理的数据分析,同时比较两个以上的样本平均数。从某种意义上说,我们可以把方差分析看作是平均数差异显著性检验(t 检验)的扩展。

在独立样本和相关样本 t 检验的章节中我们详细介绍了研究设计对统计分析的重要影响。对于多组样本数据均值的比较,我们仍然需要考虑这个问题。对于独立样本设计,我们将被试随机分配到不同的变量水平中去,接受不同的处理。这样一来,研究中的误差不仅包括了随机误差,还包括了参加实验的被试的个体差异,而后者在实际研究中的影响往往是相当大的。为了弥补这一缺陷,我们采用同一被试先后接受不同的处理,即重复测量设计。被试带来的无关变异被尽可能地减少了,但是当被试先接受的处理对其以后接受的处理有影响的时候,该方法就不再适用了,仍需采取独立样本设计。因此,在本章中,我们会为大家分别介绍独立样本和重复测量的方差分析方法,并对二者加以比较。

§1 方差分析的基本原理

一、F 统计量简介及其分布

在前面的章节中,我们都是使用均值这一集中量数来进行假设检验。然而,大家是否知道,差异量数同样可以用于假设检验?本章中将要介绍的 F 检验正是如此,其所使用的差异量数是我们最常见的方差。F 统计量其实就是对同一总体方差的两种估计值的比。从同一总体中随机抽取两个样本,利用各自数据分别对总体方差进行估计,得到估计量 S_1^2 和 S_2^2;将二者相除,得到 F 统计量;重复这一抽样、估计、计算 F 统计量的过程,我们可以得到如图 12.1 所示的分布曲线,称其为 F 分布。

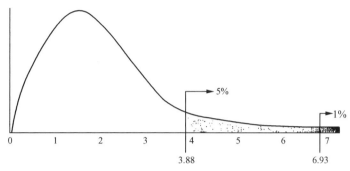

图 12.1 自由度为 (2,12) 的 F 分布图

和第 8 章介绍的 t 分布一样，F 分布的形状也随自由度而变化。不同的是，F 分布需要同时遵从分子和分母两个自由度（均为 $n-1$）。结合图 12.1 我们可以发现：由于方差总是非负的，因此由方差估计值之比得到的 F 统计量也总是非负的，因此使用 F 统计量进行的假设检验总是单尾的。对于特定自由度的 F 分布，我们可以像 t 分布和正态分布一样确定概率的临界值。如图中所示，对于分子自由度为 2，分母自由度为 12 的 F 分布，其尾端 5% 的临界值为 3.88，尾端 1% 的临界值为 6.93。

临界值可通过表 12.2 所示的 F 临界值表查出，横行对应的是分子的自由度，纵列对应的是分母的自由度。

表 12.2　F 临界值表样例

分母的 df	α	分子的 df					
		1	2	3	4	5	…
1	0.05	161	200	216	225	230	…
	0.01	4052	4999	5403	5625	5764	
2	0.05	18.51	19.00	19.16	19.25	19.30	…
	0.01	98.49	99.00	99.17	99.25	99.30	
3	0.05	10.13	9.55	9.28	9.12	9.01	…
	0.01	34.12	30.92	29.46	28.71	28.24	
⋮	⋮	⋮	⋮	⋮	⋮	⋮	⋮

二、方差的来源

从表 12.1 所示数据中我们可以看出，三个组最终的教学结果完全不一样，表现在三个不同实验处理组的平均数之间存在差异。同时，同一实验组内部的 5 名被试的反应变量也存在差异。从而我们把三个实验组 15 名被试的差异分为两个部分，这种差异和数据的变化是相对应的。一方面，每一组内的数据围绕该组的平均数发生变化（组 1

的 10,14,12,8,11 围绕本组平均数 11 变化);另一方面,各组的平均数围绕总平均数变化(三个组的平均数 11,15,10 围绕总平均数 12 变化)。相对应,数据的变异就由两部分组成:组内变异和组间变异。组内变异是由于实验中一些希望加以控制的非实验因素和一些未被有效控制的未知因素造成的,如个体差异、随机误差等,统统被认为是误差因素。组内变异是在具体某一个处理水平之内的,因此在对总体变异进行估计的时候不涉及研究的处理效应;组间变异不仅包括了上述的误差因素,还包括了不同组所接受的实验处理不同所造成的差异,因此在对总体变异进行估计的时候也包括了处理效应。

由于和方具有可加性,我们采用总和方来表示变异,只要分别计算出组间和方和组内和方,两个不同的变异源就可以被分解开来,从而知道不同变异对总变异贡献的大小了。这是 $t(z)$ 检验所做不到的。

我们已经将总体变异划分成两个不同的部分,那么接下来要做的就是对其进行比较。如果研究数据的总变异是由处理效应造成的,那么组间变异在总变异中应该占较大比例,组内变异只占较小的比例;反之,如果总变异是由误差因素造成的,三个组之间就应该没有差异。遵循这样的思路,我们要应用的 F 统计量结构如下:

$$F = \frac{处理间变异}{处理内变异} = \frac{处理效应 + (个体变异 + 随机误差)}{个体变异 + 随机误差}$$

在重复测量设计中,我们知道个体变异为 0,因此 F 统计量的结构为:

$$F = \frac{处理效应 + 随机误差}{随机误差}$$

三、方差分析的基本假设

由于涉及多个样本均值的比较,方差分析的基本假设和先前介绍的假设检验有一定的区别。以因变量有三个水平的方差分析为例,虚无假设认为三个样本所对应的总体的均值是相等的,用公式符号表示为:

$$H_0 : \mu_1 = \mu_2 = \mu_3$$

因此可见,如果虚无假设成立,处理间变异为 0,则 F 统计量的值为 1。

而备择假设就复杂得多了。如果我们侦察到了处理的效应,其可能是由于三个水平之间都有显著差异,也可能只是来源于两两组合中的一个或两个,用公式可表示为:

$$H_1 : \mu_1 \neq \mu_2 = \mu_3 ; \mu_1 = \mu_2 \neq \mu_3 ; \mu_2 \neq \mu_1 = \mu_3 ; \mu_1 \neq \mu_2 \neq \mu_3$$

四、方差分析的重要概念

1. 方差分析的符号

由于方差分析涉及的变量较多,对符号的界定是必要的步骤。不同的统计书籍采用不同的符号系统来讲解方差分析的过程。如果读者已经熟悉某一套符号系统并且能熟练地进行方差分析运算,就建议读者略去以下部分,采取自己熟悉的符号系统和方差分析的过程。以下这套符号的特点是虽然看似并不简洁,但它为只具备非专业数学知识的读者提供了低难度,却能够准确、熟练地掌握方差分析运算的一套方法。

(1) K=处理条件(conditions)(或组)的数目;
(2) n=每一个组的被试数目(如果每一个组的被试数目相等);
(3) n_i=第i组的被试数目(如果每一个组被试数目不等);
(4) $N=\sum n_i$=总的样本容量;
(5) $T_i=\sum X_{ij}$每一个组分数的和;
(6) $G=\sum\sum X_{ij}$=所有分数的总和(grand total);
(7) $\bar{G}=\dfrac{G}{N}$=总的均值。

2. 方差分析的自由度

我们在前面讲到,F分布需要遵从分子和分母各自的自由度,我们在此专门为大家进行细致的介绍。

(1) 总的自由度$df_{总和}$为总的被试数减1,即

$$df_{总和}=N-1$$

(2) 在F统计量的公式中,分子为组间变异,其自由度等于自变量的水平数减1,即

$$df_{组间}=K-1 \tag{12.1}$$

(3) 而分母的自由度,即组内变异的自由度我们用二者之差来表示:

$$df_{组内}=df_{总和}-df_{组间}=(N-1)-(K-1)=N-K \tag{12.2}$$

3. 和方分解

我们借用例12.1中的三组数据演示变异的分解过程。首先,我们需要对表12.1进行一些加工,将每个数据的平方算出列在旁边,然后求出每组数据的和以及平方和,为后面的分析计算做准备,如表12.3所示。

表 12.3　阅读测试得分新表

第一组		第二组		第三组	
X	X^2	X	X^2	X	X^2
10	100	15	225	10	100
14	196	20	400	12	144
12	144	17	289	6	36
8	64	8	64	12	144
11	121	15	225	10	100
$T_1=55$	$\sum X_1^2=625$	$T_2=75$	$\sum X_2^2=1203$	$T_3=50$	$\sum X_3^2=524$

分别计算各统计量的值：

$$T_1 = 55, T_2 = 75, T_3 = 50$$

$$SS_1 = 625 - \frac{55^2}{5} = 625 - 605 = 20$$

$$SS_2 = 1203 - \frac{75^2}{5} = 1203 - 1125 = 78$$

$$SS_3 = 524 - \frac{50^2}{5} = 524 - 500 = 24$$

$$G = 180$$

$$\sum X^2 = 2352$$

(1) 求总和方的值：

$$SS_{总和} = \sum X^2 - (G^2/N) = 2352 - 180^2/15 = 2352 - 2160 = 192$$

这里 G^2/N 是经常会出现的项，在以后所学的方差分析中也是一样。所以，希望大家能够将其算准、记牢。

我们将总的变异分为了组间变异和组内变异，用和方的拆解表示为

$$SS_{总和} = SS_{组间} + SS_{组内}$$

(2) 求组内和方 $SS_{组内}$。在任何情况下，$SS_{组内}$ 都是将每一个组的和方相加，即

$$SS_{组内} = \sum SS = 20 + 78 + 24 = 122$$

(3) 求组间和方 $SS_{组间}$。大家也许想到快捷的方法是直接相减：$SS_{组间} = SS_{总和} - SS_{组内}$。但是，这里要提醒大家注意的是，该方法虽然简捷，但是并不推荐，因为这种方法有两个缺点：① 并未涉及 $SS_{组间}$ 的组成原理；② 无法检查计算错误。

我们推荐的方法是使用直接计算 $SS_{组间}$ 的两个公式：

定义公式　　　　　　　　$SS_{组间} = \sum [n_i (\bar{X} - \bar{G})^2]$ 　　　　　　　　(12.3)

计算公式（更多被使用） $\quad SS_{组间} = T_i^2/n_i - G^2/N$ (12.4)

在上述计算公式中,数据有几组,T_i^2/n_i 就有几项。若各组样本容量相等,分母不变;若各组样本容量不等,不要忘记各累加项的分母不同。

在例 12.1 中

$$SS_{组间} = T_i^2/n_i - G^2/N$$
$$= \frac{55^2}{5} + \frac{75^2}{5} + \frac{50^2}{5} - 2160$$
$$= 605 + 1125 + 500 - 2160 = 70$$

上面那个偷懒的法子其实是我们用来验算的重要方法。在此,由于

$$SS_{总和} = 192 = 70 + 122 = SS_{组间} + SS_{组内}$$

我们可以确信计算是正确的。至此,我们将和方分解为了组间和组内两个部分。

4. 均方——对总体方差的估计

在方差分析中,我们使用均方(mean square)作为对总体方差的估计量,其构成为和方与自由度的比,即

$$MS = SS/df$$

我们只需要对组间和组内均方估计值,而不需要总的均方:

$$MS_{组间} = SS_{组间}/df_{组间} = 70/2 = 35$$
$$MS_{组内} = SS_{组内}/df_{组内} = 122/12 = 10.167$$

方差分析中,比较组间变异和组内变异,之所以要用各自的均方比较,而不能直接比各自的和方,是因为在求组间或组内和方时,是若干项的和,其大小和项数有关,应该将项数的影响去掉,求其均方才能比较。因此要除以各自的自由度,求均方。

5. F 统计量的观测值 F_{obs}

在均方的基础上,我们可以得到所需要的 F 值:

$$F = 处理间均方/处理内均方 = MS_{组间}/MS_{组内}$$ (12.5)

检验两个方差的差异要用 F 检验,那么比较均方也用 F 检验。

当 F 统计量的观测值小于临界值时,说明数据的总变异由分组不同造成的变异只占很小的部分,大部分是由实验误差和个体差异所致,就是说不同的实验处理之间变异不大,或者说实验处理无效。

当 F 统计量的观测值大于临界值时,说明实验数据的变异由不同的实验处理所造成,即不同的实验处理之间有差异。

6. 报告效应量

对效应量的介绍详见本章§6,这里仅给出效应量 η_p^2 的计算公式。

$$\eta_p^2 = \frac{SS_{组间}}{SS_{组间} + SS_{组内}}$$

7. 绘制方差分析表

最后,绘制一个方差分析表总结所得结果是必要的。前面的步骤可以省略,但最后报告结果时方差分析表一定是不能省略的,需要统一。

如对于例12.1,如表12.4所示:

表12.4 例12.1的方差分析表

来源	SS	df	MS	F	η_p^2
组间	70	2	35		
组内	122	12	10.167	3.44	0.36
总和	192	14			

F 的值为3.44,小于 F 的临界值3.88。因此,接受 H_0,即认为在三种阅读时间的条件下,儿童的阅读能力没有差异。

§2 独立样本方差分析

例12.2 为了检验三种不同学习方法的效应,将学生随机分配到3个处理组。方法 A:让学生只读课本,不去上课;方法 B:学生上课、记笔记,但不读课本;方法 C:学生不读课本、不去上课,只看别人的笔记。经过一段时间后,对学习效果进行测量,得到结果如表12.5。请问各方法之间是否有差异?(用 $\alpha=0.05$ 的显著性水平)

表12.5 不同学习方法的效果

研究方法		
方法 A 只读课本	方法 B 只记笔记	方法 C 只看别人的笔记
0	4	1
1	3	2
3	6	2
1	3	0
0	4	0
$T_1=5$	$T_2=20$	$T_3=5$
$SS_1=6$	$SS_2=6$	$SS_3=4$
$n_1=5$	$n_2=5$	$n_3=5$
$\bar{X}_1=1$	$\bar{X}_2=4$	$\bar{X}_3=1$

分析 本题为单因素组间设计,自变量有3个水平,因此采用方差分析。

第一步:陈述假设。虚无假设为三个组的学习效果没有差异,用公式表示为:

$$H_0:\mu_1=\mu_2=\mu_3$$

备择假设为至少有一个组的学习效果和其他组不同。

第二步：已知显著性水平为 $\alpha=0.05$。

第三步：确定检验的自由度：

$$df_{组间}=3-1=2, \quad df_{组内}=15-3=12$$

第四步：查 F 临界值表，$F_{0.05}(2,12)=3.88$。

第五步：计算样本的 F 统计量观测值。

首先计算题目中需要的一些数据：

$$G=30, N=15, \bar{G}=30/15=2, \sum X^2=106, K=3$$

$$SS_{总和}=\sum X^2 - G^2/N = 106 - 30^2/15 = 106 - 60 = 46$$

$$SS_{组内}=6+6+4=16$$

$$SS_{组间}=\sum(T_i^2/n_i) - G^2/N$$

$$=5^2/5 + 20^2/5 + 5^2/5 - 30^2/15$$

$$=5+80+5-60=30$$

$$MS_{组间}=SS_{组间}/df_{组间}=30/2=15$$

$$MS_{组内}=SS_{组内}/df_{组内}=16/12=1.333$$

$$F_{obs}=MS_{组间}/MS_{组内}=15/1.333=11.25$$

第六步：报告效应量。

$$\eta_p^2 = \frac{SS_{组间}}{SS_{组间}+SS_{组内}}=0.65$$

根据以上结果绘制方差分析表：

表 12.6　例 12.2 的方差分析表

来源	SS	df	MS	F	η_p^2
组间	30	2	15		
组内	16	12	1.333	11.25	0.65
总和	46	14			

第七步：比较 F 的观测值和临界值，得出结论。因为 $F_{obs}=11.25 > F_{crit}=3.88$，所以拒绝 H_0，即认为三种方法之间有显著差异。

以论文形式报告方差分析结果。首先，列表报告描述统计的结果，如下：

各处理组的均值和标准差如表中所示：

	方法 A：只读课本	方法 B：只记笔记	方法 C：只看别人的笔记
M	1	4	1
SD	1.22	1.22	1

其次，报告推论统计的结果，如下：

单因素方差分析发现学习方法有显著的效应，$F_{0.05}(2,12)=11.25$，$\eta_p^2=0.65$，$p<0.05$。

注意例 12.2 的结果与例 12.1 不同，三个平均数之间出现显著差异。这样，我们接下来，就多了一项任务，到底哪几对平均数之间存在显著差异。这就需要事后检验。也就是说，F 统计量显著就一定要进行事后检验。

由图 12.2 可以看出，只读课本和看别人笔记没有差异，两者都与只记笔记有同样的差异。但是否可以断定这个差异是显著的？答案是不能。细心的读者可能会问，如果三对差异中，没有一对差异是显著的，何以造成 F 值的差异显著？这种情况是完全可能的。有时，方差分析的 F 值显著，但事后检验却显示没有一对差异是显著的。

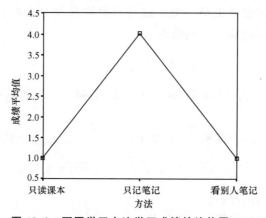

图 12.2　不同学习方法学习成绩的均值图

§3　事　后　检　验

一、事后检验概述

ANOVA 的结果是检验 $H_0:\mu_1=\mu_2=\mu_3$，并未提供哪个备择假设得到支持。也就是说，只知道一些组与其他组不同，但并不知道差别在哪些组之间。所以从 ANOVA 得到显著差异的结果（拒绝 H_0）后，一定要做事后检验。事后检验使我们能够比较各组，发现差异产生在什么地方。事后检验就是比较每一个处理组与另一个处理组，一次比较两个，称为成对比较。

也许有人认为，在上例中，我们完全可以将 μ_1 与 μ_2，μ_1 与 μ_3，以及 μ_2 与 μ_3，分别做三个 t 检验，确定差异来自哪两个组，其实这样的做法是有问题的。

因为，每一个比较都是一个单独的假设检验，那么每一个都有犯 I 类错误的风险。

所以，比较对数越多，得出结论的风险越大。如果我们分别做三次 t 检验，则实际犯 I 类错误的概率就不是原来的 0.05，而是变为

$$\alpha_{EW} = 1 - (1-\alpha)^3 = 1 - (0.95)^3 = 1 - 0.857 = 0.143$$

犯 I 类错误的概率增加到 14.3% 而不再是 5%，所以这种做法是不正确的。事后检验的特点是控制了实验导致错误概率 α_{EW} 在预想的 α 值，而不会导致 I 类错误的膨胀。

下面介绍两种事后检验方法：HSD 检验和 Scheffe 检验。

二、HSD 检验

HSD 检验（Tukey's honestly significant difference）可以计算出单一的临界值，确定均值间需要达到差异显著的最小值。这种检验要求各组的样本容量相等。HSD 检验是一种较敏感的事后检验。计算公式为：

$$HSD = q\sqrt{MS_{组内}/n} \tag{12.6}$$

其中，q 值可以从表中查出（附表 5），需要的量是 K 和 $df_{组内}$（即误差项 df）以及显著性水平。

在例 12.2 中，$K=3$，误差项 $df=12$，用 $\alpha=0.05$，查 q 的临界值表得 $q=3.77$，

$$HSD = q\sqrt{(MS_{组内}/n)} = 3.77 \times \sqrt{(1.333/5)} = 3.77 \times 0.516 = 1.95$$

（1）检验假设 $H_0: \mu_1 = \mu_2$。

因为　　　　　组 2 均值 − 组 1 均值 = 4.0 − 1.0 = 3.0 > 1.95

所以拒绝 H_0，即认为组 2 与组 1 有显著差异。

（2）检验假设 $H_0: \mu_1 = \mu_3$。

因为　　　　　组 3 均值 − 组 1 均值 = 1.0 − 1.0 = 0 < 1.95

所以接受 H_0，即认为组 3 与组 1 没有显著差异。

（3）检验假设 $H_0: \mu_2 = \mu_3$。

因为　　　　　组 2 均值 − 组 3 均值 = 4.0 − 1.0 = 3.0 > 1.95

所以拒绝 H_0，即认为组 2 与组 3 有显著差异。

三、Scheffe 检验

这是比较保守的检验方法，特别适用于每组的被试数目不等的情况。具体方法是：重新计算 $MS_{组间}$，每次只检验一个比较。注意一定要用整体的 $df_{组间}$ 和整体的 $MS_{组内}$。例如，在例 12.2 中：

（1）检验假设 $H_0: \mu_1 = \mu_2$。

因为 $\quad SS_{组间}=5^2/5+20^2/5-25^2/10=22.5$

$$MS_{组间}=22.5/2=11.25$$
$$MS_{组内}=16/12=1.333$$

所以 $\quad F_{obs}=MS_{组间}/MS_{组内}=11.25/1.333=8.44$

查 F 临界值,得 $F_{0.05}(2,12)=3.88$。因为 $F_{obs}=8.44>F_{crit}=3.88$,所以拒绝 H_0,即认为组 2 与组 1 有显著差异。

(2) 检验假设 $H_0:\mu_1=\mu_3$。

因为 $\quad SS_{组间}=5^2/5+5^2/5-10^2/10=0$

$$MS_{组间}=0/2=0$$
$$MS_{组内}=16/12=1.333$$

所以 $\quad F_{obs}=MS_{组间}/MS_{组内}=0/1.333=0$

由于 $F_{obs}=0<F_{crit}=3.88$,所以接受 H_0,即认为组 3 与组 1 没有显著差异。

(3) 检验假设 $H_0:\mu_2=\mu_3$。

因为 $\quad SS_{组间}=5^2/5+20^2/5-25^2/10=22.5$

$$MS_{组间}=22.5/2=11.25$$
$$MS_{组内}=16/12=1.333$$

所以 $\quad F_{obs}=MS_{组间}/MS_{组内}=11.25/1.333=8.44$

由于 $F_{obs}=8.44>F_{crit}=3.88$,因此拒绝 H_0,即认为组 2 与组 3 有显著差异。

§4 重复测量方差分析

和独立样本设计相比,重复测量设计所需要的被试数目较少,更为经济。此外,重复测量消除了被试个体差异对研究结果的影响,当个体差异相当大的时候,该优势非常明显。重复测量方差分析和独立样本过程类似,有一些关键概念和步骤需要引起大家的格外重视。

由于重复测量设计中的每一位被试都参与了自变量所有水平下的测试,因此组间变异不包括个体差异的影响。而每一个水平之内仍然是由不同的被试共同完成的,于是和独立样本方差分割的步骤不同的是:我们仍然将总体变异分为组间变异和组内变异,但需要对组内变异进一步细分为被试间变异(between subjects)和误差引起的变异。下面,我们通过一道例题来了解重复测量方差分析的具体过程。

例 12.3 如表 12.7 所示,被试 A,B,C,D 进行问题解决的练习,对被试分别测量了练习 1 次,2 次,3 次后反应正确的次数,试分析练习次数对问题解决成绩有无显著影响。(用 $\alpha=0.05$ 显著性水平)

表 12.7 不同练习次数的问题解决成绩表

被试	练习次数		
	1 次	2 次	3 次
A	3	3	6
B	2	2	2
C	1	1	4
D	2	4	6

分析 本例中只有一个自变量（称为组内因素）：已完成的练习次数，所有的被试最终都经过了 3 次测量，即完成了所有自变量水平下的测量，所以应使用重复测量方差分析。

第一步：陈述假设。虚无假设为练习次数对问题解决成绩没有影响，即经历不同次数的练习后，问题解决的成绩都是一样的，用公式表示为

$$H_0 : \mu_1 = \mu_2 = \mu_3$$

备择假设为至少某一次练习之后的问题解决成绩和其他不同。

第二步：已知显著性水平 $\alpha = 0.05$。

第三步：确定检验的自由度。首先，

组间自由度　　　　　　　$df_{组间} = 3 - 1 = 2$

组内自由度　　　　　　　$df_{组内} = 12 - 3 = 9$

在重复测量方差分析中，我们需要对组内变异进行更细致的分割，因此也需要对组内自由度进行进一步的划分：

被试间的自由度　　　　　$df_{被试间} = n - 1 = 4 - 1 = 3$　　　　　　(12.7)

误差的自由度　　　　　　$df_{误差} = df_{组内} - df_{被试间} = 9 - 3 = 6$　　(12.8)

第四步：由公式，分子自由度为组间自由度，分母自由度为误差的自由度，因此查 F 临界表得 $F_{0.05}(2,6) = 5.14$。

第五步：计算样本的 F 统计量观测值。

首先计算题目中需要的一些数据，如表 12.8 所示：

表 12.8 例 12.3 的计算过程

被试	练习次数			P
	1 次	2 次	3 次	
A	3	3	6	$P_1 = 12$
B	2	2	2	$P_2 = 6$
C	1	1	4	$P_3 = 6$
D	2	4	6	$P_4 = 12$
	$T_1 = 8$	$T_2 = 10$	$T_3 = 18$	
	$SS_1 = 2$	$SS_2 = 5$	$SS_3 = 11$	

注：我们把每一名被试 3 次练习后的成绩加总，列在成绩表的右侧，记为 P（注意与 T 相区别）。

由公式
$$SS_{总和} = SS_{组间} + SS_{组内}$$

有
$$SS_{总和} = \sum X^2 - (G^2/N) = 140 - (36^2/12) = 140 - 108 = 32$$

需要将其分解为组间变异和组内变异：
$$SS_{组间} = \sum(T_i^2/n_i) - G^2/N = 8^2/4 + 10^2/4 + 18^2/4 - 108 = 14$$
$$SS_{组内} = SS_1 + SS_2 + SS_3 = 2 + 5 + 11 = 18$$

将组内变异进一步细分：
$$SS_{组内} = SS_{被试间} + SS_{误差}$$
$$SS_{被试间} = \sum(P_i^2/K) - G^2/N \tag{12.9}$$
$$= 12^2/3 + 6^2/3 + 6^2/3 + 12^2/3 - 108 = 12$$
$$SS_{误差} = SS_{组内} - SS_{被试间} = 18 - 12 = 6$$

计算组间和误差的均方：
$$MS_{组间} = SS_{组间}/df_{组间} = 14/2 = 7$$
$$MS_{误差} = SS_{误差}/df_{误差} = 6/6 = 1$$

计算 F 统计量的观测值：
$$F_{obs} = MS_{组间}/MS_{误差} = 7/1 = 7$$

报告效应量：
$$\eta_p^2 = \frac{SS_{组间}}{SS_{组间} + SS_{组内}} = 0.70$$

总结方差分析的结果，见表 12.9：

表 12.9 例 12.3 的方差分析表

来源	SS	df	MS	F	η_p^2
组间	14	2	7	7	0.70
组内	18	9			
被试间	12	3			
误差	6	6	1		
总和	32	11			

注：要注意做这个方差分析表时，"来源"列的"被试间"和"误差"要退一格，表示其从属于"组内"类目之下。

第六步：比较 F 的观测值和临界值，得出结论：$F_{obs} = 7 > F_{crit} = 5.14$，因此拒绝 H_0，即认为不同练习次数之后问题解决成绩有显著差异。

第七步：事后检验。查 q 的临界值表(附表 5) $K = 3, df_{误差} = 6$ 时，$q = 4.34$。

$$HSD = q\sqrt{\frac{MS_{误差}}{n}} = 4.34 \times \sqrt{\frac{1}{4}} = 2.17$$

又各组的均值是：$M_1 = 2; M_2 = 2.5; M_3 = 4.5$。

因为

$$M_2 - M_1 = 2.5 - 1 = 1.5 < HSD$$
$$M_3 - M_2 = 4.5 - 2.5 = 2 < HSD$$
$$M_3 - M_1 = 4.5 - 2 = 2.5 > HSD$$

所以，练习3次之后与只练习1次的问题解决成绩有显著差异，其他则没有显著差别。

例 12.4 表 12.10 是四名被试训练前和训练后 1 个月，2 个月，3 个月的单位时间内打字错误个数，用适当的统计方法检验训练后被试的打字错误有无下降。（$\alpha = 0.05$）

表 12.10 单位时间内打字错误随训练时间变化表

被试	处理方法			
	训练前	训练后 1 个月	训练后 2 个月	训练后 3 个月
A	8	2	1	1
B	4	1	1	0
C	6	2	0	2
D	8	3	4	1

分析 在例 12.4 中只有一个自变量（称为组内因素）：时间。所有的被试经过了 4 次测量，即经过了所有自变量水平下的测量，所以应使用重复测量方差分析。

计算出需要用到的量，如表 12.11 所示：

表 12.11 例 12.4 的计算过程

被试	训练前	训练后 1 个月	训练后 2 个月	训练后 3 个月	P
A	8	2	1	1	12
B	4	1	1	0	6
C	6	2	0	2	10
D	8	3	4	1	16
	$T_1 = 26$	$T_2 = 8$	$T_3 = 6$	$T_4 = 4$	
	$SS_1 = 11$	$SS_2 = 2$	$SS_3 = 9$	$SS_4 = 2$	

第一步：陈述假设。虚无假设为训练后不同时间的打字准确性和训练前没有差别：

$$H_0 : \mu_1 = \mu_2 = \mu_3$$

第二步：已知显著性水平 $\alpha = 0.05$。

第三步：指出检验的自由度（有两个）：

总的自由度 $\qquad df_{总和} = N - 1 = 16 - 1 = 15$

组间自由度 $\quad df_{组间} = K - 1 = 3$

组内自由度 $\quad df_{组内} = N - K = 12$

被试间自由度 $\quad df_{被试间} = n - 1 = 3$

误差自由度 $\quad df_{误差} = (N - K) - (n - 1) = 9$

第四步：查表找出临界 F 统计量：

$$F_{0.05}(3, 9) = 3.86$$

第五步：计算 F 统计量的观测值。首先计算需要用到的量：

$$\sum X^2 = 222,\ G = 44,\ K = 4,\ n = 4,\ N = 16$$

$$SS_{总和} = \sum X^2 - (G^2/N) = 222 - (44^2/16) = 222 - 121 = 101$$

$$SS_{组间} = \sum (T_i^2/n) - G^2/N = 26^2/4 + 8^2/4 + 6^2/4 + 4^2/4 - 121 = 77$$

$$SS_{组内} = \sum SS_{每一个处理内部} = \sum SS_i = 11 + 2 + 9 + 2 = 24$$

$$SS_{组内} = SS_{被试间} + SS_{误差}$$

$$SS_{被试间} = \sum (P_i^2/K) - G^2/N = 12^2/4 + 6^2/4 + 10^2/4 + 16^2/4 - 121 = 13$$

$$SS_{误差} = SS_{组内} - SS_{被试间} = 24 - 13 = 11$$

计算组间和误差的均方：

$$MS_{组间} = SS_{组间}/df_{组间} = 77/3 = 25.667$$

$$MS_{误差} = SS_{误差}/df_{误差} = 11/9 = 1.222$$

计算 F 统计量的观测值：

$$F_{obs} = MS_{组间}/MS_{误差} = 25.667/1.222 = 21.00$$

报告效应量：

$$\eta_p^2 = \frac{SS_{组间}}{SS_{组间} + SS_{组内}} = 0.875$$

列方差分析表：

表 12.12　例 12.4 的方差分析表

来源	SS	df	MS	F	η_p^2
处理间	77	3	25.667	21.00	0.875
处理内	24	12			
被试间	13	3			
误差	11	9	1.222		
总和	101	15			

第六步：比较 F 的临界值与观测值，并做出判断。因为 $F_{obs}=21.00 > F_{crit}=3.86$，所以拒绝 H_0，即认为训练后被试的打字错误有显著下降。

第七步：事后检验。查 q 的临界值表 $K=4, df_{误差}=9$ 得，$q=4.41$，

$$HSD = q\sqrt{\frac{MS_{误差}}{n}} = 4.41 \times \sqrt{\frac{1.222}{4}} = 2.44$$

各组的均值分别是 $M_1=6.5, M_2=2, M_3=1.5, M_4=1$。经过均值的两两比较我们得到，训练前与训练后 1 个月，2 个月，3 个月都有显著差异；训练后 1 个月，2 个月，3 个月之间无显著差异。

§5 方差分析的数据前提

方差分析属于参数检验，它的应用需要满足一定的条件。方差分析的数据必须满足以下几个基本前提，否则不能使用方差分析方法：

(1) 观察彼此独立。与 t 检验一样，单因素组间方差分析要求其样本是彼此独立的几组数据。

(2) 总体服从正态分布。与 t 检验一样，方差分析要求其样本必须是来自正态分布的总体。因此对不能确定总体是否是正态的样本资料，应进行总体分布的正态性检验，当检验表明其所来自的总体不是正态时，应对数据进行正态转换，或使用非参数检验方法。

(3) 各处理组间的方差同质。方差同质性的检验可参照我们在独立样本 t 检验中为大家介绍过的 Hartley 最大 F 值检验的方法。

§6 方差分析的效应大小和统计效力

一、方差分析的效应大小

效应大小与统计工具的敏感性无关，它表示几个总体平均值之间的距离，也不依赖样本容量这类测量特性。

我们略去公式的推导，直接给出单因素组间方差分析的效应大小的计算公式：

$$f = \sqrt{\frac{F_{effect} \times df_{effect}}{df_{error}}} \tag{12.10}$$

根据 Cohen 的规定，f 在 0.10 属小的效应；f 在 0.25 属中等效应；f 在 0.40 属大的效应。

这个表示效应大小的 f 亦称 Cohen's f，它与前面介绍的 η_p^2 的关系是：

$$f = \sqrt{\frac{\eta_p^2}{1-\eta_p^2}} \qquad (12.11)$$

在例 12.1 中，$f=\sqrt{(3.44\times2)/12}=0.76$，尽管方差分析的 F 值不显著，效应分析却显示大的效应。

二、方差分析的统计效力

统计效力与效应大小不同，它是一个统计检验能够正确地拒绝虚无假设的能力，表示为 $1-\beta$。虽然根本上统计效力会受效应大小的制约，但是测量特性，诸如样本容量，会在很大程度上影响统计效力。举例来说，3 组被试，每组 10 人，其统计效力仅为 0.20；而每组 100 人，则统计效力上升为 0.98。但二者的效应大小都是 0.25。

已知效应大小和每组的被试数，可以计算出统计效力的值。不过计算的公式异常复杂，因此，下面给出了 ANOVA 的效应和效力换算表。

表 12.13　ANOVA 的效应和效力换算表

表 12.13.1　三组被试

效应大小 效力 每组人数	0.10	0.25	0.40
10	0.07	0.20	0.45
20	0.09	0.38	0.78
30	0.12	0.55	0.93
40	0.15	0.68	0.98
50	0.18	0.79	0.99
100	0.32	0.98	1.0

表 12.13.2　四组被试

效应大小 效力 每组人数	0.10	0.25	0.40
10	0.07	0.21	0.51
20	0.10	0.43	0.85
30	0.13	0.61	0.96
40	0.16	0.76	0.99
50	0.19	0.85	*
100	0.36	0.99	*

表 12.13.3　五组被试

效应大小 效力 每组人数	0.10	0.25	0.40
10	0.07	0.23	0.56
20	0.10	0.47	0.90
30	0.13	0.67	0.98
40	0.17	0.81	*
50	0.21	0.90	*
100	0.40	*	*

了解了 ANOVA 的效应和效力之间的换算关系,我们可以计划为达到一定的效力,我们需要多少被试。比如,已知 3 组的实验,效应大小是 0.25,用 ANOVA 做 $\alpha=0.05$ 的假设检验达到 80％的统计效力需要被试 52 人,其他见表 12.14。

表 12.14　用 ANOVA 做 $\alpha=0.05$ 的假设检验达到 80％的统计效力所需的被试

效应大小 被试数 组数	0.10	0.25	0.40
3 组	322	52	21
4 组	274	45	18
5 组	240	39	16

13

二因素方差分析

在之前的两章中,我们系统地学习了如何利用方差分析的方法来比较因变量在某一个自变量的三个或三个以上水平之间的均值差异。然而,在心理学和其他行为科学的实际研究情境中,我们所感兴趣的因变量往往受到多个自变量的共同影响。这时,如果只是重复使用我们先前学习过的方法,每次选择一个自变量,考查其对于因变量的影响,不仅使得研究程序变得异常烦琐,还将忽略问题本身的复杂性。因此,行为科学工作者们往往在研究设计的时候将希望将自变量同时纳入,实验心理学中所讲到的多因素完全随机设计就是典型的例子,在实验中同时包括两个或两个以上的因素(自变量),各个因素的各个水平彼此相互组合,形成多种处理方式,并将被试完全随机分配到每一个处理单元中去。这种设计理念对于我们解决行为科学的实际问题是相当重要的,它不仅能够在复杂情境中检验不同自变量对于因变量的作用,还能够帮助我们发现和识别众多自变量之间的相互影响。下面我们通过一个二因素设计的研究实例来加深对于上述内容的理解。

儿童阅读理解能力是发展心理学、认知心理学以及教育科学共同关注的问题。研究者们通过观察发现,其阅读方式和连续阅读时间可能是影响阅读理解效果的重要因素。儿童的阅读方式作为一种习惯的养成,由于其所处学校和家庭的差异主要表现为出声朗读、手指书本阅读和默读三种。此外,儿童的注意力较成人更容易分散,因此每次连续阅读时间的不同,如 5 分钟休息一次或者是一气读完,也将影响理解效果。因此,研究者设计了以下实验:将儿童被试随机分配为两组,其中一组每连续阅读 5 分钟休息 2 分钟,而另一组每连续阅读 10 分钟休息 1 分钟。而在每个组内部,又分为三种不同的阅读方式,每种方式下的人数均等,利用相应的试卷得分来表示儿童理解效果。因此,一共有 3×2=6 种不同的处理方式,如表 13.1 所示。如果运用我们先前学过的单因素方差分析,若想知道阅读方式对理解效果的作用,则需要忽略另一个自变量的存在,将第 1 和第 4 组、第 2 和第 5 组、第 3 和第 6 组放在一起,变成 3 个组别,然后对其均值的差异进行假设检验。考查每次连续阅读时间对理解效果的作用的方法与之相同。然而我们无法同时考查两个自变量的作用,也无法得知其中一个自变量的存在对另一个自变量会有怎样的影响。

表 13.1　原实验处理方式表

处理方式	阅读方式	每次连续阅读时间
1	出声朗读	5 分钟
2	手指书本阅读	5 分钟
3	默读	5 分钟
4	出声朗读	10 分钟
5	手指书本阅读	10 分钟
6	默读	10 分钟

然而,该研究者的实验尚未进行,便遭到了批评,因为阅读方式这一自变量实际上混淆了两个独立的变量:是否出声朗读,以及是否手指书本阅读。因此,研究者对实验设计进行了修改,如表 13.2 所示。可见,增加一个自变量后,处理方式达到了 $2\times2\times2=8$ 种,而上述自变量之间的关系问题更是增加了统计分析的难度。

表 13.2　修改后的实验处理方式表

处理方式	声音参与度	肢体参与度	每次连续阅读时间
1	出声	使用手指	5 分钟
2	出声	使用手指	10 分钟
3	出声	不使用手指	5 分钟
4	出声	不使用手指	10 分钟
5	不出声	使用手指	5 分钟
6	不出声	使用手指	10 分钟
7	不出声	不使用手指	5 分钟
8	不出声	不使用手指	10 分钟

针对以上问题,我们将在本章中为大家介绍多因素方差分析方法。作为初等统计的部分,本章仅讨论最简单的二因素方差分析,即两个自变量同时作用的情况。

§1　相关概念及其表示方法

一、主效应

在二因素研究设计中,考查每个自变量对于因变量的影响是重要的目标之一。我们把某个自变量的不同水平对因变量造成的影响的差异称为这个自变量的主效应。我们以表 13.1 所示实验为例,将阅读方式作为因素 A,那么它的主效应就是指出声朗读、手指书本阅读和默读三个不同水平所造成的理解效果的差异。而因素 B 即每次连续阅读时间，其主效应是指 5 分钟休息一次和 10 分钟休息一次两个水平对于理解效果的不同影响。

二、交互作用

除了考查每个自变量对于因变量各自的影响之外，二因素设计使我们还能够就一个自变量与另一个自变量交互对因变量作用的影响进行考查。通过上述儿童阅读理解能力的实验我们已经了解，两个自变量各自的不同水平两两组合之后，将会形成多种处理方式。当不同处理方式之间均值的差异和主效应不一致时，因素的主效应就只能解释一部分对因变量的影响。因此，在二因素方差分析中，如果一个因素对因变量的影响因另一个因素的不同水平而不同，我们就说这两个因素有交互作用。

两个因素彼此是否独立决定了交互作用的产生。如果两个因素彼此独立，即不管其中一个因素处于哪个水平，另一个因素的不同水平均值间的差异都保持一致，则不产生交互作用；反之，如果两个因素彼此不独立，即当其中一个因素处于不同的水平时，另一个因素对因变量的影响不同时，交互作用便出现了。在上述实验中，我们假设不管被试采用何种阅读方式，10 分钟休息一次的理解效果都只是 5 分钟休息一次效果的 70%，那么两个因素间就没有交互作用；而如果采用出声朗读方式时，10 分钟休息一次的理解效果是 5 分钟休息一次效果的 70%，而采取手指书本阅读方式时，这一比例或增加到 130%，则说明每次连续阅读时间对理解效果的影响因阅读方式的不同而有所差别，也就是说两因素间产生了交互作用。

三、主效应和交互作用的图示

在二因素设计的方差分析中，主效应和交互作用不仅可以用文字叙述，也可通过统计图来直观地呈现。下面让我们借助一个新的研究情境来了解其图示的方法：一位大学心理健康教育工作者想要了解当代大学生的生活习惯对学习成绩的影响。他发现很多学生的作息方式和传统的早睡早起相差很大，他们常常在晚上或深夜学习和工作，白天睡觉，很多人都有喝咖啡等精神兴奋性饮料的习惯。因此，该研究者决定采取二因素设计，选择作息方式（因素 A）和每天喝咖啡的量（因素 B）作为自变量，前者分为昼型（白天学习）和夜型（晚上学习）两个水平，而后者根据一定的标准将每天喝咖啡的量分为较少和较多两个水平，因此共有 2×2＝4 种不同的组合处理方式。因变量为考试成绩，可能出现下面几种情形。

1. 因素 A 的主效应

表 13.3　不同生活习惯下的学习成绩

作息方式（A）		每天喝咖啡的量（B）	
		较少	较多
	昼型	90	90
	夜型	60	60

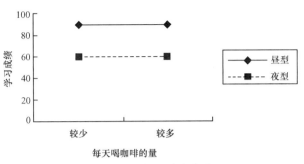

图 13.1　因素 A 的主效应图

如图 13.1 所示,我们将因变量作为纵轴,因素 B 作为横轴,因素 A 用不同的线型表示。根据表 13.3 提供的数据绘制统计图 13.1,发现昼型和夜型所代表的两条线在纵轴上的距离相差很大,经统计检验证明两者之间有显著差异,因素 A 有显著的主效应;而喝咖啡较多组和喝咖啡较少组的成绩均值完全相同,说明因素 B 的主效应不显著。无论喝咖啡的多少,昼型组的成绩都比夜型组高出一定的分数,说明两因素之间没有交互作用。

2. 因素 B 的主效应

表 13.4　不同生活习惯下的学习成绩

作息方式（A）		每天喝咖啡的量（B）	
		较少	较多
	昼型	60	90
	夜型	60	90

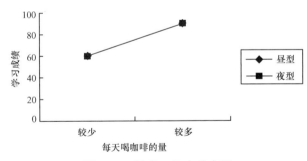

图 13.2　因素 B 的主效应图

根据表 13.4 提供的数据,绘制图 13.2,可见昼型和夜型的两条线完全重合,说明两者之间没有差异,因素 A 的主效应不显著;而喝咖啡较多组的成绩均值高于喝咖啡较少组,经统计检验证明因素 B 的主效应显著。无论是昼型还是夜型,喝咖啡较多组的成绩均值均比较少组高出一定的分数,因此两因素之间没有交互作用产生。

3. 因素 A 和因素 B 的主效应

表 13.5 不同生活习惯下的学习成绩

作息方式（A）		每天喝咖啡的量（B）	
		较少	较多
	昼型	60	90
	夜型	30	60

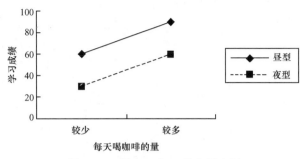

图 13.3 因素 A 和 B 的主效应图

如图 13.3 所示，昼型和夜型所代表的两条线在纵轴上的距离相差很大，同上所述，经统计检验证明因素 A 有显著的主效应；而喝咖啡较多组的成绩均值高于喝咖啡较少组，经统计检验证明因素 B 的主效应也显著。昼、夜型两条线是彼此平行的，其本身以及变化趋势所反应在因变量上的差异已经完全被两因素的主效应所解释，因此没有交互作用产生。

4. 因素间的交互作用

表 13.6 不同生活习惯下的学习成绩

作息方式（A）		每天喝咖啡的量（B）	
		较少	较多
	昼型	90	60
	夜型	60	90

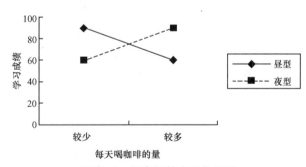

图 13.4 因素间的交互作用图

根据表 13.6 绘制图 13.4，昼型和夜型两组的成绩均值（均为两折线交汇处所对应的纵轴成绩）相等，因此因素 A 主效应不显著；而喝咖啡较多组的成绩均值和喝咖啡较少组也相等，说明因素 B 的主效应也不显著。然而，昼、夜型两条线相交，对于喝咖啡较少的学生，昼型组的成绩高于夜型组；而对于喝咖啡较多的学生则恰恰相反。因此，作息方式对于成绩的作用受到喝咖啡量的影响，两因素间产生了交互作用，且该交互作用解释了因变量的全部变异。

5. 交互作用和一个因素的主效应

表13.7 不同生活习惯下的学习成绩

作息方式（A）		每天喝咖啡的量（B）	
		较少	较多
	昼型	90	60
	夜型	30	60

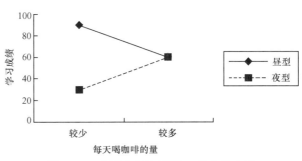

图13.5 交互作用和因素A的主效应图

如图13.5所示，昼型和夜型两条线的中点的纵坐标不重合，统计检验表明因素A有显著的主效应，昼型组的成绩高于夜型组；而喝咖啡较多组的成绩均值和喝咖啡较少组相等，说明因素B的主效应不显著。然而，因变量之间的差异并没有被完全解释。昼、夜型两条线相交，对于喝咖啡较少的学生，昼型组的成绩大大高于夜型组；而对于喝咖啡较多的学生，作息方式的差异则没有什么影响。因此，除了作息方式的主效应以外，统计检验表明两因素间存在交互作用。

6. 交互作用和两个因素的主效应

表13.8 不同生活习惯下的学习成绩

作息方式（A）		每天喝咖啡的量（B）	
		较少	较多
	昼型	90	60
	夜型	10	80

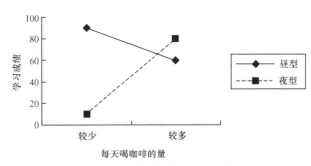

图13.6 因素间的交互作用图

如图13.6所示，昼型和夜型两条线中点对应的纵坐标不等，即两组成绩均值不等，统计检验表明因素A主效应显著；而喝咖啡较多组的成绩均值和喝咖啡较少组也不相等，统计检验表明因素B的主效应也显著。另外，昼、夜型两条线仍然相交，对于喝咖啡较少的学生，昼型组的成绩高于夜型组，而对于喝咖啡较多的学生则相反，但差距不如喝咖啡较少组那么大。因此，学生的成绩同时受到作息方式和喝咖啡的量两个因素的影响，统计检验表明两因素之间存在显著的交互作用。

在后三种情形中，昼型和夜型两条线均发生交叉，表明作息方式对成绩的影响在喝咖啡量的不同水平上有不同的表现。我们把这种交互作用称为交叉式交互作用。

那么,如果两条折线不相交,是不是就表示没有交互作用呢?让我们来看一下第 7 种情形。

7. 按序的交互作用

表 13.9　不同生活习惯下的学习成绩

作息方式(A)		每天喝咖啡的量(B)	
		较少	较多
	昼型	80	90
	夜型	10	80

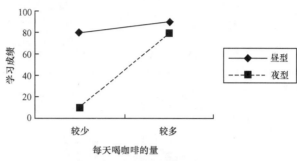

图 13.7　按序的交互作用图

如图 13.7 所示,统计检验表明两个因素的主效应均显著。昼、夜型两条线在图中虽未相交,但彼此不平行。对于昼型的学生,喝咖啡多少对成绩影响不大;而对于夜型的学生,喝咖啡多的成绩显著高于喝咖啡少的。因此,两个自变量效应的方向虽然一致,但差异的大小不同,也会有交互作用发生,我们把这种交互作用称为按序的交互作用。而上述提到的交叉式交互作用则属于非按序的交互作用。

在绘制交互作用图的时候我们应当注意以下问题:① 当两个因素的水平个数不一致时,一般应将水平个数较多的因素作为横轴,水平个数较少的因素用不同的线型表示;② 尽量将类目型的自变量,如性别、民族等,以及上例中的作息方式用折线表示,而将非类目型自变量(顺序型、等距型、等比型),如收入、成绩、年级等作为横轴变量。

§2　二因素方差分析过程

接下来让我们以一个新的研究情境为例,系统地介绍二因素方差分析的求解过程。

例 13.1　根据认知心理学原理,当测验条件与学习条件一致时,测验的成绩最好。某中学教师拟考查授课环境与考试环境的异同对考试成绩是否有影响,进行了一个二因素设计的研究,所选取的自变量分别为:因素 A——教室大小(分为大教室和小教室两个水平),和因素 B——考场大小(分为大考场和小考场两个水平),因此共有 $2 \times 2 = 4$ 种处理方式。将 20 名平时成绩相差无几的学生随机分配到 4 种处理方式当中,每种方式 5 人。研究选用的因变量为考试成绩,如表 13.10 所示,试分析因素 A,B 对考试成绩的影响。

表 13.10 学生考试成绩表

	大考场(B_1)	小考场(B_2)
大教室(A_1)	15	5
	20	8
	11	1
	18	1
	16	5
小教室(A_2)	1	22
	4	15
	2	20
	5	17
	8	16

一、陈述假设

二因素方差分析的假设检验由三部分构成,分别为:①因素 A 的主效应;②因素 B 的主效应;③因素 A 和因素 B 之间的交互作用。

主效应的假设检验和我们在前两章中所介绍的一样,虚无假设表明该因素的不同水平的均值之间没有差异。因此,在例 13.1 中,因素 A 的主效应的虚无假设为授课环境,即在大教室(A_1)还是小教室(A_2)学习,对测验成绩没有影响,用符号表示为

$$H_0: \mu_{A_1} = \mu_{A_2}$$

备择假设为授课环境对测验成绩有显著影响,表示为

$$H_1: \mu_{A_1} \neq \mu_{A_2}$$

同理,因素 B 的主效应的虚无假设为考试环境,即在大考场(B_1)还是小考场(B_2)进行测验,对成绩没有影响,用符号表示为

$$H_0: \mu_{B_1} = \mu_{B_2}$$

备择假设为考试环境对成绩有显著影响,表示为

$$H_1: \mu_{B_1} \neq \mu_{B_2}$$

因素 A 和因素 B 之间交互作用的虚无假设我们通常只用文字来陈述,即考场大小对测验成绩的影响不因教室大小而不同。

二、方差分析的准备

1. 相关统计量的计算

由于二因素方差分析的计算过程较为复杂,我们需要事先对一些符号进行约定,以

免在具体的操作过程中混淆。a：因素 A 的水平数；b：因素 B 的水平数；A_1B_1：在 A_1 和 B_1 所对应的单位格中分数的和（A_1B_2，A_2B_1，A_2B_2 同理）；A_1：在所有 A_1 处理水平中分数的和（A_2，B_1，B_2 同理）；G：所有单位格中分数的总和。具体如下所示。

因素 A($a=2$)	因素 B($b=2$)		
	A_1B_1	A_1B_2	A_1
	A_2B_1	A_2B_2	A_2
	B_1	B_2	G

我们推荐初学者按照单位格所在的位置，规范地写出每一个单位格的 $\sum X$，$\sum X^2$，SS，如表 13.11 所示。

表 13.11　测验原始分数及相关统计量表

表 13.11.1　A_1B_1

大考场大教室

X	X^2
15	225
20	400
11	121
18	324
16	256
$\sum X = 80$	$\sum X^2 = 1326$

$SS_{A_1B_1} = \sum X^2 - (\sum X)^2/n = 1326 - 80^2/5$
$= 46$

$A_1B_1 = \sum X = 80$

表 13.11.2　A_1B_2

小考场大教室

X	X^2
5	25
8	64
1	1
1	1
5	25
$\sum X = 20$	$\sum X^2 = 116$

$SS_{A_1B_2} = \sum X^2 - (\sum X)^2/n$
$= 116 - 20^2/5 = 36$

$A_1B_2 = \sum X = 20$

表 13.11.3　A_2B_1

大考场小教室

X	X^2
1	1
4	16
2	4
5	25
8	64
$\sum X = 20$	$\sum X^2 = 110$

$SS_{A_2B_1} = \sum X^2 - (\sum X)^2/n = 110 - 20^2/5 = 30$

$A_2B_1 = \sum X = 20$

表 13.11.4　A_2B_2

小考场小教室

X	X^2
22	484
15	225
20	400
17	289
16	256
$\sum X = 90$	$\sum X^2 = 1654$

$SS_{A_2B_2} = \sum X^2 - (\sum X)^2/n = 1654 - 90^2/5 = 34$

$A_2B_2 = \sum X = 90$

对于例 13.1,我们可以得到:

$$a=b=2$$
$$A_1 = A_1B_1 + A_1B_2 = 80 + 20 = 100$$
$$A_2 = A_2B_1 + A_2B_2 = 20 + 90 = 110$$
$$B_1 = A_1B_1 + A_2B_1 = 80 + 20 = 100$$
$$B_2 = A_1B_2 + A_2B_2 = 20 + 90 = 110$$
$$G = 80 + 20 + 20 + 90 = 210$$
$$\sum X^2 = 1326 + 116 + 110 + 1654 = 3206$$

2. 自由度的计算

在二因素方差分析中,我们将用到以下一些自由度的计算:

因素 A 的自由度 $\quad df_A = a - 1 = 2 - 1 = 1$

因素 B 的自由度 $\quad df_B = b - 1 = 2 - 1 = 1$

交互作用的自由度
$$df_{A \times B} = (a-1)(b-1) = (2-1)(2-1) = 1$$

处理内的自由度 $\quad df_{处理内} = N - a \times b = 20 - 2 \times 2 = 16$

3. 确定显著性水平

由于二因素方差分析过程涉及三个假设检验,因此应分别确定显著性水平。本例中均选择 $\alpha = 0.05$。

4. 确定临界值

根据计算出的自由度值和所确定的显著性水平,在 F 临界值表中查出三个检验各自的临界值。对于本例来说,$F_{critA} = F_{critB} = F_{critA \times B} = F_{0.05}(1, 16) = 4.49$。

三、F 统计量的计算

图 13.8 展示了二因素方差分析的结构。和单因素方差分析一样,我们将全部变异首先分成了处理间变异和处理内变异两部分。不同的是,这里的处理间变异继续分成了三个部分,因素 A 引起的变异、因素 B 引起的变异和两因素间交互作用引起的变异。

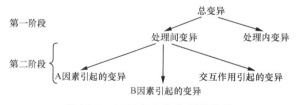

图 13.8 二因素方差分析的结构

1. 和方分解

根据上述二因素方差分析的结构,我们把和方的分解分为两个不同的阶段。

(1) 第一阶段。在这一阶段中,我们将总体的和方分解为处理间和方与处理内和方两部分。具体计算公式如下(本公式只给出各单元格 n 相等的情况,下同):

$$SS_{总和} = \sum X^2 - \frac{G^2}{N}$$

$$SS_{处理间} = \sum \frac{A_x B_y^2}{n} - \frac{G^2}{N}, \quad SS_{处理内} = \sum SS_{A_x B_y}, (x=1,2; y=1,2)$$

在例 13.1 中,和方的分解结果如下:

$$SS_{总和} = 3206 - \frac{210^2}{20} = 3206 - 2205 = 1001$$

$$SS_{处理间} = \frac{A_1 B_1^2}{n} + \frac{A_1 B_2^2}{n} + \frac{A_2 B_1^2}{n} + \frac{A_2 B_2^2}{n} - \frac{G^2}{N}$$

$$= \frac{80^2}{5} + \frac{20^2}{5} + \frac{20^2}{5} + \frac{90^2}{5} - \frac{210^2}{20}$$

$$= 1280 + 80 + 80 + 1620 - 2205 = 855$$

$$SS_{处理内} = 46 + 36 + 30 + 34 = 146$$

(2) 第二阶段。将上一阶段所得的处理间的和方继续分解为因素 A 的和方、因素 B 的和方以及交互作用的和方,公式如下:

$$SS_A = \sum \frac{A_x^2}{an} - \frac{G^2}{N}, \quad SS_B = \sum \frac{B_y^2}{bn} - \frac{G^2}{N}$$

$$SS_{A \times B} = SS_{处理间} - SS_A - SS_B$$

在例 13.1 中,第二阶段的和方分解结果如下:

$$SS_A = \frac{100^2}{2 \times 5} + \frac{110^2}{2 \times 5} - \frac{210^2}{20} = 1000 + 1210 - 2205 = 5$$

$$SS_B = \frac{100^2}{2 \times 5} + \frac{110^2}{2 \times 5} - \frac{210^2}{20} = 1000 + 1210 - 2205 = 5$$

$$SS_{A \times B} = 855 - 5 - 5 = 845$$

2. 计算均方

根据均方的计算公式 $MS = \frac{SS}{df}$,二因素方差分析中各项均方计算方法如下:

$$MS_{处理内} = \frac{SS_{处理内}}{df_{处理内}}, \quad MS_A = \frac{SS_A}{df_A}, \quad MS_B = \frac{SS_B}{df_B}, \quad MS_{A \times B} = \frac{SS_{A \times B}}{df_{A \times B}}$$

因此,在例 13.1 中:

$$MS_{处理内} = \frac{146}{16} = 9.125, \quad MS_A = MS_B = \frac{5}{1} = 5, \quad MS_{A \times B} = \frac{845}{1} = 845$$

3. 计算 F 统计量的观测值

同单因素方差分析类似，F 统计量的观测值计算思路如下：

$$F_A = \frac{\text{因素 A 的不同水平均值的差异}}{\text{处理内差异}}$$

$$F_B = \frac{\text{因素 B 的不同水平均值的差异}}{\text{处理内差异}}$$

$$F_{A \times B} = \frac{\text{因素 A 和因素 B 的交互作用引起的差异}}{\text{处理内差异}}$$

因此，F 统计量的观测值的计算公式为

$$F_A = \frac{MS_A}{MS_{处理内}}, \quad F_B = \frac{MS_B}{MS_{处理内}}, \quad F_{A \times B} = \frac{MS_{A \times B}}{MS_{处理内}}$$

在例 13.1 中，F 统计量的观测值的计算结果为：

$$F_A = F_B = \frac{5}{9.125} = 0.55$$

$$F_{A \times B} = \frac{845}{9.125} = 92.60$$

4. 计算效应量

因素 A 的效应量为：$\eta_p^2 = \dfrac{SS_A}{SS_A + SS_{处理内}} = 0.03$

因素 B 的效应量为：$\eta_p^2 = \dfrac{SS_B}{SS_B + SS_{处理内}} = 0.03$

因素 A×B 的效应量为：$\eta_p^2 = \dfrac{SS_{A \times B}}{SS_{A \times B} + SS_{处理内}} = 0.85$

5. 列出方差分析表

这一步是报告结果时必不可少的，如表 13.12 所示。要注意"因素 A""因素 B""A×B交互作用"这三行比"处理间""处理内""总和"三行缩进一格，这也是为了清楚地表明各种差异来源的包含关系。

表 13.12　方差分析表样例

来源	SS	df	MS	F	η_p^2
处理间	855	3			
因素 A	5	1	5	0.55	0.03
因素 B	5	1	5	0.55	0.03

续表

来源	SS	df	MS	F	η_p^2
A×B 交互作用	845	1	845	92.60	0.85
处理内	146	16	9.125		
总和	1001	19			

6. 画出交互作用图

表 13.13 不同环境对考试成绩的影响

		考场大小(B)	
		大	小
教室大小(A)	大	16	4
	小	4	18

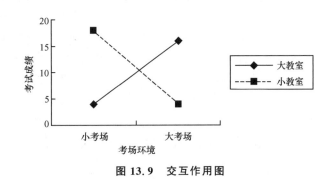

图 13.9 交互作用图

四、得出检验结论

将所得到的 F 统计量和先前查出的临界值进行比较,得出检验的结论。对于本例,我们得出:

$F_A = 0.55 < F_{critA} = 4.49$,接受虚无假设,因素 A 主效应不显著,教室大小对测验成绩没有显著影响;

$F_B = 0.55 < F_{critB} = 4.49$,接受虚无假设,因素 B 主效应不显著,考场大小对测验成绩没有显著影响;

$F_{A×B} = 92.60 > F_{critA×B} = 4.49$,拒绝虚无假设,考场大小对测验成绩的影响因授课教室的大小而不同。当考场大小与教室大小匹配时,考试成绩较高;当考场大小与教室大小不匹配时,考试成绩较低。

§3 二因素方差分析结果的解释

一、简单主效应

在因素设计中,发现并解释差异是我们的核心任务,而后者往往更有意义。二因素方差分析结果的解释要比我们在前两章中介绍的单因素分析复杂得多。当然,这绝不仅仅是因为需要解释的变量数量的增加。从前面介绍主效应和交互作用图示的若干种情形我们了解到,如果交互作用显著的话,主效应很可能会被其掩盖或歪曲。如上例中所示,根据交互作用图,无论对于大考场还是小考场而言,在大教室和小教室上课的学生的成绩都有很大差异,只不过差异的方向不同。这样一来,在计算主效应的时候,这两种差异经过平均相互抵消,使得我们接受主效应的虚无假设,而这一结论恰恰掩盖了事实的真相。正如统计学里著名的辛普森悖论(Simpson's paradox)所述,平均以后得到的效应可能与各组内完全不同。因此,将几个因素的信息平均是相当危险的。我们在分析二因素方差分析的结果时,若交互作用显著,应先对其进行分析和解释,然后再解释主效应。

二因素设计中显著的交互作用通常表明一个因素不同水平间均值的差异在另一个因素的各个水平上有不同的表现。图示的方法虽然清晰、直观,但不够精确。因此,在解释交互作用的时候,我们还需要一种更为细致的量化的分析方法。既然差异出现在因素的不同水平之间,研究者们通常会在得出交互作用显著的结论之后,将目光聚焦于因素 A 的某个水平,考查在这个水平上因素 B 的不同水平均值的差异。不难发现,这又是一个新的假设检验的过程。我们把检验得到的显著结果称为因素 B 在因素 A 该水平上的简单主效应。

仍以例 13.1 所用的教学和考试环境的情境为例,我们已经得到两个因素的主效应均不显著,而交互作用显著。现在,我们只关心那些在大教室上课的学生们的情况。他们在不同的考场考试,所得到的成绩有什么不同呢?必须引起注意的是,简单主效应的检验和独立的单因素方差分析过程是有区别的,处理内的变异以及自由度将仍采用包含二因素方差分析中所有处理方式的结果,而不是根据所选取的处理组进行重新计算。

首先,陈述假设。虚无假设为在大考场和小考场考试得到的成绩没有显著差异,表示为

$$H_0: \mu_1 = \mu_2$$

备择假设为在大考场和小考场考试得到的成绩有显著差异,表示为

$$H_1: \mu_1 \neq \mu_2$$

计算自由度。

$$df_{组间} = 2 - 1 = 1, \; df_{组内} = 20 - 2 \times 2 = 16$$

已知显著性水平 $\alpha = 0.05$,查 F 临界值表得 $F_{crit} = 4.49$。

计算 F 统计量的观测值:

$$SS_{处理间} = \frac{80^2}{5} + \frac{20^2}{5} - \frac{100^2}{10} = 1280 + 80 - 1000 = 360$$

$$MS_{处理间} = \frac{360}{1} = 360, \; MS_{处理内} = \frac{146}{16} = 9.125$$

$$F = \frac{MS_{\text{处理间}}}{MS_{\text{处理内}}} = \frac{360}{9.125} = 39.45$$

$$\eta_p^2 = \frac{SS_{\text{处理间}}}{SS_{\text{处理间}} + SS_{\text{处理内}}} = 0.98$$

因为 $F_{\text{obs}} = 39.45 > F_{\text{crit}}$，所以拒绝虚无假设。因此，对于在大教室学习的学生而言，在大考场考试得到的成绩显著高于小考场的成绩，即因素 B 在因素 A 这一水平上的简单主效应显著，效应量 $\eta_p^2 = 0.98$。

类似地，对于那些在小教室学习的学生，虚无假设为在大考场和小考场考试得到的成绩没有显著差异，表示为

$$H_0 : \mu_1 = \mu_2$$

备择假设为在大考场和小考场考试得到的成绩有显著差异，表示为

$$H_1 : \mu_1 \neq \mu_2$$

计算自由度： $df_{\text{组间}} = 2 - 1 = 1$, $df_{\text{组内}} = 20 - 2 \times 2 = 16$

已知显著性水平 $\alpha = 0.05$，查 F 临界表得 $F_{\text{crit}} = 4.49$。

计算 F 统计量的观测值：

$$SS_{\text{处理间}} = \frac{90^2}{5} + \frac{20^2}{5} - \frac{110^2}{10} = 1620 + 80 - 1210 = 490$$

$$MS_{\text{处理间}} = \frac{490}{1} = 490, \quad MS_{\text{处理内}} = \frac{146}{16} = 9.125$$

$$F = \frac{MS_{\text{处理间}}}{MS_{\text{处理内}}} = \frac{490}{9.125} = 53.70$$

$$\eta_p^2 = \frac{SS_{\text{处理间}}}{SS_{\text{处理间}} + SS_{\text{处理内}}} = 0.98$$

因为 $F_{\text{obs}} = 53.70 > F_{\text{crit}}$，所以拒绝虚无假设。因此，对于在小教室学习的学生而言，在小考场考试得到的成绩显著高于大考场的成绩，即因素 B 在因素 A 这一水平上的简单主效应显著，效应量 $\eta_p^2 = 0.98$。

例 13.2 检查记忆效果的方法通常有两种：再认和回忆。我们通常认为幼儿的回忆能力很差，随着年龄增长逐渐增强，而再认能力在儿童的各年龄段差不多。实验者分别选择 2 岁、6 岁和 10 岁的儿童各 20 名，随机平均分配到回忆和再认两组，这样 6 种条件中各有 10 名儿童，因变量是每名儿童正确记忆目标词汇的数目。各组均值以及和方值在表 13.14 中给出。使用 ANOVA 以 $\alpha = 0.05$ 的标准作假设检验。

表 13.14　儿童词汇记忆实验结果

	2 岁(B_1)	6 岁(B_2)	10 岁(B_3)
回忆(A_1)	$\overline{X}=3$	$\overline{X}=7$	$\overline{X}=12$
	$SS=16$	$SS=19$	$SS=14$
再认(A_2)	$\overline{X}=15$	$\overline{X}=16$	$\overline{X}=17$
	$SS=21$	$SS=20$	$SS=18$

分析　(1) 陈述假设。设记忆检测方式为因素 A，年龄为因素 B。

因素 A 主效应的虚无假设为采取回忆(A_1)或再认(A_2)的检测方式对儿童的词汇记忆效果没有影响，表示为

$$H_0 : \mu_{A_1} = \mu_{A_2}$$

备择假设为检测方式的不同对记忆效果有显著影响，表示为

$$H_1 : \mu_{A_1} \neq \mu_{A_2}$$

因素 B 主效应的虚无假设为各年龄组儿童记忆效果没有显著差异(2 岁设为 B_1，6 岁设为 B_2，10 岁设为 B_3)，表示为

$$H_0 : \mu_{B_1} = \mu_{B_2} = \mu_{B_3}$$

备择假设为不同年龄儿童的记忆效果有显著差异，表示为

$$H_1 : \mu_{B_1} \neq \mu_{B_2} \neq \mu_{B_3}$$

因素 A 和因素 B 之间交互作用的虚无假设为检测方式对儿童记忆效果的影响不因儿童的年龄不同而有所不同。

(2) 计算自由度。

因素 A 的自由度　　　　　$df_A = a - 1 = 2 - 1 = 1$
因素 B 的自由度　　　　　$df_B = b - 1 = 3 - 1 = 2$
交互作用的自由度

$$df_{A \times B} = (a-1)(b-1) = (2-1)(3-1) = 2$$

处理内的自由度　　　　　$df_{处理内} = N - a \times b = 60 - 2 \times 3 = 54$

(3) 确定临界值。

已知 $\alpha = 0.05$，根据自由度查 F 临界值表得

$$F_{critA} = 4.03, \quad F_{critB} = F_{critA \times B} = 3.18$$

(4) 计算 F 统计量。

$$SS_{处理间} = \frac{30^2}{10} + \frac{70^2}{10} + \frac{120^2}{10} + \frac{150^2}{10} + \frac{160^2}{10} + \frac{170^2}{10} - \frac{700^2}{60}$$
$$= 90 + 490 + 1440 + 2250 + 2560 + 2890 - 8166.667$$
$$= 1553.333$$
$$SS_{处理内} = 16 + 19 + 14 + 21 + 20 + 18 = 108$$

$$SS_A = \frac{220^2}{3 \times 10} + \frac{480^2}{3 \times 10} - \frac{700^2}{60}$$
$$= 1613.333 + 7680 - 8166.667 = 1126.666$$

$$SS_B = \frac{180^2}{2 \times 10} + \frac{230^2}{2 \times 10} + \frac{290^2}{2 \times 10} - \frac{700^2}{60}$$
$$= 1620 + 2645 + 4205 - 8166.667 = 303.333$$

$$SS_{A \times B} = 1553.333 - 1126.666 - 303.333 = 123.334$$

$$MS_A = \frac{SS_A}{df_A} = \frac{1126.666}{1} = 1126.666$$

$$MS_B = \frac{SS_B}{df_B} = \frac{303.333}{2} = 151.667$$

$$MS_{A \times B} = \frac{SS_{A \times B}}{df_{A \times B}} = \frac{123.334}{2} = 61.667$$

$$MS_{处理内} = \frac{SS_{处理内}}{df_{处理内}} = \frac{108}{54} = 2$$

$$F_A = \frac{MS_A}{MS_{处理内}} = \frac{1126.666}{2} = 563.33$$

$$F_B = \frac{MS_B}{MS_{处理内}} = \frac{151.667}{2} = 75.83$$

$$F_{A \times B} = \frac{MS_{A \times B}}{MS_{处理内}} = \frac{61.667}{2} = 30.83$$

(5)计算效应量。

因素 A 的效应量为：$\eta_p^2 = \frac{SS_A}{SS_A + SS_{处理内}} = 0.91$

因素 B 的效应量为：$\eta_p^2 = \frac{SS_B}{SS_B + SS_{处理内}} = 0.74$

因素 A×B 的效应量为：$\eta_p^2 = \frac{SS_{A \times B}}{SS_{A \times B} + SS_{处理内}} = 0.53$

表 13.15 二因素方差分析计算过程

来源	SS	df	MS	F	η_p^2
处理间	1553.33	5			
因素 A	1126.67	1	1126.67	563.33	0.91
因素 B	303.33	2	151.67	75.83	0.74

续表

来源	SS	df	MS	F	η_p^2
A×B交互作用	123.33	2	61.67	30.83	0.53
处理内	108	54	2		
总和	1661.33	59			

（6）画出交互作用图，如表 13.16，图 13.10 所示。

表 13.16　不同年龄儿童在不同检测方式下的记忆成绩

记忆检测方式	年龄		
	2岁	6岁	10岁
回忆	3	7	12
再认	15	16	17

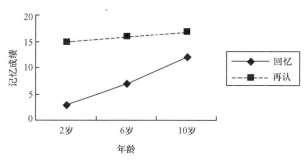

图 13.10　儿童词汇记忆研究的交互作用图

（7）得出检验结论：

因 $F_A=563.33 > F_{critA}=4.03$，故拒绝虚无假设，即 A 因素主效应显著，效应量 $\eta_p^2=0.91$。

因 $F_B=75.83 > F_{critB}=3.18$，故拒绝虚无假设，即 B 因素主效应显著，效应量 $\eta_p^2=0.74$。

因 $F_{A \times B}=30.83 > F_{critA \times B}=3.18$，故拒绝虚无假设，即 A 与 B 交互作用显著，效应量 $\eta_p^2=0.53$。

（8）交互作用解释。由于交互作用显著，应分析简单主效应。

① 在再认组中，做 3 个年龄组的单因素 ANOVA，以 6 组的组内均方为 $MS_{组内}$，进行如下计算：

$$df_{组间}=2, \quad df_{组内}=54$$

已知 $\alpha=0.05$，查 F 临界值表得：$F_{0.05}=3.18$。由于，

$$SS_{组间}=\frac{150^2}{10}+\frac{160^2}{10}+\frac{170^2}{10}-\frac{480^2}{30}=2250+2560+2890-7680=20$$

因此

$$MS_{组间}=20/2=10$$

又因为 $F=\dfrac{MS_{组间}}{MS_{组内}}=\dfrac{10}{2}=5 > F_{0.05}=3.18$，所以拒绝 H_0。

事后检验：

$$HSD=3.44 \times \sqrt{\frac{2}{10}}=1.54$$

10 岁与 6 岁：$17-16=1<HSD$，故 10 岁与 6 岁儿童的词汇正确再认的个数无显著差异。

10 岁与 2 岁：$17-15=2>HSD$，故 10 岁与 2 岁儿童的词汇正确再认的个数有显著差异。

6 岁与 2 岁：$16-15=1<HSD$，故 6 岁与 2 岁儿童的词汇正确再认的个数无显著差异。

② 在回忆组中，同样做 3 个年龄组的单因素 ANOVA，以 6 组的组内均方为 $MS_{组内}$，进行如下计算：

$$df_{组间}=2, df_{组内}=54$$

已知 $\alpha=0.05$，查 F 临界值表得：$F_{0.05}=3.18$。由于，

$$SS_{组间}=30^2/10+70^2/10+120^2/10-220^2/30$$
$$=90+490+1440-1613.333=406.667$$

因此

$$MS_{组间}=406.667/2=203.334$$

又因为 $F=\dfrac{MS_{组间}}{MS_{组内}}=\dfrac{203.334}{2}=101.67>F_{0.05}=3.18$，所以拒绝 H_0。

事后检验：$$HSD=3.44\times\sqrt{\dfrac{2}{10}}=1.54$$

10 岁与 6 岁：$12-7=5>HSD$，故 10 岁与 6 岁儿童的词汇正确回忆的个数有显著差异。

10 岁与 2 岁：$12-3=9>HSD$，故 10 岁与 2 岁儿童的词汇正确回忆的个数有显著差异。

6 岁与 2 岁：$7-3=4>HSD$，故 6 岁与 2 岁儿童的词汇正确回忆的个数有显著差异。

（9）解释主效应。因素 A 的主效应显著，表明儿童对词汇进行再认的效果优于回忆。而因素 B 简单主效应已经分析过了，因此不需要分析其主效应以及事后检验。

下面，我们将例 13.2 中的数据进行一些调整，如表 13.17 所示。请大家独立完成以上的检验过程。注意，如果交互作用不显著的话，对于水平个数多于 2 个的因素，我们在解释主效应的同时，还需要进行事后检验。

表 13.17　儿童词汇记忆实验结果

	2 岁	6 岁	10 岁
回忆	$\overline{X}=3$	$\overline{X}=5$	$\overline{X}=7$
	$SS=16$	$SS=19$	$SS=14$

	2岁	6岁	10岁
再认	$\overline{X}=15$ $SS=21$	$\overline{X}=16$ $SS=20$	$\overline{X}=17$ $SS=18$

二、量表衰减效应对交互作用解释的影响

在实验心理学中我们可能遇到过量表衰减效应这个概念,这是一个普遍存在而又非常容易被忽视的问题。当研究中自变量的水平不断增加,因变量的水平已达到最大值而无法进行有效度量和区分时,我们称其为天花板效应(ceiling effect);而当因变量趋于零效应而无法区分时,我们称之为地板效应(floor effect)。交互作用与这两种效应是密切相关的,它们常常使得对交互作用的解释出现错误。例如我们想要比较技术培训对不同职称的技术工人的效果,将被试随机分到培训组和对照组,采取满分为100分的职业技能检测,结果如图13.11所示。

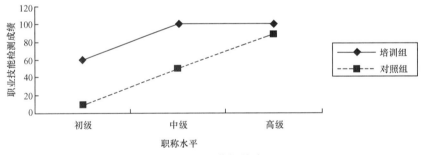

图 13.11 天花板效应图

从图 13.11 中我们可以看到是否接受培训和职称水平两个因素似乎出现了按序的交互作用,容易将其解释为初级和中级的工人经过培训后提高明显,而高级水平的工人则没有太大的提高。然而,事实也许并非如此。原先中级的工人经过培训后明显提高,而高级水平的工人就不再进步吗?问题也许出在了那个100分的技能测验上。题目太简单时,高分段相对集中,也就无法区分出真正的水平。对于这个例子也是一样,原先高级水平的工人也许并不是没有明显的进步,而是测验过于简单使得他们没能全部发挥自己的实力,所谓的交互作用也许实际上是根本不存在的。地板效应的情形与之类似。因此我们应该警醒:在一个自变量的某些水平上,如果对因变量的操作存在量表衰减效应(天花板或地板效应),对交互作用的解释应甚为小心。

§4 二因素方差分析的统计前提

和单因素方差分析一样,二因素方差分析的实现也必须满足一定的统计前提:
(1) 每一个样本的观察必须是独立的;
(2) 样本所在的总体应呈正态分布;
(3) 样本所在的总体满足方差同质性的要求。

14

相 关

我们在前面已经提到,心理学研究常常要通过控制自变量来考查因变量的变化,从而了解变量之间的联系。但是在很多情况下,变量之间虽然存在联系,却并不是上述这种因果关系,我们很难指出哪个变量是"因",哪个变量是"果",例如青少年的身高和体重。另一方面,有时现实条件不允许我们控制自变量,而是同时收集到各种变量的数据,并且这些数据是自然观察得来的,并没有经过条件控制,例如心理学研究中常用的量表、问卷调查。在这种情况下,我们不能像前面介绍的方法那样,利用 t 检验、方差分析等统计方法考查自变量的变化对因变量的影响。在这一章中,我们将介绍一种新的方法——相关分析。相关是度量和描述两个变量之间关系的一种统计技术。之所以称为"相关",意思是说经过相关分析得到显著的结果,我们只能说分析的两个变量之间存在关系,不能推断出它们有因果关系。

在心理学的研究中,使用相关分析最常见的情况是验证变量之间的关系。例如,临床心理学家想考查上网成瘾与抑郁的关系,发展心理学家预期幼儿的情绪理解能力与和父母的交流有关,认知心理学家认为大鼠的脑容量与走迷宫的速度相关,等等。研究者想要考查这些变量之间的关系以验证理论观点时,就可以将收集来的数据进行相关分析。如果已经验证了变量之间的强相关,就可以根据一个变量的值来预测另一个变量的值,例如人力资源部门常常通过测查应聘者的人格特征作为筛选员工的一个指标,因为通过某些人格特征可以预测员工的工作绩效。当然,这种预测并不是 100% 准确的。

另外,我们在开发、修订心理学量表的时候,通常也要用到相关来考查量表的相容效度、区分效度、效标关联效度、重测信度、折半信度等。这些具体的概念我们在心理测量学上已经学过,这里就不再赘述。

§1 相关的数据表和散点图

相关对数据的要求是:每个个体一定要有至少两个变量,两组分数。这两个变量一般用 X 和 Y 来表示。请看下面的例子。

比如,有 7 对 X,Y,各代表学生的每日学习时间和成绩,数据如表 14.1 所示:

表 14.1 学生的每日学习时间和成绩

学生	1	2	3	4	5	6	7
X	1	3	5	6	3	8	1
Y	4	6	9	9	5	10	3

根据以上数据,我们可以画出散点图。散点图是一种直观表达数据相关的方式。在散点图中,X 位于横轴,Y 位于纵轴。这样每个人的两个分数就可以用图上的一个点表示出来。散点图的价值就是能够比较直观地看出关系特点。

养成首先用散点图目测相关的特点是一个有益的习惯,它有助于我们确定所研究的问题是否线性相关,有无非常值,相关的程度怎样,等等。如图 14.1 所示的相关就是一个典型的线性相关:学生的每日学习时间越长,成绩越高。

而如果我们看到的散点图如图 14.2 所示,哺乳动物的脑重与学习成绩,我们就可以断定线性相关是不适宜的,应另辟蹊径。

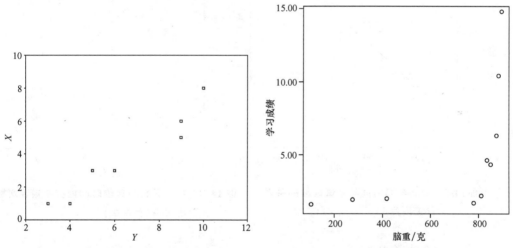

图 14.1 学生的每日学习时间和成绩   图 14.2 哺乳动物的脑重与学习成绩

§2 相关的特点

变量 X 与变量 Y 相关,我们绘出散点图,计算出相关系数,则从这些指标上,可以看出这两个变量之间相关关系的三个特点。

一、关系的方向

从关系的方向上看,相关分为两类:正相关和负相关。正相关意味着两个变量向相同的方向变化,即一个变量增加,另一个变量也增加;一个变量减少,另一个变量也减少。负相关则意味着两个变量向相反的方向变化,即一个变量增加,另一个变量反而减少;或者一个变量减少,另一个变量反而增加。

从散点图中我们可以很直观地看出相关的方向。如下面两个图,分别表示每日学习时间与考试成绩的关系,练习天数与单位时间内打字错误次数的关系。图14.3为正相关,图14.4为负相关。这两个散点图相比前两个图添加了一条拟合线,通过这条线的走势,我们可以更加清楚地看到,随着一个变量的增加,另一个变量增加或减少,从而了解变量间相关的方向。

在本章的后面,我们还会详细介绍用数值表示的相关系数,其中正负号就可以表明相关的方向:正号表示正相关,负号表示负相关。

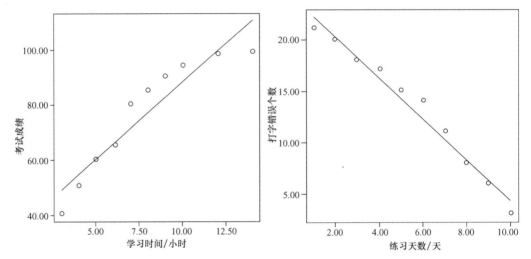

图14.3　每日学习时间与考试成绩的关系（正相关）

图14.4　练习天数与单位时间内打字错误次数的关系（负相关）

二、关系的形式

通过相关,我们还可以看出变量 X 与 Y 之间关系的形式,也就是存在什么样的相关。在我们前面所举的例子中,两个变量是线性关系,散点图中的点趋向于形成一条直线。相关的统计方法最常测量的就是线性关系。在本书中我们集中讨论的也是线性(直线)相关。但两变量的关系也有其他形式,如二次曲线关系和三次曲线关系。我们来看图14.5。心理学家 Cattell 将人类的智力分成两种:固体智力和流体智力,分别代表以生理为基础的智力和以经验为基础的智力。根据他的研究,两者与年龄均有关系。一个研究者想要验证 Cattell 的理论,就从不同年龄的人群中收集了一些数据,如图14.5所示。

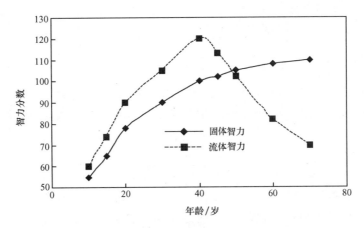

图 14.5 固体智力和流体智力与年龄的关系

从图 14.5 中我们可以看出,流体智力随着年龄增长而增长,但是到一定程度之后,又随着年龄增长而降低;而固体智力随着年龄增长而上升,但是到一定程度之后增长非常缓慢。可见,相关的形式是有很多种的,但在本书中,我们主要讨论的是线性相关。

三、关系的强度

最后,相关测量了数据对特定的关系形式的拟合程度,也就是相关的强度。比如,线性相关测量了数据点对直线的拟合程度。相关系数的值在 -1 和 $+1$ 之间,这个值反映了两个变量间具有的持续的、可预期的关系的程度;0 相关意味着没有关系,而 $+1$ 相关和 -1 相关意味着完全的正相关和完全的负相关,反映在散点图上就是一条直线。

§3 Pearson 相关

Pearson 相关是最常用的相关,也被称为皮尔逊积差相关(Pearson product-moment correlation)。Pearson 相关测量了两个变量间线性相关的程度和方向,一般用于等距或等比的数据。Pearson 相关系数用 r 来表示,它的定义式如下:

$$r = \frac{X \text{ 和 } Y \text{ 共同变化的程度}}{X \text{ 和 } Y \text{ 各自变化的程度}} = \frac{X \text{ 和 } Y \text{ 的协方差}}{X \text{ 和 } Y \text{ 各自方差的乘积}}$$

共同变化是指,如果 X 变化,那么 Y 也跟着变化。如果每一次 X 变化,Y 也相应地同方向变化相应的量,即为"完全的正相关"。这时候,X 和 Y 的协方差与 X 和 Y 各自的方差相等,相关系数 r 等于 1。若每一次 X 变化,Y 也相应地反方向变化相应的量，则为"完全的负相关"。若 X 的变化不能得出可以预期的 Y 相应的变化，则没有共同的变化，即 X 和 Y 的协方差为 0，相关系数为 0。

一、离差的乘积和

为了将相关的定义数量化，我们需要介绍一个新的概念——离差的乘积和 (sum of products)，是指两个变量的协方差，表示了 X 和 Y 共同变化的程度，其定义公式如下：

$$SP = \sum(X - \bar{X})(Y - \bar{Y}) \tag{14.1}$$

由以上公式我们可以知道，计算 SP 时先要找到每个点的横坐标与纵坐标分别与 X 和 Y 的平均值的差，即离差，然后求两个离差的乘积，再求和。可以看出 SP 的定义公式完全根据其名称而来，即为离差的乘积和。

如果不算出 X 和 Y 的平均值，我们也可以通过 SP 的另外一个计算公式来求得 SP：

$$SP = \sum XY - \frac{\sum X \sum Y}{n} \tag{14.2}$$

以上两个公式我们也许会觉得似曾相识。其实回顾一下我们前面学的和方 (SS) 就可以发现，离差的乘积和 (SP) 与和方 (SS) 公式非常相似，其区别是 SS 只有一个变量 X，而 SP 有两个变量 X 和 Y。我们将 SS 和 SP 的公式列于表 14.2，帮助大家对比记忆。

表 14.2 和方和离差的乘积和公式对比

	和方 (SS)	离差的乘积和 (SP)
定义公式	$\sum(X-\bar{X})^2$	$\sum(X-\bar{X})(Y-\bar{Y})$
计算公式	$\sum X^2 - \frac{(\sum X)^2}{n}$	$\sum XY - \frac{\sum X \sum Y}{n}$

下面我们通过一个具体的例子来演示一下 SP 两个公式的应用。

例 14.1 有 5 对数据如下，请分别用定义公式和计算公式计算 SP。

| X | 5 | 9 | 9 | 4 | 3 |
| Y | 6 | 9 | 12 | 6 | 2 |

分析 (1) 用定义公式 (14.1) 计算 SP。
首先计算两变量的平均值：

$$\bar{X} = 6, \bar{Y} = 7$$

接下来算出每一对数据的离差,如表 14.3 的第 3 和第 4 列所示。然后将两列的数值相乘,得到第 5 列,最后将第 5 列的数值相加,就得到了 $SP=39$。

表 14.3　用定义公式计算 SP 的过程

X	Y	$X-\bar{X}$	$Y-\bar{Y}$	$(X-\bar{X})(Y-\bar{Y})$
5	6	-1	-1	1
9	9	3	2	6
9	12	3	5	15
4	6	-2	-1	2
3	2	-3	-5	15

(2) 用计算公式(14.2)计算 SP。

首先计算出每一对 X 和 Y 的乘积,以及各自的和,如表 14.4 所示:

表 14.4　用计算公式计算 SP 的过程

	X	Y	XY
	5	6	30
	9	9	81
	9	12	108
	4	6	24
	3	2	6
$\sum$	30	35	249

根据公式(14.2)有　　$SP = \sum XY - \dfrac{\sum X \sum Y}{n} = 249 - \dfrac{30 \times 35}{5} = 39$

与和方的计算类似,计算公式是掌握的重点。在本题中,$\bar{X}$,$\bar{Y}$ 恰好是整数,否则,还是计算公式计算起来较为方便。这里,推荐读者应循表 14.4 中的格式计算,减少错误。

二、Pearson 相关的计算

我们在前面提到,Pearson 相关系数是用 X 和 Y 的协方差除以 X 和 Y 各自的方差,X 和 Y 的协方差我们通过学习已经知道是 SP,而 X 和 Y 各自的方差呢?我们自然而然地想起和方,X 和 Y 的和方其实就度量了 X 和 Y 各自的变异。这样,我们得到 Pearson 相关系数的计算公式如下:

$$r = \dfrac{SP}{\sqrt{SS_X SS_Y}} \tag{14.3}$$

例 14.2　根据以下数据计算 Pearson 相关系数。

X	9	5	1	11	4	$\bar{X}=6$
Y	8	14	20	9	14	$\bar{Y}=13$

分析 为了计算 Pearson 相关系数 r,需要分别计算出 X 和 Y 的和方以及协方差,因此我们首先算出 X 和 Y 的乘积以及各自的平方(见表 14.5),这些都是进一步的计算过程中需要用到的。

表 14.5　Pearson 相关系数的计算过程

	X	Y	X^2	Y^2	XY
	9	8	81	64	72
	5	14	25	196	70
	1	20	1	400	20
	11	9	121	81	99
	4	14	16	196	56
$\sum$	30	65	244	937	317

因为

$$SP = \sum XY - \frac{\sum X \sum Y}{n} = 317 - \frac{30 \times 65}{5} = -73$$

$$SS_X = \sum X^2 - \frac{(\sum X)^2}{n} = 244 - \frac{30 \times 30}{5} = 64$$

$$SS_Y = \sum Y^2 - \frac{(\sum Y)^2}{n} = 937 - \frac{65 \times 65}{5} = 92$$

所以

$$r = \frac{SP}{\sqrt{SS_X SS_Y}} = \frac{-73}{\sqrt{64 \times 92}} = -0.95$$

这里,同样推荐读者遵循表 14.5 的 5 列格式计算,前 4 列是我们计算和方时需要的。

三、Pearson 相关的解释

通过前面的介绍,相信大家已经了解如何计算两个变量之间的相关系数。那么,通过 Pearson 相关得到相关系数 r 之后,怎样理解这个 r 并解释它所代表的意义呢？在这个过程中,下面几点是特别要提醒大家注意的地方。

1. 相关和因果关系

其实这一点我们在本章的开头已经有说明。相关只是简单地描述了两个变量之间的关系,没有解释为什么这两个变量会有关系,也没有向我们提供有关这个关系的方向信息,也就是说,相关不能被解释为两个变量间的因果关系。这一点要非常警惕,因为在生活中我们常常会犯这样的错误。

如果要指出两个变量之间的因果关系,我们需要采用实验法。通过控制其他无关变量,操纵自变量的变化,从而引起因变量的变化,这时我们就可以说,自变量对因变量有影响。而当我们同时收集到两个变量的数据,进行相关分析,则只能揭示它们之间相关的简单现象,至于谁引起谁的变化,我们就不得而知了。

首先,我们无法找到两个变量互相影响的方向。比如,在研究中我们发现学习兴趣和学业成绩相关,但是我们不能说是由于学习兴趣强决定了学业成绩好还是由于学业成绩好使得兴趣增强。

再者,我们无法排除存在第三个变量,同时引起了这两个变量的变化。这种情况可能造成伪相关。例如,在一项实验中,我们选择了不同的城市,测量其公园的数目 X 和医院每日急诊量 Y。数据表明,这两个变量间有很强的正相关。这样的结果是否说明建设公园引起了急诊病例的增多?或者急诊量多导致公园数目增加呢?仅仅通过相关研究我们不能得出其中的任何一个结论。因为有可能存在第三个变量,如城市的规模,同时决定着实验考查的两个变量。城市的规模大,会导致公园的数目多及每日急诊量多,这样一来,真正的原因是人口的多少。

2. 相关和数据的分数范围

在研究中我们会发现,在不同的数据范围内,相关的强度可能不同。比如,年龄和身高之间的相关,在童年、少年期会是高度的正相关,但随着年龄的增长,相关的趋势会减弱,这有些像分段函数。

例 14.3 研究者甲随机抽取了 $n=3000$ 的企业人员样本,发现管理素质量表分数与管理绩效指标的相关系数是 0.62;研究者乙随机抽取了 $n=80$ 的银行支行经理样本,发现同样的管理素质量表分数与同样的管理绩效指标的相关系数仅为 0.19。原因是以下哪个呢?

(A) 研究者乙的样本小,相关系数就低;
(B) 研究者乙的发现是抽样误差;
(C) 银行支行经理的职位都比较高,因此管理素质量表分数差别不大;
(D) 研究者乙的样本中管理绩效指标的指标都分布在高分范围。

分析 (C)和(D)两个选项正确。当变量分布在一个狭窄的范围时(即样本在被测量的特质上有高度同质性),相关系数就会变得很低。如图 14.6 所示,研究者甲的样本形成的散点图是在 A 和 C 之间,可见其是一个接近直线的椭圆,提示中高度相关。而研究者乙的样本形成的散点图是在 B 和 C 之间,它接近圆形,提示零相关。

所以,在实际研究中我们不能将相关的结果任意推广或缩小到局部的数据范围内。这一现象被称为相关系数区间性,提示我们在取样时,要尽量取到能够代表待研究群体的足够大的样本。

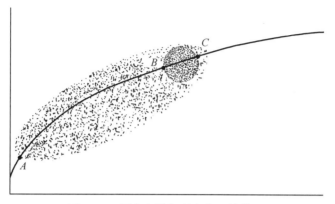

图 14.6 研究者甲和研究者乙的结果

3. 相关与非常值

我们已经知道,当某个个体的 X 或 Y 值远大于或小于同一集合中其他个体的 X 或 Y 值时,就称这样的分数为一元非常值(univariate outliers),例如成年男人的身高 2.2 m 或体重 45 kg。另外还有一种非常值,X 与 Y 的单个变量的值均在正常范围内,相关方式却远远有别于其他个体,比如成年男人的身高 1.85 m 而体重 55 kg。这样的非常值被称为多元非常值(multivariate outliers)。从下面的例子我们可以看出,一个非常值会对相关系数产生非常大的影响。

例 14.4 计算下面两组数据的积差相关:

第一组被试			第二组被试		
被试	X	Y	被试	X	Y
1	2	4	1	2	4
2	5	2	2	5	2
3	3	1	3	3	1
4	4	3	4	4	3
5	6	3.5	5	6	3.5
6	1	2.5	6	1	2.5
			7	15	12

我们看到,这两组数据的差别只是第二组多出了一对偏离其他数据的值,但是经过计算,第一组的相关系数为 -0.05,而第二组为 -0.90。

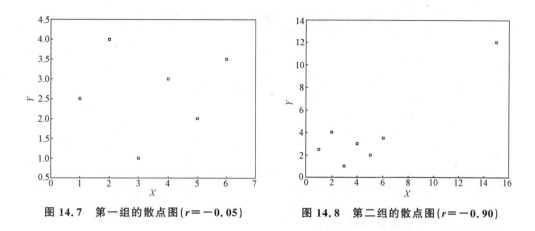

图 14.7 第一组的散点图($r=-0.05$)　　图 14.8 第二组的散点图($r=-0.90$)

4. r 与 r^2

前面我们已经提到,相关系数的大小表明了两个变量间相关的程度。相关系数 r 的绝对值越大,代表两个变量之间相关程度越高。同时我们也可以用相关系数 r 的平方来描述关系的强度。

前面我们说了,通过相关关系的揭示,我们可以用其中一个变量来预测另一个变量。例如高校招生办在招生时用高考成绩来预测学生在大学的学业成就。这种预测是基于相关的,这时 r^2 就起到了很重要的作用。它表明了一个变量的方差中,由 X 和 Y 间的相关解释的方差的比例。比如,一个 $r=0.7$(或 -0.7)的相关,表明 Y 的方差中有 $r^2=0.49$(49%)由 Y 和 X 间的关系解释,即 Y 的 49% 的方差可以由 X 推测出。

这样,通过 r^2 这个指标,我们可以更加清楚地看到变量 X 和 Y 之间的关系,这也有利于我们对 r 的更深一步理解。例如:当 $r=0$ 时,$r^2=0$,X 和 Y 是完全独立的,Y 的变异无法由 X 推出;当 $r=0.7$ 时,$r^2=0.49$,即 Y 变异的接近一半能由 X 推出。因此,我们也粗略地把 $r=0.7$ 以上的相关称为高度相关。当 $r=0.5$ 时,$r^2=0.25$,Y 变异的 1/4 能由 X 推出。因此,我们也粗略地把 $r=0.5$ 以上的相关称为中度相关。当 $r=0.3$ 时,$r^2=0.09$,Y 变异的将近 10% 能由 X 推出。因此,在样本量足够时,$r=0.3$ 以上的相关才较有意义且值得注意。

四、相关系数的统计效应和效力

与其他统计量不同,相关系数 r 本身就是效应大小的指标。根据 Cohen 的规定,r 在 0.10~0.29 是小的效应;r 在 0.30~0.49 是中等效应;r 等于或大于 0.50 是大的效应。

表 14.6 给出了积差相关的相关系数与统计效力的换算表。我们可以看到,$r=0.10$ 时,纵使被试量达到 100 效力也很低;$r=0.30$ 时,100 个被试已达到足够大的统计效力;而 $r=0.50$ 时,仅 30 个被试就已达到足够大的统计效力。

表 14.6　积差相关的统计效应(相关系数)与统计效力换算表(双尾)

被试数＼统计效力＼统计效应	0.10	0.30	0.50
10	0.06	0.13	0.33
20	0.07	0.25	0.64
30	0.08	0.37	0.83
40	0.09	0.48	0.92
50	0.11	0.57	0.97
100	0.17	0.86	1.00

五、Pearson 相关的显著性检验

通常我们做研究的时候，都会通过样本来推论总体情况，也就是推论统计的应用，相关也不例外。比如前面举过的例子，心理学家要考查上网成瘾和抑郁之间是否有关系。虽然这个假设是从总体的角度出发的，但是为了回答这个问题，我们需要选择一些样本，通过计算得到相关系数，然后通过这个系数，推论总体的情况。

相关的假设检验与我们前面所学的 z 检验、t 检验的步骤类似。首先应该作出假设，确定检验标准；然后我们抽取样本，收集数据计算出 Pearson 相关系数；最后将观测值与临界值进行比较，得出结论。

具体到相关中，相关系数的显著性检验包括两种情况：一是由样本相关系数 r 与总体相关系数 ρ 的比较，推论总体间是否存在相关；二是通过比较两个样本 r 的差异 (r_1, r_2) 推论各自的总体 ρ_1 和 ρ_2 是否有差异。

对于情况一，研究要回答的基本问题是：两个总体间是否存在关系。那么我们可以得到虚无假设为两个总体间不存在关系，而对应的备择假设是两个总体间的确存在关系。用数学语言表示双尾的虚无假设和备择假设为

$H_0: \rho = 0$（两个总体间没有关系）

$H_1: \rho \neq 0$（两个总体确有相关）

其中，参数 ρ 表示总体的相关系数。

有时候，心理学家对相关的方向也有预期，这时会用到单尾检验。例如如果预期两个总体间有正向的关系，则

$H_0: \rho \leq 0$（两个总体间没有正向关系）

$H_1: \rho > 0$（两个总体间确有正相关）

进行假设检验的方法有两种，一种是根据 r 值查 Pearson 相关临界值表，看相关是否显著；另一种是计算出 t 值，再查 t 临界值表，看是否显著。无论哪种方法，都需要先明确两个值：一个是自由度 df，对于 Pearson 相关，$df = n - 2$，其中 n 为样本容量。另

一个为 α 值,在查表之前要明确 α 值,一般来说 α 为 0.05 或 0.01。需要注意的是:一定不能根据 p 值的大小,看选择多大的 α 值能使相关显著,再选择显著性水平。

我们先来介绍第一种方法,即通过查 Pearson 相关的临界值表来进行相关的假设检验。

Pearson 相关的临界值表见附表 7。根据单双尾、α 值和自由度查到 Pearson 相关的临界值,若计算出的相关系数大于该值,则拒绝 H_0,即相关显著。

这里要注意的是:应结合显著性水平和效应大小来看相关系数的意义。当 $n>100$ 时,很小的 r 值就能达到显著性。比如,当 $n=500$ 时,0.088 的相关系数就能达到 0.05 的显著性水平。但其效应还不及低效应水准,这样的相关不能说明两个变量间有任何关系。这个例子较极端,容易下结论,而 n 在 100 左右,小于 0.20 的相关系数能否说明两个变量间有相关关系,就要视研究情形而定了。

第二种方法是在没有 Pearson 相关的临界值表的情况下,可将其转换成一个 t 检验,再查 t 表。以下是其 t 值的计算公式:

$$t = \frac{r}{\sqrt{\frac{1-r^2}{n-2}}} \tag{14.4}$$

接下来的步骤就跟我们前面在 t 检验中学的一样了,即仍根据单双尾、α 值和自由度在 t 分布表中查到临界 t 值,若大于该值,则拒绝 H_0,即相关显著。不过这里需要注意的是,自由度仍同上面的情况一样,为 $n-2$。

下面我们通过一道例题来明确进行相关系数显著性检验的步骤和格式,以及如何在论文中报告。

例 14.5 对 18 名中学生被试进行了两种能力测验,通过计算两种测验得分的相关系数 $r=0.55$,请问这两种能力是否存在相关。($\alpha=0.05$)

解 陈述假设:

$$H_0: \rho=0 \text{(两种能力间不存在相关)}$$
$$H_1: \rho \neq 0 \text{(两种能力间存在相关)}$$

已知显著性水平 $\alpha=0.05$,自由度 $df=n-2$,计算其 t 值:

$$t = \frac{r}{\sqrt{\frac{1-r^2}{n-2}}} = \frac{0.55}{\sqrt{\frac{1-(0.55)^2}{18-2}}} = 2.63$$

查 t 的临界值表,得到 $t_{\text{crit}}=2.12$。

由于 $t_{\text{obs}}>t_{\text{crit}}$,所以拒绝 H_0,即这两种能力间有相关。

对数据的相关分析显示两种能力间有显著相关,$r=0.55$,$p<0.05$,双尾检验。

若直接采用第一种方法查 Pearson 相关系数的临界值,我们也可以得到同样的结论,读者不妨自己试一试。

例 14.6 已知 X 与 Y 的相关系数 r_1 是 0.38，在 0.05 的水平上显著；A 与 B 的相关系数 r_2 是 0.18，在 0.05 的水平上不显著。那么：

(A) r_1 与 r_2 在 0.05 的水平上差异显著；
(B) r_1 与 r_2 在统计上肯定有显著差异；
(C) 无法推知 r_1 与 r_2 在统计上差异是否显著；
(D) r_1 与 r_2 在统计上并不存在显著差异。

这道题的正确答案是(C)，但你可能会错误地选择(B)。本题反映了初学者常见的一种错误想法：即一个显著的相关系数与一个不显著的相关系数必然有显著差异。其实不然，两个相关系数是否有显著差异需要专门的统计检验来确认，即我们前面所说的情况二。

对于情况二，当 $\rho \neq 0$ 时，这种检验用于需要了解 r 是否来自 ρ 为某一特定值的总体。而前面的检验只能解决两个总体是否有相关的问题，或者说只能说明 r 是否来自 $\rho=0$ 的总体。

需要注意的是，$\rho \neq 0$ 时 r 的样本分布不是正态，因此不能用公式(14.4)进行 t 检验。这时需要将 r 与 ρ 都转化 Fisher's Zr 与 $Z\rho$。Zr 的转换公式为

$$Zr = 5[\ln(1+r) - \ln(1-r)]r \tag{14.5}$$

为了方便，r 和 Zr 的转换也制成表，在附表 8 中即可查到。

转换为 Zr 以后，Zr 的分布可以认为是正态，其平均数为 $Z\rho = 5[\ln(1+\rho) - \ln(1-\rho)]\rho$，标准误 $SE_{Zr} = \dfrac{1}{\sqrt{n-3}}$，则 z 为

$$z = \dfrac{Zr - Z\rho}{\sqrt{\dfrac{1}{n-3}}} \tag{14.6}$$

例 14.7 某研究者估计，高考英语成绩和本科一年级期末英语成绩的相关系数为 0.70。于是随机抽取了 200 名本科一年级学生，对他们的两个成绩进行相关检验。结果发现 $r=0.58$，试问实测结果是否支持该研究者的估计。($\alpha=0.01$)

解 陈述假设：

$$H_0: r-\rho=0, \quad H_1: r-\rho \neq 0$$

根据已知，检验为双尾，通过查 r 值的 Zr 转换表，得

$$r=0.58 -------- Zr=0.662$$
$$\rho=0.70 -------- Z\rho=0.867$$

于是

$$z = \dfrac{0.662-0.867}{\sqrt{\dfrac{1}{200-3}}} = -\dfrac{0.205}{0.071} = -2.887$$

$|z_{obs}|=2.887>z_{0.01/2}=2.58$,所以拒绝虚无假设,即该实验结果并不支持该研究者的估计。

§4 Spearman 相关

虽然 Pearson 相关是最常用的相关,但是它一般用来研究等距或等比数据的线性相关。因此,当数据不属于这种情况时,Pearson 相关就无法派上用场了。因此,统计学家发展了其他的相关方法来测量非线性的或其他数据类型的变量的关系。在本书中我们主要介绍两种等级相关——Spearman 相关和 Kendall 和谐系数。

Spearman 相关的显著性检验是一种非参数检验方法。一般在两种情况下我们会用到 Spearman 相关的显著性检验:一是当研究考查的变量为顺序型数据时,例如某一城市内所有餐馆总体水平的排名;二是当研究考查的变量为非线性数据时,我们也常采用 Spearman 相关来检验。Spearman 相关不仅仅用来考查顺序型变量间的相关,即使在原始数据是等比或比例型时,也可以使用 Spearman 相关。前面我们提到,Pearson 相关是用来考查两个变量间的线性关系的,即对直线的拟合程度。但是,如果研究的两个变量间明显不是线性关系,则 Pearson 相关并不合适。例如我们前面提到的图 14.5 中,我们要考查流体智力与年龄的关系,就应该用 Spearman 相关,因为 X 和 Y 间有较强的正向关系,但是这种关系对线性模型并不符合。在这种情况下,Spearman 相关就可以用来检验关系的稳定性,这种检验是独立于特定的模型的。

为什么 Spearman 相关是检验稳定性而非形式呢?因为之所以称之为"等级相关",即这种相关是与 X 和 Y 值所对应的等级有关的,而不管 X 和 Y 具体的取值。前面我们所讲的 Pearson 相关是以具体的数值来计算,很大程度上受具体数值的影响,而在 Spearman 相关中,具体数值被转化为依次的排名,因此,如果两个变量是稳定相关的,那么它们的等级将会线性相关。也就是说,一个正向的相关意味着每次 X 值增加,Y 值也会相应增加,至于增加多少,就不去管它了。从下面的例子可以看出,一个稳定的关系转化为等级后,就成了线性的关系(表 14.7,图 14.9 和 14.10)。因此,当我们关心的是两个变量之间关系的稳定性而不是关系的形式时,可以使用 Spearman 相关。

表 14.7 将原始数据转化为等级

被试	X	Y	X 等级	Y 等级
1	4	9	3	3
2	1	2	1	1
3	10	20	4	4
4	3	8	2	2

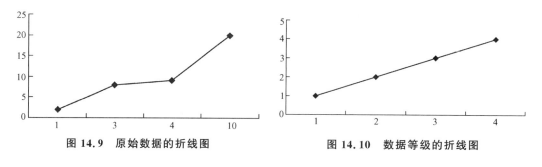

图 14.9　原始数据的折线图　　　　　图 14.10　数据等级的折线图

一、Spearman 相关系数的计算

当掌握了 Pearson 相关并了解了 Spearman 相关的概念之后，Spearman 相关系数的计算就会比较容易。简单地说，Spearman 相关就是用 Pearson 相关的公式来计算顺序型数据（等级）。

在计算 Spearman 相关系数时，首先要保证 X 和 Y 是顺序型数据，无论它们原始的值就是顺序型的，还是经过等级转换而成的。在进行等级转换的时候，最小的值等级为 1，第二小的等级为 2，依此类推。之后，使用 Pearson 相关公式对顺序型数据进行计算，即可得到 Spearman 相关系数，该系数用 r_s 表示。

下面我们通过例 14.2 中的数据来演示 Spearman 相关系数的计算过程，并比较与 Pearson 相关的差别。

例 14.8　原始数据如下，请计算 X 和 Y 之间的 Spearman 相关系数：

X	9	5	1	11	4
Y	8	14	20	9	14

分析　第一步，将 X 和 Y 转换为等级。在上文中我们简单介绍了等级的转换，在这里要提醒大家注意的是，当原始数据中出现相同值的时候，它们应该有相同的等级。因此，将分数从最小到最大排列（包括相等的值），得到每个值的等级之后，应当计算相同值的平均等级，代表了这几个相同值共同的等级。本例中的等级转换情况如表 14.8 所示：

表 14.8　Spearman 相关的等级转换与计算过程

X 等级	(X 等级)^2	Y 等级	(Y 等级)^2	X 等级×Y 等级
4	16	1	1	4
3	9	3.5	12.25	10.5
1	1	5	25	5
5	25	2	4	10
2	4	3.5	12.25	7
$\sum X=15$	$\sum X^2=55$	$\sum Y=15$	$\sum Y^2=54.5$	$\sum XY=36.5$

在本例中，Y 中有两个 14，我们按照 Y 的分数从小到大排列应该是：8,9,14,14,20，对应的等级分别为 1,2,3,4,5，因此，两个 14 的等级应该都是 $(3+4)/2=3.5$。

第二步，计算等级值的 SS_X, SS_Y 和 SP：

$$SS_X = \sum X^2 - \frac{(\sum X)^2}{n} = 55 - \frac{15^2}{5} = 10$$

$$SS_Y = \sum Y^2 - \frac{(\sum Y)^2}{n} = 54.5 - \frac{15^2}{5} = 9.5$$

$$SP = \sum XY - \frac{(\sum X)(\sum Y)}{n} = 36.5 - \frac{15 \times 15}{5} = -8.5$$

第三步，计算等级相关系数：

$$r_s = \frac{SP}{\sqrt{SS_X SS_Y}} = \frac{-8.5}{\sqrt{10 \times 9.5}} = -0.87$$

这个系数表明变量 X 和 Y 之间有很强的负相关。

以上的过程我们是采用 Pearson 系数的计算公式来做的。另外，Spearman 相关的计算也有其特定的计算公式：

$$r_s = 1 - \frac{6\sum D^2}{n(n^2-1)} \tag{14.7}$$

其中，D 为同一个个体的 X 和 Y 各自排序后等级的差。利用公式(14.7)可以得到和用 Pearson 相关的公式计算等级时同样的数值。但是要注意，这个公式只能用于 X 和 Y 都没有重复值的时候。因为这个公式是根据等级为连续整数时的均值和和方推导出来的，当有重复数值时，等级值也会有重复或者小数，这样就无法应用连续等差数列的公式，也就不符合推导过程。不过，当重复值很少的时候（比如，在中等样本容量时有1~2个重复值），使用这个公式进行计算也能够接受。有统计学家曾经给出一个相当烦琐的校正公式，而有些统计学家则认为与其用校正公式，不如回到原来——计算 Pearson 相关系数。

例 14.9 我们用 Spearman 相关的特定公式来对下列数据进行计算：

X	2	5	6	9	14
Y	4	3	5	8	10

分析 具体计算过程所得结果见表 14.9。

表 14.9　运用 Spearman 相关特定公式的计算过程

X	Y	X 的等级	Y 的等级	D	D^2
2	4	1	2	−1	1
5	3	2	1	1	1
6	5	3	3	0	0
9	8	4	4	0	0
14	10	5	5	0	0
					$\sum D^2 = 2$

根据公式(14.7)得

$$r_s = 1 - \frac{6\sum D^2}{n(n^2-1)} = 1 - \frac{6 \times 2}{5 \times (25-1)} = 0.9$$

二、Spearman 相关的显著性检验

Spearman 相关的显著性检验和 Pearson 相关的显著性检验相似，要考查的基本问题是：两个总体间是否存在关系。在检验时要注意单双尾、α 值和样本容量。其中

　　　　虚无假设　$H_0: \rho_s = 0$（总体间不存在关系）
　　　　备择假设　$H_1: \rho_s \neq 0$（总体间存在关系）

与 Pearson 相关的显著性检验相似，用以下公式进行检验：

$$t = \frac{r_s}{\sqrt{\frac{1-r_s^2}{n-2}}} \tag{14.8}$$

同样地，为方便起见，也可查 Spearman 相关系数的临界值表（附表 9），该表和 Pearson 相关的表非常相似，只是在表的左侧第一列为样本容量 n 而不是自由度。这是因为 Spearman 相关是一种非参数检验，并不存在自由度。如表中没有需要的 n，则应参看相邻的较小的 n。若计算出的相关系数大于临界值，则相关显著。应当特别说明的是，该表提供的是较常用的双尾检验。

§5　点二列相关

前面我们介绍的两种方法所要求的数据至少在顺序型变量以上，命名型变量则没有涉及。但是在研究中我们常常会涉及命名型变量，最常见的就是性别。这时，我们需要采用另一种方法来考查相关，即本节要介绍的点二列相关（point-biserial correlation）。点二列相关用于一列数据为正态等距或等比变量，另一列为二分命名变量的情况下，考查两个变量之间的关系。常见的情况除了性别之外，还有在某个题目上正确或

是错误,大学毕业与否等。点二列相关的相关系数记为 r_{pb},其公式如下:

$$r_{pb}=\frac{\overline{X}_p-\overline{X}_q}{S_X}\sqrt{pq} \tag{14.9}$$

其中,p 是指二分命名变量中某一个值的比例,而 q 则指另一个值的比例。例如,对于性别这个变量,假如给男性赋值为 1,女性赋值为 0,那么 p 可以认为是男性的比例,而 q 为女性的比例。$\overline{X}_p$ 是指对应于 p 的那部分等距/比例变量中数据的均值,而 $\overline{X}_q$ 指的是对应于 q 的那部分等距/比例变量中数据的均值。S_X 指等距/比例变量中所有数据的标准差。

至于点二列相关的显著性检验,与 Pearson 相关以及 Spearman 相关是类似的。

例 14.10 下表数据为对性开放态度的考查结果。分数越高,表示对性开放越持支持态度(1 为男,0 为女)。请计算性别和对性开放的态度的相关系数。

表 14.10 男性和女性对性开放的态度

性别	态度值(X)	态度值的平方(X^2)
1	10	100
0	5	25
1	9	81
0	5	25
1	8	64
0	4	16
1	8	64
1	8	64
0	4	16
1	7	49
	$\sum X = 68$	$\sum X^2 = 504$

解 性别中取值为 1 的有 6 个,取值为 0 的有 4 个,因此,$p=0.6, q=0.4$。使用表 14.10 中数值计算 $S_X, \overline{X}_p, \overline{X}_q$:

$$S_X=\sqrt{\frac{\sum X^2-\frac{(\sum X)^2}{n}}{n-1}}=\sqrt{\frac{504-\frac{68^2}{10}}{10}}=2.150$$

$$\overline{X}_p=\frac{10+9+8+8+8+7}{6}=8.333$$

$$\overline{X}_q=\frac{5+5+4+4}{4}=4.5$$

根据公式,计算 r_{pb}:

$$r_{pb} = \frac{\overline{X}_p - \overline{X}_q}{S_X}\sqrt{pq} = \frac{8.333 - 4.5}{2.040} \times \sqrt{0.6 \times 0.4} = 0.87$$

读者可能会想到,上述问题用独立样本 t 检验也可以得到结果。事实上,点二列相关和独立样本 t 检验的确可以看作是类似的,只不过两者的检验角度不一样。点二列相关由于属于相关范畴,因此它考查的是两个变量之间的相关程度,例如在上题中考查的是态度和性别的关系。而独立样本 t 检验考查的是两组之间的均值差异,具体在上题中是考查男性和女性在态度上的差异。可以看出,由于一个变量是二分的命名变量,因而把相关和 t 检验联系起来了。

读者可以自己试试用独立样本 t 检验解答一下例 14.10。

r_{pb} 与 t 之间的关系如下:

$$r_{pb}^2 = \frac{t^2}{t^2 + df}, \quad df = n_1 + n_2 - 2 \tag{14.10}$$

其中 n_1, n_2 分别指被二点变量分成的样本数目。

§6 Kendall 和谐系数

本章前面介绍的都是关于两列分数间的一致性,但是如果我们有多于两列的分数,应该怎样评定它们之间的一致性呢?Kendall 和谐系数(Kendall coefficient of concordance,记作 W)就是用来表示多列等级变量相关程度的指标,最为常见的应用情况就是 K 个评定者对 N 个事物进行等级评定,考查这 K 个评定者之间评分的一致性。可见,Kendall 和谐系数也是等级相关系数的一种。

Kendall 和谐系数的公式如下:

$$W = \frac{\sum R_i^2 - \frac{(\sum R_i)^2}{N}}{\frac{1}{12}K^2(N^3 - N)} \tag{14.11}$$

其中,R_i 为每一个被评价事物的 K 个等级之和,K 为评定者的个数,N 为被评价的事物的个数。

例 14.11 在某演唱比赛中,由四位评定者对六位候选人的表现做出等级评定,如表 14.11所示。问四位评定者之间是否具有合理的评分一致性?

表 14.11 四位评定者对六位候选人的评分

评定者		候选人					
		张	王	李	赵	刘	胡
	A	4	3	1	2	5	6
	B	5	3	2	1	4	6
	C	4	1	2	3	5	6
	D	6	4	1	2	3	5

解 $N=6, K=4$,具体计算见表 14.12。

表 14.12 Kendall 和谐系数的计算过程

评定者		候选人						
		张	王	李	赵	刘	胡	
	A	4	3	1	2	5	6	
	B	5	3	2	1	4	6	
	C	4	1	2	3	5	6	
	D	6	4	1	2	3	5	
	R_i	19	11	6	8	17	23	$\sum R_i = 84$
	R_i^2	361	121	36	64	289	529	$\sum R_i^2 = 1400$

$$W = \frac{\sum R_i^2 - \frac{(\sum R_i)^2}{N}}{\frac{1}{12}K^2(N^3-N)} = \frac{1400 - \frac{84^2}{6}}{\frac{1}{12} \cdot 4^2 \cdot (6^3-6)} = 0.80$$

W 为 0.80 到底是否足够大呢?从定义我们不难看出,W 不是一个标准的相关系数,因此不能像我们熟悉的统计量那样来解释。但是 W 可以看作是所有可能的评定者对评定等级的 Spearman 相关系数的函数。具体公式是:

$$r_s = \frac{KW-1}{K-1} \tag{14.12}$$

对于上题:

$$r_s = (4 \times 0.8 - 1)/(4-1) = 2.2/3 = 0.73$$

因此,可以断定四位评定者之间具有合理的评分一致性。

15

回 归 初 步

图 15.1 显示了一些 GRE 成绩和研究生第一年 GPA 的假设数据。可以看到 GRE 成绩与 GPA 之间存在一个非常明显的正相关关系,而散点之间的那条直线,则大概描述了 GRE 成绩与 GPA 之间的关系。

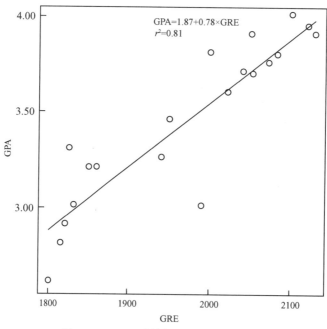

图 15.1　GRE 成绩与 GPA 之间的关系

从图 15.1 中的直线我们能够了解到什么信息呢？第一,这条直线使我们能够更清晰、更简约地看到 GRE 成绩和 GPA 之间的关系。第二,这条直线可以用于预测。这条直线建立了两个变量之间的关系,利用该线和其中一个变量的值,我们可以推测另一个变量的值大概是多少。例如在图 15.1 中,直线描述了 GRE 成绩和研究生一年级 GPA 之间的关系,假设 A 同学 GRE 成绩为 2120,我们可以预测他研究生一年级的 GPA 应该在 3.95 左右。

本章的学习目标是:①理解什么是回归;②学会建立回归方程的计算方法;③学习

考查回归方程准确性的方法；④了解如何解释回归方程。

§1 回归方程

一、回归方程的定义

在介绍回归方程之前，我们先简要地回顾一下线性方程的相关知识。

通常，可以用 $Y=bX+a$ 这样一个简单的方程描述两个变量 X 和 Y 之间的线性关系。从方程中看到，X 每增加 1，Y 就增加 b。b 又被称为斜率(slope)，是一个常数；当 $X=0$ 时，$Y=a$。a 又被称为截距(intercept)，截距也是一个常数。用此线性方程，已知 X，b 和 a，就可以预测 Y 的值。

例如，某健身俱乐部规定，交纳 100 元年费，可以享受 20 元/小时的优惠价格，即如果入会的话，在此俱乐部的健身花费为

$$Y=20X+100$$

其中 Y 为总健身花费，X 为健身小时数。如果全年在俱乐部健身 52 小时，则花费为 $Y=20\times 52+100=1140$(元)。

但是，这种两个变量能够建立完美线性关系的情况在心理学的研究情境中是极其罕见的。通常，现实生活中的数据就像研究情境中给出的散点图一样，没有完美拟合数据的直线，只能试图通过统计方法，建立与数据最佳拟合的直线，达到描述和预测的目的。回归就是用来寻找数据最佳拟合直线的统计技术，最后建立的直线就是回归线，而与直线相对应的方程，就是回归方程。

二、最小平方法

回归的目的是建立数据的最佳拟合直线，那么什么是"最佳拟合"？图 15.2A 中的最佳拟合线显而易见，而图 15.2B 中哪条直线是最佳拟合线呢？依据什么样的标准确定"最佳拟合线"呢？

为了确定直线拟合数据点的程度，第一步是要定义直线和每一个数据点之间的距离。对于每一条直线，都有一个对应的方程，而根据 X 值和方程，能够预测 Y 值，这个预测的 Y 值写作 $\hat{Y}$。预测的 Y 值($\hat{Y}$)和实际 Y 值(Y)之间的误差为 $Y-\hat{Y}$。

从图 15.3 中看，我们计算的是实际数据点和直线的预测点之间的距离，也就是实际值和预测值之间的误差。

因为 $Y-\hat{Y}$ 的误差可能为正(如 A 点)，也可能为负(如 B 点)，所以把 $Y-\hat{Y}$ 平方，消除了符号的差异。

第一步，我们求得每一个实际 Y 值与预测 $\hat{Y}$ 值之间的距离，并求平方。

第二步，为了确定直线和真实数据的总误差，我们把所有误差的平方求和：

$$误差平方和 = \sum(Y - \hat{Y})^2$$

显然,与实际数据点的误差平方和最小的直线就是最佳拟合线,这种确定最佳拟合线的方法,就被称作最小平方法(the least-squares solution)。

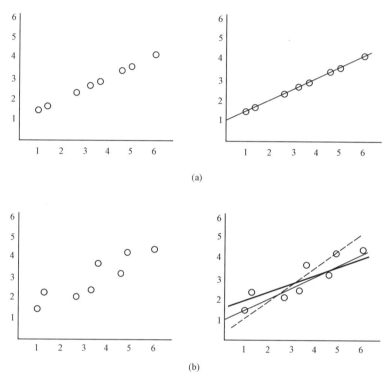

图 15.2　哪条直线是最佳拟合线

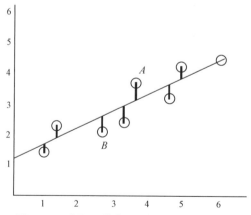

图 15.3　实际 Y 值与预测 Y 值之间的距离

三、回归方程的计算

回归方程的形式为 $\hat{Y}=bX+a$,对于特定的数据,只要计算出 a 和 b,或者说截距和斜率,就能够确定最佳拟合线的方程。因为本书的目的是解释基本的概念和实际应用,公式的推导并不属于本书的范畴,所以下面直接介绍截距和斜率的计算公式:

$$\text{斜率}=b=\frac{SP}{SS_X} \tag{15.1}$$

$$\text{截距}=a=\bar{Y}-b\bar{X} \tag{15.2}$$

其中,SP 为离差的乘积和,即

$$SP=\sum XY-\frac{\sum X \sum Y}{n}$$

SS_X 为 X 的误差平方和,即

$$SS_X=\sum X^2-\frac{(\sum X)^2}{n}$$

据此公式得到的回归方程,就是与实际数据点的误差平方和最小的最佳拟合线。

对于斜率 b,还有一个常用的替换公式:$b=r\left(\dfrac{S_Y}{S_X}\right)$,其中,$S_Y$ 和 S_X 分别是 Y 和 X 的标准差。

下面举例说明回归方程的计算。

例 15.1 下表中的 X 和 Y 这一组变量的数据来自一个 $n=5$ 的样本,求回归方程。

X	Y
6	12
3	4
5	6
4	5
6	6

解 由已知数据,计算各中间量见表 15.1。

表 15.1 计算回归方程的各中间量

X	Y	X^2	Y^2	XY
6	12	36	144	72
3	4	9	16	12
5	6	25	36	30

	X	Y	X^2	Y^2	XY
	4	5	16	25	20
	6	6	36	36	36
$\sum$	24	33	122	257	170

表 15.1 中的 X 和 Y 这一组变量的数据来自一个 $n=5$ 的样本,计算 a,b：

由于
$$SP = \sum XY - \frac{\sum X \sum Y}{n} = 170 - \frac{24 \times 33}{5} = 11.6$$

$$SS_X = \sum X^2 - \frac{(\sum X)^2}{n} = 122 - \frac{24^2}{5} = 6.8$$

因此
$$\overline{Y} = 6.6, \overline{X} = 4.8$$
$$b = SP/SS_X = 11.6/6.8 = 1.71$$
$$a = \overline{Y} - b\overline{X} = 6.6 - 1.71 \times 4.8 = -1.59$$

所以回归方程为

$$\hat{Y} = 1.71X - 1.59$$

根据回归方程,就可以预测特定 X 所对应的 Y 值。

在应用回归方程进行预测时,有三点需要注意:

(1) 预测值 $\hat{Y}$ 不是百分之百准确的(除非 $r = \pm 1.0$)。从散点图中的数据点和回归线上我们也可以注意到,回归线仅仅是一条最佳拟合线,即数据点和回归线之间误差的平方和最小的直线,并不是所有的数据点都在回归线上。

(2) 回归方程不能对 X 值范围之外的数据做出预测。例如,例 15.1 中,X 的范围在 3～6 之间,计算出的回归方程也只针对这一个数据范围,对于这个范围之外 X 和 Y 的关系,我们并没有信息,因此在根据回归方程进行预测的时候,也不能够对 X 值范围之外的数据做出预测。

(3) 在做出回归方程之前最好能够画出散点图。

§2 回归线的准确性

一、最佳拟合线和数据之间的误差

对于任何一组数据,我们都能够应用公式得到其最佳拟合线。但是,最佳拟合线与实际数据点之间的误差存在着差异。换句话说,有的最佳拟合线和数据之间的误差很大(例如图 15.4),有的最佳拟合线和数据之间的误差很小(例如图 15.5),在 $r = \pm 1.0$

的情况下(例如图 15.6),最佳拟合线和数据没有差异。

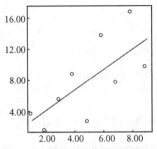

图 15.4 最佳拟合线和数据之间的误差很大

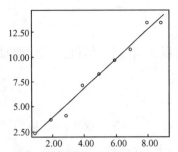

图 15.5 最佳拟合线和数据之间的误差很小

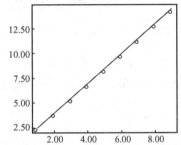

图 15.6 最佳拟合线和数据之间没有误差

回归方程描述了最佳拟合线和预测值,任何一组数据依据计算公式都能够得到一个回归方程。但是,这个回归方程在多大程度上准确地描述了一组数据之间的关系?这个信息回归方程本身无法给出。回归线的准确性或者预测的误差需要通过估计的标准误来考查。

二、估计的标准误的计算步骤

(1) 因变量 Y 效应分解。因变量 Y 的效应可以分解为自变量 X 的预测效应 βX(这里用 $\hat{Y}$ 表示),它表明自变量导致的因变量的变化;随机因素的效应就是实际值和估计值之间的差异 $(Y-\hat{Y})$,又叫残差(residual)。

$$Y = \overline{Y} + (\hat{Y} - \overline{Y}) + (Y - \hat{Y})$$

Y 是实际的 Y 值,$\hat{Y}$ 是根据回归方程估计的 Y 值,$\overline{Y}$ 是 Y 的平均值。这个等式是个恒等式,等号左右可以化简为相等的形式。将等号右侧的平均值移项到等号左侧,得到如下方程:

$$Y - \overline{Y} = (\hat{Y} - \overline{Y}) + (Y - \hat{Y})$$

同时对等号两侧求平方,根据回归模型的基本假设,残差和回归方程无相关,所以

$(\hat{Y}-\overline{Y})$ 和 $(Y-\hat{Y})$ 的乘积为 0。

$$(Y-\overline{Y})^2 = (\hat{Y}-\overline{Y})^2 + (Y-\hat{Y})^2$$

然后将所有项求和后,得到回归模型的平方和公式。

$$\sum (Y-\overline{Y})^2 = \sum (\hat{Y}-\overline{Y})^2 + \sum (Y-\hat{Y})^2$$

因此,$\sum (Y-\overline{Y})^2$ 就是回归模型的总变异 SS_Y;$\sum (\hat{Y}-\overline{Y})^2$ 就是自变量的回归变异 SS_{reg},表明自变量对因变量的预测作用;$\sum (Y-\hat{Y})^2$ 就是残差项的变异 SS_{error},表明随机因素导致的变异。

(2) 将误差的平方和除以自由度,即得到误差的方差,或误差的均方:

$$\text{方差} = SS_{error}/df, \quad df = n-2$$

(3) 因为前面为了消除正负号的差异,而把误差进行了平方,并且求得平均值(即平方后除以 df),现在为求得估计的标准误,要将误差的方差取平方根(类似于标准差)。

(4) 最后得到公式:

$$\text{估计的标准误} = \sqrt{\frac{\sum (Y-\hat{Y})^2}{n-2}} = \sqrt{\frac{SS_{error}}{df}} = \sqrt{MS_{error}}$$

仍以例 15.1 为例,如果要计算估计的标准误,分步列出下表:

X	Y	$\hat{Y}=1.71X-1.61$	$Y-\hat{Y}$	$(Y-\hat{Y})^2$
6	12	8.65	3.35	11.22
3	4	3.52	0.48	0.23
5	6	6.94	-0.94	0.88
4	5	5.23	-0.23	0.05
6	6	8.65	-2.65	7.02
				$SS_{error}=19.4$

因为 $n=5$,所以 $df=n-2=5-2=3$,估计的标准误为

$$\text{估计的标准误} = \sqrt{\frac{SS_{error}}{df}} = \sqrt{\frac{19.4}{3}} = 2.54$$

估计的标准误是测量最佳拟合线提供的预测值与实际值之间的标准误差,本题中估计的标准误为 2.54,也就是说根据回归方程 $\hat{Y}=1.71X-1.61$,得到的预测值 $\hat{Y}$,与实际值 Y 的标准误差为 2.54。

三、标准误和相关系数的关系

相关和回归是一对紧密相连的概念,回归的标准误和相关系数之间存在着紧密的关系。相关度量了两个变量之间关系的强弱。两个变量之间关系越强(这里指且仅指线性相关),相关系数的绝对值越趋向于1,数据点就越聚合在回归线周围,回归方程预测的准确性就越高,估计的标准误就越小;反之,两个变量之间关系越弱,相关系数的绝对值越趋向于0,数据点距回归线的距离越远,回归方程预测的准确性就越低,估计的标准误就越大。当相关系数的绝对值为1的时候,所有的数据点都在回归线上,也就是说这时估计的标准误为0。这一点从图15.6上可以很清楚地看到。

相关系数与误差的和方之间的关系可以用下面的公式表示:

$$SS_{error} = (1-r^2)SS_Y$$

如果把这个公式代入估计的标准误,我们就得到了一个利用相关系数计算标准误的简单算法:

$$估计的标准误 = \sqrt{\frac{SS_{error}}{df}} = \sqrt{\frac{(1-r^2)SS_Y}{df}}$$

下面我们来看在例 15.1 中,如何利用相关系数得到估计的标准误。首先分别计算出表 15.2 内各值。

表 15.2 计算中间量

	X	Y	X^2	Y^2	XY
	6	12	36	144	72
	3	4	9	16	12
	5	6	25	36	30
	4	5	16	25	20
	6	6	36	36	36
$\sum$	24	33	122	257	170

由于

$$SP = \sum XY - \frac{\sum X \sum Y}{n} = 170 - \frac{24 \times 33}{5} = 11.6$$

$$SS_X = \sum X^2 - \frac{(\sum X)^2}{n} = 122 - \frac{24 \times 24}{5} = 6.8$$

$$SS_Y = \sum Y^2 - \frac{(\sum Y)^2}{n} = 257 - \frac{33 \times 33}{5} = 39.2$$

因此,Pearson 相关系数为

$$r = \frac{SP}{\sqrt{SS_X SS_Y}} = \frac{11.6}{\sqrt{6.8 \times 39.2}} = 0.71$$

又因为 $SS_{\text{error}} = (1-r^2)SS_Y = (1-0.71^2) \times 39.2 = 19.44$

所以 估计的标准误 $= \sqrt{\dfrac{SS_{\text{error}}}{df}} = \sqrt{\dfrac{19.44}{5-2}} = 2.55$

这个结果和用估计标准误的一般公式得到的结果是一致的。

§3 回归的假设检验

回归模型建立后,就要考察自变量是否能够显著预测因变量。如果自变量 X 不能够显著预测因变量 Y,那表明 Y 的变化完全是由于随机因素导致的;如果自变量 X 能够显著预测因变量,那么自变量 X 对因变量 Y 的解释方差应该显著大于随机因素对因变量 Y 的解释方差,即 $MS_{\text{reg}} > MS_{\text{error}}$。因为二者都服从卡方分布,所以用 F 检验,即

$$F = \frac{MS_{\text{reg}}}{MS_{\text{error}}}$$

因此,回归分析的方差检验结果如下表所示。

表 15.3 回归模型的方差分析结果

	SS	df	MS	F	p
回归	19.79	1	19.79	3.06	0.179
残差	19.42	3	6.47		
总和	39.20	4			

通过对回归模型进行整体方差分析检验发现,回归模型整体是不显著的,这意味着模型中不能区分自变量对于因变量的预测作用和随机误差对因变量的预测作用。

然后,对模型的路径系数进行假设检验。前面通过最小二乘法估计出回归模型的线性方程为 $\hat{Y} = 1.71X - 1.61$,所以路径系数的假设检验包括截距项的假设检验和自变量的路径系数的假设检验。二者的虚无假设都是 $\mu = 0$,这意味着二者都是和 0 进行比较,如果显著的不等于 0,表明存在显著的预测效应;否则,就表明不存在显著的预测效应。

回归分析的前提假设是正态分布,所以截距项服从均值为 μ_a,方差为 σ_a^2 的正态分布 $N(\mu_a, \sigma_a^2)$,类似的,自变量的路径系数也服从正态分布 $N(\mu_b, \sigma_b^2)$。因此,二者的随机抽样样本服从 t 分布。

(1)截距项 a。

截距项的方差为 $S_a^2 = MS_{\text{error}} \left[\dfrac{1}{n} + \dfrac{\overline{X}}{\sum(X-\overline{X})^2} \right] = \dfrac{MS_{\text{error}} \sum X^2}{n \sum X^2 - (\sum X)^2}$

因此,设置显著性水平为 0.05 时,截距项的假设检验 t 统计量为:

$$t=\frac{a-0}{\sqrt{S_a^2}}=\frac{a-0}{SE}, \quad df=n-2$$

截距项的 95% 置信区间 $95\%CI=[a-t_{(0.05/2,df)}\times SE, a+t_{(0.05/2,df)}\times SE]$。

(2)路径系数 b。

截距项的方差为 $S_b^2 = \dfrac{MS_{error}}{\sum(X-\overline{X})^2} = \dfrac{MS_{error}}{SS_X}$

因此,设置显著性水平为 0.05 时,截距项的假设检验 t 统计量为:

$$t=\frac{b-0}{\sqrt{S_b^2}}=\frac{b-0}{SE}, \quad df=n-2$$

截距项的 95% 置信区间 $95\%CI=[b-t_{(0.05/2,df)}\times SE, b+t_{(0.05/2,df)}\times SE]$。

所以,例 15.1 中的截距项假设检验的 t 统计量为 $t=\dfrac{-1.59}{4.819}=-0.330$,$95\%CI=$ [−16.92,13.75],截距项 95% 置信区间包含 0,而且 $t_{(0.05/2,df)}=3.18$,所以截距项的假设检验不显著,即不能认为截距项和 0 有区别;路径系数假设检验的 t 统计量为 $t=\dfrac{1.71}{0.98}=1.75$,路径系数 $95\%CI=[-1.399,4.81]$,95% 置信区间包含 0,而且 $t_{(0.05/2,df)}=3.18$,所以截距项的假设检验显著,即认为截距项和 0 有区别。

§4 效 应 量

一元回归分析常用的效应量就是回归分析的复相关系数 R^2,复相关系数表明回归方程对于因变量的解释能力,解释能力越强表明自变量 X 能够解释因变量 Y 的较大比重的方差。因此,回归方差较大,残差方差较少。$R^2 = 1-\dfrac{SS_{error}}{SS_Y} = 1-\dfrac{19.41}{39.2} = 0.50$。

但是,复相关系数 R^2 过高地估计了自变量对因变量的解释能力,用 R^2 估计自变量 X 对因变量 Y 的解释能力存在偏差。目前,常用的回归方程效应量是校正复相关系数 R_{adj}^2,它利用自由度惩罚膨胀因素,相比未校正的复相关系数,结果更加准确,本书推荐研究者在结果报告的时候报告校正复相关系数 R_{adj}^2。

$$R_{adj}^2 = 1-\frac{SS_{error}/df_{error}}{SS_Y/df_Y} = 1-\frac{19.41/3}{39.2/4} = 0.34$$

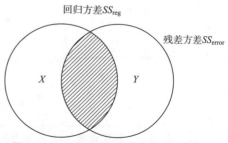

图 15.7 回归方差与残差方差示意图

§5 一元线性回归的数据要求和统计前提

一元线性回归的数据要求因变量应为等距或等比型变量。在实际操作中,如果有足够多的水平,顺序型变量也可以。如果因变量是命名型,则须用判别分析或逻辑回归。自变量应为等距或等比型变量。在实际操作中,顺序型变量也可以。命名型自变量如果有 2 个水平(dichotomies)也可以直接用。

一元线性回归最重要的统计前提有以下五个:

(1)因变量与自变量的关系应为线性。如果变量间关系是非线性的,但具有单调性(递增或递减),可通过转换达成线性。如果是 U 型曲线,需特殊转换处理。

(2)没有非常值(outliers),包括一元和二元非常值。

(3)因变量残差正态分布。

(4)残差与预测值呈线性关系。

(5)在因变量预测值的所有水平上,残差的方差相等。

在 SPSS 软件中回归的散点图选项里,选择纵轴为因变量的预测值(ZPRED),横轴为残差(ZRESID),生成的残差图可以告诉我们回归线在不同变量水平上的拟合程度。

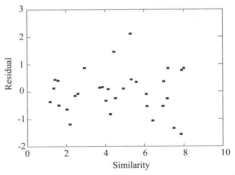

图 15.8 残差的系统分布提示有未被解释的系统性方差

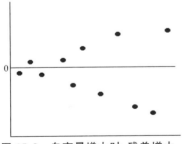

图 15.9 自变量增大时,残差增大

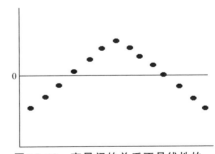

图 15.10 变量间的关系不是线性的

16

χ^2 检 验

在前面的章节当中,我们介绍了很多参数检验方法,例如正态总体的均值或者均值差异检验、二项分布检验、积差相关系数显著性及差异显著性的检验、方差分析等。这些统计问题之所以属于参数检验,是因为它们都有共同前提:总体分布的类型是正态分布;如果检验涉及两个总体,两总体必须方差同质。

但是,在实际的研究中,我们常常会遇到一些问题不符合参数检验的前提,若仍使用参数检验,会导致错误的结论。因此,在这种情况下,我们要使用非参数检验(non-parametric test)。其实,在前面的章节中,我们也介绍过非参数检验方法,例如Spearman相关的显著性检验。

非参数检验对总体分布情况的要求低,也不要求对总体的参数进行假设,因而所使用的范围要比参数检验广泛得多。正是因为非参数检验假设比较少,要求比较低,因此在参数检验的假设无法满足的时候我们可以运用非参数检验。因此,非参数检验也被称为分布不限定检验(distribution-free test)。

就参数和非参数情况的数据应用情况而言,参数检验通常情况下都是用于等比和等距型数据。例如要比较两个班级学生的学习成绩,我们一般是利用参数检验来对分数进行比较。但有时可能我们无法拿到学生的分数,只能获得他们的成绩排名,这个时候,我们就只能利用非参数检验来进行统计。因为,非参数检验可以用于顺序型变量(如排名)以及命名型变量。这一点也使得非参数检验适用的范围更广。

既然非参数检验相比于参数检验使用范围更加广泛,那么我们可不可以用非参数检验代替参数检验呢?在这里我们必须指出,非参数检验的功效往往大大低于参数检验,且没有参数检验敏感。因此,在很多参数检验可以检验出显著差异的地方如果用非参数检验则不会得到显著差异。再者,我们用顺序型变量或者命名型变量来代替原始数据,这种做法本身就损失了很多信息。因此,通常来说,在能使用参数检验的条件下我们一定要首先考虑使用参数检验。

在这一章,我们将重点介绍非参数检验中最常见的一种方法——χ^2检验。χ^2检验按研究目的、适用情境和计算方法的不同,分为 χ^2 匹配度检验和 χ^2 独立性检验两种。其他的非参数检验方法我们将在下一章介绍。

§1　χ^2 匹配度（拟合优度）检验

一、基本概念和适用情境

我们在二项分布一章中，曾经介绍了对总体的百分比检验，当时我们是利用正态分布的相关方法来做的。例如对于下面这个例题：

在某校学生当中调查对一个新的教学方法的态度，赞成与反对的比例为 2∶1。研究者随机抽取了其中的一个班级共 60 人，赞成的学生有 46 人，反对的学生有 14 人。那么这个班级赞成与反对的比例是否与全校学生比例一样？（取 $\alpha=0.05$）

看到这个题目，我们可以按照前面所学的思路来解题：首先设定虚无假设 H_0 和备择假设 H_1，然后可以假设样本足够大，分布近似正态分布，利用公式来计算样本的实际 z 分数，与查表得到的临界 z 分数进行比较，得出结论。具体解答可参考"百分比检验"的相关内容。

但是，假如将上述例题改动一下，成为下面的情境：

例 16.1　在某校学生中调查对一个新的教学方法的态度，赞成、反对以及无所谓的比例为 2∶1∶1。研究者随机抽取了其中的一个班级共 60 人，赞成的学生有 37 人，反对的学生有 14 人，觉得无所谓的有 9 人。那么这个班级三种态度的比例是否符合全校的比例？（取 $\alpha=0.05$）

我们看到，在例 16.1 中，数据已经不呈二项分布了，也无法运用前面所学的百分比检验的方法来解答。这就可以利用我们即将要学的 χ^2 匹配度检验来解决。

χ^2 匹配度检验是用样本数据来检验总体分布的形状或比例，以确定与假设的总体性质的匹配度，它是对分布的检验。例如，我们要考查以下问题：在医生职业中，男的多还是女的多？在 A，B，C 三种咖啡中，哪种最被中国人喜欢？在一所大学中，各国留学生的比例有代表性吗？类似这样的情境都可以用 χ^2 匹配度检验来进行统计。当然，χ^2 匹配度还能应用于更加复杂的情况，我们将在后面介绍。

虽然 χ^2 匹配度检验使用范围广，但是它也有一定的前提和限制。首先就是观察彼此之间应该是独立的；另外，每个单位格的期望次数都不小于 5，也就是 $f_e \geqslant 5$。我们会在后面的计算方法中，具体介绍期望次数的概念。

二、计算方法

我们要进行 χ^2 匹配度检验，首先必须确定检验的假设是什么。正如我们在参数检验中使用的虚无假设一样，要考查医生职业中男的多还是女的多，我们可以假设男女医生各占 50%；要考查三种咖啡哪种最受欢迎，就假设三种咖啡的受欢迎程度各占 1/3。有时候这个假设要根据题设条件来设定，例如对于例 16.1，既然是考查班级态度的比例是否符合全校比例，那就可以假设是符合的，也就是班级学生的三种态度的比例为

2∶1∶1。而要考查大学里留学生的比例是否有代表性,就可能得看各国人数,这要根据题目的具体要求来定。这些假设的频次就是期望次数(expected frequency),如果是比例,就得乘以样本容量 n 才能得到期望次数。总的来说,如果是考查样本中不同类别的大小是否均衡,就应该采用均匀分布作为期望次数;如果考查某个样本的不同类别的比例是否符合总体的类别比例,期望次数就由总体的各类别比例来确定。

具体地,我们来计算一下例 16.1 中的期望次数。既然虚无假设是班级学生的三种态度比例为 2∶1∶1,而这个班级总共是 60 人,那么我们可以很容易算出虚无假设下三种态度的人数,如表 16.1 所示。表中的观察次数(obtained frequency)是指实际抽样得到的三种态度的人数。

表 16.1 例 16.1 中三种态度的人数

	赞成	反对	无所谓
观察次数	37	14	9
期望次数	30	15	15

表 16.1 很清楚地表明了,实际上我们要考查的是观察次数和期望次数是否有显著差异。这两者之间的差异可以用 χ^2 统计量来表示:

$$\chi^2 = \sum \frac{(f_o - f_e)^2}{f_e} \tag{16.1}$$

其中,f_o 指的是观察次数,f_e 指的是期望次数。χ^2 实际上就是各单位格的观察次数与期望次数之差的平方除以期望次数的商之和。

因此,对于表 16.1 中的数据,我们可以这样计算得到 χ^2:

$$\chi^2 = \sum \frac{(f_o - f_e)^2}{f_e} = \frac{(37-30)^2}{30} + \frac{(14-15)^2}{15} + \frac{(9-15)^2}{15}$$
$$= 1.633 + 0.067 + 2.4 = 4.1$$

可见,各个单位格的 χ^2 值具有可加性。如果单位格的 χ^2 值越大,则说明该因素对整个统计检验的显著性贡献越大。例如在上例中,根据计算过程中的单位格 χ^2 值可知,三种态度中的"无所谓"对于总差异的显著性贡献最大。一般来说,如果单位格 χ^2 值大于 2.5,我们就可以认为该因素的贡献比较大。而最终所有单位格的总和 χ^2 值越大,说明观察次数与期望次数的差异越大;如果 χ^2 值为 0,那就说明观察和期望的完全吻合。

只计算出 χ^2 值还不够,与参数检验的步骤类似,我们还需要与查表所得的临界值进行比较才能得出结论。在这里,我们必须先了解一下 χ^2 分布。

由公式(16.1)可以看出,χ^2 值是一系列平方和相加,它显然没有负值。具体各个自由度下 χ^2 分布的概率密度图形如图 16.1 所示。

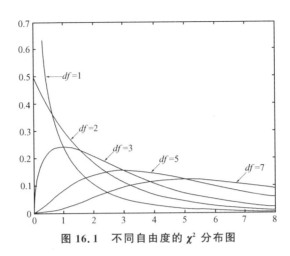

图 16.1 不同自由度的 χ^2 分布图

由图 16.1 可知，典型的 χ^2 分布是正偏态。χ^2 分布概率密度图形的形状并不取决于样本数目，而是取决于自由度 df：随着自由度的增加，χ^2 分布的偏态越来越不严重，也就是尾部逐渐增厚。而我们知道，当虚无假设成立的时候，数据的观察次数和期望次数之间差异应该很小，因此根据公式(16.1)得出的 χ^2 值也比较小；相反，如果虚无假设不成立，那么 χ^2 值会比较大，更加靠近 χ^2 分布的尾端。因而，分布右侧的尾端构成了临界区域，而 H_0 为真时，χ^2 值会比较小。由于随着自由度的增加，χ^2 分布的偏态越来越不严重，因此，当自由度增加时，卡方的临界值也会增加。

既然不同自由度的 χ^2 分布不同，那么自由度 df 应怎样确定呢？在 χ^2 匹配度检验中，自由度 df 是由类目数 C 决定的。因为自由度表示的是数据可以独立变化的维度，对于取自包括 C 个类目的总体的样本，我们有 C 个数据，由于受到样本总数 n 的约束，可以独立变化的维度比数据 C 少一个，因此自由度也就少一个：

$$df = C - 1$$

例如，对于例 16.1 来说，由于类目包括 3 个：赞成、反对和无所谓，则

$$df = C - 1 = 3 - 1 = 2$$

既然我们知道了自由度 df，就可以查表得到 χ^2 的临界值。根据附表 10 中的 χ^2 临界值表，由于 $df=2$，$\alpha=0.05$，那么可以查出 $\chi^2_{0.05}(2)=5.99$。而前面我们已经计算得出实际的 χ^2 值为 4.1。由于 χ^2 的观测值小于 $\alpha=0.05$ 时的临界值，因此我们应该接受 H_0，认为该班级 60 人的三种态度的比例符合全校的比例。

最后还要报告效应量，χ^2 检验的效应量是表现分类变量相关性大小的量。Spearman 等级相关系数是在 Pearson 相关系数公式中用等级代替实际数值之后的结果。对于命名型变量，我们可以用数据的分类代替实际数值求相关，得到的结果就是 V 系数。χ^2 检验的效应量用 Cramer's V，它表明行变量和列变量之间的关联程度。V 系

数的变化范围是 0 到 1,越接近零表示相关越低;反之,V 系数越接近 1 说明相关越高。

$$V = \sqrt{\frac{\chi^2/n}{\min(c-1, r-1)}}$$

在 $\min(c-1, r-1)$ 中,c 指列的数量,r 指行的数量,"min( )"指取括号内两个数中较小的那个。例如,5 列 4 行的 χ^2 检验,就是 $\min(4, 3) = 3$。

当 $\min(c-1, r-1) = 1$ 时,$\Phi = 0.10$ 表示小的效应,$\Phi = 0.30$ 表示中等的效应,$\Phi = 0.50$ 表示高的效应;当 $\min(c-1, r-1) = 2$ 时,$\Phi = 0.07$ 表示小的效应,$\Phi = 0.21$ 表示中等的效应,$\Phi = 0.35$ 表示高的效应;当 $\min(c-1, r-1) = 3$ 时,$\Phi = 0.06$ 表示小的效应,$\Phi = 0.17$ 表示中等的效应,$\Phi = 0.29$ 表示高的效应;等等。

将本例中的数值代入 Cramer's V 可以得到效应量 $V = 0.26$ 是一个较小的效应量。

接下来我们再来看一道例题,更进一步了解 χ^2 匹配度检验的应用过程。

例 16.2 有一位研究者调查了消费者选择洋快餐的原因,发现大概有以下 4 种因素:卫生,味道好,价钱合适,孩子喜欢。各个因素的影响力分别是 19,7,16 和 8。那么,这 4 种因素的影响力哪个更强?

解 首先提出虚无假设和备择假设:

H_0:4 种因素的影响力相等

H_1:4 种因素的影响力不相等

根据虚无假设,如果 4 种因素的影响力相等的话,那么它们的影响力应该平分,即各为 25%。由于 $n = 19 + 7 + 16 + 8 = 50$,那么 4 种因素的影响力期望次数各为 12.5。因此我们得到表 16.2:

表 16.2 消费者选择洋快餐的原因

选择原因	卫生	味道好	价钱合适	孩子喜欢
观察次数	19	7	16	8
期望次数	12.5	12.5	12.5	12.5

根据公式(16.1),有

$$\chi^2 = \sum \frac{(f_o - f_e)^2}{f_e}$$
$$= \frac{(19-12.5)^2}{12.5} + \frac{(7-12.5)^2}{12.5} + \frac{(16-12.5)^2}{12.5} + \frac{(8-12.5)^2}{12.5}$$
$$= 3.38 + 2.42 + 0.98 + 1.62 = 8.4$$

$$\text{Cramer's } V = \sqrt{\frac{8.4}{100}} = 0.29$$

已知 $df=C-1=4-1=3$，查 χ^2 临界值表得 $\chi^2_{0.05}(3)=7.82$。

由于 χ^2 的观测值大于临界值，我们应该拒绝虚无假设，即 4 种选择因素的影响力不同。其中由于卫生而选择的影响力贡献较大，效应量为 0.29。

三、正态分布匹配度检验

根据以上 χ^2 匹配度检验的思想，我们可以将这种方法应用于类目更多的情况，甚至用它根据一个样本的分布来推断样本所在的总体是否为正态分布。同样的道理，我们只需计算出正态分布下样本中各个组别的期望次数，再与观察次数进行比较，就能得到相应的 χ^2 值。

例 16.3 某研究者在一次问卷调查之后，统计了所有 100 名被试的年龄分布，如表 16.3 所示。已知该样本的平均值为 38，标准差为 8，问该样本的总体是否服从正态分布 $N(38,8)$？

表 16.3 被试的年龄分布

组别	19.9 以下	20—24.9	25—29.9	30—34.9	35—39.9	40—44.9	45—49.9	50—54.9	55 以上
观察次数	2	6	10	16	24	18	12	7	5

分析 首先提出虚无假设和备择假设：

H_0：该样本所在的总体服从正态分布

H_1：该样本所在的总体不服从正态分布

下面我们就要计算各组别的期望次数，在这种情况下期望次数应当由正态分布来决定。期望次数可以由样本总数与概率的乘积得到，正态分布各段的概率我们只要知道了 z 分数，就可以通过查标准正态分布表得到。而 z 分数的计算我们已经很熟悉了：$z=\dfrac{X-\bar{X}}{S}$，其中 $\bar{X}$ 和 S 分别代表样本的平均值和标准差，而 X 在这里指的是各个组别的上限和下限。

我们以第二组 20—24.9 为例说明这个计算过程。第二组 20—24.9 中，精确上限是 25，因此

$$z=\frac{X-\bar{X}}{S}=\frac{25-38}{8}=-1.625$$

由于下限是 20，因此

$$z=\frac{X-\bar{X}}{S}=\frac{20-38}{8}=-2.25$$

知道了 z 分数，我们就可以通过标准正态分布表来得到各个组别的概率。根据上

面得到的第二组 20—24.9 上、下限所对应的 z 分数 -2.25 和 -1.625,我们在表中查到相应的 p 值分别是 0.48778 和 0.44792,那么第二组 20—24.9 的这段概率为两者之差即 0.03986。乘上样本总数 100 即这个组别的期望次数。

同样的方法,我们可以计算出所有组别的期望次数,如表 16.4 所示。

表 16.4　被试的年龄分布的观察次数和期望次数

组别	19.9 以下	20—24.9	25—29.9	30—34.9	35—39.9	40—44.9	45—49.9	50—54.9	55 以上
观察次数	2	6	10	16	24	18	12	7	5
期望次数	1.22	3.99	10.66	19.52	24.49	21.05	12.40	5.00	1.68

我们发现,表中有的组别期望次数小于 5,我们在前面介绍 χ^2 匹配度检验的前提时讲过,这种情况不适于进行接下来的统计检验的。一般来说,当某组的期望次数小于 5 时,需要将该组与相邻的组合并,得到相加的期望次数。如果相加还不到 5,就要继续合并,直到大于或等于 5 为止。根据这个方法,我们得到合并后适合继续计算的观察次数和期望次数,如下表所示:

表 16.5　经过合并的观察次数和期望次数

组别	24.9 以下	25—29.9	30—34.9	35—39.9	40—44.9	45—49.9	50 以上
观察次数	8	10	16	24	18	12	12
期望次数	5.21	10.66	19.52	24.49	21.05	12.40	6.68

接下来还是像前面的方法一样,根据公式(16.1)来计算 χ^2 值:

$$\chi^2 = \sum \frac{(f_o - f_e)^2}{f_e} = \frac{(8-5.21)^2}{5.21} + \frac{(10-10.66)^2}{10.66} + \frac{(16-19.52)^2}{19.52}$$

$$+ \frac{(24-24.49)^2}{24.49} + \frac{(18-21.05)^2}{21.05} + \frac{(12-12.40)^2}{12.40} + \frac{(12-6.68)^2}{6.68}$$

$$= 1.49 + 0.04 + 0.63 + 0.01 + 0.44 + 0.01 + 4.24 = 6.86$$

$$\text{Cramer's } V = \sqrt{\frac{6.87}{200}} = 0.19$$

实际 χ^2 值计算出来后,我们现在就应当将它与临界值相比较。本例中类目 C 为 7,但是自由度 df 并不是像前面的算法一样直接减去 1。因为在前面的问题中,计算期望次数只是用到了总数这一个统计量,只受到这一方面的限制。而如本题的正态分布匹配度检验中,要用到三个统计量:总数、平均值和标准差,也就是受到了三重限制,因而,自由度应该在类目数的基础上减去 3。

$$df = 7 - 3 = 4$$

查表得 $\chi_{0.05}^2(4) = 9.49$。

由于 χ^2 的观测值小于临界值，所以接受 H_0，即认为该样本所在总体符合正态分布。

§2 χ^2 独立性检验

一、基本概念和适用情境

由上一节的内容可知，χ^2 匹配度检验是用来处理一个变量是否服从某一假设比例的非参数检验方法，问题中只涉及单一的因素。χ^2 检验的另一个功能是帮助我们解决两个类目型或顺序型变量是否相关的问题，这就是 χ^2 独立性检验。

首先我们来看下面这个例子。

例 16.4 有人认为城市的生活环境更容易让人抑郁，于是他随机调查了定居城市的 120 人和定居农村的 80 人，对他们施测抑郁自评量表。结果发现城市的被调查者中有 38 人被判定为有轻度以上抑郁，而在农村调查中只有 12 人。这个数据是否支持他的论点呢？（$\alpha = 0.05$）

分析 我们将本题的数据列表如下：

表 16.6 城市和农村抑郁人数

	抑郁人数	非抑郁人数	行的和
城市	38	82	120
农村	12	68	80
列的和	50	150	200

可以看出，在这个问题中，涉及两个因素：抑郁倾向（抑郁，非抑郁）以及定居地（城市，农村）。我们要比较城市人群和农村人群哪一个抑郁的比例高，这其实是相当于两个独立样本比较问题。在前面我们进行两样本比较时，用的是 t 检验，但是 t 检验要求数据至少是等距的，且服从正态分布，两总体方差同质；在这个问题中，数据是分类的，需要使用非参数检验来进行。

我们还可以从另一个角度来理解上述问题。如果城市人群和农村人群中抑郁个体的比例没有差异，那么个体的定居地将不能为判断个体抑郁与否提供任何信息，也就是说，定居地和抑郁之间是独立的。相反，如果两种人群中的抑郁比例存在差异，那么定居地和抑郁之间就不是独立的。例如，假设定居城市的个体中抑郁的比例更大，那么来自城市的个体患抑郁症的可能性更大，定居地就提供了与抑郁有关的信息。这样，上述问题实际上也是判断定居地（行）和抑郁（列）是否独立的问题。在前面的学习中，我们介绍过用积差相关（Pearson 相关）和等级相关（Spearman 相关）来处理独立性问题。但是即使是非参数检验的等级相关，也要求数据是顺序型变量，因此对于上题中的命名型变量并不适用。

因此，χ^2 独立性检验是检验行和列的两个变量彼此有无关联的一种统计方法，它适用于命名型变量和顺序型变量。

χ^2 独立性检验不仅适用于上述例题中的 2×2 列联表，还适用于各因素多水平的情况。假设因素 A 分为 r 个水平，而因素 B 分为 c 个水平，我们可以将 χ^2 独立性检验的数据结构概括为表 16.7。

表 16.7 χ^2 独立性检验的数据结构

		因素 B				
		水平 1	水平 2	…	水平 c	行的和
因素 A	水平 1	$f_{1,1}$	$f_{1,2}$	…	$f_{1,c}$	m_1
	水平 2	$f_{2,1}$	$f_{2,2}$	…	$f_{2,c}$	m_2
	⋮	⋮	⋮	⋮	⋮	⋮
	水平 r	$f_{r,1}$	$f_{r,2}$	…	$f_{r,c}$	m_r
	列的和	n_1	n_2	…	n_c	N

有时变量虽为等距型，但若不符合 Pearson 相关的统计前提（例如正态分布、两变量间的线性关系），也可以用 χ^2 独立性检验来进行统计。这时候我们只需将变量的原始等距型数据划分为不同水平，再进行检验就可以了。

至于 χ^2 独立性检验的前提和限制，同 χ^2 匹配度检验是一样的，也就是观察彼此独立，以及单位格期望值不小于 5。

二、计算方法

我们先来确定 χ^2 独立性检验的虚无假设。对于例 16.4 中的情况，既然是要考查抑郁倾向和定居地之间是否独立，那么自然虚无假设就可设为抑郁倾向和定居地之间是独立的（无关的）。根据上一节 χ^2 匹配度检验的思路，如果我们能够通过数据得出虚无假设下各单位格的期望次数，那么问题就变得简单了。计算公式和我们学过的 χ^2 匹配度检验是相同的。

所以，问题的关键在于 χ^2 独立性检验中的期望次数怎样计算。我们以表 16.6 的数据为例来分析一下。试想，如果抑郁倾向与定居地没有关系，数据应该是怎样的分布？可想而知，如果抑郁与否不受定居地的影响，那么无论是在城市还是农村，抑郁者和非抑郁者的比例应该是一样的。也就是说，某单位格的期望次数与该单位格所在行的和之比，等于该单位格所在列的和与全部总和之比，用公式表达如下：

$$f_e = \frac{m_r n_c}{N} \tag{16.2}$$

根据这个计算方法，我们可以很快算出例 16.4 中的期望次数。当然，由于期望次数的列之和以及行之和还是受到每列每行的总和限制，所以在这个 2×2 的列联表中，我们只需根据上式算出其中一个期望次数,就可以利用减法得到另一个期望次数。如表 16.8 所示。

表 16.8 例 16.4 中的观察次数和期望次数*

	抑郁人数	非抑郁人数	行的和
城市	38(30)	82(90)	120
农村	12(20)	68(60)	80
列的和	50	150	200

* 括号内为期望次数。

既然已经知道了观察次数和期望次数,那么接下来的思路就和 χ^2 匹配度检验中的思路一样了。我们仍要得到每个单位格观察次数与期望次数之和,计算方法仍是公式(16.1):

$$\chi^2 = \sum \frac{(f_o - f_e)^2}{f_e} = \frac{(38-30)^2}{30} + \frac{(82-90)^2}{90} + \frac{(12-20)^2}{20} + \frac{(68-60)^2}{60}$$
$$= 2.133 + 0.711 + 3.2 + 1.067 = 7.11$$

$$\text{Cramer's } V = \sqrt{\frac{7.11}{200}} = 0.19$$

接下来,我们还需要确定自由度 df。由于在 χ^2 独立性检验的情况下,有行和列两个方向上的变量,因此我们将自由度设定为行(row)和列(column)的水平数各减 1 之后的乘积:

$$df = (R-1)(C-1)$$

这样的话,我们可以算得例 16.4 中的自由度是 1,查表可得,临界值为

$$\chi^2_{0.05}(1) = 3.84$$

由于 χ^2 的观测值大于临界值,因此我们应该拒绝 H_0,即认为抑郁倾向与定居地有关,这两个因素不是独立的,效应量为 0.19。

我们再来看一个例子,因素大于 2 个水平的情况与 2×2 列联表的计算是一样的。

例 16.5 一位研究者想调查一下顾客对快餐的偏好程度,以考查中式快餐和西式快餐哪种更受欢迎。他随机调查了 300 名不同年龄组的顾客,如表 16.9 所示。请问,快餐偏好程度是否与年龄有关?

表 16.9 不同年龄顾客对快餐的偏好

	麦当劳	吉野家	永和豆浆
25 岁或以下	80	30	40
25 岁以上	50	40	60

解 首先提出虚无假设和备择假设:

H_0:对快餐的偏好程度与年龄无关

H_1：对快餐的偏好程度与年龄有关

根据公式(16.2)得到各单位格的期望次数(见表 16.10)：

表 16.10　对快餐的偏好的观察次数与期望次数*

	麦当劳	吉野家	永和豆浆	行的和
25 岁或以下	80(65)	30(35)	40(50)	150
25 岁以上	50(65)	40(35)	60(50)	150
列的和	130	70	100	300

* 括号内为期望次数

计算 χ^2 的值：

$$\chi^2 = \sum \frac{(f_o - f_e)^2}{f_e} = \frac{(80-65)^2}{65} + \frac{(50-65)^2}{65} + \frac{(30-35)^2}{35}$$
$$+ \frac{(40-35)^2}{35} + \frac{(40-50)^2}{50} + \frac{(60-50)^2}{50}$$
$$= 3.462 + 3.462 + 0.714 + 0.714 + 2 + 2 = 12.35$$

$$\text{Cramer's } V = \sqrt{\frac{12.35}{300}} = 0.20$$

自由度 $df = (R-1)(C-1) = 2$，查 χ^2 临界值表得临界值 $\chi^2_{0.05}(2) = 5.99$。

由于 χ^2 的观测值大于临界值，因此我们应该拒绝 H_0，即认为对快餐的偏好与年龄有关，这两个因素不是独立的，二者的关联效应为 0.20。

17

非参数检验

在上一章中，我们重点介绍了非参数检验最常用的一种方法，即 χ^2 检验。在这一章中，我们将介绍另外几种非参数检验方法——曼-惠特尼（Mann-Whitney）U 检验、符号检验法（the sign test）、维尔克松（Wilcoxon）T 检验、克-瓦氏（Kruskal-Wallis）单向方差分析以及弗里德曼（Friedman）双向等级方差分析。这五种方法也是除了我们前面介绍过的 Spearman 相关的显著性检验以外，适用于顺序型数据的统计检验方法。

与前面介绍的非参数检验一样，这些方法也不依赖于特定的总体分布，无须对总体参数规定条件。具体它们各自适用于什么样的情况，我们会在后面逐一详细介绍。在这里我们先给大家一个各种数据类型及使用的检验方法表（表 17.1），不仅包括了我们这一章要学的非参数检验方法，还有前面学过的参数检验以及非参数检验方法。

表 17.1 各种数据类型及适用的检验方法

数据类型		单样本问题	独立样本的比较	相关样本的比较	多组样本的比较		相关问题
等距型	总体正态分布	单样本 t/z 检验	独立样本 t/z 检验	相关样本 t 检验	单因素方差分析	重复测量方差分析	Pearson 积差相关
	分布形态已知	大样本下相应的 t/z 检验	大样本下相应的 t/z 检验	大样本下相应的 t 检验	转化为顺序型		转化为顺序型
顺序型		符号检验法	曼-惠特尼 U 检验	维尔克松 T 检验	克-瓦氏单向方差分析	弗里德曼双向等级方差分析	Spearman 等级相关
命名型		χ^2 匹配度检验	χ^2 独立性检验	符号检验法	χ^2 独立性检验		χ^2 独立性检验

这一章我们的任务就是来依次学习表中适用于顺序型数据的几种非参数检验方法。

§1 顺序型数据和秩统计量

我们在前面提到过,顺序型数据相比于等比、等距型数据有着一些测度上的限制,因为顺序型数据只给出了数据的相对顺序的信息,相邻的次序之间,原始数据的差别可能很大也可能很小,但是转换为次序之后就看不出这种差异。例如,考试成绩第一名和第二名之间的差别可能是 6 分,而第二名和第三名之间的差异却可能只有 0.5 分,但是从成绩的排名上我们完全看不出这种差异。这样,顺序型数据本身没有距离的概念,因而也忽略了原始数据一些可能重要的信息。

但是,顺序型数据在科研和日常生活中是经常遇到的。许多时候,我们无法得到原始数据,或者原始数据无法精确测量。例如,幼儿园的老师将孩子的成熟度排成名次,或者人事经理将其员工的创造性排成名次。成熟度、创造性,以及美貌、才干等都无法像身高、体重一样用工具来测量并以精确的数据来表示,我们只能获得它们的大概顺序。因此,顺序型数据较易得到,也并不复杂,同时还容易被人理解。从评定者的角度来说,对评定者的要求也较低。比如要获得一群人身高的顺序,任何一个人都可以在没有工具的帮助下目测得到。

另外一种情况是,虽然我们得到了原始分数,但是它可能并不适合用参数检验来进行统计,因为它可能违反了特定统计程序的某些假定。例如参数检验大都假定数据来自正态分布,但是我们得到的数据严重地偏离了正态分布。因此,在这种情况下,适当的方法之一是将原始的等距或等比的分数转换成顺序型(等级)量度,再进行检验。

有的时候,我们的研究可能会碰到一些情况使得我们无法给出合适的值,例如大鼠可能在规定的时间中走不出迷宫,或者被试没有对刺激进行反应。这种情况下,我们没法给出它们的值(如反应时),但是我们却可以知道这些异常值比其他秩大或者小,因此只能以顺序型数据来表示。

在介绍具体的检验方法之前我们还要说明如何获得数据的秩。秩(rank)就是指数据经过由小到大排序之后的名次。就像学校里根据考试成绩排名次一样,我们可以根据数据大小得到秩。但是需要注意的是,如果出现相同的数据时,我们必须特殊处理。例如对于 6,12,3,6,6,5,3 这几个数据,第一步当然是将它们按照从小到大的顺序排列为 3,3,5,6,6,6,12。这样就得到了这几个数据的一个相对位置,如表 17.2 第二行所示。我们看到,其中有两个 3 和三个 6。既然有相同的分数,那么被赋予不同的号码就是不应该的,也就是说相对位置不能真正代表它们的次序。因此,我们需要把所有相同分数所对应的位置号进行平均,用平均值作为数据的秩,如表 17.2 第三行所示。

表 17.2　数据的秩

分数	3	3	5	6	6	6	12
位置	1	2	3	4	5	6	7
秩	1.5	1.5	3	5	5	5	7

读者不妨根据上述方法试着将下列分数转换成秩：

9　4　12　9　7　4　3　9

§2　曼-惠特尼 U 检验

一、小样本情况下的曼-惠特尼 U 检验

我们由表 17.1 可以看到,曼-惠特尼 U 检验是用于两个独立样本的检验。例如下面这两个 $n=6$ 和 $n=7$ 的独立样本：

例 17.1　某公司有两个分公司 A 和 B,公司领导想考查一下两个公司的工作情况,于是随机抽取了 A 子公司的 6 名员工和 B 子公司的 7 名员工并调查了他们在某段时间里用于接待客户的时间,结果如下：

样本 A：28 4 9 40 6 90

样本 B：95 97 17 62 10 12 22

那么两个分公司的员工接待客户的时间是否相等呢？

尽管这是一个独立样本的均值比较问题,但是不能用我们以前学过的独立样本 t 检验,因为从两个样本的数据直观地来看,正态性和方差同质性都很难保证。因此,我们不能贸然使用 t 检验。将数据转化为秩并使用曼-惠特尼 U 检验是更好的选择。

我们先来确定一下曼-惠特尼 U 检验的虚无假设。既然是对两个独立样本的差异的检验,那么虚无假设自然就是两个样本对应的总体没有系统性差异。因此,对于例 17.1,我们得到以下虚无假设和备择假设：

H_0：两公司员工接待客户的时间无系统差异

H_1：两公司员工接待客户的时间存在系统差异

试想一下,当把样本 A 和样本 B 合并后,所有的分数排序为一条序列,如果这两个样本的差异反映了真实的总体差异,那么在排序之后的这条序列上,一个样本的分数应当集中于序列的一端,而来自另一个样本的分数应当集中于序列的另一端。如果两个样本没有差异的话,那么两个样本合并之后,所有分数应当均匀地混合在一起,因为既然没有差异,就不存在一组分数系统性地大于另一组。按照这个思路,我们只需确定来自两个样本的分数在混合排序中是否系统性地聚集在序列的两端。

要考查两个样本的分数处于序列上的位置,我们可以想到最简单的一种方法就是

数点数。也就是说,对于每一个来自样本 A 的数据,我们数出有多少来自 B 的数据小于它(排在它前面),这个数目就是它的"点数"。我们把样本 A 中所有数据的点数相加得到 U_A,这个值就可以用来度量处于另一端的 B 的多少。同样地,对于样本 B,我们也可以得到值 U_B。我们取 U_A 和 U_B 中较小的一个作为统计量 U 的值。

我们以例 17.1 中的数据来说明一下。如表 17.3,我们将样本 A 和样本 B 的数据合并在一起按大小顺序排列(第二行),例如对于样本 A 中的数据 28 和 40,由于在它们前面有 4 个来自 B 的数据,所以 28 和 40 的点数都为 4。这样得到所有数据的点数,根据来自的样本相加,可得 $U_A=29, U_B=13$。因此,$U=13$。若设样本 A 和样本 B 的容量各为 n_A 和 n_B,那么我们不难发现,$U_A+U_B=n_A\times n_B$。这是一个普遍的规律。

表 17.3 样本 A 和 B 的点数

秩	1	2	3	4	5	6	7	8	9	10	11	12	13	点数和
分数	4	6	9	10	12	17	22	28	40	62	90	95	97	
样本	A	A	A	B	B	B	B	A	A	B	A	B	B	
样本 A 的点数								4	4		5			13
样本 B 的点数				3	3	3	3			5		6	6	29

我们还可以用另一种方法来得到统计量 U,即根据秩来计算。计算公式如下所示:

$$U_A = n_A n_B + \frac{n_A(n_A+1)}{2} - \sum R_A \tag{17.1}$$

$$U_B = n_A n_B + \frac{n_B(n_B+1)}{2} - \sum R_B \tag{17.2}$$

其中,$\sum R_A$ 和 $\sum R_B$ 分别指的是样本 A 和样本 B 各自数据的秩之和。

由这两个公式可以看出,公式中前两项都仅与样本容量有关,对两个组的比较没有作用,只有最后秩和一项能起到区分两个组的差异的作用。

我们根据这两个公式再来计算一下例 17.1。

由于样本 A 的秩和为 $\sum R_A = 1+2+3+8+9+11 = 34$,所以

$$U_A = n_A n_B + \frac{n_A(n_A+1)}{2} - \sum R_A = 6\times 7 + \frac{6\times(6+1)}{2} - 34 = 29$$

同理, $$\sum R_B = 4+5+6+7+10+12+13 = 57$$

$$U_B = n_A n_B + \frac{n_B(n_B+1)}{2} - \sum R_B = 6\times 7 + \frac{7\times(7+1)}{2} - 57 = 13$$

当然,算出了 U_A 之后,我们也可以通过 $U_B = n_A\times n_B - U_A$ 得到 U_B。

可以看出,这样计算得来的 U_A 和 U_B 值与前面点数法得到的是一样的。同样我们

还是取 U_A 和 U_B 中较小的一个作为统计量 U 的值,即 $U=13$。

根据前面的介绍我们可以想到,既然曼-惠特尼统计量 U 的值指的是 U_A 和 U_B 中较小的一个,那么当 $U=0$ 的时候,代表其中一个样本点数为 0,两个样本完全没有重叠,有最大的差异,这是一种极端情况。而随着两个样本越来越接近,U 越来越大。换句话说,当两个样本所代表的总体不存在任何系统差异的时候,统计量 U 的值相对较大。

这样,当统计量 U 的值小于等于某个临界水平的时候,我们就认为 U 之所以偏小不是由于随机因素,而是由于两个总体的系统差异,于是应该拒绝虚无假设 H_0。这里需要我们特别注意,因为我们前面所学的假设检验往往都是在观测值大于临界值的时候拒绝虚无假设,而曼-惠特尼 U 检验则要在 U 的观测值小于等于临界值的时候拒绝虚无假设。

这样,我们根据例 17.1 中的 n_A 和 n_B,可以在曼-惠特尼 U 检验表(附表 11.1)中查到,当 $\alpha=0.05$(双侧)时,$U_{0.05}(6,7)=6$。因此,由于 U 的观测值大于临界值,所以我们必须接受虚无假设,两公司员工接待客户的时间无系统差异。

曼-惠特尼检验也可用于单侧检验的情况。我们来看下面这个例子:

例 17.2 某研究者在做一个特定的实验时,认为在这个任务下,焦虑者应该比正常人完成词汇决策任务的时间更短。为了验证他的想法,他从被试中,随机抽取了 10 个焦虑者和 8 个正常大学生:

焦虑者:78 83 91 65 95 101 85 75 98 180

正常大学生:108 104 106 118 100 110 102 105

请问这些数据能否支持研究者的想法?($\alpha=0.05$)

这两组数据中,在焦虑组有一极端值 180。若没有充分的理由将其从分析中剔除,则比较这两组数据均值须用曼-惠特尼检验。

解 提出虚无假设如下:

H_0:焦虑者和正常人完成任务的时间无系统差异或焦虑者比正常时间长

H_1:焦虑者应该比正常人完成任务的时间短

设 10 个焦虑者为样本 A,8 个正常大学生为样本 B,各自的点数如表 17.4 所示。

可以看出,样本 A 的点数和较小,因此 $U=1+8=9$。大家可以根据公式(17.1)和(17.2)再计算一下。

下面要看 U 的临界值。由于这道题应该是单侧检验,所以我们在查曼-惠特尼 U 临界值表时,要注意使用曼-惠特尼 U 检验表单侧检验的表格(附表 11.2),或者双侧检验显著性水平为给定显著性水平两倍的表格。在这道题中,显著性水平为 0.05,再根据两个样本各自的容量 10 和 8,查曼-惠特尼 U 的临界值表(单侧检验)得

$$U_{0.05}(10,8)=20$$

17 非参数检验

由于 U 的观测值小于临界值,所以我们应该拒绝虚无假设,焦虑者比正常人完成词汇决策任务的时间更短。

表 17.4 样本 A 和样本 B 的点数

	1	2	3	4	5	6	7	8	9	10	11	12	13	14	15	16	17	18
分数	65	75	78	83	85	91	95	98	100	101	102	104	105	106	108	110	118	180
样本	A	A	A	A	A	A	A	A	B	A	B	B	B	B	B	B	B	A
样本A的点数									1								8	
样本B的点数									8		9	9	9	9	9	9	9	

二、大样本情况下的曼-惠特尼 U 检验

在大样本的情况下,即两个样本中至少有一个容量大于 20,或者两个样本容量均大于 10 时,我们认为曼-惠特尼 U 统计量接近于正态分布。其平均值和标准差如下所示:

$$\mu = \frac{n_A n_B}{2} \tag{17.3}$$

$$\sigma = \sqrt{\frac{n_A n_B (n_A + n_B + 1)}{12}} \tag{17.4}$$

由于 $z = \frac{X - \mu}{\sigma}$,所以可以得到以下公式:

$$z = \frac{U - \frac{n_A n_B}{2}}{\sqrt{\frac{n_A n_B (n_A + n_B + 1)}{12}}} \tag{17.5}$$

我们来看下面这个例子:

例 17.3 为了考查一种新教学法的作用,在 A 班级采用新教学法,而在 B 班级采用传统教学法。考试后,随机抽取了 A 班 20 人和 B 班 12 人,成绩如下:

A 班:82 75 90 68 92 88 84 70 79 95 83 77 64 85 89 71 91 78 55 80

B 班:93 81 52 65 73 60 76 98 61 87 58 53

新教学法和传统教学法的效果有无差异?

解 提出虚无假设如下:

H_0：新教学法和传统教学法的效果没有差异

H_1：新教学法和传统教学法的效果有差异

由于样本较大，利用正态近似来做。

将所有分数从小到大排列，得到每个分数对应的秩，如表 17.5 所示：

表 17.5　样本 A 和样本 B 分数的秩

秩	1	2	3	4	5	6	7	8	9	10	11	12	13	14	15	16
分数	52	53	55	58	60	61	64	65	68	70	71	73	75	76	77	78
样本	B	B	A	B	B	B	A	B	A	A	A	B	A	B	A	A
秩	17	18	19	20	21	22	23	24	25	26	27	28	29	30	31	32
分数	79	80	81	82	83	84	85	87	88	89	90	91	92	93	95	98
样本	A	A	B	A	A	A	A	B	A	A	A	A	A	B	A	B

由表 17.5 得

$$\sum R_B = 1+2+4+5+6+8+12+14+19+24+30+32 = 157$$

根据公式(17.2)，由于 $n_A=20, n_B=12$，因此

$$U_B = n_A n_B + \frac{n_B(n_B+1)}{2} - \sum R_B = 20 \times 12 + \frac{12 \times 13}{2} - 157 = 161$$

由于 $U_A + U_B = n_A \times n_B$，所以 $U_B = 20 \times 12 - 161 = 79$。因此 $U = 79$。

根据公式(17.3)有

$$\mu = \frac{n_A n_B}{2} = \frac{20 \times 12}{2} = 120$$

根据公式(17.4)有

$$\sigma = \sqrt{\frac{n_A n_B (n_A + n_B + 1)}{12}} = \sqrt{\frac{20 \times 12 \times (20+12+1)}{12}} = 25.690$$

因此

$$z_{obs} = \frac{U-\mu}{\sigma} = \frac{79-120}{25.690} = -1.60$$

由于显著性水平为 0.05 时，$z_{0.05}=1.96$，所以 $|z_{obs}|<z_{0.05}$，应当接受 H_0，即新教学法和传统教学法的效果相比没有差异。

总的来说，曼-惠特尼 U 检验对数据不要求正态分布和方差同质，只要求观察独立，以及变量是连续的，即较少相同的等级（秩）。但是有时候样本当中会出现相同分数，因而得到相同的等级。这时候应该使用我们前面讲过的方法来计算秩，然后通过秩来计算 U 统计量的值；如果采用数点数的方法，则当相同的数比较的时候各得半分。出现相同等级说明和统计方法所要求的前提不相符，统计结论会受一定影响。不过这

种现象并不严重时,曼-惠特尼 U 检验的结论还是可靠的;如果相同等级的现象比较严重,则需要考虑使用其他统计方法。

§3 符号检验法

一、小样本情况下的符号检验法

符号检验法主要适用于相关样本的检验,它对应于我们前面学过的相关样本的 t 检验。之所以叫符号检验法,是因为它是根据两个相关样本的每一对数据之差的符号(正号或负号)来进行检验。

例 17.4 某英语强化班对 10 名同学进行强化训练,在训练前后这 10 名同学的英语四级成绩如下所示。请问参加该强化班对于英语四级成绩有没有效果?

编号	1	2	3	4	5	6	7	8	9	10
训练前	70	62	68	68	81	84	64	86	27	76
训练后	80	86	67	73	91	81	72	89	72	79

与应用曼-惠特尼 U 检验时的情形类似,上述样本有非常值,不能用相关样本 t 检验。

既然是相关样本的差异检验,那么我们知道,虚无假设 H_0 就是两个样本所代表的总体之间没有显著性差异,备择假设自然就是这种差异是存在的。对于上面这个例子来说,虚无假设是指参加强化班前后的英语四级成绩没有差异,备择假设是指参加强化班前后的英语四级成绩存在差异。

我们在前面提到,符号检验法与每一对数据之差的正负号有关。对于题中的两个相关样本,我们可以根据参加强化班前后的数据得到 10 个符号,如表 17.6 所示。

表 17.6 参加强化班前后英语四级成绩的符号检验表

编号	1	2	3	4	5	6	7	8	9	10
训练前	70	62	68	68	81	84	64	86	27	76
训练后	80	86	67	73	91	81	72	89	72	79
符号	−	−	+	−	−	+	−	−	−	−

我们可以设想一下,如果虚无假设成立的话,两个样本的数据应该差不多,因此正负号应该接近于各占一半;但是如果虚无假设不成立,那么正负号之间应该相差悬殊,例如 20 个正负号中有 17 个正号,3 个负号,那我们就有理由认为这两个样本的数据之间有显著差异。因此,我们可以记下较少的符号数目为 r。正因为正负号数目相差越大,两样本之间差异越大,所以 r 越小,说明两样本差异越大;r 越大,则说明两样本差异越小。因此,符号检验法就和前面讲过的曼-惠特尼 U 检验一样,当观测值小于等于

临界值时,我们才能拒绝虚无假设,反之应该接受虚无假设。

可以看出,符号非正即负(如果出现 0 则不计在内),这让我们想起以前学过的二项分布。事实上,符号检验法就是要根据二项分布来进行统计。

当样本较小的时候($n<25$),我们可以直接将较少的符号的数目与临界值进行比较,以得出结论。临界值我们可以在附表 12 中查找,这个符号检验表就是根据二项分布编制而成的。

对于例 17.4,我们根据表 17.6 可以看到,10 个符号中,有 2 个正号,8 个负号。将符号数较小的一个记为 r,则 $r=2$。

由于 $n=10$,当 $\alpha=0.05$ 时,查符号检验的临界值表(附表 12)得 $r_{\text{crit}}=1$。

由于 r 的观测值大于临界值,因此接受虚无假设,即参加强化班前后的英语四级成绩没有差异。

二、大样本情况下的符号检验法

我们知道,在大样本的情况下,二项分布近似于正态分布。因此,在符号检验法中,当 $n>25$ 的时候,我们可以用与二项分布近似的正态分布来进行检验。

例 17.5 一位研究者想考查两种教学方法对于学习效果的影响,他比较了 36 名学生在两种教学方法下的结果。以 A 代表第一种教学方法下的成绩,B 代表第二种教学方法下的成绩。发现 A<B 的数据有 23 对,A>B 的数据是 13 对。那么能否说明这两种教学方法对于成绩有不同的影响?

解 提出假设如下:

$$H_0:两种教学方法下的结果无系统性差异,即 p=q=\frac{1}{2}$$

$$H_1:两种教学方法下的结果有系统性差异,p \neq q$$

由题意可知:

$$n=23+13=36, \quad r=13$$

由以前对二项分布的学习可知,二项分布的平均值和标准差分别为

$$\mu=np, \quad \sigma=\sqrt{npq}$$

根据虚无假设中 $p=q=\frac{1}{2}$,所以

$$\mu=np=\frac{n}{2}=18, \quad \sigma=\sqrt{npq}=\sqrt{n \times \frac{1}{2} \times \frac{1}{2}}=\frac{\sqrt{36}}{2}=3$$

因此

$$z_{\text{obs}}=\frac{r-\mu}{\sigma}=\frac{13-18}{3}=-1.67$$

当 $\alpha=0.05$ 时,$z_{0.05}=1.96$,因此 $|z_{\text{obs}}|<z_{0.05}$,应当接受 H_0,即两种教学方法下的

结果没有系统性差异。

§4 维尔克松 T 检验

一、小样本情况下的维尔克松 T 检验

前面所讲的符号检验法虽然相比于相关样本 t 检验有很多优点,如对两总体的分布以及方差同质性不做要求,另外计算还相当简便迅速,但是它有一个明显的缺陷就是只考虑了两样本数据差异的正负号,而不管这种差异的大小。举个很简单的例子,对于 2,4,5,3 和 3,6,3,5 这两个相关样本,以及 2,4,5,3 和 10,15,4,9 这两个相关样本,虽然都是 3 个负号 1 个正号,但是后面两个相关样本之间的差异显然更大。这样,符号检验法就损失了很多重要的信息。

为了克服符号检验法的缺陷,维尔克松(F. Wilcoxon)提出了符号秩次检验法,我们一般称之为维尔克松 T 检验。这种方法不仅考虑了相关样本之间差异的符号,还考虑了差值的大小,因此它的精度比符号检验法要高。

维尔克松 T 检验虚无假设的设立与符号检验法相同。前面符号检验法认为当虚无假设成立时,正负号的数目应该差不多。在这个基础上,维尔克松 T 检验进一步指出,如果两个相关总体不存在系统差异,那么对应样本的差异应该有正有负,总的来说正负抵消,没有偏向;否则,对应样本的差异中应该体现正数或负数在绝对值上占有优势。在这里,提出了对绝对值的考查,相比于符号检验法更加精确。因此,维尔克松 T 检验的一个重要过程就是对差异分数样本的绝对值进行排序。按照这个思路,假如将两个相关样本的差异分数按照绝对值排序,然后分别计算正的差异分数的秩次和,以及负的差异分数的秩次和,如果两个样本相差无几的话,这两个秩次和应该差不多大;反过来,如果两个样本相差很大,那么其中一个秩次和应该偏大,另一个秩次和应该比较小。我们就将较小的这个秩次和定为维尔克松 T 统计量。当在极端的情况下,$T=0$ 的时候,所有的差异值都是正的或负的。

例 17.6 一位市场促销员想考查一下新推出的两种口味的咖啡哪种更受欢迎,于是他随机找了 6 名顾客来分别对两种口味进行评价,得到的反馈如下所示。请问顾客对这两种咖啡口味的喜好有没有差异?($\alpha=0.05$)

顾客编号	1	2	3	4	5	6
口味 A	18	9	21	30	14	12
口味 B	43	14	20	48	21	4

分析 按照前面所讲的步骤,我们试着将这些分数按绝对值排序,并算出差异,排出等级。

表 17.7　顾客对两种咖啡口味的打分差异与秩次

顾客编号	1	2	3	4	5	6
口味 A	18	9	21	30	14	12
口味 B	43	14	20	48	21	4
差异	+25	+5	−1	+18	+7	−8
秩次	6	2	1	5	3	4

然后我们需要分别算出正的差异的秩次和,以及负的差异的秩次和:

$$\sum R_+ = 6+2+5+3 = 16, \quad \sum R_- = 1+4 = 5$$

由于 $\sum R_+ > \sum R_-$,所以 $T = \sum R_- = 5$。

我们可以根据附表 13 中的维尔克松 T 检验表来查出 T 的临界值。在本题中,$\alpha=0.05$,由于 $n=6$,而且是双侧检验,所以可以在表中查到 $T_{0.05/2}(6)=0$。

由于 T 值越小表示两样本之间差异越大,因此和前面的两种检验方法一样,只有当 T 的观测值小于等于临界值时,我们才能拒绝虚无假设。显然,在本题中,我们应当接受虚无假设 H_0,即认为顾客对两种咖啡口味的打分并无差异。

二、大样本情况下的维尔克松 T 检验

当 $n>25$ 的时候,T 的分布接近正态分布,因此我们可以利用正态分布来进行统计检验。

在虚无假设的理想条件下,两个秩和应该相等,这时 T 统计量具有均值 $\mu=\dfrac{n(n+1)}{4}$,而标准差为 $\sigma=\sqrt{\dfrac{n(n+1)(2n+1)}{24}}$。将这两个统计量代入 $z=\dfrac{T-\mu}{\sigma}$,可以得到公式如下:

$$z = \frac{T - \dfrac{n(n+1)}{4}}{\sqrt{\dfrac{n(n+1)(2n+1)}{24}}} \tag{17.6}$$

具体的解题步骤我们已经熟悉,在这里就不做赘述。

三、相同等级和零分数

在维尔克松 T 检验中,可能会碰到以下两种情况:一种情况是,两个或两个以上的被试得到了相同的差异分数(无论正负号);另一种情况是,一个被试在处理 1 和处理 2 中所得到的分数相同,因而得到的差异分数为 0。

对于第一种情况,我们在第一节就已经介绍过,就是将相同的差异分数所对应的位

置号进行平均,用平均值作为数据的秩。至于第二种情况,存在两种处理方法:一种就是将 0 差异分数按照上述相同等级的处理方法,将所有 0 对应的位置号进行平均,用平均值作为它们的秩,计算正负差异各自的秩次和时,再将这些 0 均匀地分配在正负两组中;另一种就是干脆去掉那些差异分数为 0 的被试,将样本容量也相应减少。

例 17.7 英语老师想考查一下学生经过一段时间的强化训练之后,英语口语有没有提高。因此他在强化训练之后,记下了随机抽取的 10 名学生的口语成绩,并与训练前他们的成绩相比较,如下所示。请问学生的口语成绩在强化训练前后有没有显著提高?

学生	A	B	C	D	E	F	G	H	I	J
训练前	88	68	65	66	55	76	91	85	70	67
训练后	86	79	86	66	68	84	81	85	78	85

分析 首先按照前面的步骤,我们需要将这些学生两次口语成绩的差异计算出来,并按照绝对值大小排序,结果如表 17.8 所示:

表 17.8 强化训练前后学生的口语成绩差异

学生	D	H	A	I	F	G	B	E	J	C
训练前	66	85	88	70	76	91	68	55	67	65
训练后	66	85	86	78	84	81	79	68	85	86
差异分数	0	0	−2	+8	+8	−10	+11	+13	+18	+21

我们看到,在得到的 10 个差异分数中,有两个 0,还有两个 +8。对于两个 +8,我们可以按照前面的办法来给出秩;对于两个 0,如果按前面所说的两种方法,则各自得到表 17.9:

表 17.9 去掉零和保留零的等级

学生	D	H	A	I	F	G	B	E	J	C
训练前	66	85	88	70	76	91	68	55	67	65
训练后	66	85	86	78	84	81	79	68	85	86
差异分数	0	0	−2	+8	+8	−10	+11	+13	+18	+21
去掉 0 的等级			1	2.5	2.5	4	5	6	7	8
保留 0 的等级	1.5	1.5	3	4.5	4.5	6	7	8	9	10

我们来分别计算一下两种方法的 T 值。

如果去掉 0:

$$\sum R_+ = 2.5 + 2.5 + 5 + 6 + 7 + 8 = 31, \quad \sum R_- = 1 + 4 = 5$$

因此 $T=5$。

如果保留 0：

$$\sum R_+ = 1.5+4.5+4.5+7+8+9+10 = 44.5$$
$$\sum R_- = 1.5+3+6 = 10.5$$

因此 $T=10.5$。

可以看出，后一种方法得到的 T 值比前一种方法得到的要大得多。我们来查出各自的 T 的临界值（见附表 13，维尔克松 T 检验临界值表）。由于前一种方法去掉 0，所以样本容量 $n=8$，注意到本题为单侧检验，因此，$T_{0.05}(8)=5$，此时由于 T 的观测值等于临界值，我们应当拒绝虚无假设。对于后一种方法，样本容量仍为 10，在 $\alpha=0.05$ 的单侧检验显著水平下，$T_{0.05}(10)=10$，此时由于 T 的观测值比临界值大，所以我们应该接受虚无假设。

我们在这个过程当中可以看出，将 0 差异分数均匀地分配在正负两组中的做法会增大 T 值，使得虚无假设 H_0 更难被拒绝。因此，在通常情况下，很多统计学家认为应该利用零差异的样本而不是舍弃它们。但是不舍弃零差异的样本会使拒绝虚无假设更加困难。

§5　克-瓦氏单向方差分析

一、小样本情况下的克-瓦氏单向方差分析

前面我们介绍的几种方法都是用于两组样本的比较，对于两个以上的独立样本的平均数差异的显著性检验，如果不符合参数检验的前提的话，我们应该使用克-瓦氏单向方差分析。例如对于下面这个例子：

例 17.8　某个企业的管理者想研究一下员工的服从权威倾向，他调查了企业的 15 名员工，其中高层行政管理人员、一般行政管理人员和技术人员各 5 人，用量表施测，结果如下表。那么三组人员在服从权威倾向上有没有差异呢？（$\alpha=0.01$）

组别	服从权威倾向分数				
高层行政管理人员	130	126	377	140	144
一般行政管理人员	334	110	107	118	120
技术人员	105	98	80	114	100

克-瓦氏单向方差分析与前面介绍的曼-惠特尼 U 检验的思路有些类似，具体做法也是将所有样本的数据合并在一起，按照从小到大的顺序编秩次，再计算各样本的秩次和。可以想象，如果各组之间没有差异，所有数据应该均匀地混合在一起，那么各样本

的秩次和会比较接近；反过来，如果各组之间差异比较大，那么各样本的秩次和应该相差较大。

我们用下列公式计算克-瓦氏单向方差分析的统计量 H 的值：

$$H = \frac{12}{N(N+1)} \sum \frac{R^2}{n} - 3(N+1) \tag{17.7}$$

其中，N 为所有样本容量之和，n 为各个样本的样本容量，R 为各组样本数据的秩次和。

下面我们就按照上述方法来计算一下例 17.8 的统计量 H 的值。将三组员工的服从权威倾向分数混合后进行排序，得到的秩次如表 17.10 所示：

表 17.10 不同员工的权威主义倾向分数秩次

高层行政管理人员(A)	R_A	一般行政管理人员(B)	R_B	技术人员(C)	R_C
130	11	334	14	105	4
126	10	110	6	98	2
377	15	107	5	80	1
140	12	118	8	114	7
144	13	120	9	100	3

由于

$$\sum R_A = 11 + 10 + 15 + 12 + 13 = 61$$
$$\sum R_B = 14 + 6 + 5 + 8 + 9 = 42$$
$$\sum R_C = 4 + 2 + 1 + 7 + 3 = 17$$

因此根据公式(17.7)有

$$H = \frac{12}{N(N+1)} \sum \frac{R^2}{n} - 3(N+1)$$
$$= \frac{12}{15 \times 16} \times \left(\frac{61^2}{5} + \frac{42^2}{5} + \frac{17^2}{5} \right) - 3 \times 16 = 9.74$$

在这个例题中，样本容量比较小($n \leq 5$)，同时组数也较小($k=3$)，因此我们可以直接通过附表 14 中的克-瓦氏单向方差分析 H 临界值表来查 H 的临界值。在表中查到，当 $\alpha = 0.01$ 的时候，$H_{crit} = 8.00$。克-瓦氏单向方差分析与前面三种检验方法不一样，当观测值大于临界值时才应该拒绝虚无假设，也就是说，还是与我们前面所学的参数检验方法相同。因此，在上题中，由于 H 的观测值大于临界值，所以在 $\alpha = 0.01$ 的水平上我们应当拒绝虚无假设，即认为三组人员在服从权威的倾向上存在差异。

二、大样本情况下的克-瓦氏单向方差分析

我们发现，在克-瓦氏单向方差分析 H 临界值表中，只有 $k=3$ 且 $n \leq 6$ 时的临界值

以及 $k=4$ 与 $k=5$ 时的部分值。也就是说,在小样本的情况下,我们是通过查 H 检验表来进行克-瓦氏单向方差分析检验。当样本容量或样本数目比较大的时候($k>3$ 或者 $n>5$),统计量 H 接近自由度为 $k-1$ 的 χ^2 分布,因此可以通过查 χ^2 分布表来得到相应的 H 的临界值。在这种情况下,统计量 H 的值仍由公式(17.7)计算得到。

§6 弗里德曼双向方差分析

一、小样本情况下的弗里德曼双向方差分析

通过上一节的学习我们已经知道,克-瓦氏单向方差分析是针对多个顺序型独立样本的一种分析方法。那么,对于多个顺序型的相关样本呢?弗里德曼双向方差分析就是用来处理这类问题的。

例 17.9 某公司在招聘的最后一轮面试中,由 6 名面试官对应聘的三名大学生进行评分,他们着重考查了这三名大学生的问题解决能力,分数如下所示。请问这三名大学生的问题解决能力有没有显著差异?

评分者编号	应聘者 A	应聘者 B	应聘者 C
1	74	89	83
2	75	82	85
3	70	88	78
4	72	90	84
5	82	80	84
6	10	94	77

这个例子是三个相关样本的情况,6 名面试官对三个人进行评分,这相当于 6 名被试接受了三种不同的实验处理。评分中出现非常值,不具备参数检验的条件。我们需要用弗里德曼双向方差分析来解决。

这道题的虚无假设和备择假设分别是:

H_0:三名大学生的问题解决能力没有显著差异

H_1:三名大学生的问题解决能力有显著差异

从这个例子当中可以看出,要检验 A,B,C 之间的差异,也就是看 6 个评分人对 A,B,C 的打分有没有差异。我们仍然可以沿用前面几种非参数检验的思想:将每个评分人对 A,B,C 的评分进行排序,如果三个人得到的分数没有差异的话,那么它们的秩次应该是随机分布的,因此三个人得到的分数的秩次和应该差不多;反之,则三个人得到分数的秩次和应该有明显差异。

按照这种方法,我们可以将每行的三个分数进行排序,得到 6 行等级,再将三列的等级相加,得到三个秩次和。结果如表 17.11 所示:

表 17.11 6名面试官对三名大学生问题解决能力的评分的秩次和

评分者编号	原始分数			秩次		
	A	B	C	A	B	C
1	74	89	83	1	3	2
2	75	82	85	1	2	3
3	70	88	78	1	3	2
4	72	90	84	1	3	2
5	82	84	80	2	3	1
6	10	94	77	1	3	2
			秩次和	7	17	12

这样,我们得到 A,B,C 三名大学生的分数的秩次和分别为 7,17 和 12。接下来我们应该通过公式检验它们之间有没有差异。

弗里德曼双向方差分析的检验统计量的值的计算如下:

$$\chi_r^2 = \frac{12}{nk(k+1)} \sum R^2 - 3n(k+1) \tag{17.8}$$

其中,n 为各样本的样本容量,k 为样本的个数,R 为各个样本的秩次和。

那么,上题中,$n=6$,$k=3$,R 分别为 7,17 和 12,代入公式(17.8)中得到

$$\chi_r^2 = \frac{12}{nk(k+1)} \sum R^2 - 3n(k+1)$$

$$= \frac{12}{6 \times 3 \times 4} \times (7^2 + 17^2 + 12^2) - 3 \times 6 \times 4 = 8.33$$

当样本容量 n 和样本数 k 都比较小的时候($k=3$,$n \leqslant 50$ 或者 $k=4$,$n \leqslant 22$),我们可以通过附表15弗里德曼双向等级方差分析的临界值表得到 χ_r^2 统计量的临界值。在上例中,我们就采用这种方式,根据 $k=3$ 和 $n=6$,在表中查到当 $\alpha=0.05$ 时,$\chi_{r(0.05)}^2(3,6)=7.00$。

由于 χ_r^2 越大越能说明差异的显著性,因此只有当 χ_r^2 的观测值大于其临界值时,我们才能拒绝虚无假设 H_0。在上题中,由于 χ_r^2 的观测值大于其临界值,因此我们在 $p<0.05$ 的水平上拒绝虚无假设,认为三名应聘大学生的问题解决能力是有显著差异的。

二、大样本情况下的弗里德曼双向方差分析

与克-瓦氏单向方差分析一样,当样本数和样本容量较大的时候,弗里德曼双向方差分析的 χ_r^2 取样分布近似于自由度为 $k-1$ 的 χ^2 分布,因此我们可以通过公式(17.8)计算出 χ_r^2 的观测值之后,再由 χ^2 分布表查出其临界值。

18

多元回归分析

在心理学和其他行为科学研究中,一个因变量往往会同时受到多个自变量的影响,只随一个自变量变化而变化的情况是极少发生的。例如,教育学研究者发现,诸如学校的硬件设施、教师的学历及教龄、家长的受教育程度及教养方式、学生自身的人格特征和智商,甚至连考试所在的教室环境都会对学生的成绩产生影响。那么,这众多因素是如何作用于同一个因变量的呢?其影响孰重孰轻?本章介绍的多元回归(multiple regression)分析将为我们解答这一问题。

多元回归分析是一种用于评价一个因变量和多个自变量之间关系的统计技术,其数学模型如下:

$$y = b_1 x_1 + b_2 x_2 + \cdots + b_n x_n + c + e \tag{18.1}$$

该公式表示 n 个自变量共同作用于因变量 y。如果 $n=1$,那么方程便简化为先前所讲一元线性回归方程。在该方程中,常数项 c 为方程在 y 轴上的截距;b_n 是第 n 个自变量 x_n 的回归系数,表示在其他自变量不变的情况下,自变量 x_n 每变动一个单位所引起的因变量的变化,因此回归系数的绝对值越大,表明该自变量对因变量的影响越大;e 表示误差项,即观察不到的可能对因变量造成影响的因素。

从上述公式我们可以看出,回归分析处理多变量复杂作用关系的原理在于控制其他自变量的作用,考查因变量与某自变量之间的变化关系。因此,我们惯常的思路为先将其他想要控制的自变量纳入回归方程中,随后纳入我们关注的重点变量,考查其是否会对预测因变量做出新的显著的贡献。例如我们想要考查在中国文化下,人际冲突是否对员工的工作倦怠有独特的影响,则应先控制已有研究中被证实的诸多因素,如工作负荷、控制感、社会支持等,然后考查该变量的贡献。此外,回归分析在经济、金融等学科中常常被用于建立对因变量的最佳回归方程。如果方程能够较好地拟合实际数据的话,可用于因变量的预测,例如对某种商品价格的波动状况,或对某宏观经济变量的走势进行预测等。与一元线性回归不同的是,在建立多元回归分析方程时,我们需要对自变量的显著性进行检验,筛选合适的因素进入方程,剔除那些对因变量没有影响或者影响甚微的自变量,以简化回归方程并建立更为清晰的理论结构。因此,在最终求得的回归方程中,入选的自变量个数可能会低于最初选择的数目。然而,和假设检验的"全或无"一样,这种纯推论统计的决策方法越来越多地受到研究者的质疑。

与相关分析不同,在多元回归中我们需要预先设定并区分自变量与因变量。然而,这是否意味着如果我们得到显著的统计结果,该自变量和因变量之间就存在因果关系呢？答案是否定的,因果关系是无法完全依赖统计方法来判定的。我们提出的模型有可能对实际数据拟合得相当好,但并不能就此说明在现实世界中事物变化作用的机制就是如此。道理很简单,假如我们将设定的自变量和因变量互换,仍然能够对数据有很好的拟合。因此,回归分析只能确定变量之间关系的存在,而无法对作用方向进行判断。这也告诉我们,统计方法并非万能,必须要在理论和实际经验的指导下加以应用。

§1 多元回归分析简介

一、多元回归分析的类型

常用的多元回归分析有三种:标准回归(standard regression)、分层回归(hierarchical regression)和逐步回归(stepwise regression)。区别主要在于自变量间共享方差的计算,以及变量的纳入顺序,下面我们分别对其进行简单的介绍。

1. 标准回归

标准回归是将所有自变量一次性地纳入回归方程,在 SPSS 等软件中常用"Enter"操作表示。在得到的回归模型中,每一个自变量对因变量的影响都是基于其他自变量已经纳入模型且被控制的前提进行估计的。但是在标准回归中,自变量间共享方差是不属于任何自变量的。根据之前所述的回归分析的目的和原理,我们不难得出:对于大多数探究多变量之间关系的研究,采取标准回归的方法是没有问题的;只有在自变量间相关较高时,这种方法不太适用。

2. 分层回归

分层回归中自变量的进入顺序是不平等的。在分层回归中,自变量的进入顺序是由研究者决定的。先进入回归方程的自变量占有共享方差。研究者可以根据自己的模型假设分步纳入变量,而回归方程给出的是自变量在纳入方程时对预测因变量所做的贡献。一次可以只纳入一个变量,也可以纳入一组变量。在涉及分层回归的研究中有两种思路:一种是让因果次序在前的、重要的变量先进入回归方程;另一种是先输入那些想要控制的普通变量,然后在最后一层中输入重点关注的变量,以考查在去除普通变量的影响以后,重点变量对因变量的增益贡献。

3. 逐步回归

逐步回归中自变量的进入顺序也是不平等的,只不过决定的权利移交给了由电脑自动完成的统计检验。这种由统计程序决定自变量进入顺序的回归叫统计回归。向前回归(forward regression)和向后回归(backward regression)是统计回归的特例。在这种方法中，研究者对于变量的选择是没有任何指导和掌控的，完全依靠由样本计算得出的推论统计量及其固定的显著标准。因此，逐步回归可用来筛选变量，将没有贡献或贡献太小的自变量剔除。但是，由于这种方法过于依赖样本数据，如果样本容量不是很大的话，得到的结果受抽样的随机性的影响非常大，很可能难以推广，甚至根本就是不正确的。因此，使用逐步回归要求样本数据是变量数目的 20 倍。不仅如此，得到的结果还要经过另一个独立样本的交互验证。

二、多元回归的数据要求和统计前提

1. 连续型变量

在回归分析中，因变量必须为等距或等比变量。如果要考查自变量对于某非连续型变量的影响，则应该考虑其他诸如判别分析(discriminant analysis)或逻辑回归(logistic regression)等分析方法。这样自变量的选择则宽泛许多，既可以选取等距或等比类型的变量，也可以选择命名型(或称为类目型)变量。对于将命名型变量纳入回归分析，我们需要格外注意：如果该变量是二分变量，例如性别等，只有两个水平，可以直接进行回归；而如果该变量的水平数目多于两个，则需要先将其转换为一组哑变量(dummy variable)，然后再进行回归。转换方法其实很简单，假如我们在 4 个国家(美国、中国、德国和英国)进行一项关于自尊的跨文化研究，目的之一是考查不同国家的青少年自尊水平的差异。哑变量实际上是二分变量，对于有 n 个水平的类目型自变量，可转化成 $n-1$ 个哑变量。因此，我们选定三个新变量，分别设为 D_1、D_2 和 D_3。其中，将 D_1 定义为"是否来自美国"，D_2 定义为"是否来自中国"，D_3 定义为"是否来自德国"，其数据类型都是二分的：是或者不是。如果在三个变量中全部是否定的被试，则必然是来自英国的。因此，$n-1$ 个哑变量包含了原有 n 个水平类目型变量的所有信息。

2. 自变量和因变量的线性关系

在回归分析中，因变量与自变量的关系应为线性的，如果不满足这一前提的话，我们得到的回归分析结果可能会过低地估计了变量之间的关系，如 R^2 并没有如实地反映回归方程能够解释的方差，标准化回归系数 β 也没有完全显示自变量对于因变量的影响。然而，如果变量间关系是曲线的，但具有单调性(递增或递减)，我们可通过一定的手段将其转换成线性，例如将因变量取对数。如果自变量与因变量构成 U 型线，则需要特殊转换处理。因此，在分析之前通过散点图等方式考查变量之间的关系是十分必要的。

3. 多重共线性问题

多元回归分析中同时纳入了多个自变量，彼此之间的关系可能对结果产生巨大的影响。一般来说，我们希望自变量与因变量之间关系较大，而自变量彼此之间关系较小。当自变量彼此之间高度相关时，在回归过程中会彼此削弱各自对于因变量的影响，出现回归方程整体显著，但每一个自变量的回归系数都不显著的现象，我们将其称为多重共线性(multicollinearity)问题。当自变量之间彼此不独立的时候,回归分析就无法实现控制其他自变量不变,考查某特定自变量对因变量的影响的目的。此时我们得到的各个变量的回归系数通常是不可靠的,研究结果将被严重歪曲。

那么,如何鉴别我们做的多元回归分析是否存在多重共线性问题?最直观的表现便如上面所述,我们得到了整体显著的回归方程,但每个自变量却都不显著,令人费解。如果我们对各个自变量做相关分析,有可能发现其相关系数很高(0.9 以上),但这只是两两相关的结果。某些自变量实际上可以由其他自变量的线性组合表示,SPSS 等统计软件为我们提供了更为有效的鉴别指标,如容限度(tolerance)。容限度的计算方法是这样的,以原回归分析中某个目标自变量为因变量,其他自变量为自变量做一次新的回归分析,得到的回归方程所解释的方差为 R^2,然后容限度即为 $1-R^2$。多重共线性问题越严重,该自变量便越能用其他自变量的线性组合更好地表示,因此新的回归方程的 R^2 越大,容限度越低。当容限度在 0.5 以下的时候,我们就需要警惕多重共线性的问题了。此外,SPSS 还提供了另外一种鉴别指标——方差膨胀因子(variance inflation factor,VIF)。与容限度相反,VIF 越大,多重共线性问题越严重,且回归方程中的 b 和 β 等系数越不稳定。

4. 分析变量的选择

很多初学者容易陷入这样一个误区,即回归方程的解释能力不强,是因为我们对因变量的影响因素考虑得不够完全。因此,为了使得回归方程所能解释的方差最大化,提高预测能力,将所有可能的变量都一股脑儿地塞到自变量的队伍里,以为这样撒下天罗地网以后,因变量的每一点变化就都逃不出我们的手掌心了。实际上,这样的操作对于回归分析有弊无利。由于过分纳入变量(over-fitting),使得数据间的关系被杂乱无章的"噪声"所掩蔽,反而削弱了回归方程的预测能力。正确的做法是,在回归分析之前应当以理论作为指导,建立恰当的构想模型,从而有针对性地纳入变量。交互验证(cross-validation)可以帮助我们克服过分纳入变量的影响:先抽取一部分数据建立回归模型,随后用剩余的数据考查 R^2 的稳定性。

5. 样本容量

在回归分析中,被试数目与自变量数目的比例通常为 10∶1(根据不同情况可在 20∶1 至 5∶1 的范围中选取),同时被试数目至少在 100 以上。

6. 正态性和方差同质

对于任何一个自变量或其线性组合,因变量都应该服从正态分布,其方差应该符合同质性要求。具体应满足以下三个要求:

(1)因变量残差正态分布;

(2)残差与预测值呈线性关系;

(3)在因变量预测值的所有水平上,残差的方差相等。SPSS 的检验方法见第 15 章对一元线性回归数据要求的介绍。

§2 多元回归过程和结果输出

一、应用统计软件进行多元回归分析

多元回归和我们之前介绍的初等统计学方法相比,其原理和计算过程都比较复杂,需要借助计算机来完成。因此,透彻理解和熟练应用统计软件给出的分析结果十分重要。我们以 SPSS 软件为例,为大家完整地演示和介绍多元回归分析的操作过程和结果输出,并对其中的重要参数和概念加以解释。

例 18.1 打开 SPSS 软件(以 SPSS 20.0 英文版为例)自带数据文件"GSS93 subset.sav",选择 rincom91(受访者的收入)作为因变量,选择 age(受访者年龄)、educ(受访者受教育最高年限),sex(受访者性别)以及 agewed(受访者首次结婚时年龄)作为自变量,进行标准回归。

解 首先开启该 SPSS 数据文件,在"Analyze"主菜单下选择"Regression"中的"Linear",完成变量输入,选择"Enter"方式,选中"Statistics"和"Option"中的全部选项,运行。当然,也可在"syntax"中输入命令语句完成上述操作,命令如下:

REGRESSION
(回归分析)
    /DESCRIPTIVES MEAN STDDEV CORR SIG N
    (给出均值、标准差、相关系数、相关系数显著性、样本量等描述统计值)
    /MISSING LISTWISE
    (对缺失值的处理)
    /STATISTICS COEFF OUTS CI BCOV R ANOVA COLLIN TOL CHANGE ZPP
    (输出确定系数 R^2 及其增量,统计量 F 的值及其增量、自变量与因变量的相关系数、偏相关系数和部分相关系数等参数并进行统计检验)
    /CRITERIA = PIN(0.05) POUT(0.10)
    (按照 P 值作为纳入和排除的标准)
    /NOORIGIN
    /DEPENDENT rincom91
    (因变量为 rincom91)
    /METHOD = ENTER age educ sex agewed
    (选择标准回归全部进入方法,同时纳入 age,educ,sex 和 agewed 变量)
    /PARTIALPLOT ALL
    (绘制部分回归散点图)
    /SCATTERPLOT = (* SDRESID, * ZPRED)(* ZPRED, rincom91)

（分别以回归的标准化预期值为横轴、标准化残差为纵轴；以因变量为横轴，标准化预期值为纵轴绘制散点图）

/RESIDUALS DURBIN HIST(ZRESID) NORM(ZRESID)

（给出考查残差相关性的 Durbin-Watson 统计量的值）

/CASEWISE PLOT(ZRESID) OUTLIERS(3).

（给出对观测值中位于均值 3 个标准查以外的异常值的分析）

将上述命令运行后，得到结果如下（输出 18.1～18.3）。

描述统计表（输出 18.1）给出了因变量以及纳入分析的 4 个自变量的均值、标准差和样本量。

Descriptive Statistics			
	Mean	Std. Deviation	N
Respondent's Income	13.23	5.520	772
Age of Respondent	43.46	12.074	772
Highest Year of School Completed	13.56	2.856	772
Respondent's Sex	1.53	0.500	772
Age When First Married	22.84	4.694	772

输出 18.1

Correlations						
		Respondent's Income	Age of Respondent	Highest Year of School Completed	Respondent's Sex	Age When First Married
Pearson Correlation	Respondent's Income	1.000	0.064	0.396	−0.262	0.127
	Age of Respondent	0.064	1.000	−0.119	0.004	0.040
	Highest Year of School Completed	0.396	−0.119	1.000	−0.025	0.274
	Respondent's Sex	−0.262	0.004	−0.025	1.000	−0.197
	Age When First Married	0.127	0.040	0.274	−0.197	1.000
Sig. (1-tailed)	Respondent's Income	—	0.039	0.000	0.000	0.000
	Age of Respondent	0.039	—	0.000	0.454	0.133
	Highest Year of School Completed	0.000	0.000	—	0.246	0.000
	Respondent's Sex	0.000	0.454	0.246	—	0.000
	Age When First Married	0.000	0.133	0.000	0.000	—
N	Respondent's Income	772	772	772	772	772
	Age of Respondent	772	772	772	772	772
	Highest Year of School Completed	772	772	772	772	772
	Respondent's Sex	772	772	772	772	772
	Age When First Married	772	772	772	772	772

输出 18.2

输出18.2的相关矩阵给出了各个变量之间的Pearson相关系数(r)、相关系数的显著性以及样本量。我们可以大致看出,和受访者收入相关从高到低依次是最高受教育年限、性别、首次结婚年龄、年龄。

输出18.3表明所有4个自变量被同时纳入回归方程,没有剔除。

	Variables Entered/Removed[b]		
Model	Variables Entered	Variables Removed	Method
1	Age When First Married, Age of Respondent, Respondent's Sex, Highest Year of School Completed[a]		Enter

a. All requested variables entered.
b. Dependent Variable: Respondent's Income

输出18.3

二、输出结果的解释及其意义(1)

模型总结表如输出18.4。其重要参数有以下几个:

					Model Summary(b)					
Model	R	R Square	Adjusted R Square	Std. Error of the Estimate	Change Statistics					Durbin-Watson
					R Square Change	F Change	$df1$	$df2$	Sig. F Change	
1	0.484(a)	0.234	0.230	4.844	0.234	58.567	4	767	0.000	1.841

a. Predictors: (Constant), Age When First Married, Age of Respondent, Respondent's Sex, Highest Year of School Completed.
b. Dependent Variable: Respondent's Income

输出18.4

(1) 确定系数 R^2(R square):在前边我们已经大致提到过,确定系数 R^2 表示纳入模型的自变量所解释的因变量的方差占其总方差的比例,也可以看作回归模型对因变量的预测能力,是回归方程拟合优度的度量。在我们得到的这个模型当中,4个自变量共解释了因变量23.4%的方差。

(2) 调整后的确定系数 R^2(adjusted R square):对 R^2 进行调整的目的是去除那些由于纳入多个自变量,而有可能由机遇(chance)所解释的方差,因此调整后所得到的方差比例要小一些,本例中为23.0%。纳入的变量越多,调整前后的差异越大。

(3) 估计的标准误(standard error of the estimate):纳入模型的自变量数目的增加并不能减少估计的标准误,反而将会给解释回归方程造成麻烦(不但不会改善预期值,反而有可能增加标准误差)。

(4) 确定系数 R^2 的增益值:在分层或逐步回归中,R^2 的增益值表示新纳入的自变量对解释因变量所做的独特贡献。由于我们选择的是标准回归,因此只有一个模型,R^2 是和 0 进行比较,其增益值就等于 R^2。

（5）F 统计量:虚无假设为所有回归系数均为 0 的假设检验所选的统计量。如果有多个模型的话,使用 F 统计量的变化值,代表本行模型的检验结果,具体内容在下面的方差分析表中还会涉及。

（6）Durbin-Watson 统计量:该统计量的值反映了残差彼此之间的相关性,常用于时间序列数据的分析,取值范围在 0 到 4 之间。取值越接近 2,表明残差之间相互越为独立。本例中为 1.841,与 2 相当接近,说明残差之间没有明显的相关。

三、输出结果的解释及其意义(2)

方差分析表（输出 18.5）:评价模型的显著性。在回归方程的显著性检验中,因变量的方差被分解为由回归方差和残差方差,从而计算 F 统计量的值并与相应的临界值进行比较。应当注意的是,虚无假设认为所有的回归系数均为 0,而备择假设为至少有一个自变量的回归系数不为 0,而不是所有自变量的回归系数都不为 0。因此,具体某个自变量的贡献是否显著还需要在后面的结果中才能知晓。在本例中,模型是显著的。

ANOVA[b]

Model		Sum of Squares	df	Mean Square	F	Sig.
1	Regression	5497.372	4	1374.343	58.567	0.000[a]
	Residual	17998.504	767	23.466		
	Total	23495.876	771			

a. Predictors:(Constant), Age When First Married, Age of Respondent, Respondent's Sex, Highest Year of School Completed

b. Dependent Variable: Respondent's Income

输出 18.5

四、输出结果的解释及其意义(3)

回归系数表（输出 18.6）中重要参数如下:

（1）B 值——回归系数,回归方程中自变量的系数。由输出 18.6 可得本例的回归方程为:rincom91 = 0.053 × age + 0.801 × educ − 2.875 × sex − 0.050 × agewed + 5.595。输出 18.6 中的 t 值和显著性 sig 值为回归系数的显著性检验。如前面方差分析表的注解中所述,回归方程整体显著不表明每一个自变量的贡献都是显著的,因此统计检验十分必要。同时,除了"全或无"的假设检验外,SPSS 还对回归系数进行了置信度为 95% 的区间估计,在上表中给出了其上、下限的值。

Coefficients(a)

Model		Unstandardized Coefficients		Standardized Coefficients	t	Sig.	95% Confidence Interval for B		Correlations			Collinearity Statistics	
		B	Std. Error	Beta			Lower Bound	Upper Bound	Zero-order	Partial	Part	Tolerance	VIF
1	(Constant)	5.595	1.439		3.888	0.000	2.770	8.420					
	Age of Respondent	0.053	0.015	0.116	3.620	0.000	0.024	0.081	0.064	0.130	0.114	0.980	1.020
	Highest Year of School Completed	0.801	0.064	0.414	12.489	0.000	0.675	0.927	0.396	0.411	0.395	0.907	1.102
	Respondent's Sex	−2.875	0.356	−0.260	−8.069	0.000	−3.575	−2.176	−0.262	−0.280	−0.255	0.960	1.041
	Age When First Married	−0.050	0.040	−0.042	−1.259	0.209	−0.127	0.028	0.127	−0.045	−0.040	0.884	1.132

a. Dependent Variable: Respondent's Income

输出 18.6

(2) Beta 值——标准化回归系数。由于各个自变量的度量单位往往不一致,从回归系数难以直接比较各个自变量的贡献大小。标准化回归系数消除了测量单位的影响,因此其绝对值的大小体现了自变量对因变量的贡献大小。在标准化回归方程中,常数项为零。

(3) 相关系数——我们在命令语句中所使用的"ZPP",实际上就是本表中给出的三种相关系数的首字母缩写,从左至右分别是相关系数、偏相关系数和部分相关系数。第一项就是先前相关矩阵表中给出的粗相关;偏相关是指控制了其他自变量以后该自变量与因变量的相关;部分相关则是完全除去了其他变量的影响之后的两变量的相关。

(4) 共线性检验指标——就是我们先前讲过的容限度和方差膨胀因子,在此不再赘述。

五、输出结果的解释及其意义(4)

(1) 输出 18.7 给出了自变量之间的交互作用,包括相关与协方差。

Model		AGEWED Age When First Married	AGE Age of Respondent	SEX Respondent's Sex	EDUC Highest Year of School Completed
1	Correlations AGEWED Age When First Married	1.000	−0.078	0.198	−0.281
	AGE Age of Respondent	−0.078	1.000	−0.017	0.135
	SEX Respondent's Sex	0.198	−0.017	1.000	−0.033
	EDUC Highest Year of School Completed	−0.281	0.135	−0.033	1.000
	Covariances AGEWED Age When First Married	1.563E-03	−4.479E-05	2.789E-03	−7.131E-04
	AGE Age of Respondent	−4.479E-05	2.130E-04	−8.615E-05	1.265E-04
	SEX Respondent't Sex	2.789E-03	−8.615E-05	0.127	−7.473E-04
	EDUC Highest Year of School Completed	−7.131E-04	1.265E-04	−7.473E-04	4.111E-03

a. Dependent Variable: RINCOM91 Respondent's Income

输出 18.7

（2）输出 18.8 是另一种检验是否存在多重共线性问题的方法,其原理类似于我们在下一章中将要讲到的因素分析。自变量之间的交互作用被因素化,特征值越小(Eigenvalue),表明该因素所解释的方差越小,如果非常小的话应该怀疑共线性的存在。条件参数(condition index)总结了因素抽取的结果,如果其值在 15 以上,表明有多重共线性的可能;如果在 30 以上,表明问题已经相当严重了。如果发现了问题,在其后的方差比例表中查看是否有多个变量在该维度上都有相当的作用。

				Collinearity Diagnostics[a]				
					Variance Proportions			
Model	Dimension	Eigenvalue	Condition Index	(Constant)	AGE Age of Respondent	EDUC Highest Year of School Completed	SEX Respondent's Sex	AGEWED Age When First Married
1	1	4.796	1.000	0.00	0.00	0.00	0.00	0.00
	2	9.506E-02	7.103	0.00	0.04	0.02	0.75	0.05
	3	6.943E-02	8.311	0.00	0.70	0.13	0.00	0.04
	4	2.833E-02	13.011	0.00	0.06	0.63	0.03	0.63
	5	1.154E-02	20.386	1.00	0.20	0.23	0.21	0.28

a. Dependent Variable: RINCOM91 Respondent's Income

输出 18.8

（3）输出 18.9 是一个关于异常值的检验,即预测值偏离均值 3 个标准差以外的观测量,通常具有很大的标准化残差。研究者需要返回原始数据对其进行仔细考查,探究原因,并在后面的分析中考虑是否将其剔除。

		Casewise Diagnostics[a]		
Case Number	Std. Residual	RINCOM91 Respondent's Income	Predicted Value	Residual
822	−3.221	2	17.61	−15.61
853	−3.163	4	19.32	−15.32
873	−3.407	1	17.50	−16.50
1192	−3.359	1	17.27	−16.27

a. Dependent Variable: RINCOM91 Respondent's Income

输出 18.9

（4）输出 18.10 是关于残差,即预测值和实际值之差的信息。标准化的残差(std residual)即除以其标准差以后的残差。学生残差(stud. residual)与之类似,只不过服从的是 t 分布。接下来的剔除残差(deleted residual)和学生剔除残差(stud. deleted residual)计算的是排除影响点后所得到的残差值。表中的最后三个统计量度量的是最小值、最大值以及均值对于模型的影响。马式距离(Mahal. distance)是观测量与自变量平均值之间的距离;Cook 距离(Cook's distance)体现了个案被剔除之后其他所有观测量残差的变化,其值越大,表明被剔除的观测点的影响力越大;而居中杠杆值(centered leverage value)用于检测多于一个自变量时影响点的标准。如果在 0.5 以上时,表明个案对模型有着严重的负面影响,应深入考查。本例中最大的 Leverage 值只有 0.056,没有上述问题。然而,这些统计量对残差的描述虽然详尽,却不够直观,在输出 18.11 中我们将对残差进行图形化分析。

Residuals Statistics[a]					
	Minimum	Maximum	Mean	Std. Deviation	N
Predicted Value	1.25	21.12	13.23	2.67	772
Std. Predicted Value	−4.487	2.957	0.000	1.000	772
Standard Error of Predicted Value	0.24	1.16	0.38	0.10	772
Adjusted Predicted Value	1.18	21.42	13.23	2.67	772
Residual	−16.50	13.44	−3.26E-15	4.83	772
Std. Residual	−3.407	2.775	0.000	0.997	772
Stud. Residual	−3.418	2.813	0.000	1.001	772
Deleted Residual	−16.61	13.81	−2.42E-03	4.87	772
Stud. Deleted Residual	−3.442	2.826	−0.001	1.003	772
Mahal. Distance	0.973	43.220	3.995	3.406	772
Cook's Distance	0.000	0.104	0.001	0.005	772
Centered Leverage Value	0.001	0.056	0.005	0.004	772

a. Dependent Variable: RINCOM91 Respondent's Income

输出 18.10

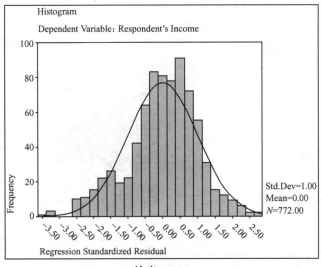

输出 18.11

(5) 带有正态曲线的因变量分布直方图(输出 18.11)使我们能够直观地判断数据

是否满足正态性的假设。回归分析对于该假设有一定的耐受性,至少本例中因变量的分布不会对结果造成影响。

(6) 正态概率图(normal probability plot),简称为 P-P 图,用于检验残差误差的正态分布情况。如果点都集中在 45 度角的直线上,说明符合正态分布,本例正是如此(输出 18.12)。

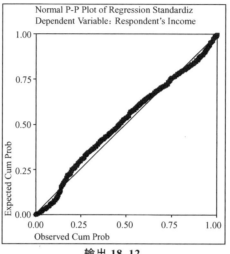

输出 18.12

(7) 输出 18.13 是以标准化预期值为横轴,学生剔除残差为纵轴所绘制的散点图,为我们描述了个案数据的参考值范围以及均值的置信区间。按照统计要求,95%的点应落在[-2,2]的区间之内,只有千分之一的点允许落在[-3,3]以外。本例中绝大部分观测点都随机地落在了[-2,2],预测值与学生残差没有明显关系。

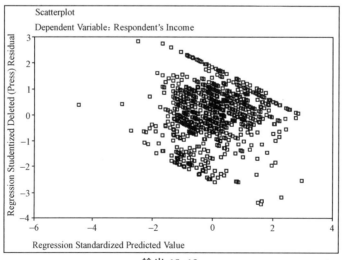

输出 18.13

(8) 输出 18.14 是以因变量的观测值为横轴,标准化预期值为纵轴绘制的散点图。如果因变量的所有方差都能够被线性回归关系所解释的话,观测点应形成一条直线。本例中观测点相对分散,而且有部分集中的趋势,这与我们的回归方程只解释了 23.4% 的方差有关。

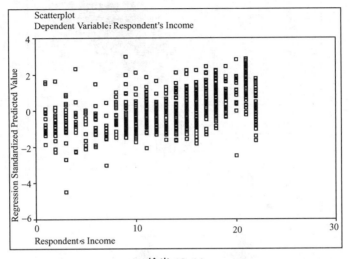

输出 18.14

(9) 部分回归散点图(输出 18.15),直观地表明了个别自变量与因变量之间的关系,如输出 18.15 为受访者年龄与收入的关系图。以下三图(输出 18.16~18.18)与之类似,不再重复解释。

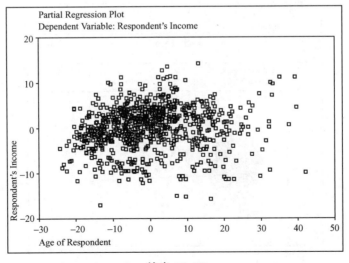

输出 18.15

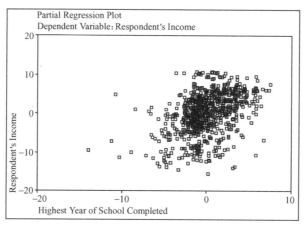

输出 18.16

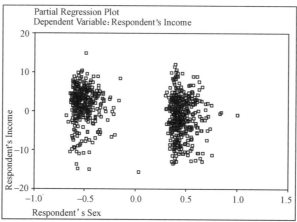

输出 18.17

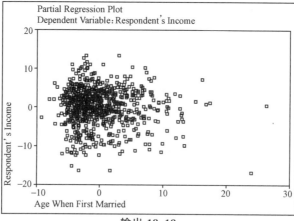

输出 18.18

19

因素分析

在实际研究中,面对很多的观测变量,我们经常需要把它们进行压缩,找出数据之间的内在联系,以最少的信息丢失为代价将众多彼此之间可能有关系的观测变量压缩为少数几个因素。这种将一系列变量归结为较少变量,以揭示其潜在结构(维度)的统计程序就是因素分析(factor analysis)。

例如,世界上有爵士乐、古典音乐类型、歌剧、重金属乐等十几种音乐类型,如果直接将这些变量拿去做数据分析,会非常烦琐而杂乱。但是这些音乐可以根据风格、类型等划分为较大的几个类型,例如高雅音乐、打击乐等,这样可以将这么多变量压缩得少而精,帮助我们更清晰地看清这些变量的结构。事实上,因素分析的过程也是一个发现研究中众多变量的潜在结构的过程。这一章我们就来学习如何达到这个目的。

§1 因素分析简介

由前面的介绍大家已经知道,因素分析的目的和作用有以下几个:一个是减少变量数目,用数目较少的更有意义的潜在构念来解释一组观测变量。在进行统计分析的过程中,我们可能会遇到以下情况,即观测变量之间存在着较高的相关程度,这种多重共线性的问题会导致信息的高度重合,给统计带来了局限性。而因素分析可以生成少数几个相对独立的因素代替多数变量进行统计分析,可以解决多重共线性的问题,如在多元回归中就是这样。同时这个过程也能帮助我们在一组变量中选择少数几个有代表性,即与所有其他因素相关最高的变量,它们代表了数据的基本结构,反映了信息的本质特征。因此,在验证心理量表的结构效度时,也要进行因素分析。

因素分析按照研究者对因素的确定性程度可以分为两类:探索性因素分析(exploratory factor analysis, EFA)和验证性因素分析(confirmatory factor analysis, CFA)。在探索性因素分析中,研究者事先对观测数据背后可以提取出多少个因素并不确定,因素分析主要是用来探索因素的个数的,所以被称为探索性的因素分析。在验证性因素分析中,研究者根据已有的理论模型对因素的个数,以及每个变量在哪个因素上有载荷有明确的假设,所以这时的因素分析主要目的在于对假设进行验证。也正因如此,其被称为验证性因素分析。值得注意的是两者并不是完全对立的,在实际应用中,我们可以发现一个好的研究往往不单纯用探索性因素分析,而是以探索性因素分析开始,以验证性因素分析结束。作为初等统计的教材,本章只介绍探索性因素分析。

由于因素分析中相互之间存在联系的变量被压缩为几个独立的因素,因此每个观测变量都可以由一组因素的线性组合来表示。设有 n 个观测变量,则因素分析模型的一般表达形式为

$$X_i = A_{i1}Z_1 + A_{i2}Z_2 + \cdots + A_{im}Z_m + u_i \quad (i=1,2,\cdots,n)$$

其中,$X_i(i=1,2,\cdots,n)$ 为观测变量;$Z_1, Z_2, \cdots, Z_m$ 为公因子(common factor),是各个观测变量共有的因素,解释了变量之间的相关;$u_i(i=1,2,\cdots,n)$ 为特殊因素(unique factor),是该观测变量中独特的,只对当前变量有影响,不能被公因子所解释的特征;$A_{ij}(i=1,2,\cdots,n;j=1,2,\cdots,m)$ 为因素负载(factor loadings),它是第 i 个变量在第 m 个公因子上的负载。在实际应用中,有时会出现双负载的现象,我们会在后面详细介绍。

下面我们举个例子来说明一下上述表达式。

在一次企业文化调查中收集了以下几项指标:制度是否保守 X_1,薪酬是否满意 X_2,工作是否稳固 X_3,管理架构是否合理 X_4,是否有个人发展空间 X_5,得到如下模型:

$$X_1 = 0.96Z_1 + 0.23Z_2 + u_1$$
$$X_2 = 0.32Z_1 + 0.87Z_2 + u_2$$
$$X_3 = 0.15Z_1 + 0.94Z_2 + u_3$$
$$X_4 = 0.87Z_1 + 0.29Z_2 + u_4$$
$$X_5 = 0.84Z_1 + 0.5Z_2 + u_5$$

从上面五个观测变量中,根据公因子前面的系数,我们可以总结出两个因素来:第一个因素代表"制度",包括变量 X_1,X_4 和 X_5;后一个因素代表"待遇",可以包括 X_2 和 X_3。

在上例中,提取出来的因素有较好的实际含义。如果分析中各因素难以找到合适的意义,则可以通过适当的旋转,改变信息量在不同因素上的分布,最终便于对结果的解释。在后面的几节中,我们会详细介绍。

§2 因素分析的步骤

一、样本数据要求和统计前提

一旦我们决定要对数据进行因素分析,在进行研究之前就应该考虑对数据的要求和统计前提。以下 6 项要求和前提应当引起注意:

(1)因素分析要求样本容量比较充足,否则无法得到稳定和准确的结果。关于这一点,不同的研究者有不同的说法。一般来说,我们需要保持样本容量与观测变量个数

之间的比例在 5∶1 以上,总样本容量不得少于 200,而且原则上越大越好。

(2) 因素分析目的在于寻找内在结构,首先要求数据具有中等至中高的变量内部相关。低内部相关会导致结果中提取出因素的数目与原变量相差无几,达不到因素分析数据缩减的目的,而过高的内部相关又会产生多重共线性问题。如果发现过高的内部相关,其中一些变量可以合并或去掉。SPSS 中的 KMO(Kaiser-Meyer-Olkin measure of sampling adequacy)统计量可以用来表征变量内部相关,其值的变化范围为 0~1。如果各变量间存在内在联系,则由于计算偏相关时控制其他因素就会同时控制潜在变量,导致偏相关系数远远小于简单相关系数。KMO 值接近 1,做因素分析的效果最好,KMO 值较小时,表明观测变量不适合做因素分析。一般来说,我们要求 KMO 大于 0.6 才能说明数据适合做因素分析。

(3) 适当的设定,没有选择性偏差。与多元回归类似,在变量中遗漏有关的变量或包括了无关的变量都可能造成对变量结构的歪曲。

(4) 数据的非常值(outlier)会对结果有较大的影响,因此需要进行适当的处理。我们可以采用马式(Mahalanobis)距离来识别多元非常值(multivariate outliers)。

(5) 线性。因素分析要求数据满足线性前提。样本越小,这一点越重要。如果数据是非线性的,则需要我们在进行转换变量之后再做因素分析。

(6) 多元正态性。在因素分析中,并不需要数据一定呈正态分布,但如果是正态分布的数据,结果会更好。

二、因素分析的方法

在数据满足了以上 6 项要求之后,就可以进行正式的因素分析了。首先,需要确定因素分析的方法。SPSS 统计程序提供 8 种因素分析的方法,其中最常用的是主成分分析(principal components analysis,PCA)和主轴因素分析(principal axis factor analysis,PAF)。主成分分析和主轴因素分析的区别主要在于以下几点:

(1) PCA 可表示为 $F_i = X_1 + X_2 + \cdots + X_i$;PAF 可表示为 $X_i = F_1 + F_2 + \cdots + F_i$。所以,PCA 多用于降维,即用几个代表性(方差较大)的维度代表所有维度,这种模型又称为反映性模型;PAF 多用于寻找潜在的因子,即几个潜在因子解释所有维度,这种模型又称为形成性模型。

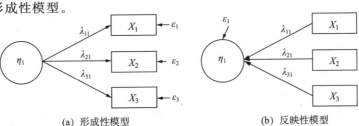

(a) 形成性模型　　　　　　(b) 反映性模型

图 19.1　PCA 与 PAF 的模型示意

(2) PCA 解释一组变量的总方差(独特方差＋共同方差);PAF 解释一组变量的共同方差(独特方差被设定为 0)。

(3) PCA 计算效率大大超过 PAF,是最常用的因素分析方法。

(4) PAF 用于检验一个因素能否解释一组变量的共同方差,如量表中的一组题目,缺点是有时会得到负的特征值。

尽管主成分分析和主轴因素分析有以上区别,究竟选择哪种方法还是要依据理论基础和研究目的,因为方法的选择可能会直接影响研究结果或结论。此外,保留的因素或成分的个数以及旋转的方法也很关键。但是,在抽取的因素个数正确、数据的质量较好的情况下,两种方法得到的结果的相似性很高;而在数据质量较差的情况下,二者差异较大。

三、因素个数的确定

确定了原始因素解决的方法,下一步,也就是因素分析中最重要的一步,确定因素的个数。在实际应用中,我们一般借助以下四个准则帮助我们确定因素的个数:

(1) Kaiser 准则(Kaiser's criterion)。即取特征根大于等于 1 的主成分作为初始因素,放弃特征值小于 1 的主成分。这是大多数电脑软件如 SPSS 采用的默认标准,应注意这种标准常常造成因素的过度抽取。

(2) 方差解释标准(variance explained criteria)。一般来说,所有因素解释的累计方差百分比应至少在 40% 以上。而单个因素解释的方差百分比一般应在 5% 以上才抽取该因素。

(3) 碎石图(scree plot)。碎石图是 SPSS 提供的另一个判断依据,它按照因素特征值从大到小进行排列,从中可以直观的了解哪些是最主要的因素。该图的形状像一座山峰,横轴是因素个数,纵轴是特征值。从第一个因素开始,曲线迅速下降,然后下降变得平缓,曲线变平开始的前一个点认为是应当抽取的因素数。如图 19.2 中,曲线在第 4 个因素之后开始变得平缓,因此根据碎石图应当抽取 3 个因素。

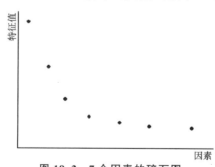

图 19.2　7 个因素的碎石图

(4) 理解性(comprehensibility)。在实际操作中,我们往往结合实际情况及以上三种标准灵活考虑。保留的因素是否有实际意义,是否易命名,也是在确定因素时应该考虑的一个重要方面。如果提取出的因素毫无实际意义或无法理解,这样的因素即使在统计角度是最理想的,我们也必须放弃它,而要选择一种易于理解和命名的,不过在统计角度或许不是最理想的选择。

四、因素旋转

完成因素提取之后,下一步就是解释因素,寻求每个因素的实际意义。而因素旋转则是达到这一目的的有效工具,也是因素分析中必要的一步。它通过改变坐标轴的位置,重新分配各个因素所解释的方差的比例,使因素结构更简单,即每个观测变量在尽可能少的因素上有比较高的负载,使结果更易于解释。所以,因素旋转既不改变模型对数据的拟合程度,也不改变每个变量的公因子方差。特征值之和不会因旋转而改变,但旋转会改变特定因素的特征值。

因素旋转的方式分为两种:一种为正交旋转(orthogonal rotation);另一种为斜交旋转(oblique rotation)。正交旋转中因素轴之间仍然保持90°角,即因素之间是不相关的;斜交旋转中,因素之间的夹角可以是任意的。在 SPSS 中,每种方式下面有着具体的分类,如表 19.1 所示。

表 19.1 因素旋转的分类

正交旋转	斜交旋转
1. (Quartimax)	1. (Oblimin)
2. 直交旋转(Varimax)	2. (Oblimax)
3. (Equamax)	3. (Quartimin)
4. (Orthomax)	4. (Biquartimin)
5. 普氏旋转(Promax)	5. (Binormamin)
	6. (Maxplane)

注:未标注中文的各旋转方法是目前还没有统一或公认的译法。

那么,应该怎样选择旋转方法呢?正交旋转应用更为普遍,而且很多软件默认的旋转方法就是直交旋转。实际上,在探索性因素分析(EFA)中,研究者对因素的数目和意义没有明确的假设,更谈不上对其相关做出假设。因此,做 EFA 时通常假定测量变量表达两个或以上不同的因素,即正交的因素。

五、解释因素

确定了因素个数和旋转方法后,我们必须对每个因素进行解释,给出一个具体的名称。解释因素主要借助于旋转后因素负载矩阵,首先找出在每个因素上有显著负载的变量,根据这些变量的意义给因素一个合适的名称。具有最高负载的变量对因素名称的影响更大,我们把这些高负载变量称为标记变量(markers)。

标记变量对因素的解释具有重要的意义,它仅与一个因素有高相关,可以清晰地反映一个因素的本质特征。一个因素应一开始就得到标记变量的明确界定,围绕该因素增加其他观测变量才有意义。

在 SPSS 因素分析输出结果中有负载矩阵表,它具有把因素负载重新排序的选项,使得在同一因素上有较高负载的变量排在一起。它还有使很小的负载可以忽略不显示的选项,在变量数较多的情况下,可以帮助我们抓住重点,对因素进行解释。

§3 用 SPSS 进行因素分析

下面我们将以 SPSS 20.0 中自带的数据"GSS93.sav"为例,来详细说明一下因素分析的全过程。

一、运用 SPSS 进行计算

进入 Factor analysis 之后,可以看到一个对话框,我们将所有要分析的变量放入"Variables"框内,包括"bigband, blugrass, country, blues, musicals, classicl, folk, jazz, opeara, rap, hvymetal, classic3, jazz3, rap3, blues3"。

下面将分别介绍一下我们将要使用到的对话框及其中各条目的用途。

1. Descriptive 对话框

(1) Statistics:提供描述性统计量。
- Univariated descriptives:提供观测变量的均值、标准差。
- Initial solution:提供原始的分析结果,显示与变量相同个数的因素、各因素的特征根、解释的方差比例和累积百分比。

在本例中,我们未勾选 Statistics 内的选项。

(2) Correlation Matrix:提供与相关矩阵有关的统计量。
- Coefficients:提供观测变量的相关系数矩阵。
- Significance level:提供相关系数的显著性水平。
- Determinant:提供相关矩阵的行列式。
- KMO and Bartlett's test of sphericity:提供极为重要的 KMO 测度和 Bartlett 球面检验。

SPSS 还提供了 Inverse(相关矩阵的逆矩阵),Reproduced(估计出的相关矩阵)和 Anti-image(反映像相关矩阵)。但在实际应用中,三者的意义不大,所以在此略去不做详细介绍。

在本例中,我们勾选出 Initial solution 和 KMO and Bartlett's test of sphericity 两项。

2. Extraction 对话框

(1) Method：选择提取因素的方法。

SPSS 中为我们提供了以下七种提取因素的方法：Principal Components，Unweighted least square，Generalized least squares，Maximum likelihood，Principal Axis factoring，Alpha，Image。如上文所述，最常用的方法是 Principal components（主成分分析）和 Principal axis factoring（主轴因素法）两种。

在这里，我们选用系统默认的主成分分析。

(2) Analyze：选择分析的方法。

- Correlation Matrix：使用变量的相关矩阵进行分析，为系统的默认方法。
- Covariance Matrix：使用变量的协方差矩阵进行分析。

在这里，我们选用系统默认的方法。

(3) Display：选择输出结果。

- Unrotated factor solution：显示未经旋转的因素提取结果，为系统默认的形式。
- Scree plot：显示碎石图，为因素个数提供参考。

在一般的因素分析程序中，程序至少要运行两次。第一次中选择显示未经旋转的因素提取结果（默认）和勾选显示碎石图，第二次运行中则这两者都不必再选。

(4) Extract：决定提取因素的个数。

- Eigenvalue over：按照特征值进行提取，系统的默认值为 1，即特征值大于 1 的都被提取。
- Number of factors：直接指定因素的个数。

在程序运行的第一次中，一般采用默认选项。这时，根据 Kaiser 准则，选取的因素数目一般要多于所需要的因素个数。在对于碎石图，因素累计解释百分比和因素意义进行分析后，在第二次分析中采用"直接指定因素的个数"选项。

(5) Maximum iterations for Convergence：因素分析中的最大迭代次数，SPSS 默认为 25 次。在斜交旋转时，有时需要调高最大迭代次数。

3. Rotation 对话框

Method：选择进行旋转的方法。

SPSS 为我们提供了五种方法：Varimax，Direct Oblimin，Quartimax，Equamax，Promax。但是我们所常用的两种方法为 Varimax 和 Promax。Varimax 是方差最大化的正交旋转，它在保持各因素正交的前提下，使得因素间方差的差异达到最大，即相对载荷平方之和最大。Direct Oblimin 是斜交旋转中最常用的一种方法。

在程序运行的第一次中，由于因素数目不确定，一般不采用旋转选项。在程序运行的第二次中，我们采用 Varimax 选项。

4. Scores 对话框

(1) Save as variables：将因素值作为新变量保存在数据文件中，这里的因素得分是指经过标准化了的得分。
- Method：选择用于计算因素值的方法。
- Regression：回归法，SPSS 默认的方法，也是常用的方法。
- Bartlett：巴特里特法。
- Anderson-Rubin：安德森-鲁宾法。

(2) Display factor score coefficient matrix：显示因素得分系数矩阵，通过该系数阵就可以将所有公因素表示为各个变量的线性组合，也就是我们所需要的主成分分析的结果。

5. Options 对话框

(1) Missing Values：选择缺失值的处理方式。

(2) Coefficient Display Format：因素负载的显示方式。
- Sorted by size：按绝对值的大小排列。
- Suppress absolute values less than：不显示绝对值小于指定值的因素负载，这样可以抑制次要系数的输出，使结果更加清晰易读。SPSS 中的默认值为 0.10，在实际操作中，我们可以选择 0.30，根据我们的具体需要来调整。在程序运行的第二次中，可采用 Sorted by size 和 Suppress absolute values less than 0.30 选项。

二、输出结果

我们在第二次运行后的输出(output)中得到以下结果：

(1) 由输出 19.1 中 KMO 和 Bartlett 检验可以看出，KMO>0.6，表明数据适合做因素分析。而 Bartlett 检验 $\chi^2(105)=12\,039.39$，达到显著水平，说明相关矩阵不是单位阵，变量之间有一定相关，可以进行因素分析。

KMO and Bartlett's Test		
Kaiser-Meyer-Olkin Measure of Sampling Adequacy.		0.707
Bartlett's Test of Sphericity	Approx. Chi-Square	12039.387
	df	105
	Sig.	0.000

输出 19.1

(2) 输出 19.2 是共通性(Communality)的表格。共通性是指观测变量的方差中可以由公因子决定的比例，也就是被某个因素解释的变量的方差部分，其取值范围在 0~1 之间。共通性越大，变量能被因素说明的程度越高。共通性的意义在于说明如果用公因子代替观测变量之后，原来每个变量的信息被保留的程度，它可以解释为外在指标(变量能够体现因素)的信度。当所有公因子之间彼此正交时，共通性等于和该变量有关的因素负载的平方和。在 SPSS 的输出结果中，包括两列：Initial 和 Extraction，即初始的共通性和提取后的共通性。可以看到初始的共通性都为 1,这是因为初始时因素与变量的数目相同,变量所有的方差都可以由因素来解释。而抽取之后,由于因素数目小于变量数目了,所以共通性也都小于 1。

Communalities	Initial	Extraction
BIGBAND Bigband Music	1.000	0.476
BLUGRASS Bluegrass Music	1.000	0.677
COUNTRY Country Western Music	1.000	0.660
BLUES Blues or R & B Music	1.000	0.785
MUSICALS Broadway Musicals	1.000	0.548
CLASSICL Classical Music	1.000	0.846
FOLK Folk Music	1.000	0.541
JAZZ Jazz Music	1.000	0.775
OPERA Opera	1.000	0.578
RAP Rap Music	1.000	0.907
HVYMETAL Heavy Metal Music	1.000	0.317
CLASSIC3 Classical Music（3）	1.000	0.804
JAZZ3 Jazz Music（3）	1.000	0.775
RAP3 Rap Music（3）	1.000	0.883
BLUES3 Blues and R & B Music	1.000	0.778

Extraction Method: Principal Component Analysis.

输出 19.2

(3) 输出 19.3 为我们描述了特征值(Eigenvalue)。给定因素的特征值度量了被此因素所解释的所有变量的方差,是由所有变量的因素载荷的平方和来计算得到的,它可以被看成是因素影响力度的指标,代表引入该因素后可以解释多少原始变量的信息。如果一个因素的特征值低,则意味着它对于变量方差解释的贡献很小,可以被忽略。

输出 19.3 中显示了 15 个因素,也就是每个观测变量都是一个因素。但是只有前 4 个被提取出来进行分析,因为在"Extraction"的选项中,我们规定了只提取特征值大于 1 的变量。而这 4 个因素每个解释的方差都在 5% 以上,累计达到了 69.01%。

(4) 输出 19.4 是因素分析的碎石图,是我们判断取几个因素的重要标准之一。尽管根据碎石图判断的标准有些主观,但是我们从图中还是可以比较清楚地看到,第一个拐点位于第三个因素,从第三个因素到第四个因素变得比较平缓,但是第四个因素到第五个因素又是比较陡的下降趋势,随后趋于平缓。因此,综合考虑,在这里我们选取四个因素。

| Total Variance Explained ||||||
| Component | Initial Eigenvalues ||| Extraction Sums of Squared Loadings |||
	Total	% of Variance	Cumulative %	Total	% of Variance	Cumulative %
1	4.559	30.393	30.393	4.559	30.393	30.393
2	2.514	16.759	47.153	2.514	16.759	47.153
3	1.740	11.598	58.751	1.740	11.598	58.751
4	1.539	10.262	69.013	1.539	10.262	69.013
5	0.884	5.895	74.908			
6	0.780	5.199	80.107			
7	0.714	4.758	84.865			
8	0.608	4.051	88.916			
9	0.503	3.352	92.268			
10	0.488	3.250	95.519			
11	0.397	2.644	98.162			
12	9.002E-02	0.600	98.762			
13	8.222E-02	0.548	99.311			
14	5.659E-02	0.377	99.688			
15	4.683E-02	0.312	100.000			

Extraction Method: Principal Component Analysis.

输出 19.3

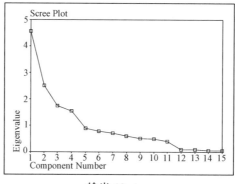

输出 19.4

（5）输出 19.5 给出的是未旋转的因素矩阵。后面我们得到旋转后的因素矩阵时，再来做一个比较。确定了因素个数，接下来我们进行第二次因素分析。

19 因素分析

Component Matrix[a]				
	Component			
	1	2	3	4
BIGBAND Bigband Music	0.612	−0.300	−6.99E-02	7.858E-02
BLUGRASS Bluegrass Music	0.320	−0.223	−0.304	0.658
COUNTRY Country Western Music	3.014E-02	−0.202	−0.308	0.724
BLUES Blues or R & B Music	0.678	0.352	−0.450	−2.72E-03
MUSICALS Broadway Musicals	0.647	−0.314	0.178	−1.22E-02
CLASSICL Classical Music	0.725	−0.366	0.403	−0.155
FOLK Folk Music	0.488	−0.419	3.827E-02	0.354
JAZZ Jazz Music	0.696	0.380	−0.273	−0.267
OPERA Opera	0.641	−0.267	0.310	−2.23E-04
RAP Rap Music	0.207	0.695	0.496	0.367
HVYMETAL Heavy Metal Music	7.938E-02	0.459	0.268	0.167
CLASSIC3 Classical Music (3)	0.720	−0.337	0.384	−0.157
JAZZ3 Jazz Music (3)	0.699	0.392	−0.266	−0.247
RAP3 Rap Music (3)	0.211	0.700	0.491	0.328
BLUES3 Blues and R & B Music	0.665	0.366	−0.450	−2.63E-02

Extraction Method: Principal Component Analysis.

a. 4 components extracted.

输出 19.5

在 Extraction 对话框中,我们勾选 Number of factors,填入 4。在 Option 对话框中,勾选 Sorted by size 和 Suppress absolute values less than,将后者选项中的默认值 0.10 改为 0.30,这样改了之后,因素载荷小于 0.30 的未被显示,因为载荷过小我们需要将其删除。至于旋转方法,我们在这里选取了最常用的正交旋转,即 Rotation 里面的 Varimax。由于我们没有删除变量,参与分析的变量没有变化,所以 KMO 和 Bartlett 检验、共通性、解释的方差、碎石图等都没有变化,我们主要来看一下旋转后的因素矩阵。

(6) 由输出 19.6 可以看出,与旋转之前的因素矩阵相比,经过旋转的矩阵更加清晰,所有变量被分入 4 个因素当中,除了一个变量在两个因素上都有大于 0.3 的载荷之外(我们已经命令 SPSS 只出现大于 0.3 的载荷),其他变量都只在一个因素上有载荷。因素载荷(负载)是连接观测变量和公因子之间的纽带。当公因子完全正交时,即完全不相关时,因素载荷还等于了因素和变量之间的相关系数。载荷的绝对值越大,表示公因子与变量之间的关系越密切。我们后面还会讲到,因素载荷是诠释不同因素意义的基础。在两个因素上有载荷,且两个载荷的差值小于 0.2 的情况就是双载荷,这是不利于我们进行因素分析并命名的,因此我们需要将双负载的条目删去再重新进行因素分析。如果有较多的双负载,那我们需要逐步删去双负载以及在所有因素上负载都小于 0.3 的条目,不应一次全都删除。而最后一个因素只包含了两个条目,似乎题项太少(一般来说对于每个因素所包含题项在三个以上),也不利于我们对因素命名,我们可以将其删去。

Rotated Component Matrix[a]				
	Component			
	1	2	3	4
CLASSICL Classical Music	0.910			
CLASSIC3 Classical Music（3）	0.884			
OPERA Opera	0.746			
MUSICALS Broadway Musicals	0.711			
BIGBAND Bigband Music	0.557			
FOLK Folk Music	0.556			0.477
BLUES3 Blues and R & B Music		0.859		
BLUES Blues or R & B Music		0.856		
JAZZ Jazz Music		0.839		
JAZZ3 Jazz Music（3）		0.838		
RAP Rap Music			0.948	
RAP3 Rap Music（3）			0.933	
HVYMETAL Heavy Metal Music			0.554	
COUNTRY Country Western Music				0.807
BLUGRASS Bluegrass Music				0.797

Extraction Method：Principal Component Analysis.
Rotation Method：Varimax with Kaiser Normalization.
a. Rotation converged in 5 iterations.

输出 19.6

因此，现在我们把有双负载的条目 Folk 以及最后一个因素的两个条目 Country 和 Blugrass 删除，然后将余下的 12 个变量重新进行因素分析，步骤与刚才一样。这样得到的因素矩阵如输出 19.7 所示。

我们看到，删除了不合适的条目之后，虽然仍有一个变量 Bigband 在两个因素上有大于 0.3 的载荷，但是这两个载荷之间相差大于 0.2，因此可以将这个变量看作属于第一个因素。

下面我们要做的就是对这 3 个因素命名。第一个因素包括经典音乐、歌剧等，我们或许可以将其命名为高雅音乐；第二个因素包括蓝调音乐、R&B、爵士等，我们不妨称其为蓝调和爵士乐；第三个因素包括打击乐、重金属乐，因此我们可以将这个因素称为打击乐。

Rotated Component Matrix^a			
	Component		
	1	2	3
CLASSICL Classical Music	0.906		
CLASSIC3 Classical Music (3)	0.885		
OPERA Opera	0.755		
MUSICALS Broadway Musicals	0.717		
BIGBAND Bigband Music	0.563	0.303	
BLUES3 Blues and R & B Music		0.870	
BLUES Blues or R & B Music		0.869	
JAZZ Jazz Music		0.824	
JAZZ3 Jazz Music (3)		0.823	
RAP Rap Music			0.940
RAP3 Rap Music (3)			0.929
HVYMETAL Heavy Metal Music			0.565

Extraction Method: Principal Component Analysis.
Rotation Method: Varimax with Kaiser Normalization.
a. Rotation converged in 5 iterations.

输出 19.7

20

多元方差分析

§1 多元方差分析简介

多元方差分析（MANOVA）是用于考查类目型变量在多个等距因变量上的主效应和交互作用的统计方法。MANOVA 与 ANOVA 相比既有相似的地方也有不同的地方。MANOVA 与 ANOVA 类似的是可以有一个或几个类目型自变量作为预测源，不过，MANOVA 与 ANOVA 的根本区别在于因变量的个数。MANOVA 中因变量的个数多于一个，而 ANOVA 中只有一个因变量。而且，MANOVA 测量的因变量彼此之间是有相关的。例如，我们打算考查使用不同的数学教材（课本 A、课本 B 和课本 C）会对数学成绩有影响这个假设，这是一个 ANOVA 的检验，自变量是教材类型，有三个水平，因变量有一个，即数学成绩。但是，如果数学成绩、物理成绩、化学成绩均是相关联的，我们假设使用不同的数学教材会影响数学、物理和化学成绩，这时就可以用 MANOVA 来检验假设，自变量仍然是教材类型，但是同时考虑三个因变量，即数学成绩、物理成绩和化学成绩。

虽然 MANOVA 因为因变量有多个，看起来比 ANOVA 复杂了很多，但实际上计算的性质和逻辑并没有变化。MANOVA 可以看作 ANOVA 在多个因变量情境下的延伸。ANOVA 检验的是在一个因变量上，组间差异是否是随机出现的；MANOVA 检验的是在因变量的组合上（combination of dependent variables），组间差异是否是随机出现的。之所以说是组合，是因为在 MANOVA 中，从多个因变量中会根据组间差异最大化的原则生成一个新的因变量，这个新的因变量是多个因变量的线性组合。然后应用 ANOVA 对这个新的因变量进行检验。如果在 MANOVA 中有两个或者两个以上的自变量，对于每个主效应和交互作用都会产生一个新的因变量，产生的原则仍然是组间差异最大化。

既然 MANOVA 和 ANOVA 的应用差异主要在于是多个因变量还是一个因变量，我们可不可能用多个 ANOVA 的分析来代替 MANOVA 的分析呢？虽然前面提到，MANOVA 与 ANOVA 的计算性质和逻辑相同，但是与 ANOVA 相比，MANOVA 是一种不同的统计方法，且具有优于 ANOVA 的特点。首先，通过测量多个因变量而不是一个因变量,MANOVA 减少了忽略某个会被自变量和自变量的交互作用影响的因变量的概率;其次,对多个相关的因变量进行多个 ANOVA 检验,会造成 I 类错误的膨胀,使用 MANOVA 能够同时检验多个因变量,而又避免 I 类错误的膨胀(这里,大家可以回顾一下我们刚开始介绍方差分析的时候,为什么不用多个 t 检验来替代);第三,在特定的情况下,MANOVA 能够检验出 ANOVA 无法检验出的差异,图 20.1 就表现了这种情况。在图 20.1 中,数据分布的曲线表现出两个水平的自变量在两个因变量(Y_1 和 Y_2)的分布,从曲线上可以看到,如果分别看 Y_1 和 Y_2,两个水平的分布重叠非常大。但是,如果同时考虑两个因变量,数据的分布则反映为图中的两个椭圆形,这两个椭圆形的交叉甚少。在这种情况下,MANOVA 所检验出的差异,是 ANOVA 检验不出来的。

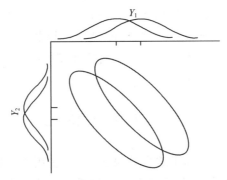

图 20.1 两个因变量同时考虑时候的差异示意图

虽然 MANOVA 有着一些优点,但作为一种比 ANOVA 复杂很多的分析方法,MANOVA 也有一些局限之处。首先,在 MANOVA 中,有几个非常重要的前提假设需要满足。其次,MANOVA 在解释自变量对于某个因变量的效果时存在一些模糊的情况,所以使用 MANOVA 时要慎重地选择因变量且数量不宜过多。而且,MANOVA 的统计效力高于 ANOVA 的情境并不是很多。前面所列举的只是较少的情况之一。大多数情境中,MANOVA 的效力都不如 ANOVA 高。所以,在考虑运用 MANOVA 时,需要对 MANOVA 的好处和局限有比较清楚的认识和权衡。

对于 MANOVA 的应用仍然存在着一个常见的问题,既然 MANOVA 中的多个因变量是相关的,为什么不把多个因变量相加之和作为一个因变量,然后用 ANOVA 来进行检验呢?如果把多个因变量相加,其中的逻辑是"每个变量都包含着所感兴趣的变量的'真实'值,也包含着一些随机的测量误差"。这样,如果把多个变量相加,最终测量误差将趋近于零,而变量之和将趋近于真实值。在这种情况下,将多个因变量相加,用 ANOVA 进行检验,将是一种适当的、统计效力高的方法。但是,如果多个因变量是多维的(multi-dimensional),相加就是不恰当的方法。例如,在一个研究中,因变量包含了两个表现心理健康水平的指标:抑郁和焦虑。如果把这两个指标相加算总分的话,就好像把橘子和香蕉加在一起。对于这种因变量代表相关的不同维度的情况,用 MANOVA 进行分析是较为恰当的。还有一种情况是,多个因变量之间彼此独立,毫无关系,这个时候用多个 ANOVA 进行检验最为适宜,但是这种情况在真实研究中比较少见,因为逻辑上毫无关联的因变量通常不会出现在同一个研究中。

多元协方差分析(MANCOVA)与 MANOVA 类似,因变量个数大于或者等于2,以等距自变量作为"协变量"。应用多元协方差分析,我们想要回答的问题是:控制了一个或者多个协变量对新创建的因变量的影响之后,各组之间是否存在着统计上可靠的均值差异。举例来看,要比较行为疗法与认知疗法对于缓解学生焦虑的效果,设定三个组,即行为治疗组、认知治疗组与控制组,并将被试随机分配到三个组中。但是由于三个组的被试在参加实验前的焦虑水平已经存在着某种差异,此时需要将焦虑水平作为协变量进行控制,因此在接受治疗之前,先测量了被试的考试焦虑、应激焦虑以及非特异焦虑(free-floating anxiety)。在检验的时候可以将先测的这三个变量作为协变量,探索在控制了在这三种焦虑上已经存在的差异之后,三组在新形成的焦虑因变量上是否有显著差异。

§2 相关理论问题

在之前的介绍中,我们使用了这样的说法"假设使用不同的数学教材会影响数学、物理和化学成绩,这时可以应用 MANOVA 来检验假设",严格说来,这是一种不准确的说法。MANOVA 或者 MANCOVA 作为一种统计程序,并不能带来因果关系的结论。因果关系只能从实验者所做的研究设计中进行推断。

关于 MANOVA 因变量的情况,在前一部分已经讨论了什么样的因变量可以应用 MANOVA 分析。另一个重要问题是,在 MANOVA 中可以有多少个因变量?从统计操作来看,在 MANOVA 中因变量有多少个并不成问题。但是,由于参与 MANOVA 的因变量增多,会增大模型的冗余度,从而降低效率,也减少了效力且增加了解释的难度,所以,不宜采用过多的因变量。

最后,在对 MANOVA 或者 MANCOVA 的结果进行解释的时候同样需要考虑推广性(generalizability)的原则。MANOVA 或者 MANCOVA 的结果只能推广到研究者的随机抽样所代表的总体。

因为 MANOVA 是一种比较复杂的统计方法,在实际应用中通常使用统计软件完成计算,例如 SPSS,SAS,BMDP 等,所以本章我们不对具体计算过程进行介绍,而主要介绍如何应用 SPSS 完成 MANOVA 的分析和解释。对 MANOVA 应用的介绍包含四个部分,首先介绍 MANOVA 对数据的要求和需要满足的统计前提;接着介绍 MANOVA 基本的 SPSS 命令;然后介绍 MANOVA 结果中的重要参数和如何理解这些参数;最后介绍一些额外的对 MANOVA 结果的分析。

§3 数据要求与统计前提

漂亮的统计不能弥补研究设计的缺陷,因此我们应在尽量减少设计缺陷的前提下去考虑 MANOVA 的数据要求与统计前提。MANOVA 需要满足的数据要求与统计前提大体如下:

(1) 观察样本彼此独立。

(2) 自变量是类目型,因变量是连续型等距变量。对于因变量的选择要特别谨慎,因变量之间的相关系数最好在 0.3～0.5 之间,高度相关(相关达到 0.7 以上)的因变量会显著削弱 MANOVA 的效力。

(3) 在每个单元格内的个案数(n),应大于因变量数。

(4) 残差随机分布。

(5) 没有极端值(outliner)。多元统计对于极端值非常敏感,因此需要在每一个单位格中识别极端值。

(6) 因变量之间、协变量之间以及因变量与协变量之间满足线性关系,因为偏离线性关系会引起统计效力的降低。

(7) 方差齐性(方差和协方差同质):自变量的每一个类目中,每一个等距型因变量在 Levene 检验(Levene's test)中显示方差同质。对于每一个自变量形成的组,任何两个因变量之间的协方差必须同质。当样本容量不均衡时,又违反了这个前提,那么组间差异检验 (Wilks's Lambda, Hotelling's Trace, Pillai's Trace, Roy's Largest Root)的结果并不稳定。不过,如果违反了这个前提,但是样本容量均衡时,Pillai's Trace 被认为比其他检验更具有耐受性。

◆ Box's M: Box's M 用 F 分布检验了 MANOVA 的前提——协方差矩阵齐性。如果 $p(M) < 0.05$,那么协方差有显著差异。为了满足 MANOVA 的前提假设,p 需要大于 0.05 才能接受协方差同质的虚无假设。不过,需要注意的是,Box's M 对违反正态前提是极度敏感的。当样本容量均衡时,MANOVA 对于违反这一前提具有耐受性。

◆ Levene 检验:SPSS 生成的 MANOVA 结果中可以包含 Levene 检验。Levene 检验分别检验了每个因变量在自变量不同水平的方差同质性。注意,这里的自变量仅仅是组间自变量。如果 Levene 检验结果显著,那么数据就违反了 MANOVA 的方差同质的统计前提。

◆ 球面假设(sphericity):在重复测量设计中,只有因变量的方差/协方差矩阵是环状的,单变量 ANOVA 表才适用。当违反球面假设前提时,通常的解决方法是看多变量结果或采用 Greenhouse-Geisser 或 Huynh-Feldt 的校正值。

◆ Bartlett 与 Mauchly 的球面假设检验:如果该检验不显著,就无充分证据断定违反了球面假设前提。

(8) 为进行显著性检验,变量需遵从多元正态分布,即要保证各个因变量在各个单位格的均值及其线性组合都为正态分布。由于线性组合的正态性很难有明确的表征,因此通常采取的做法是:如果每一个变量都遵从正态分布,组合变量即遵从多元正态分布。MANOVA 对于违反这一前提的大部分情况是可以耐受的。如在单变量检验中,当自由度大于 20 且设计均衡时,对违反多元正态性的情况是可以耐受的;如果设计不均衡,但在个案数最小的单位格中的自由度大于 20,对违反多元正态性的情况也是可以耐受的。但是如果被试少且设计不均衡,多元正态性的假定一般不能满足。

§4 使用 SPSS 完成多元方差分析

应用 SPSS 进行 MANOVA 检验有两种方式,第一种方式是直接用菜单,选择主菜单分析(ANALYZE)下面的一般线性模型(GENERALIZED LINEAR MODEL),如果是被试间设计的多元方差分析,选择 MULTIVARIATE 选项(以 SPSS 20.0 英文版为例),就会出现 MANOVA 分析设定的对话框,根据需要,选择相应的变量和参数运行即可出现计算结果。对于重复测量的多元方差分析,可以选择主菜单分析(ANALYZE)下面的一般线性模型(GENERALIZED LINEAR MODEL),选择 REPEATED MEASURES 选项,对被试内变量进行定义,之后的步骤同上。这种方法比较简单,对于较为复杂的 MANOVA 分析,例如重复测量的多元方差分析,还可以通过写命令的方式完成计算。

SPSS 的基本命令如下:

GLM
(应用一般线性模型进行分析)
opinion1 opinion2 opinion3 by gender
(因变量有三个,分别是 opinion1 opinion2 opinion3,自变量有一个组间变量,为 gender)
/WSFACTOR = time 2
(自变量有一个组内变量,为 time,这个组内变量有两个水平)
/METHOD = SSTYPE(3)
(使用哪种方差分析方法,此处用 Type Ⅲ 的方差分析方法)
/INTERCEPT = INCLUDE
(模型中是否包括截距,此处指包括)
/MISSING EXCLUDE
(对缺失值的处理,此处指不包含带有缺失值的个案)
/EMMEANS = TABLES(gender) COMPARE ADJ(BONFERRONI)
/EMMEANS = TABLES(time) COMPARE ADJ(BONFERRONI)

/EMMEANS = TABLES(gender * time)

（用表格显示特定变量的边缘均值和交互作用均值，并且用 Bonferroni 方法调整 α 值，进行多重比较）

/PLOT = PROFILE(gender * time)

（对指定变量绘制均值剖面图，这里的指定变量为 gender * time）

/PRINT = DESCREPTIVE ETASQ OPOWER HOMOGENEITY

（结果中输出指定统计量。这里指定输出描述性统计量，eta square, observed power, 方差同质性检验结果）

/CRITERIA = ALPHA(.05).

（指出统计检验的显著性标准，这里的标准是 $\alpha = 0.05$）

以上给出的是一个重复测量的 MANOVA 的命令，在其他研究中，根据实际情况，命令还会有所更改。譬如因变量和自变量有所变化，要求输出不同的结果，采用不同的方法进行多重比较或者进行事后检验等。以上命令中涉及的很多参数的意义将在后面的部分予以介绍。

§5 重要参数及解释

在本节中，我们介绍 MANOVA 结果报告中的几个重要组成部分：多变量检验（multivariate tests）、单变量检验（univariate tests）以及计划比较（contrast analysis）与事后检验（post-hoc tests）。因为 MANOVA 的结果的很多重要概念及其解释与 ANOVA 类似，所以下面提供的仅是一个简要的介绍。此外，两个重要的概念 η^2 和效力因为已经在之前的章节中有所介绍，这里就不赘述了。

一、多变量检验

MANOVA 首先报告的是多元方差分析假设检验的结果。多元方差分析检验包含四个多元统计量：Wilk's Lamda, Hotelling's Trace, Pillai's Trace, Roy's Largest Root(RLR)。这些统计量用于检验主效应和交互作用的多元显著性。因为每个检验的结果都遵从 F 分布，所以对于每个检验的结果，都给出了 F 值和其对应的显著性水平。不过，Wilk's Lamda 检验得到的 F 值是精确值，其他三种检验的 F 值都是近似值。如果一个效应有两个水平（$df=1$），那么 Wilk's Lamda, Hotelling's Trace, Pillai's Trace 的 F 检验结果是相同的。通常一个效应的水平会多于两个（$df>1$），这时在 Wilk's Lamda, Hotelling's Trace, Pillai's Trace 的值之间存在着微小的差异，但是这三个统计量的显著性一般来说是一致的，即要么都显著要么都不显著。

在实际的结果报告中，当自变量只有两组时，Hotelling's Trace 是最常用的统计量；当自变量大于两组时，Wilk's Lambda 是最常使用的统计量。Wilk's Lamda 的值越小,均值差异就越大。但是,前面在介绍多元方差分析的统计前提时我们曾经提到过,违反方差齐性的统计前提时(如小样本或非均衡设计),Pillai's Trace 比其他统计量更具耐受性,因此在这种情况下,Pillai's Trace 是最佳选择,Pillai's Trace 的值越大,均值差异就越大。

二、单变量检验

SPSS 对 MANOVA 的结果报告在给出了多元方差分析的结果之后,随之报告的是单变量检验的结果。单变量检验就是分别检验在每个因变量上的主效应和交互作用。

此外,在单变量检验和多变量检验中,都可以选择报告效应量、统计效力这两个重要的统计量。

三、计划比较与事后检验

与 ANOVA 相同的是,MANOVA 检验也可以进行计划比较。通常,在比较复杂的实验设计中,实验假设并不是粗略的声称存在着显著的主效应或者交互作用,而可能对某一对差异有着更为特异的假设。换句话说,研究者对设计的某一部分的差异及其性质有着事先的预测。对这种事先预测进行分析,要通过计划比较进行。这是任何复杂的方差分析设计与分析中不可缺少的组成部分。

如果没有事先假设(apriori hypothesis),就要进行事后检验(post-hoc tests)。在 MANOVA 的事后检验中,给出的结果是在不同的因变量上,各水平差异的多重比较。与 ANOVA 相同的是,在 MANOVA 中可以选择不同的事后检验的方法和统计量,例如常见的 Bonferroni 和 Scheffe 检验等,对于事后检验的结果解释也和 ANOVA 类似,但是用 SPSS 进行分析的 MANOVA 事后结果还会报告多元方差检验的结果和单元方差检验的结果。要注意的是,事后检验针对的是组间差异,若想要比较组内差异的主效应就要选择边际估计值(estimated marginal means)。

§6 多组比较的敏感性和稳健性

SPSS 的方差分析里提供不同的事后检验方法,它们的敏感性和稳健性是不一样的。敏感性和稳健性是两个相反的特征,如果统计情境是要减少 I 类错误,就必须要稳健,如果是想减少 II 类错误,就需要更敏感。一般来说,在数据能够很好地符合各种前提条件的时候,我们就倾向于用敏感一些的统计方法,发现一些显著的结果;相反,如果数据不能很好地满足前提条件,比如单元格之间很不均衡或者方差不同质,我们就必须采用比较稳健的方法,减少 I 类错误。

那么,在 SPSS 方差分析的事后检验中,从敏感到稳健共有三种选择。最敏感的是计划比较。其次是事后检验,按方差同质性能否满足,又可将事后检验分成两类:方差同质性可以满足时有一系列选择，其中比较敏感的有 Turkey's HSD，也有比较保守的 Scheffe。同质性不能满足的时候另有一系列选择，敏感性都比 Scheffe 低。第三类最保守的检验，即边际估计值（estimated marginal means），然后采用如 Bonferroni 的选项。这类检验应该是在前提条件无法满足的时候所采用的最保守的检验。三类检验所对应的 SPSS 操作界面如图 20.2 至图 20.4 所示。

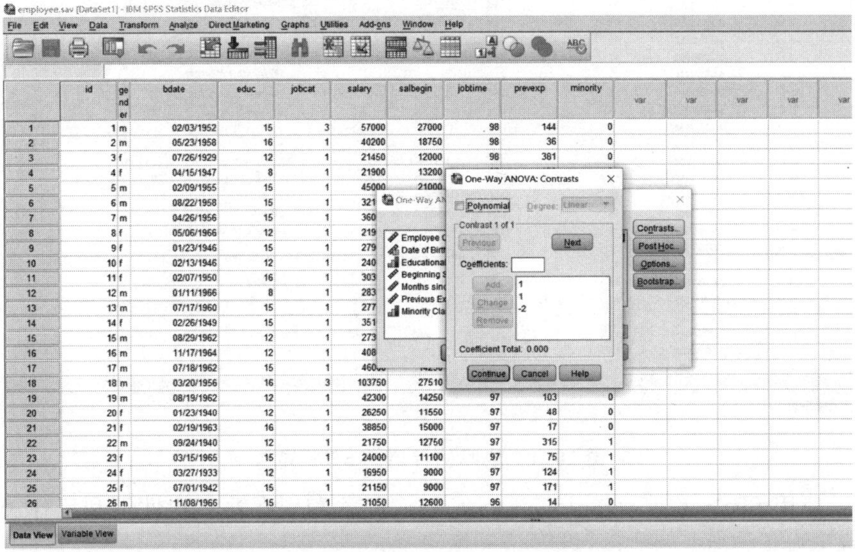

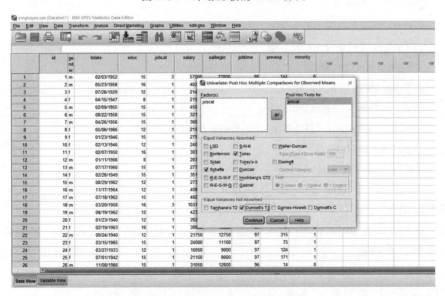

图 20.2　计划比较的 SPSS 界面

图 20.3　事后检验的 SPSS 界面

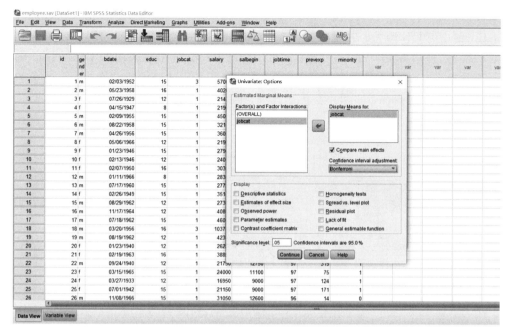

图 20.4　边际估计值的 SPSS 界面

例 20.1　使用 SPSS 数据:employee data.sav,起薪和现在薪水在性别和工作类别上有什么差异?

我们使用 SPSS 进行计算,基本命令如下:

```
GLM
    salbegin salary BY jobcat gender
    /METHOD = SSTYPE(3)
    /INTERCEPT = INCLUDE
    /POSTHOC = jobcat(TUKEY)
    /PRINT = DESCRIPTIVE ETASQ OPOWER HOMOGENEITY
    /PLOT = RESIDUALS
    /CRITERIA = ALPHA(0.05)
    /DESIGN = jobcat gender jobcat * gender.
```

基本结果如下:

(1) MANOVA 和 MANCOVA 假定对于每一个单位格,协方差矩阵都是相似的。Box's M 就是在检验这一假定(输出 20.1)。我们希望 M 不显著,以得出协方差矩阵同质的结论。而这里 M 是显著的,违反了这一前提。也就是说,起薪和当前薪水的协方差矩阵不同。尽管如此,F 检验对违反这一前提还是有耐受性的。

Box's Test of Equality of Covariance Matrices[a]	
Box's M	607.575
F	48.995
$df1$	12
$df2$	10173
Sig.	0.000

Tests the null hypothesis that the observed covariance matrices of the dependent variables are equal across groups.

a. Design: Intercept+JOBCAT+GENDER+JOBCAT * GENDER

输出 20.1

(2) 输出 20.2 是多变量检验部分，同时检验了每个因素在因变量组上的效应。这是所有结果中最重要的部分。每个因素(工作类型和性别)以及截距都有主效应。因素间的交互作用(工作类型×性别)同时被评估。SPSS 提供 4 种不同类型的多变量检验。由于 Box's M 显著，所以多元统计量应该用 Pillis's Trace 和显著水平(最保守的检验)。F 检验表明所有主效应和交互作用都是高度显著的。Eta-squared(η^2)是因变量总方差中被自变量解释的方差比例。所以，在输出 20.2 中，工作类型解释 23.6% 的薪水变量的方差。我们可以看到，主效应和交互作用的效应 η^2 都较小，尤其是在工作类型与性别的交互作用中，仅达到 5%。而在这几个检验中，我们的统计效力几乎是 100%。是什么使得效应这样小的结果高度显著呢？答案是相对大的样本容量，$n=474$。

(3) MANOVA 假定每一个因变量在各单位格有相似的方差。输出 20.3 的 Levene's test 就是检验这个假定。如果 Levene 统计量在 $\alpha=0.05$ 或更高水平显著，研究者就会拒绝各组方差相等的虚无假设。Levene's test 对于偏离正态有较好的耐受性。同 Box's M 一样，违反方差同质性假设也不意味着无法接着做 MANOVA，如果单位格之间样本基本均衡，MONOVA 对于违反这一前提也是可耐受的。在输出 20.3 中，对于两个因变量均违反了方差同质性假设。

Multivariate Tests[d]

Effect		Value	F	Hypothesis df	Error df	Sig.	Eta Squared	Noncent. Parameter	Observed Power[a]
Intercept	Pillai's Trace	0.840	1231.678[b]	2.000	468.000	0.000	0.840	2463.356	1.000
	Wilks' Lambda	0.160	1231.678[b]	2.000	468.000	0.000	0.840	2463.356	1.000
	Hotelling's Trace	5.264	1231.678[b]	2.000	468.000	0.000	0.840	2463.356	1.000
	Roy's Largest Root	5.264	1231.678[b]	2.000	468.000	0.000	0.840	2463.356	1.000
JOBCAT	Pillai's Trace	0.472	72.412	4.000	938.000	0.000	0.236	289.649	1.000
	Wilks' Lambda	0.531	87.220[b]	4.000	936.000	0.000	0.272	348.882	1.000
	Hotelling's Trace	0.880	102.694	4.000	934.000	0.000	0.305	410.777	1.000
	Roy's Largest Root	0.874	204.980[c]	2.000	469.000	0.000	0.466	409.961	1.000
GENDER	Pillai's Trace	0.164	46.029[b]	2.000	468.000	0.000	0.164	92.059	1.000
	Wilks' Lambda	0.836	46.029[b]	2.000	468.000	0.000	0.164	92.059	1.000
	Hotelling's Trace	0.197	46.029[b]	2.000	468.000	0.000	0.164	92.059	1.000
	Roy's Largest Root	0.197	46.029[b]	2.000	468.000	0.000	0.164	92.059	1.000
JOBCAT * GENDER	Pillai's Trace	0.058	14.324[b]	2.000	468.000	0.000	0.058	28.647	0.999
	Wilk's Lambda	0.942	14.324[b]	2.000	468.000	0.000	0.058	28.647	0.999
	Hotelling's Trace	0.061	14.324[b]	2.000	468.000	0.000	0.058	28.647	0.999
	Roy's Largest Root	0.061	14.324[b]	2.000	468.000	0.000	0.058	28.647	0.999

a. Computed using alpha = 0.05
b. Exact statistic
c. The statistic is an upper bound on F that yields a lower bound on the significance level.
d. Design: Intercept + JOBCAT + GENDER + JOBCAT * GENDER

输出 20.2

Levene's Test of Equality of Error Variances[a]				
	F	$df1$	$df2$	Sig.
SALBEGIN Beginning Salary	38.694	4	469	0.000
SALARY Current Salary	33.383	4	469	0.000
Tests the null hypothesis that the error variance of the dependent variable is equal across groups. a. Design: Intercept+JOBCAT+GENDER+JOBCAT * GENDER				

输出 20.3

(4) 输出 20.4 给出单变量 ANOVA 的因素效应和交互作用。η^2 与效力的解释同上。两个单变量效应及其交互作用在两个因变量上都显著。"corrected model"效应反映了被平均值校正后，因变量被归结为模型中的效应（主效应和交互作用，截距除外）。

(5) 如果 F 检验得到结果因变量上有显著效应，研究者就应该接下来确定哪组与其他组之间的差别达到显著。这有助于我们将 F 检验中笼统的效应具体化。输出 20.5 中的多重成对比较就是比较所有的组对，以确定相似性或差异。在本例中，方差同质性不能满足，我们必须选用以下事后检验中的一种或几种：Games-Howell, Tamhane's T2, Dunnett's T3 以及 Dunnett's C。

(6) 运行 Dunnett's T3 检验，SPSS 会生成一个"多重比较"的表格，给出每一个因变量在任意两组之间的均值差异，如文书和管理人员在起薪上的差异。然后给出了这个差异的显著水平，如果差异大于 0.05，旁边会加上 *。本例所有的比较都是高度显著的，即"Observed * Predicted * Std. Residual Plots"。

对于每一个因变量，都会生成一张图，表示观测、预测和标准化残差间的 6 个比较。输出 20.6 和输出 20.7 是对于观测与预测的图形，我们希望看到一个清晰的模式。但是对于包含标准化残差的图形，我们希望看到一些随机的点。任何系统的模式意味着对假定的违反。

(7) 输出 20.8 和输出 20.9 的剖面图是每一个因变量在各个水平上的预测均值。当两个或三个因素在图中同时体现的时候，这种剖面图被称为交互作用图。数据中的第一个因素——工作类型是用图上的横轴来表示的。数据中的第二个因素——性别是用不同颜色的线条来表示的。平行线提示没有交互作用，而图上的线有相交，提示因素间交互作用可能存在。如果有第三个因素，则用两张不同的图来表示。

Tests of Between-Subjects Effects

Source	Dependent Variable	Type III Sum of Squares	df	Mean Square	F	Sig.	Eta Squared	Noncent. Parameter	Observed Power[a]
Corrected Model	SALBEGIN Beginning Salary	19953965721[b]	4	4988491430	250.307	0.000	0.681	1001.227	1.000
	SALARY Current Salary	96456357285[c]	4	24114089321	272.780	0.000	0.699	1091.121	1.000
Intercept	SALBEGIN Beginning Salary	39641128471	1	39641128471	1989.067	0.000	0.809	1989.067	1.000
	SALARY Current Salary	177271943072	1	1.7727E+11	2005.313	0.000	0.810	2005.313	1.000
JOBCAT	SALBEGIN Beginning Salary	5820309652.7	2	2910154826	146.022	0.000	0.384	292.045	1.000
	SALARY Current Salary	3231633204	2	1615816021	182.782	0.000	0.438	365.565	1.000
GENDER	SALBEGIN Beginning Salary	1712890726.0	1	1712890726	85.947	0.000	0.155	85.947	1.000
	SALARY Current Salary	5247440731.6	1	5247440732	59.359	0.000	0.112	59.359	1.000
JOBCAT * GENDER	SALBEGIN Beginning Salary	565163137.847	1	565163137.8	28.358	0.000	0.057	28.358	1.000
	SALARY Current Salary	1247682866.7	1	1247682867	14.114	0.000	0.029	14.114	0.963
Error	SALBEGIN Beginning Salary	9346939244.6	469	19929507.98					
	SALARY Current Salary	41460138151	469	88401147.44					
Total	SALBEGIN Beginning Salary	166546277625	474						
	SALARY Current Salary	699467436925	474						
Corrected Total	SALBEGIN Beginning Salary	29300904965	473						
	SALARY Current Salary	137916495436	473						

a. Computed using alpha=0.05
b. R Squared=0.681(Adjusted R Squared=0.678)
c. R Squared=0.699(Adjusted R Squared=0.697)

输出 20.4

Multiple Comparisons
Dunnett's T3

Dependent Variable		(I) Employment Category	(J) Employment Category	Mean Difference (I−J)	Std. Error	Sig.	95% Confidence Interval	
							Lower Bound	Upper Bound
SALBEGIN Beginning Salary		Clerical	Custodial	−981.73*	890.52	0.006	−1723.06	−240.40
			Manager	−16161.81*	540.52	0.000	−18837.69	−13485.93
		Custodial	Clerical	981.73*	890.52	0.006	240.40	1723.06
			Manager	−15180.08*	987.62	0.000	−17900.10	−12460.05
		Manager	Clerical	16161.81*	540.52	0.000	13485.93	18837.69
			Custodial	15180.08*	987.62	0.000	12460.05	17900.10
SALARY Current Salary		Clerical	Custodial	−3100.35*	1875.54	0.000	−4482.18	−1718.51
			Manager	−36139.26*	1138.39	0.000	−41074.53	−31203.99
		Custodial	Clerical	3100.35*	1875.54	0.000	1718.51	4482.18
			Manager	−33038.91*	2080.03	0.000	−37978.87	−28098.95
		Manager	Clerical	36139.26*	1138.39	0.000	31203.99	41074.53
			Custodial	33038.91*	2080.03	0.000	28098.95	37978.87

Based on observed means.

*. The mean difference is significant at the 0.05 level.

输出 20.5

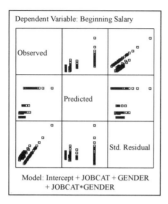

输出 20.6

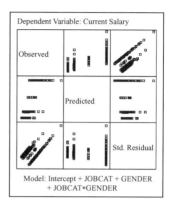

输出 20.7

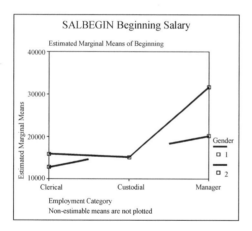

输出 20.8

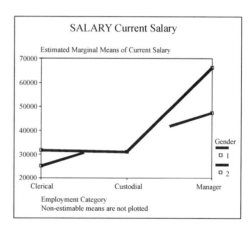

输出 20.9

21

中介模型与调节模型

在心理学研究中,中介模型(mediation model)和调节模型(moderation model)是应用最广泛的两个模型。2004年,研究人员对应用心理学杂志(*Journal of Applied Psychology*)上发表的280篇研究进行统计分析发现,76篇研究涉及中介模型,99篇研究涉及调节模型,还有一些研究涉及既包含中介效应又包含调节效应的复杂模型。本章主要介绍中介模型和调节模型在心理学研究中的优势,它们的基本原理、估计方法、具体操作和结果解释,最后对中介模型和调节模型进行总结并介绍一些复杂模型。

§1 中介模型简介

在回归分析中,我们知道一个自变量能够预测一个因变量。例如,经过调查分析大学生群体,研究人员得出结论,平均每周运动时间能够负向预测抑郁分数。也就是说,如果学生每周运动的时间越长,学生出现的抑郁情绪越少。得到这个结果后,研究人员不禁思考为什么大学生每周运动时间越长,抑郁情绪就越少呢?有研究人员提出研究假设:有可能是积极情绪在起作用。依据拓展与建构理论,积极情绪能够扩展建构个体的资源,这可能可以解释大学生每周运动时间和抑郁情绪之间的关系。因此,积极情绪就是每周运动时间和抑郁情绪之间的一个第三变量,它给出了自变量 X 能够预测因变量 Y 的内在过程,这个第三变量 M 就称为中介变量(mediating variable,或 mediator)。

中介模型(mediation model),又称间接模型(indirect model),就是通过纳入一个第三变量(中介变量)来考察自变量和因变量之间的关系,这个中介变量揭示了自变量和因变量之间可能存在的心理机制或心理过程。因为心理机制或心理过程常被用来阐释心理与心理、心理与行为的关系,所以许多心理学研究采用中介模型来探讨各领域内的科学问题。目前,中介模型是心理学研究中最常用的统计模型之一。既然中介变量已经能够阐释自变量和因变量之间可能存在的心理过程或心理机制,中介变量能在多大程度上阐释少这种机制或过程呢?这种阐释能力就叫中介效应(mediating effect)或间接效应(indirect effect),表示自变量经过中介变量对因变量的预测能力,通常用图21.1中的 a,b 表示。

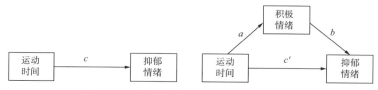

图 21.1　中介模型的间接效应和直接效应

既然存在间接效应，那么必然存在直接效应（direct effect）。直接效应是指除去间接效应之外，自变量对因变量的直接预测作用，通常用 c' 表示。例如，研究人员证明积极情绪是一个中介变量，大学生每周平均运动时间越长，他们就拥有越高的积极情绪，这种积极情绪能够保护他们不会受到抑郁情绪的侵扰。但是积极情绪可能仅仅只是这个过程或机制中的一个解释变量。也就是说，平均运动时长不仅能够通过增强积极情绪进而减少抑郁情绪，还能够通过其他的未知变量来负向预测抑郁情绪。这种除去当前模型中的中介效应外，自变量还能够直接预测因变量的效应就称为直接效应。直接效应和间接效应的总和称为总效应（total effect）。总效应的大小可以用 c 或者 $ab+c'$ 表示。因为存在直接效应的中介模型中，中介效应仅仅能够解释部分自变量和因变量之间的心理过程（直接效应 c' 的统计检验显著），这时的中介模型称为部分中介模型（partial mediation model）。如果模型中的中介变量能够解释全部自变量和因变量之间的心理过程（直接效应 c' 的统计检验不显著），此时的中介模型称为完全中介模型（full mediation model）。

当模型中出现多个中介变量的时候就要区分中介模型是并行结构还是串行结构。并行中介（parallel mediation）是指自变量能够同时通过两个中介变量进而影响因变量，它表明了自变量对因变量的作用是通过多个心理过程共同作用实现的。例如，大学生每周的平均运动时长既可以通过增强积极情绪进而减少抑郁情绪，也可以通过积极重评进而减少抑郁情绪。串行中介（serial mediation）是指一个心理过程需要通过一系列中介变量形成的连续过程实现，它表明自变量对因变量的作用需要通过某个特定的心理过程实现。例如，研究人员指出，积极情绪来自积极重评，大学生每周的平均运动时间越长，就有更多的积极重评，积极情绪也越多，从而显著地减少抑郁情绪。

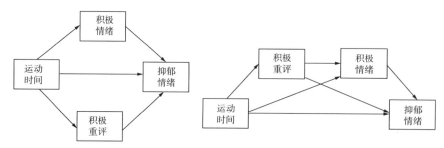

图 21.2　并行中介和串行中介

§2 中介模型原理

中介模型实际上是回归方程的一种"组合",回归方程是由一个因变量和一个或几个自变量组成的方程,图 21.3(a)表示自变量 X 和因变量 Y 的回归模型,图 21.3(b)表示加入中介变量 M 后的中介模型。通过对比两个路径图可以知道,在中介模型中存在两个自变量(X,M)和两个因变量(M,Y),中介变量 M 在模型中既是因变量也是自变量,因此需要建立至少两个回归模型来检验中介效应,通过建立回归模型检验中介效应就是我们将要提到的逐步检验法。

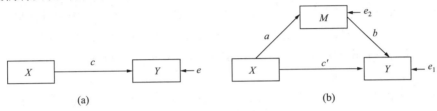

图 21.3　中介模型原理

为了更加清楚地描绘中介模型,研究人员重新制订了一套符号系统来专门描述中介模型中变量间的关系,通常用 c 表示自变量 X 和因变量 Y 的总效应,c' 表示自变量 X 和因变量 Y 的直接效应,a 表示自变量 X 到中介变量 M 的路径系数,b 表示中介变量 M 到因变量 Y 的路径系数,a 和 b 的乘积项(ab)表示中介效应。

§3 中介效应检验

中介效应的检验方法很多,主要包括逐步检验法、Sobel 法、Bootstrapping 非参数检验法和蒙特卡洛模拟检验法。其中,逐步检验法最为基础,是采用回归的方式分步检验中介效应;Sobel 法、Boostrapping 法和蒙特卡洛模拟检验法则直接检验乘积项 ab。由于逐步检验法要分步估计模型参数,这虽然会减少 I 类错误率,但是也会导致较低的统计效力,即中介效应存在但是却容易得出中介效应不显著的结论。因此,通常建议采用直接检验中介乘积项 ab 的方法检验中介效应。由于篇幅限制,本书的中介效应检验仅介绍常用的中介效应检验法。

一、中介效应的检验步骤

中介效应的检验通常分为 3 个步骤:
(1)检验路径系数 c 是否显著。
此步是检验 $Y=cX$ 的回归方程中,自变量 X 能否预测因变量 Y,在这一步可以得到总效应 c。

（2）检验乘积项 ab 是否显著。无论路径系数 c 是否显著，均可检验乘积项 ab 是否显著。

如果路径系数 c 显著，表明自变量能够预测因变量，接下来就可以通过统计检验方法来检验是否存在中介效应。

如果路径系数 c 不显著，这个时候如果自变量和中介变量、中介变量和因变量均存在显著相关，可以考虑自变量和因变量之间是因为存在效应遮蔽而导致总效应不显著。效应遮蔽是指存在多个方向相反的效应，这些效应相互叠加后的总效应为 0，所以导致路径系数 c 不显著。例如，研究加班和幸福感的关系发现，加班对幸福感的预测关系不显著，这是因为加班既可以通过增加工作绩效，进而增强主观幸福感；又可以通过增加消极情绪，进而减少主观幸福感。这样一正一负，二者效应叠加后为 0，我们称效应被遮蔽了。因此，当自变量对因变量的预测作用不显著的时候，仍然可以继续进行中介分析，这个时候的中介模型称为广义中介模型（generalized mediation model）。

（3）检验 c' 是否显著。

如果存在显著的中介效应（即 $H_0:ab=0$ 的虚无假设被拒绝），就可以进一步考察是否存在直接效应 c'。

当验证存在显著的直接效应（即 $H_0:c'=0$ 的虚无假设被拒绝），那么当前模型就是一个部分中介模型。

当不能验证存在显著的直接效应（即 $H_0:c'=0$ 的虚无假设被接受），那么当前模型就是一个完全中介模型。

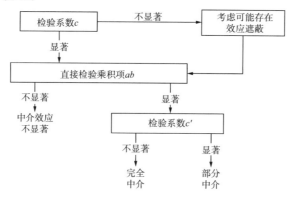

图 21.4　中介效应的检验步骤

二、中介效应的检验方法

1. 逐步检验法

逐步检验法是由 Baron 和 Kenny 在 1986 年提出的，这种方法因为其统计效力等问题不断受到批评和质疑，但是作为检验中介作用最为基础的方法，我们还是在这里做一个简单的介绍，具体步骤如下：

(1) 做 Y 对 X 的回归。

$$Y = 截距 + cX + e \tag{21.1}$$

其中,c 为 Y 对 X 回归的路径系数。如果 X 的路径系数 c 显著,接下来就要检验路径系数 a。

(2) 做 M 对 X 的回归。

$$M = 截距 + aX + e_2 \tag{21.2}$$

a 为 M 对 X 回归的路径系数。如果 X 的路径系数 a 显著,接下来就要检验路径系数 b。

(3) 做 Y 对 X、M 的回归。

$$Y = 截距 + c'X + bM + e_1 \tag{21.3}$$

b 为 Y 对 M 回归的路径系数。如果 M 的路径系数 b 显著,表明中介效应显著。如果 X 的路径系数 c' 显著,则模型为部分中介模型;如果 X 的路径系数 c' 不显著,则模型为完全中介模型。

(4) 计算中介效应。

$$中介效应 = c - c'$$

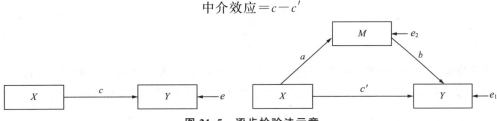

图 21.5 逐步检验法示意

逐步检验法也存在一定的局限。例如,如果一个模型中的总体作用 c 不显著,就会停下余下的检验,但是实际上,总体作用显著并不是中介作用显著的必要条件,因此这样的操作会错失间接效应显著的机会。另外,逐步检验需要 a 和 b 都显著,而其他中介检验的方法如 Sobel 检验只需要 a 和 b 的乘积显著即可。显然,拒绝两个虚无假设比拒绝一个困难。

2. Sobel 检验法

Sobel 检验法(又称为 delta method)是由 Sobel 在 1982 年提出的。Sobel 检验法的计算可以在 http://www.danielsoper.com/statcalc/calc31.aspx(访问日期:2019 年 3 月 15 日)上找到。Sobel 认为如果总效应 c 是自变量 X 对于因变量 Y 的解释方差,a 是自变量 X 对中介变量 M 的解释方差,b 是中介变量 M 对因变量 Y 的解释方差,那么 ab 就是自变量 X 通过中介变量 M 对因变量 Y 的解释方差(三个变量重叠的部分)。所以只要 ab 显著,那么就说明存在中介效应。

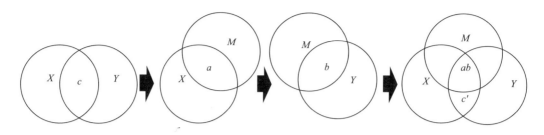

图 21.6 Sobel 检验法原理示意

Sobel 假设乘积项 ab 服从渐进正态分布,乘积项 ab 的估计量就是路径系数 a 和路径系数 b 的估计量的乘积项 $\hat{a}\hat{b}$($\hat{a}$,$\hat{b}$ 分别为路径系数 a,b 的估计值),并且总体乘积项 ab 的方差可以表示为:

$$Var(ab)=a^2\sigma_b^2+b^2\sigma_a^2 \qquad (21.4)$$

s_a 为 $\hat{a}$ 的样本标准误,s_b 为 $\hat{b}$ 的样本标准误,乘积项 $\hat{a}\hat{b}$ 的标准误就是:

$$SE=\sqrt{\hat{a}^2 s_b^2+\hat{b}^2 s_a^2} \qquad (21.5)$$

因此,检验统计量:

$$t=\frac{\hat{a}\hat{b}-0}{\sqrt{\hat{a}^2 s_b^2+\hat{b}^2 s_a^2}} \qquad (21.6)$$

如果 t 检验不显著,则要接受零假设,表明中介效应不显著。如果 t 检验显著,就要拒绝零假设($H_0:a\hat{b}=0$),表明中介效应存在,中介效应量为 $\hat{a}\hat{b}$,95% 的置信区间为:

$$CI=[\hat{a}\hat{b}+t_{0.025}\sqrt{\hat{a}^2 s_b^2+\hat{b}^2 s_a^2},\hat{a}\hat{b}+t_{0.975}\sqrt{\hat{a}^2 s_b^2+\hat{b}^2 s_a^2}] \qquad (21.7)$$

Sobel 法被广泛应用于中介效应的检验中,但是,这种方法也存在一些问题,其中最核心的问题是乘积项 ab 的样本分布问题。因为在路径系数 a 和路径系数 b 都服从正态分布的条件下,它们的乘积项 ab 不一定服从正态分布。通常,乘积项 ab 的样本分布呈偏态,只有在样本量非常大的时候才能够满足正态分布的假设前提,所以大多数情况下 Sobel 检验的前提假设是不满足的。目前,Sobel 检验只有在满足大样本的前提下,才能够进行中介效应的检验。在前提假设不能够满足的情况下,通常选择 Bootstrapping 等更加具有统计效力的中介检验方法。

3. Bootstrapping 检验法

Bootstraping 检验法是 Efron 在 1982 年提出的非参数自抽样的方法,它并不要求总体正态分布,其基本原理是:如果我们能通过当前样本来推断总体,那么也可以利用现有样本进行有放回的重复抽样来产生许多样本统计量,这些样本统计量服从样本分布,然后利用这个样本分布进行统计估计和推断。举例来说,假设原始样本中包括被试

A，B，C，D，E，F，G，共 7 份数据，采用 Bootstrapping 检验法有放回地重复抽 k 次样本(通常 $k=1000$ 或 5000)，每次抽取的样本量与原始样本量相同。由于每一次抽样都是有放回的，所以每次被试被抽到的可能性相等(每次都是 1/7)，因此新组成的样本中可能存在重复数据。比如，样本 1 中包含了 3 个被试 A 的数据，2 个被试 G 的数据，1 个被试 B 和被试 E 的数据。Bootstrapping 检验法通过有放回重复抽样得到 k 个样本，接下来就是对这 k 个样本进行独立的统计分析(例如，中介效应检验)，这样能够得到 k 个统计量(例如，5000 个中介效应量)，这 k 个统计量就构成了统计量的样本分布(例如，5000 个效应量的样本分布)。

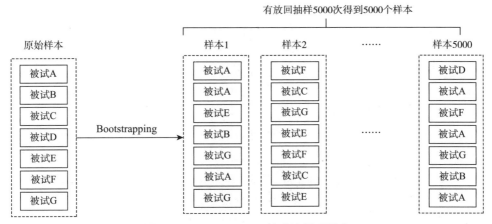

图 21.7　Bootstrapping 检验法原理示意

得到统计量的样本分布后，接下来就是进行假设检验。常用的 Bootstrapping 的假设检验包括基于百分比检验(percentile-based, PC 或 percentile)、偏差校正(bias-corrected, BC)等方法，这里主要介绍百分比检验和偏差校正检验。

百分比检验是直接考察这个样本分布中的置信区间，例如 95% 的置信区间就是样本分布中 2.5% 对应的百分位数和 97.5% 对应的百分位数的区间。通常设定虚无假设为中介效应量等于零，因此当统计量样本分布的置信区间都不包含零的时候，我们就拒绝虚无假设，认为中介效应存在。例如，5000 个中介效应量的样本分布中，如果有 95% 的中介效应量都大于 0 或者都小于 0(中介效应有可能是正的，也有可能是负的)，我们就可以拒绝虚无假设，认为中介效应存在；如果中介效应量的 95% 置信区间包含 0，这个时候我们不能够拒绝虚无假设，因为我们不确定中介效应量和 0 是否存在显著的区别。需要注意的是，如果采用 99% 的置信区间，那么置信区间的上下限对应的百分数分别为 0.5% 和 99.5%，其他的依此类推。

因为百分数检验仅仅依靠样本分布的两个百分位数，这种方法在统计量的样本分布对称且无偏的情况下，得到的结果是稳健的。但是前面提到，乘积项 ab 的分布通常呈偏态，这意味着样本分布并不是对称分布，所以百分数检验得到的置信区间上下限是存在偏差的。这就需要对置信区间的上下限进行偏差校正,偏差校正 Bootstrapping 检验也是目前检验中介效应最常用的方法。百分比检验的置信区间实际上就是依据样本分布,依据显著性水平选取百分位对应的百分数,其置信区间为$[\widehat{ab}_{\text{lower}}, \widehat{ab}_{\text{upper}}]$,为了更加清楚地表示显著性水平,我们用$[\widehat{ab}_{\text{lower}}^{*(a/2)}, \widehat{ab}_{\text{upper}}^{*(1-a/2)}]$表示显著性水平为$\alpha$的置信区间,上标$a/2$和$1-a/2$分别对应于置信区间上限百分位和置信区间下限百分位,也就是图21.8中的2.5%和97.5%。

$$[\widehat{ab}_{\text{lower}}, \widehat{ab}_{\text{upper}}] = [\widehat{ab}_{\text{lower}}^{*(a/2)}, \widehat{ab}_{\text{upper}}^{*(1-a/2)}] \tag{21.8}$$

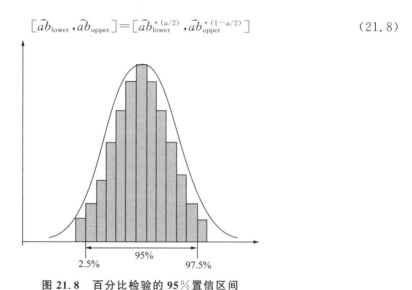

图 21.8　百分比检验的 95% 置信区间

但是,ab的样本分布呈偏态,这就需要对置信区间上下限对应的百分位数进行校正。首先,我们要找到置信区间的中心点,如果 Bootstrapping 样本估计的平均中介效应量$\widehat{ab}$与原始样本的中介效应量ab相等,即$\widehat{ab}=ab$,那么$\widehat{ab}$应该恰好位于样本分布的中心位置,否则$\widehat{ab}$可能就不在样本分布的中心位置,这个偏移量用z_0表示。借助正态分布,我们知道当$z_0=0$的时候,表示$\widehat{ab}$恰好位于样本分布中位数的位置。将z分数转换为百分位就是$\Phi(z_0=0)=0.5$,这恰好是正态分布的中心位置,在中介效应样本分布中对应的百分数$\widehat{ab}_{\text{median}}^{*\Phi(z_0)} = \widehat{ab}_{\text{median}}^{*(0.5)}$。$z_0$的取值来自 Bootstrapping 样本中中介效应量$\widehat{ab}$小于原始样本中介效应量ab的比例。例如,原始样本的中介效应量$ab=0.5$,5000 个 Bootstrapping 样本中的中介效应量有 2000 个小于 0.5,$z_0=0.4$,表明样本是一个正偏态分布。然后,我们需要依据中心点的偏差量重新估计置信区间上下限对应的百分数,如果样本分布中心点没有偏差(即$z_0=0$),那么上下限相对于中心 0 点的距离分别为$z_{a/2}$和$z_{1-a/2}$,进行偏差校正后这两段距离分别就是$z_0+z_{a/2}$和$z_0+z_{1-a/2}$。因此,新的置信区间上下限距离中心点的位置为:

$$\text{下限位置}: z_0+(z_0+z_{a/2})=2z_0+z_{a/2}$$
$$\text{上限位置}: z_0+(z_0+z_{1-a/2})=2z_0+z_{1-a/2}$$

最后将 z 分数转换为百分位数,依据样本分布就可以得到置信区间的上下限了,即:

$$[\widehat{ab}_{\text{lower}}^{*\ \Phi(2z_0+z_{a/2})}, \widehat{ab}_{\text{upper}}^{*\ \Phi(2z_0+z_{1-a/2})}] \tag{21.9}$$

如果偏差校正的中介效应不包含 0,就拒绝虚无假设,认为中介效应存在;如果中介效应量的置信区间包含 0,这个时候我们不能够拒绝虚无假设,认为中介效应和 0 没有显著的差异。

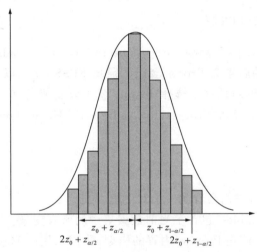

图 21.9 Bootstrapping 样本估计校正后的置信区间

4. 蒙特卡洛模拟法

蒙特卡洛模拟法(monte carlo simulation)是依据样本统计量生成随机样本来模拟原始样本,然后依据随机生成的样本进行统计分析和假设检验。因为生成的随机样本理论上可以趋近于无限大,根据中心极限定理,随着样本量增大,样本分布趋近正态,可以认为 ab 乘积项满足正态假设。因此,蒙特卡洛模拟法的优势是样本分布的对称性,尤其是样本量较大的时候,样本分布更加平滑。当进行多水平中介效应检验的时候,因为数据结构的原因无法采用 Bootstapping 检验法,蒙特卡洛模拟法就成为检验多水平中介的比较常用的方法。因为篇幅限制,蒙特卡洛模拟法这里仅做简单介绍,感兴趣的读者可以阅读蒙特卡洛模拟法检验中介效应的相关资料*。

---

* 作为一个初步的了解,读者可参考 Preacher 和 Selig 于 2012 年发表的文章 Advantages of Monte Carlo confidence intervals for indirect effects。

§4 SPSS 检验中介效应

逐步检验法比较简单（两步回归检验），近些年越来越多地受到质疑，因此本书不再做详细的介绍。Hayes 和 Preacher 编写的 SPSS Macro 不仅可以进行 Bootstrapping 的检验，还能够给出 Sobel 检验的结果，操作简单易懂。因此，我们以 Hayes 和 Preacher 编写的 Process 2.16 版作为检验中介效应的软件。本节以单中介模型为例，详细说明中介模型检验的全过程。

一、Process 的获取和安装

读者可自行登录 http://www.processmacro.org/download.html，下载最新版本的 Process，本书采用的版本为 Process 2.16，需要 SPSS 20.0 以上版本才能运行。下载完成后双击，在弹出的对话框中选择"install"就可以安装完成。如果能够在 SPSS 的 Analyze—Regression 中找到"Process, by Andrew F. Hayes（www.afhayes.com）"，即表明已经安装成功。

二、Process 简介

进入 Process 之后，我们会看到一个对话框，包括：

- "Data File Variables"包含了当前数据集中的所有变量。
- "Model Number"是 Process 内置的模型，我们采用的 Process 是 2.16 版，本版共包含 76 个模型，其中 Model 4 是中介模型，Model 4 允许最少 1 个中介变量，最多不超过 10 个并行的中介变量；Model 6 允许最少 2 个串行的中介变量，最多不超过 4 个串行的中介变量。
- 在"Bootstrapping for indirect effects"中选择抽样次数（默认是 5000 次）以及估计置信区间的方法，例如使用上文提到的百分比法（percentile）或默认的偏差校正法（bias corrected）。
- 在"Confidence level for confidence intervals"中选择置信水平，默认为 95%。
- "Covariate(s) in model(s) of…"是指对模型添加协变量的方式，有三个选择，一是同时对中介变量和因变量（"both M and Y"）控制协变量，二是对中介变量（"M only"）控制协变量，三是对因变量（"Y only"）控制协变量。
- "Outcome Variable(Y)"指的是添加因变量的位置，这里仅允许添加一个因变量，因此 Process 中所有模型仅有一个结果变量（不包括中介变量）。
- "Independent Variable(X)"指的是添加自变量的位置，这里仅允许添加一个自变量，因此 Process 中所有模型仅有一个结果变量（不包括调节变量和中介变量）。
- "M Variable(s)"指的是添加中介变量或者调节变量的位置，这里可以添加多

个中介变量或者调节变量。
- "Covariate(s)"指的是添加协变量的位置,这里可以添加多个协变量。
- "Proposed Moderator W""Proposed Moderator Z""Proposed Moderator V""Proposed Moderator Q"分别对应Process复杂模型中的随机变量名,每个框中只能添加一个变量。

下面介绍一下最左侧的5个按钮的用途。
- "About":包含了Process的版本信息、作者信息以及官方网站。
- "Options"。
  - "Mean center for products"指的是在做调节模型的时候,对乘积项采用均值中心化的方法(组中心化)。
  - "Heteroscedasticity-consistent SEs":Model1、Model2和Model3调节模型进行R^2差异检验的时候并没有假设方差齐性,这种方法提供了更加稳健的标准误估计(HC3)。
  - "OLS/ML confidence intervals":结果报告最小二乘估计或者极大似然估计的置信区间,否则只报告Bootstrapping的置信区间。
  - "Generate data for plotting(model 1,2, and 3 only)":Model1、Model2和Model3调节模型后会自动生成代码,粘贴到SPSS的syntax中可以生成简单斜率图。
  - "Effect size(models 4 and 6)":Model4和Model6中介模型输出中介效应量。
  - "Sobel test(model 4 only)":对Model4的中介效应进行Sobel检验。
  - "Total effect model(models 4 and 6 only)":Model4和Model6中介模型输出总效应量。
  - "Compare indirect effects(models 4 and 6 only)":Model4和Model6中介模型中比较不同的中介效应。
  - "Print model coefficient covariance matrix":输出模型系数的协方差矩阵。
  - "Decimal places in output":模型默认输出数据到小数点后四位。
- "Conditioning"。
  - "Pick-a-Point":指的是简单斜率分析采用均值加减1个标准差($M\pm1SD$)的方法还是百分比(percentile)的方法。
  - "Johnson-Neyman(model 1 and 3 only)":也称J-N法,用于检验连续变量的简单斜率分析,它能够确定调节效应取值的临界值,临界值的上下自变量对因变量的效应存在显著差异。
- "Multicategorical":定义类别变量,2.14版之后的Process可以分析自变量和调节变量为类别变量的数据,数据编码可以采用哑变量(indicator)、序列编码(sequen-

tial)、Helmet 编码(Helmet)和效应编码(effect)。

- "Long names:Process"默认只取变量名的前 8 个字符(中文是前 4 个字),只有这个选项被选上的时候,超过 8 个字符的变量名才能取全称。

三、运行模型及结果解释

打开 SPSS 数据文件"mediation.sav",添加因变量 bdi 到"Outcome Variable(Y)"框中,添加自变量 stress 到"Independent Variable(X)"框中,添加中介变量 coping 到"M Variable(s)"框中,"Model Number"选择 4,点击"OK",运行后输出如下结果:

```
Model = 4
    Y = bdi
    X = stress
    M = coping

Sample size
     380
```

输出 21.1

输出 21.1 结果报告了模型的基本信息,本次运行的是 Model 4,因变量 Y 是 bdi,自变量 X 是 stress,中介变量 M 是 coping,样本量为 380。

Outcome:coping

Model Summary

R	R-sq	MSE	F	df1	df2	p
.2199	.0483	.6896	19.2015	1.0000	378.0000	.0000

Model

	coeff	se	t	p	LLCI	ULCI
constant	3.2494	.1451	22.3943	.0000	2.9641	3.5347
stress	.0966	.0220	4.3819	.0000	.0532	.1399

输出 21.2

输出 21.2 中"Outcome:coping"表明结果变量是中介变量"coping",所以此部分是中介模型中自变量对中介变量的回归分析($M=aX$);"Model Summary"的内容与回归分析相同,这里就不做详细解释了;"coeff = 0.0966"就是中介模型中的路径系数 a。然后还要看 p 值($p<0.001$)和置信区间是否包含 0(95% $CI=[0.0532, 0.1399]$),表明路径系数 a 显著。注意,最后报告的置信区间"LLCI"和"ULCI"是最小二乘法的置信区间,并非 Bootstrapping 的置信区间。

```
Outcome: bdi

Model Summary
          R       R-sq      MSE        F        df1       df2        p
        .4500    .2025    45.1705   47.8740   2.0000   377.0000    .0000

Model
              coeff       se         t         p        LLCI       ULCI
constant    -7.5180    1.7913    -4.1969    .0000    -11.0402    -3.9957
coping       2.4715     .4163     5.9370    .0000      1.6529     3.2900
stress       1.1489     .1829     6.2825    .0000       .7893     1.5085
```

输出 21.3

输出 21.3 中"Outcome：bdi"表明这部分分析的结果变量是因变量，所以此部分是中介模型中因变量对自变量、中介变量的回归分析($Y=bM+c'X$)，Model Summary 的内容与回归分析相同；coeff = 2.4715 就是中介模型中的路径系数 b，coeff = 1.1489 就是中介模型中的路径系数 c'，二者报告的 $p<0.001$ 和置信区间不包含 0，表明路径系数显著。同样，最后报告的置信区间"LLCI"和"ULCI"是最小二乘法的置信区间，并非 Bootstrapping 的置信区间。

```
* * * * * * * * * * * DIRECT AND INDIRECT EFFECTS * * * * * * * * * * *

Direct effect of X on Y
    Effect      SE         t         p       LLCI      ULCI
    1.1489    .1829     6.2825    .0000     .7893    1.5085

Indirect effect of X on Y
           Effect    Boot SE    BootLLCI    BootULCI
coping     .2387     .0698      .1211       .3949
```

输出 21.4

输出 21.4 结果报告了直接效应和中介效应，其中直接效应为 1.1489，95%置信区间为[0.7893,1.5085]，置信区间不包含 0，表明直接效应显著。注意，这里的置信区间是基于最小二乘法得到的置信区间。中介效应为 0.2387，95%置信区间为[0.1211, 0.3949]，置信区间不包含 0，中介效应显著。这里的置信区间是基于 Bootstrapping 得到的置信区间。

最后，注意 Process 程序只能给出非标准化效应值，如果需要标准化的效应系数，需把变量标准化后再放入 Process 程序。

```
* * * * * * * * * ANALYSIS NOTES AND WARNINGS * * * * * * * * * * * *

Number of bootstrap samples for bias corrected bootstrap confidence intervals:
    5000

Level of confidence for all confidence intervals in output:
    95.00

NOTE: Some cases were deleted due to missing data.   The number of such cases was:
    2
```

输出 21.5

输出 21.5 报告了分析的一些参数,Bootstrapping 抽样 5000 次,并采用"bias corrected bootstrap"估计置信区间,置信水平为 95%,2 个数据因为缺失值问题被删除。

§5 调节模型简介

如果自变量 X 和因变量 Y 的关系受到第三个变量 M 的影响,即自变量 X 和因变量 Y 的关系的强弱会随着第三个变量 M 的变化而变化,这个变量 M 就叫调节变量。例如,学生的学习时间能够预测学生的学习成绩,但是这种预测关系可能受到学习方法的调节,不同学习方法导致的结果可能并不完全一致。目前有 A 学习方法和 B 学习方法,结果发现采用 A 方法的学生,学习时间和学习成绩的关系更强;而采用 B 学习方法,学习时间不能够预测学生的学习成绩。因此,可以得出结论,学习方法能够调节学习时间和学习成绩的关系,使用 A 方法时学习时间和成绩的关系要比使用 B 方法时强。

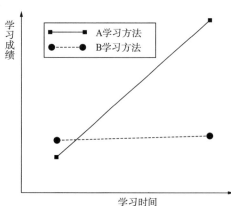

图 21.10 调节效应示意

调节变量对于自变量和因变量关系的作用就称为调节效应,这种调节效应不仅影响关系的强弱,而且还有可能影响关系的方向。调节系数的值为正时,指的是随着调节变量取值的增大,自变量和因变量的关系强度也增大;调节系数的值为负时,指的是随着调节变量取值的增大,自变量和因变量的关系强度减弱。调节变量可以是定性的(如性别、种族等),也可以是定量的(如上文提到的学习时间等)。

调节效应和方差分析中的交互作用有什么区别和联系呢?从数学公式上来看,二者没有任何区别,但是从心理学的研究逻辑上来讲,二者存在差异。在交互作用中两个变量可以互为调节变量,但是在调节效应分析中,调节变量和自变量是固定的。

与交互作用分析一样,调节效应显著后要进行简单斜率分析,目的是考察在不同调节变量水平上,自变量 X 和因变量 Y 之间的关系。如图 21.11 所示,通常将连续的调节变量进行高低分组,然后分别考察高低分组的情况下,学习时间对学习成绩的预测关系。如果调节效应不显著不能进行简单斜率分析,调节效应显著是进行简单斜率分析的必要条件。因此,调节效应不显著的情况下报告的简单斜率分析结果是没有意义的。

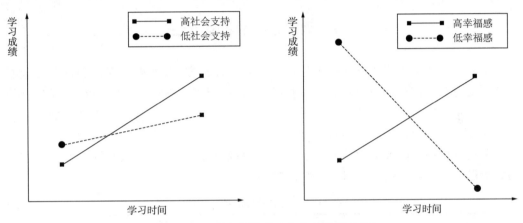

图 21.11　正向调节效应与负向调节效应

§6　调节模型的原理

调节效应检验的原理与方差分析相同,假设自变量 X 能够预测因变量 Y,存在第三个变量 M 能够调节自变量 X 与因变量 Y 的关系。自变量和因变量的关系可以表示为:

$$Y = aX + e \tag{21.10}$$

纳入调节变量后:

$$\begin{aligned}Y &= aX + bM + cXM + e \\ &= (a + cM)X + bM + e\end{aligned} \tag{21.11}$$

通过上述公式可以发现,自变量 X 和因变量 Y 的关系受到调节变量 M 的影响,如果 M 的路径系数 c 显著,那么 M 的调节效应就是存在的,如果路径系数 c 不显著(即 $c = 0$),则 $(a + cM)X = aX$,与原公式没有任何区别。

在中介模型中并不区分路径图和模型图(二者相同),但是在调节作用中,路径图和模型图存在差异,图 21.12 分别是路径图和模型图,模型图仅表明调节关系,而路径图会详细标注回归方程中的变量、乘积项以及路径系数。

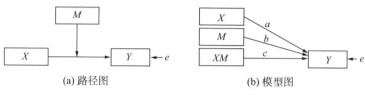

图 21.12 调节作用的路径图和模型图

§7 调节效应的检验方法

检验调节效应需要依据数据类型选择不同的检验方法,如果自变量和调节变量都是类别变量时,与方差分析的交互作用的检验方法相同:先进行方差分析,然后进行简单效应分析。如果自变量和调节变量中只有一个为类别变量,通常需要将类别变量转变为哑变量,然后进行分层回归检验调节效应。如果两个变量都是连续型变量,就可以直接采用分层回归的方法检验调节效应,并进行简单斜率分析。方差分析的方法前面的章节已做过详细介绍,本节仅介绍分层回归的方法。

表 21.1 调节效应的检验方法

		调节变量(M)	
		类别变量	连续变量
自变量 (X)	类别变量	1. 方差分析 2. 简单效应分析	1. X 转为哑变量 2. 分层回归分析 3. 简单斜率分析
	连续变量	1. M 转为哑变量 2. 分层回归分析 3. 简单斜率分析	1. 分层回归分析 2. 简单斜率分析

分层回归的方法主要分为 4 步:

(1) 将自变量和调节变量中心化。中心化的目的是解决回归分析中的多重共线性问题。中心化包括组中心化(group center)和全局中心化(grand center),二者的区别是参照点不同,组中心化是将变量样本分布的中心点从平均值位置平移到 0 点,即自变量 X 中的每一个值分别减去自变量的平均值 $\overline{X}$;全局中心化是指将变量样本分布的中心点按照全局中心值进行平移,即自变量 X 中的每一个值分别减去所有变量(包括自变量、调节变量)的平均值 $Mean$,所以其平移后的样本分布的中心点是 $\overline{X} - Mean$。还有一种解决多重共线性的方法是标准化,即做组中心化后再除以变量的标准差 s,相比组中心化,标准化后的变量单位由原来的 s 变为 1。因为全局中心化后的结果都是参考全局中心点,通常难以理解和解释,所以目前最常用的方法是组中心化和标准化。这里因变量不用中心化,因为它不会影响非标准化回归系数和截距的大小。

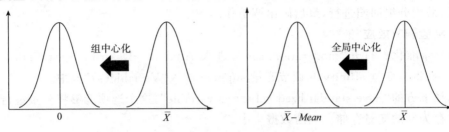

图 21.13 组中心化和全局中心化

(2) 计算乘积项。将中心化后的自变量 X 和中心化后的调节变量 M 相乘,得到乘积项 XM。中心化不会改变标准差,但是中心化改变了数据的中心位置,导致乘积项变小,但是对回归分析的显著性检验没有影响。

(3) 检验调节效应,即做分层回归分析。分层回归分析可以理解为进行多次回归分析并进行比较,分层回归要求除第一层回归方程,其他回归方程必须包含前一次回归分析的变量并且纳入新的变量,即第 $k+1$ 次的回归分析除了必须包含第 k 次回归分析的变量外,还需要纳入新的变量。这样做的目的是控制前面回归分析中的变量,考察新纳入的变量能够解释多少因变量的方差。基于这样的思路,将协变量放入回归分析的第一层,自变量 X 和调节变量 M 放入第二层,乘积项 XM 放入第三层,考察乘积项 XM 在控制了协变量、自变量、调节变量后还能够解释多少因变量的方差。

(4) 简单斜率分析。调节效应显著表明调节变量能够影响自变量和因变量之间的关系。但是,调节作用检验并不能告诉我们在调节变量不同水平上,自变量是如何影响因变量。想要知道调节变量不同水平上自变量如何作用于因变量,就要进行简单斜率分析。如果调节变量是类别变量,就将数据按照调节变量的类别分为几个子数据集,然后分别做因变量 Y 对自变量 X 的回归分析;如果调节变量是连续变量,就将数据按照调节变量的两个截断值(通常为调节变量 M 的均值 $\bar{M}$ 加减 1 个标准差 S_M,即 $\bar{M} \pm S_M$)分为三个子数据集,然后分别做因变量 Y 对自变量 X 的回归分析。

§8 使用 SPSS 检验调节效应

本节将介绍两种调节效应的检验方法:分步检验法和 Process 检验法。报告调节效应的结果时,应首先报告分层回归的交互项方差解释的增益量和显著性,再报告交互项的标准化回归系数,最后报告简单斜率分析的高低组分别的效率。

一、分步检验法

研究者想考察社会支持在亲密性和生活满意度关系中的作用,其中,亲密性(affinity)是自变量,社会支持(support)是调节变量,生活满意度(satisfaction)是因变量。分步检验法分为两部分内容,首先是调节作用检验,采用分层回归进行。然后进行简单斜率分析,采用分组回归进行,最后画出调节作用图。

1. 检验调节效应

(1) 标准化。打开"moderation. sav",进入 Analyze—Descriptive Statistics—Descriptives,将自变量 affinity 和调节变量 support 放入"Variable(s)"框中。

选择下方的"Save standardized values as variable",这个选项能够将变量进行标准化并保存为新的变量存储在当前数据集中。

点击"OK"运行后可以发现数据集中多了两列变量,分别为 Zaffinity 和 Zsupport,它们分别为 affinity 和 support 的标准化值。

(2) 乘积项。进入 Transform—Compute Variable,在"Target Variable"框中输入新生成的乘积项的名字"int"。

将 Zaffinity 和 Zsupport 相乘放入"Numeric Expression"框中,最后的公式为"Zaffinity * Zsupport"。

点击"OK"运行。

(3) 分层回归。进入 Analyze—Regression—Linear,将因变量 satisfaction 放入"Dependent"框中,将自变量 affinity 和调节变量 support 放入"Independent(s)"框中。

点击"Independent(s)"上方的"Next",然后在空白的"Independent(s)"框中放入新生成的乘积项"int"。

在 Statisitics 中选择"Model fit""R squared change""Estimate"和"Confidence Intervals"(Levels(%):95)。

点击"OK"运行。

Model Summary									
			Adjusted R Square	Std. Error of the Estimate	Change Statistics				
Model	R	R Square			R Square Change	F Change	df1	df2	Sig. F Change
1	.317a	.101	.089	5.21649	.101	8.61	2	154	.000
2	.362b	.131	.114	5.14333	.031	5.4112	1	153	.021
a. Predictors: (Constant), support, affinity									
b. Predictors: (Constant), support, affinity, int									

输出 21.6

运行后会输出结果,输出 21.6 中第一行报告了自变量和调节变量对因变量的解释变异占因变量总变异的比例($R^2=0.101$);第二行报告了加入交互项"int"后,自变量对因变量解释变异的比例显著增加,增加量为 $\Delta R^2 = 0.031$;显著性检验结果为:$F_{(1,153)}=5.412, p=0.021$,这表明存在显著的调节效应。

	ANOVA^a					
Model		Sum of Squares	df	Mean Square	F	Sig.
1	Regression	468.612	2	234.306	8.610	.000^b
	Residual	4190.611	154	27.212		
	Total	4659.223	156			
2	Regression	611.787	3	203.929	7.709	.000^c
	Residual	4047.436	153	26.454		
	Total	4659.223	156			
a. Dependent Variable: satisfaction						
b. Predictors: (Constant), support, affinity						
c. Predictors: (Constant), support, affinity, int						

输出 21.7

输出 21.7 报告分层回归的模型方差分析的结果,可以在 Model 2 中看到回归方差对总方差的解释显著。即 $F=7.709, p<0.001$。

		Coefficients^a						
		Unstandardized Coefficients		Standardized Coefficients			95.0% Confidence Interval for B	
Model		B	Std. Error	Beta	t	Sig.	Lower Bound	Upper Bound
1	(Constant)	31.303	3.794		8.250	.000	23.808	38.799
	affinity	−.666	.193	−.264	−3.447	.001	−1.048	−.284
	support	.392	.158	.190	2.483	.014	.080	.703
2	(Constant)	28.332	3.953		7.167	.000	20.523	36.142
	affinity	−.403	.222	−.160	−1.820	.071	−.841	.035
	support	.390	.156	.189	2.508	.013	.083	.697
	int	.787	.338	.204	2.326	.021	.119	1.455
a. Dependent Variable: satisfaction								

输出 21.8

输出 21.8 报告了分层回归的路径系数,通过 Model 2 可以看到,交互作用的路径系数为 $B=0.787$,标准误 $SE=0.338$,置信区间 $95\%CI=[0.119, 1.455]$,置信区间不包含 0,表明路径系数显著,存在显著的调节效应。

2. 简单斜率分析

简单斜率分析的目的是考察在调节变量的不同水平上,自变量对因变量的影响。如果调节变量是类别变量,那么可以直接按照类别分为不同水平,例如性别就分为男、女两个水平;如果调节变量是连续变量,可以采用调节变量的均值加减 1 个标准差 ($M\pm SD$) 的方法将数据分为 3 个子数据集,或者按照百分比等方法进行分水平。目前最常用的方法是均值加减 1 个标准差,因此本节以此为例进行操作。

(1) 计算调节变量的区分点。

进入 Analyze—Descriptive Statistics—Descriptives,将调节变量 support 放入 "Variable(s)"框中。

"options"中选择"Mean"和"std. deviation"。

点击"OK"。

Descriptive Statistics			
	N	Mean	Std. Deviation
support	157	20.2357	2.65093
Valid N (listwise)	157		

输出 21.9

输出 21.9 提供了样本量($N=157$),均值($M=20.24$),以及标准差($SD=2.65$)等基本信息。通过均值加减一个标准差,可以得到两个区分点,分别为 $20.2357+2.6509=22.8866$,以及 $20.2357-2.6509=17.5848$,将这两个点作为截断值对调节变量进行分组。

(2) 编码分组变量。

- 按照区分点在数据集中设置一个新的变量,并命名为分组变量。
- 进入 Transform—Recode into Different Variables;
- 将调节变量 support 放入"Numeric Variable→Output Variable"框中;
- 将变量放入后发现"Output Variable"框激活了,在"Name"中输入"group",在"label"框中输入"分组变量";
- 点击"Old and New Values",并在弹出的对话框中,
    ◆ 选择"Output variables are strings"(必须首先选择这个选项,否则"New Value"只能输入数值)。
    ◆ 在左侧"Old Value"中的"Range, Lowest through value"中输入 17.5848,在"New Value"的"Value"中输入 Low,点击"Add"按钮就完成了低分组的编码。
    ◆ 在左侧"Old Value"中的"Range, value through Highest"中输入 22.8866,在"New Value"中输入 High,点击"Add"按钮就完成高分组的编码。
    ◆ 在左侧"Old Value"中选中"All other values",在"New Value"的"Value"中输入 Middle,点击"Add"按钮就完成中间组的编码。
    ◆ 然后点击"Continue"回到主对话框后,点击"OK"运行。

(3) 数据集分组。

进入 Date—Split File,选择"Compare groups"。

将刚才新生成的分组变量 group 放入"Groups Based on"框中。

点击"OK"运行。

注意,选项"Compare groups"和"Organize output by groups"在输出中只有格式排列的差别。选择"Compare groups"后,输出中每个项目中分别报告各组的值,例如,3个分组回归分析,则回归分析中的"Coefficients"同时输出 3 个组的路径系数;选择"Organize output by groups"后,输出按照数据集分组顺序分别报告结果,例如,3 个分组回归分析,结果和运行 3 次回归分析的结果一样顺序报告。为了方便查看比较,这里选择"Compare groups"。

3. 分组回归分析

进入 Analyze—Regression—Linear,将因变量 satisfaction 放入"Dependent"框中,将自变量 affinity 放入"Independent(s)"框中。

在"Statisitics"中选择"Estimate""Model fit"和"Confidence Intervals"(Levels(%):95)。

点击"OK"运行。

ANOVA^a

group			Sum of Squares	df	Mean Square	F	Sig.
high	1	Regression	31.565	1	31.565	1.265	.268^b
		Residual	873.625	35	24.961		
		Total	905.189	36			
low	1	Regression	481.859	1	481.859	18.751	.000^b
		Residual	513.959	20	25.698		
		Total	995.818	21			
middle	1	Regression	1.916	1	1.916	.072	.789^b
		Residual	2565.757	96	26.727		
		Total	2567.673	97			

a. Dependent Variable: satisfaction

输出 21.10

通过输出 21.10 可以发现,只有低分组的回归模型是显著的($F = 18.751$, $p < 0.001$),高分组和中间组的回归方程都不显著。这表明在调节变量高、中、低不同分组的情况下,回归模型是不同的。

输出 21.11 得到的结果相同,发现在高分组和中间组中,自变量 affinity 对因变量 satisfaction 的预测作用是不显著的,只有低分组的回归的路径系数是显著的,$B = -1.196$,$SE = 0.276$,置信区间 $95\%CI = [-1.489, 0.427]$。因此,在调节变量 3 个水平上,自变量对因变量的预测作用不同。

		Coefficient[a]					95.0% Confidence Interval for B	
		Unstandardized Coefficient		Standardized Coefficient				
group		B	Std. Error	Beta	t	Sig.	Lower Bound	Upper Bound
high	1 (Constant)	39.549	5.406		7.316	.000	28.574	50.525
	affinity	−.531	.472	−.187	−1.125	.268	−1.489	.427
low	1 (Constant)	43.089	3.190		13.506	.000	36.434	49.744
	affinity	−1.196	.276	−.696	−4.330	.000	−1.773	−.621
middle	1 (Constant)	32.349	3.553		9.104	.000	25.296	39.403
	affinity	−.083	.310	−.027	−.268	.789	−.699	.533

a. Dependent Variable: satisfaction

输出 21.11

4. 绘制简单斜率图

绘制简单斜率图可以用 SPSS 或者 Excel 完成,由于 Excel 绘图和 Word 兼容性较好,本节采用 Excel 绘图。

(1) 计算回归方程。通过前面讲述的调节效应的方程为:

$$Y = aX + bM + cXM + e$$
$$= (a+cM)X + bM + e \quad (21.12)$$

我们计算采用标准化的路径系数,因此自变量和调节变量都是标准化后的数值,它们的均值都是 0,标准差都是 1。因此,对调节变量和自变量进行高低分组,即采用它们的 $M±1SD$ 的值,可以得到如下形式的取值:

表 21.2 对调节变量和自变量进行高低分组

		自变量 X	
		低分组	高分组
调节变量 M	低分组	$X=-1, M=-1$	$X=1, M=-1$
	高分组	$X=-1, M=1$	$X=-1, M=1$

(2) 代入公式(21.12)后,可以得到方程:

		自变量 X	
调节变量 M		$Y=-a+c-b$	$Y=a-c-b$
		$Y=-a-c+b$	$Y=a+c+b$

(3) 通过输出 21.8 可知标准化的路径系数为:$a=-0.160$,$b=0.189$,$c=0.204$,截距项为 28.332。将 a,b,c 的值代入方程中,然后加上截距项得到如下结果:

	自变量 X	
调节 变量 M	$Y=(0.160+0.204-0.189)$ $+28.332=28.51$	$Y=(-0.160-0.204-0.189)$ $+28.332=27.78$
	$Y=(0.160-0.204+0.189)$ $+28.332=28.48$	$Y=(-0.160+0.204+0.189)$ $+28.332=28.56$

（4）将这四个值输入 Excel 表格中，点击"插入"，选择"二维折线图"，然后填入变量名等信息后，得到如下简单斜率图。

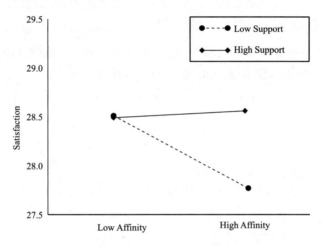

图 21.14　简单斜率图

二、Process 检验法

打开 SPSS 数据文件"moderation.sav"。

- 添加因变量 satisfaction 到"Outcome Variable(Y)"框中。
- 添加自变量 affinity 到"Independent Variable(X)"框中。
- 添加调节变量 support 到"M Variable(s)"框中。
- "Model Number"选择 1。
- "Options"中选择"OLS/ML confidence intervals"和"Generate data for plotting"。
- "Long Name"中选择"Allow long variable names"，点击"OK"。

运行后得到如下输出：

```
***************************************************
Model = 1
    Y = satisfac
    X = affinity
    M = support

Sample size
    157
```

输出 21.12

输出 21.12 结果报告了模型的基本信息，本次运行的是 Model 1，因变量 Y 是 satisfac，自变量 X 是 affinity，调节变量 M 是 support，样本量为 157。

```
***************************************************
Outcome: satisfac

Model Summary
         R       R-sq     MSE        F        df1       df2         p
      .3624    .1313   26.4538    7.7089   3.0000   153.0000    .0001

Model
                coeff       se         t         p       LLCI      ULCI
constant      59.6009   12.7258    4.6835    .0000    34.4599   84.7419
support       -1.1551     .6828   -1.6917    .0927    -2.5040     .1938
affinity      -3.1799    1.0972   -2.8983    .0043    -5.3474   -1.0123
int_1           .1372     .0590    2.3264    .0213      .0207     .2537

Product terms key:

int_1    affinity    X    support

R-square increase due to interaction(s):
         R2-chng     F       df1       df2         p
int_1     .0307   5.4123   1.0000   153.0000    .0213
```

输出 21.13

输出 21.13 中确认了因变量"Outcome: satisfac"，通过"Model Summary"可知调节回归模型显著（$p < 0.001$）；Model 部分表明，乘积项 int_1 的路径系数显著，$B = 0.1372, SE = 0.0590, 95\%CI = [0.0207, 0.2537]$；通过"Product terms key"可知乘

积项 int_1 是由 affinity 和 support 相乘得到;"R-square increase due to interaction(s)"部分提示,乘积项加入后,对于因变量的 $\Delta R^2 = 0.0307, p = 0.0213, R^2$ 增加显著。

```
******************************************

Conditional effect of X on Y at values of the moderator(s):
 support    Effect      se          t         p       LLCI      ULCI
17.5847    -.7669    .1954    -3.9245    .0001    -1.1530    -.3809
20.2357    -.4032    .2216    -1.8196    .0708    -.8409     .0346
22.8866    -.0394    .3300    -.1195     .9050    -.6914     .6125

Values for quantitative moderators are the mean and plus/minus one SD from mean.
Values for dichotomous moderators are the two values of the moderator.
```

输出 21.14

输出 21.14 中报告了简单斜率分析的结果,高分组(22.8866)和中间组(20.2357)的预测效应置信区间均包含 0,均不显著($p > 0.05$);低分组(17.5847)的效应显著,$Effect = -0.7669, 95\% CI = [-1.1530, -0.3809]$。

```
******************************************

Data for visualizing conditional effect of X on Y
Paste text below into a SPSS syntax window and execute to produce plot.

DATA LIST FREE/affinity support satisfaction.
BEGIN DATA.

  9.0975    17.5847    32.3117
 11.2611    17.5847    30.6523
 13.4248    17.5847    28.9929
  9.0975    20.2357    32.5589
 11.2611    20.2357    31.6865
 13.4248    20.2357    30.8141
  9.0975    22.8866    32.8060
 11.2611    22.8866    32.7207
 13.4248    22.8866    32.6354
END DATA.
GRAPH/SCATTERPLOT=affinity WITH satisfaction BY support.
```

输出 21.15

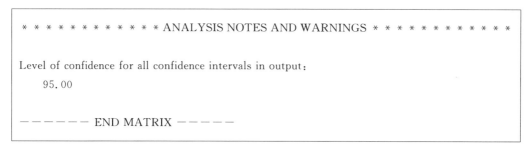

输出 21.15(续)

在输出 21.15 中提供了生成简单斜率图的代码,双击这部分内容,然后选择灰色区域代码(Data LIST…BY support)并复制,点击 File－New－Syntax,粘贴代码到 Syntax 中,选择代码点击 Run－Selection(Ctrl＋R)或者点击工具栏中的绿色三角执行代码,就会输出图 21.15,点击 Elements－Fit Line at Subgroups,选择 Linear,确认后得到图21.15中的拟合线。

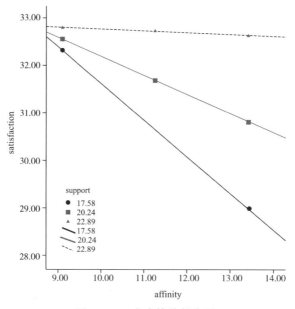

图 21.15 生成简单斜率图

§9 同时包括调节和中介效应的模型

调节效应和中介效应是目前使用最为广泛的心理统计学模型,但是两个模型研究的科学问题完全不同。中介模型研究的科学问题是自变量和因变量之间的心理过程或者心理机制;调节模型研究的科学问题是调节变量如何影响自变量与因变量之间的关系。

表 21.3　中介效应与调节效应的区别

	中介变量(M)	调节变量(M)
研究目的	X 如何影响 Y	X 何时影响 Y 或何时影响较大
关联概念	中介效应、间接效应	调节效应、交互效应
使用情境	X 对 Y 的影响强且稳定	X 对 Y 的影响时强时弱
典型模型	$M=aX+e_2, Y=c'X+bM+e_3$	$Y=aM+bM+cXM+e$
模型中 M 的位置	M 在 X 之后，Y 之前	X,M 在 Y 前面，M 可以在 X 前面
M 的功能	代表一种机制，X 通过 M 影响 Y	影响 X 和 Y 之间的方向（正或负）和强弱
M 与 X,Y 的关系	M 与 X,Y 的相关都显著	M 和 X,Y 的相关可以显著或不显著（后者比较理想）
效应	回归系数 ab 的乘积	回归系数 c
效应估计	ab	c
效应检验	ab 是否等于 0	c 是否等于 0
检验策略	依次检验、Bootstrap 检验、Sobel 检验、蒙特卡洛检验法	分步检验、Bootstrap 检验

从表 21.3 中可以得到，中介模型要求自变量和中介变量、中介变量和因变量之间存在显著的相关，调节模型对调节变量与自变量、因变量的关系没有要求。因此，如果一个变量和自变量、因变量都没有显著的相关，这个变量不可能成为中介变量，但是可以成为调节变量。还有一些变量，例如性别、种族、基因等不受自变量影响的个体差异变量，只能作为调节变量，不能作为中介变量，因为这些变量通常不能够解释个体心理一行为的过程和机制。还有一些变量既可以作为中介变量也可以作为调节变量，例如社会支持、主观幸福感等变量，这取决于研究者研究的科学问题。

随着研究科学问题的深入，简单的中介模型或者简单的调节模型都不能够满足研究问题的需要，因此，研究者依据研究问题的需要提出更加复杂的模型，包括有调节的中介模型、有中介的调节模型、混合模型等。但是，无论模型如何复杂，都是由一个或者几个中介模型、调节模型经过组合实现的，本节以有调节的中介模型和有中介的调节模型*为例做简要介绍。

有调节的中介模型（moderated mediation model）是指中介效应的大小受到调节变量的影响，而直接效应不受到调节作用的影响。因此，有调节的中介模型估计的中介效应又称为条件中介效应（conditional mediation effect）。但是，中介效应的估计依赖路径系数 a 和路径系数 b，调节变量可能出现在中介变量之前或者之后。当调节变量出现在中介变量之前时，它调节中介效应中 a 的大小和方向，这时候可以采用 Process 中

---

* 这部分的详细介绍请参阅 Baron 和 Kenny 于 1986 年发表的文章 The moderator mediator variable distinction in social psychological research: conceptual, strategic and statistical considerations。

的 Model 7 进行建模并进行效应量的估计,中介效应量用公式(21.13)表示。

$$ES=(a+f\times W)\times b \tag{21.13}$$

这个时候,中介效应会因为调节变量 W 的变化而变化,当路径系数 f 为正的时候,中介效应随着 W 的增大而增大;当路径系数 f 为负的时候,中介效应随着 W 的增大而减小,当 W 足够大的时候会改变中介效应的方向。

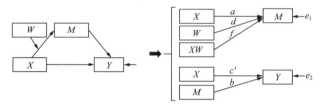

图 21.16　有调节的中介模型

当调节变量出现在中介变量之后时,它调节中介效应中 b 的大小和方向,可以采用 Process 中的 Model 14 进行建模并进行效应量的估计,中介效应量用公式(21.14)表示。

$$ES=a\times(b+f\times W) \tag{21.14}$$

这个时候,中介效应的大小变化随着调节变量 W 的变化而变化,这里与前文解释相同,不再赘述。

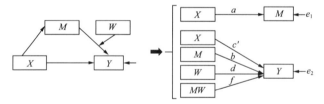

图 21.17　有中介的调节模型

有中介的调节模型(mediated moderation model)是指调节效应要通过中介变量实现对因变量的作用,因此交互项既可以直接影响因变量,也可以通过中介变量影响因变量,这时候可以采用 Process 中的 Model 8 进行建模并进行简单斜率分析。其中,调节变量对自变量 X 和因变量 Y 关系的总调节效应可以用公式(21.15)表示。

$$ES=ab+c'+fb\times W+j\times W \tag{21.15}$$

通过公式可以发现,自变量 X 对因变量 Y 的作用会因为直接调节作用 $j\times W$ 和间接调节作用 $fb\times W$ 的改变而改变。

但是,如果研究的原假设是调节变量完全通过中介变量实现调节作用,这时候有中介的调节模型与有调节的中介模型(调节前半段)完全相同。因此,统计模型在完全相同的情况下,那么模型到底是有调节的中介模型还是有中介的调节模型则取决于研究者研究的科学问题是什么。

22

结构方程模型

在前面的章节中，我们学习了多元回归分析、多元方差分析、中介模型与调节模型，这些统计分析的模型相对比较简单，其中一些模型受制于特定的数据类型或者简单的数据结构，一些模型仅能分析单个因变量，研究者进行研究设计时不得不因为方法学的限制放弃一些有趣的研究想法。统计建模为研究者提供了新的研究思路，通过结合不同的统计分析方法，将已有理论假设符号化，转化成统计学模型，利用统计学的拟合指标判断数据和模型的状况，来接受或者拒绝原假设。比如，中介模型就是将几个回归模型"组合"在一起，考察多个变量之间的关系，它在统计建模中被称为路径分析。还有一些统计建模针对特定的复杂数据结构，例如考查学生学习成绩和自我效能感的关系，学生嵌套在不同班级，各班的班风、班主任管理风格等都不同。因此，忽视班级因素，单纯考查学生学习成绩和自我效能感的关系是有偏差的。此时，应该采用多层线性模型，同时考虑学生的个体因素和班级因素对学生自我效能感的作用。

通常来讲，统计建模包括 6 个步骤，分别是明确研究问题、数据采集、提出假设模型、模型建构、模型求解、模型修正。事实上，之前学习的 t 检验、方差分析、回归分析等统计分析方法就属于经典统计建模的一部分，但这些模型比较简单，无法分析复杂的变量间关系。心理学研究的问题常常包含复杂的变量间关系和独特的数据结构，这让经典统计方法显得捉襟见肘。目前常用的统计建模方法包括结构方程模型（structure equation model，SEM）、多层线性模型（hierarchical linear model）、潜在增长模型（latent growth model）、潜在类别分析（latent class analysis）以及潜在剖面分析（latent profile analysis）、元分析（meta-analysis）等。本章将以结构方程模型为例，为读者介绍高级心理统计中的建模方法。统计建模的思想对于中高级统计十分重要。本章旨在通过结构方程模型的例子，讲授模型和数据拟合关系的思想。

§1 结构方程模型简介

结构方程模型与前面章节提到的经典统计分析方法的本质区别是潜变量（latent variable）。潜变量是指不能通过直接测量获得，只能通过一些间接的测量方式获得的指标。例如,主观幸福感就是一个潜变量,当前没有任何一种测量工具能够直接测量主观幸福感,它的测量只能通过量表间接获得,这些直接测量的量表就是显变量(observed variable)。由于受到个体当时的心情、周边环境等随机因素影响,每次直接测量的主观幸福感都存在测量误差。潜变量、显变量和测量误差的关系符合经典测量理论真分数、观察分数和测量误差的关系。经典测量理论指出,通过测量工具获得的分数叫观察分数,由于存在测量误差,观察分数并不等价于想要测量的真实值(真分数)。也就是说,观察分数中包含真分数和误差分数。用经典测量理论来解释,显变量的值包含了潜变量和测量误差,由于测量误差(这里特指随机误差)的大小、方向都是随机的,因此显变量中只有潜变量是恒定的。结构方程模型利用潜变量和显变量的特性,将潜变量从显变量中"分离"出来,直接考察潜变量之间的关系,这样得出的结果显然要比MANOVA更稳健。

结构方程模型是目前心理学研究中最常用的统计模型工具,它将潜在变量研究模型和线性因果关系模型进行整合,具有因素分析和路径分析的优势,能够同时考察多个自变量和多个因变量的复杂关系。结构方程模型之所以具有因素分析和路径分析的优势是因为它由两部分组成:测量模型(measure model)和结构模型(structure model)。结构方程模型允许自变量和因变量含有测量误差,通过测量模型将潜变量和测量误差进行区分,这样得到的潜变量被认为不含测量误差。结构模型考察潜变量之间的关系,并且允许模型同时处理多个因变量。测量模型和结构模型并不是割裂的两部分,实际上它们是一个整体,通过估计这个整体可以得到结构方程模型的整体拟合程度。

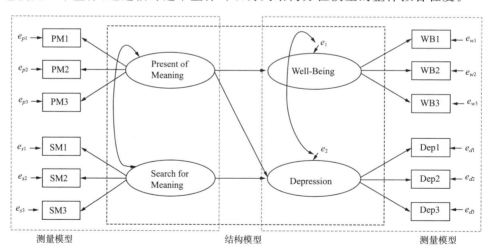

图 22.1 结构方程模型示意

图 22.1 所示的研究目的是考查意义寻求和意义拥有对幸福感及抑郁的预测作用。其中所示结构方程模型中使用的不同图标,在结构方程模型中代表了不同的含义,为了方便读者快速读懂路径图,具体解释如下:

- ☐PM1☐:矩形表示显变量;
- $e_{p3}\rightarrow$:矩形旁边的字母(例如,e_{p1},e_{s1})表示测量误差;
- ◯:圆形(或椭圆形)表示潜变量;
- ↗e_1:圆形(或椭圆形)旁边的字母(例如,e_1,e_2)表示未被自变量解释的残差;
- ↔:双向箭头表示相关关系;
- →:单向箭头表示影响关系。

此外,有的圆形没有字母是因为该潜变量是自变量,自变量的方差没有被其他变量所解释,所以自变量的残差等于它的方差;因变量的方差因为被自变量解释了一部分,所以因变量的残差不等于它的方差。

结构方程模型的建立可分为6个步骤:模型建构(model specification)、模型识别(model identification)、参数估计(parameter estimation)、模型拟合(model fitting)、模型评估与修正(model assessment and modification)以及模型解释(model interpretation)。在这6个步骤中,参数估计和模型拟合需要使用软件并输出报告,因此不分先后顺序。进行模型评估后,如果模型需要修正,则更改模型并重新进行参数估计、模型拟合以及模型再评估;如果不需要修正,则进行模型结果的解释即可。

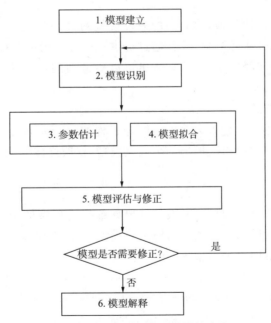

图 22.2 建立模型方程模型的步骤

1. 模型建构

模型建构是指依据理论提出假设,然后依据假设进行模型的建构,通常需要设定3种关系:

- 显变量(通常是测量题项)与潜变量之间的关系。在测量模型中,这种关系特指如何从显变量中提取出潜变量。
- 潜变量之间的关系。在结构模型中,设定潜变量之间的影响关系。
- 约束变量间特定的关系。特殊的模型设定,例如显变量之间的相关关系、显变量之间的预测关系、将两个自变量对因变量的预测效应设定为等值等。

2. 模型识别

因为识别模型需要数学分析理论,这就要求模型建构过程中必须依照一定的原则进行。虽然有些软件能够提供模型识别状况的报告,但是研究人员应该知道一些最基本的模型识别原则,这些原则包括测量模型识别原则和结构模型识别原则,只有两个模型都能够识别的时候,整个模型才是可识别的。

3. 参数估计

模型建构或修正完成后,就需要对模型进行求解,得出需要估计的参数值。回归分析中采用最小二乘法估计回归方程的参数,估计的目标是使回归方程的残差平方和最小。结构方程模型是使实际数据的协方差矩阵与理论模型的协方差矩阵之间的差异最小,通常采用的估计方法有极大似然估计、最小二乘估计等。

4. 模型拟合

模型拟合与参数估计类似,建立结构方程模型的目的是让研究人员设定的理论模型能够最大程度地拟合实际数据,并且通过提供一些拟合指标来提示模型的拟合状况。通过模型的拟合指标和经验法则,研究人员可以对模型的拟合状况做出接受还是拒绝模型的决策。

5. 模型评估与修正

针对模型拟合结果,研究人员要评估原先建构的模型是否合理。当模型拟合状况较差时,通常需要依据理论再次提出一个假设模型,修改当前的模型设定并重新进行参数估计和模型拟合。

6. 模型解释

当模型的拟合状况良好时,研究人员就要详细报告模型的拟合指数以及重要的路径系数,并绘制标注估计值和显著性的模型路径图,然后对结果进行解释和讨论。

目前,可以进行结构方程模型分析的软件很多,LISREL 是其中较早问世并被广泛使用的软件之一,其他还有 Mplus,AMOS,R(Lavaan,SEM 等),EQS 等。每个软件都有自己的特点,LISREL 更好地阐释了结构方程模型的基本原理,操作简单方便并能够建构复杂模型,因此我们以 LISREL 8.70 为例来介绍结构方程模型。

§2 验证性因素分析

一、验证性因素分析简介

验证性因素分析(confirmatory factor analysis,CFA)实际上特指结构方程模型中的测量模型,即验证潜变量的因子结构是否符合实际的测量数据,考察潜变量与显变量的关系。换句话说,当结构方程模型中不包含结构模型,没有潜变量之间的预测关系的时候,该模型就是验证性因素分析模型。在实际研究中,验证性因素分析可以被认为是结构方程模型建模的第一步,只有测量模型具有一个较好的拟合程度,整体模型才有可能具有较好的拟合程度。如果验证性因素分析的模型拟合状况较差,那么整体模型的拟合程度就不可能改善。

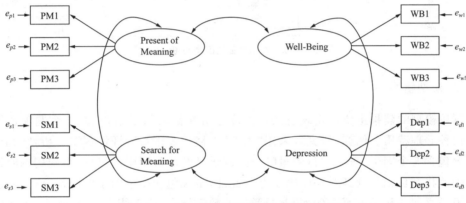

图 22.3 有 4 个因子的验证性因素分析模型

验证性因素分析的特性有:第一,验证性因素分析通常需要特定的理论依据或者概念架构作为基础,然后使用数学公式表达因子结构以及因子之间的关系;第二,验证性因素分析能够区分测量题项中的潜变量和测量误差;第三,验证性因素分析能够同时估计因子结构和因子之间的关系,并且允许一个测量题项从属于多个潜变量因子,以及估计测量模型的整体状况。这些特性使验证性因素分析被广泛应用于心理测量学的研究中。探索性因素分析(exploratory factor analysis,EFA)仅能探索因素结构,这是问卷开发和修订的第一步,而验证性因素分析能够验证问卷题目是否符合心理测量学特性,因此在量表的编制和修订过程中,验证性因素分析也常与探索性因素分析一起使用。此外,验证性因素分析还能够通过建构多种特质-多种方法模型、高阶模型、Bi-Factor模型等复杂模型来探索和验证因子结构,以及研究一些方法学上的问题。

前面提到,模型的建立步骤共包含 6 步。在实际研究中,利用软件建立模型时,最重要的是模型建构和模型识别。只有研究者建立的模型是可以识别的,软件才能进行参数估计和拟合。

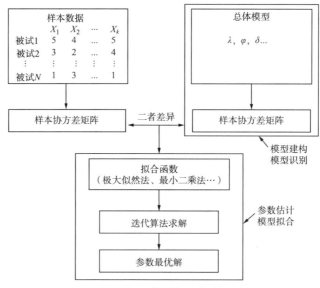

图 22.4 验证性因素分析

二、模型建构

测量模型的建构主要依据现有的理论确定潜变量的因子结构,即某个题项适用于测量何种心理特质。例如,研究者采用"大五"人格量表进行验证性因素分析,"大五"人格量表包含 5 个因子,每个题目测量哪一个因子已经非常明确,所以模型建构的时候可以明确地将题目归类到其对应的因子上。此外,量表包含多个因子的时候,研究者还要考虑因子之间的相关关系。例如,测量学生的数学能力、语文能力、运动能力,如果研究者假设数学能力和语文能力存在相关,数学能力和运动能力没有相关,那么在模型建构的时候就要设定因子间的关系;如果研究者假设每个人都有某种基本能力,而这种基本能力能够同时影响这三种能力,这意味着该模型具有一个二阶因子,即基本能力,它能够解释学生在数学能力、语文能力和运动能力上的表现。总之,模型建构需要研究者依据现有的理论,推演并做出假设模型,并将这种模型翻译成结构方程模型软件能够识别的语言。

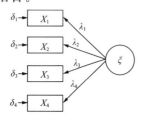

图 22.5 例 22.1 的验证性因素分析

例 22.1 某特质量表包含 4 个题目,分别为 X_1,X_2,X_3,X_4。依据既有理论,这 4 个题目测量的是同一个心理特质,因此这是一个单因子模型,我们可以得到如图 22.5 所示的验证性因素分析模型。

图 22.5 中的验证性因素分析模型图由 1 个圆形(潜变量),4 个矩形(显变量),8 个单向箭头构成,在介绍中介模型和调节模型的章节中我们讲过,单向箭

头表示预测作用,即回归分析。在这里,读者可以笼统地理解为回归分析,即每一个测验题目对心理特质(ξ)和测量误差(δ)的回归,回归分析得到的路径系数就是λ。因此,每个题目的分数都可以用心理特质和测量误差组成的回归方程解释,最终可以用公式(22.1)表示。

$$X_1 = \lambda_1 \xi + \delta_1$$
$$X_2 = \lambda_2 \xi + \delta_2$$
$$X_3 = \lambda_3 \xi + \delta_3$$
$$X_4 = \lambda_4 \xi + \delta_4$$
$$X_i = \lambda_i \xi + \delta_i \tag{22.1}$$

在介绍相关分析的章节中,我们知道协方差和相关系数具有对应关系,协方差可以笼统看作没有剔除测量尺度影响、非标准化的相关系数。两变量X_1,X_2离差的乘积和就是它们的协方差,而离差是变量中的每个数据减去平均数。首先,X_1变量中每个值减去其平均值(即中心化),变量中心化后仍然用X_1表示;X_2变量中每个值减去其平均值,变量中心化后仍然用X_2表示。中心化后的变量X_1、X_2就是两变量的离差,中心化后的X_1和X_2相乘得到的数值的绝对值越大,则X_1和X_2之间的共变关系越大;绝对值越小,则共变关系越小;数值为负,表示X_1和X_2之间有着相反的共变关系。该数值用协方差$cov(X_1,X_2)$表示。中心化后的X_1和X_1相乘得到的数值是变量X_1内部的波动程度,该数值恒为非负;数值越大,说明该数据越偏离中心,数值越小,说明该数据越接近中心。该数值用离差平方和$var(X_1)$表示。

因此,样本数据可以转化成一个协方差矩阵,对角线元素就是每个题目的离差平方和,非对角线元素为题目间的协方差。

$$\begin{bmatrix} var(X_1) & & & \\ cov(X_1,X_2) & var(X_2) & & \\ cov(X_1,X_3) & cov(X_2,X_3) & var(X_3) & \\ cov(X_1,X_4) & cov(X_2,X_4) & cov(X_3,X_4) & var(X_4) \end{bmatrix}$$

利用式(22.1),将潜变量ξ和测量误差δ代入$var(X_i)$的公式中,最终可以表示为(22.2)的形式。

$$\begin{aligned} var(X_i) &= X_i \times X_i \\ &= (\lambda_i \xi + \delta_i)(\lambda_i \xi + \delta_i) \\ &= \lambda_i^2 \xi^2 + \delta_i^2 + 2\lambda_i \xi \delta_i \quad (i=1,2,3,4) \end{aligned} \tag{22.2}$$

这里涉及结构方程模型的第一个前提:

前提 1 所有潜变量因子ξ与所有测量误差δ无关。用符号表示为:

$$\xi\delta_i=0$$

代入式(22.2),可得:

$$var(X_1)=\lambda_1^2\xi^2+\delta_1^2$$
$$var(X_2)=\lambda_2^2\xi^2+\delta_2^2$$
$$var(X_3)=\lambda_3^2\xi^2+\delta_3^2$$
$$var(X_4)=\lambda_4^2\xi^2+\delta_4^2$$

协方差 $cov(X_i,X_k)$ 同样也可以利用(22.2)的形式进行转换,将潜变量 ξ 和测量误差 δ 代入公式,得到式(22.3)。

$$\begin{aligned}cov(X_i,X_k)&=(\lambda_i\xi+\delta_i)(\lambda_k\xi+\delta_k)\\&=\lambda_i\xi^2\lambda_k+\delta_i\delta_k+\lambda_i\xi\delta_k+\lambda_k\xi\delta_i \quad (i=1,2,3,4;k=1,2,3,4,i\neq k)\end{aligned}$$
(22.3)

首先,根据假设 1,$\xi\delta_k=0$,$\xi\delta_i=0$。此外,这里涉及结构方程模型的第二个前提:

前提 2 结构方程中的测量误差为随机误差,测量误差之间不相关,用符号表示为:

$$\delta_i\delta_k=0$$

因此,公式(22.3)可以改写为如下的形式:

$$cov(X_1,X_2)=\lambda_1\xi^2\lambda_2$$
$$cov(X_1,X_3)=\lambda_1\xi^2\lambda_3$$
$$cov(X_1,X_4)=\lambda_1\xi^2\lambda_4$$
$$cov(X_2,X_3)=\lambda_2\xi^2\lambda_3$$
$$cov(X_2,X_4)=\lambda_2\xi^2\lambda_4$$
$$cov(X_3,X_4)=\lambda_3\xi^2\lambda_4$$

因此,在建构验证性因素分析模型时,要满足结构方程模型的两个基本前提。

三、模型识别

研究者在建构模型时除了考虑其理论上的合理性,还要考虑设定的模型必须是可识别的。模型识别是指模型的设定必须符合一定的规则,如果不符合这个规则,那么模型翻译成数学语言后无法通过算法实现求解过程,模型参数估计以及模型拟合就无从谈起。

1. 潜变量的单位

在模型建构的表达公式中,回归方程等式左侧的因变量是可以通过样本数据计算出来的;等式右边的自变量 ξ 是潜变量,是一个未知的变量。根据测量理论,测量结果由数值和单位组成,数值表示大小,单位表示尺度。但是,我们既不知道自变量ξ^2的数值大小,也不知道它的测量尺度(单位)。为了确定自变量ξ^2的数值大小和测量尺度,通常有两种做法:固定方差和固定载荷。

(1)固定方差法。固定方差法规定潜变量的方差是1,方差是数据单位的平方(参照方差公式)。有的读者可能有困惑:上面的公式描述的是离差平方和,并非方差。事实上,只要等号两侧同时除以样本量,就会得到式(22.4)。

$$X_i\text{的方差} = \lambda_i^2 \times \text{潜变量方差} + \text{误差方差} \qquad (22.4)$$

已指定潜变量的方差是1,所以式(22.4)就可以表示为式(22.5)。

$$X_i\text{的方差} = \lambda_i^2 + \text{误差方差} \qquad (22.5)$$

由于潜变量方差开方后得到标准差为1,所以上述表达式也可以理解为,潜变量变化1个单位时,X_i变化的量。根据式(22.5),X_i的变化量由λ_i^2确定(类似于路径系数),所以当λ_i^2非常大时,意味着潜变量对X_i的解释能力越强,误差方差越小。

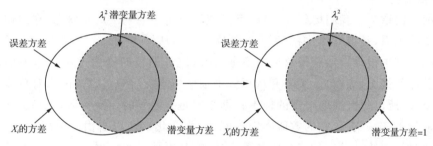

图 22.6　固定方差法

通过图22.6,可以得到λ_i^2实际上是潜变量方差中能够解释X_i的方差的比例,因此我们能得到式(22.6)。

$$\lambda_i^2 = \frac{X_i\text{的方差} - \text{误差方差}}{X_i\text{的方差}} \qquad (22.6)$$

根据经典测量理论,信度是一组真分数变异与总变异数的比例,即得到式(22.7)。

$$r_{XX} = \frac{\text{真分数方差}}{\text{总方差}} = \frac{\text{总方差} - \text{误差方差}}{\text{总方差}} \qquad (22.7)$$

信度公式(22.7)与验证性因素分析的模型中的λ_i^2的表达式(22.6)不谋而合。因此,验证性因素分析模型的路径系数实际上表明了真分数变异与总变异数的比例,是测验题目可靠性的指标,即

$$\lambda_i^2 = r_{XX}$$

固定方差为1是为了运算方便,因为潜变量的测量是一个相对值,通过图22.6可

以发现,无论潜变量的方差数值为多少都不会影响最终的标准化结果。

(2) 固定载荷法。固定载荷法规定潜变量等于某一测量题目,比如规定与第一题 X_1 相等($\lambda_1^2=1$),所以潜变量的单位就与 X_1 相同,可以表示为公式(22.8)。

$$var(X_1)=1\times\xi^2+\delta_1^2$$
$$\xi^2=var(X_1)-\delta_1^2 \qquad (22.8)$$

其他题目以 X_1 为参照单位,方差公式代入公式(22.8),经过转换就可以得到:

$$var(X_2)=\lambda_2^2(var(X_1)-\delta_1^2)+\delta_2^2$$
$$var(X_3)=\lambda_3^2(var(X_1)-\delta_1^2)+\delta_3^2$$
$$var(X_4)=\lambda_4^2(var(X_1)-\delta_1^2)+\delta_4^2$$

总之,每个潜变量都需要通过固定方差或固定载荷来解决其测量单位的问题,如果没有指明模型潜变量的测量单位,模型就是不可识别的(unidentified)。

2. 自由度

在前面的章节中我们提到过,自由度是统计分析中的一个重要概念,它描述的是总体和样本的关系,是指样本中的观测个数减去必须从样本中估计的总体参数的个数。因为实际研究中很难直接获得总体的数据,所以统计的目的是通过从总体中抽取样本来推论总体的情况(参数)。某研究从总体中抽取样本 X_1, X_2, X_3,因为对总体分布情况一无所知,所以每次抽取得到的样本数据必定是有差异的。换句话说,每次从这个总体中抽取样本 X_1, X_2, X_3 的数值必定不同(自由变化),所以自由度 $df=3$。但是,我们可以通过样本统计量来估算总体参数。例如,某次抽样的样本 X_1, X_2, X_3 的平均数为 5,因为样本平均数是总体平均数的无偏估计量,我们可以认为总体平均数 $\mu=5$。现在,如果我们再随机从这个总体中进行样本随机抽样,那么 X_1, X_2, X_3 的数值必定只有两个可以自由变化:

$$X_1=2, X_3=10 \Rightarrow X_2=3$$
$$X_1=5, X_3=6 \Rightarrow X_2=4$$

因为样本必须服从总体分布,而总体分布参数 $\mu=5$,这意味着样本 X_1, X_2, X_3 的总数必须为 15。在这种约束条件下,样本只要确定两个数值,第三个数值就是固定的。所以,样本只有两个数值是可以自由变化的,自由度 $df=3-1=2$。

在验证性因素分析模型中,同样是通过样本数据来估计总体模型的一些参数。用例 22.1 来说,我们每次随机从总体中抽取样本构造模型,都可以得到一个样本协方差矩阵。假如我们对总体模型的参数一无所知,那么每次进行样本抽样都能够得到一个样本模型,这个样本模型的协方差矩阵也必定不同(因为总体信息不知道),所以样本模型的自由度就是 10。

$$\begin{bmatrix} var(X_1) & & & \\ cov(X_1,X_2) & var(X_2) & & \\ cov(X_1,X_3) & cov(X_2,X_3) & var(X_3) & \\ cov(X_1,X_4) & cov(X_2,X_4) & cov(X_3,X_4) & var(X_4) \end{bmatrix}$$

现在通过一些总体参数对样本模型进行约束，首先将样本协方差矩阵用总体模型的参数来表示，就可以得到总体模型参数的协方差矩阵。

$$\begin{bmatrix} \lambda_1^2\xi^2+\delta_1^2 & & & \\ \lambda_1\xi^2\lambda_2 & \lambda_2^2\xi^2+\delta_2^2 & & \\ \lambda_1\xi^2\lambda_3 & \lambda_2\xi^2\lambda_3 & \lambda_3^2\xi^2+\delta_3^2 & \\ \lambda_1\xi^2\lambda_4 & \lambda_2\xi^2\lambda_4 & \lambda_3\xi^2\lambda_4 & \lambda_4^2\xi^2+\delta_4^2 \end{bmatrix}$$

这个矩阵中一共有 9 个总体参数（$\lambda_1,\lambda_2,\lambda_3,\lambda_4,\delta_1^2,\delta_2^2,\delta_3^2,\delta_4^2,\xi$），因为模型识别通常需要采用固定方差法或者固定载荷法约束一个参数为 1，所以矩阵中有 8 个总体参数需要通过样本进行估计，因此自由度 $df=10-8=2$。

通常，结构方程模型的自由度计算有一个基本法则，即自由度法则。

$$df=\frac{p\times(p+1)}{2}-(k-n) \tag{22.9}$$

在式(22.9)中，p 是显变量的个数，k 是总体参数的个数，n 表示固定的参数。上例中一共有 4 个显变量，需要估计 9 个参数，代入式(22.9)得到相同的答案，这里不再赘述。

现在，研究人员假设这一 4 道题的人格特质量表测量了不止 1 个潜变量，还有可能测量了 2 个或者 3 个潜变量，双因子模型中两个因子存在相关，三因子模型中只有第一个因子和第二个因子相关。它们的相关用 φ_{12} 表示，表明是第 1 个因子与第 2 个因子的相关，如图 22.7 所示。

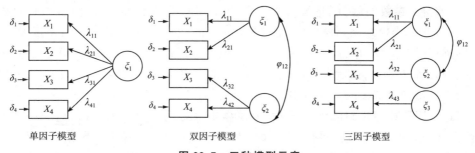

图 22.7 三种模型示意

因此，每一个模型都可以用数学公式表示出来（图 22.8）。

单因子模型方程

$var(X_1) = \lambda_{11}^2 \xi_1^2 + \delta_1^2$
$var(X_2) = \lambda_{21}^2 \xi_1^2 + \delta_2^2$
$var(X_3) = \lambda_{31}^2 \xi_1^2 + \delta_3^2$
$var(X_4) = \lambda_{41}^2 \xi_1^2 + \delta_4^2$
$cov(X_1, X_2) = \lambda_{11} \xi_1^2 \lambda_{21}$
$cov(X_1, X_3) = \lambda_{11} \xi_1^2 \lambda_{31}$
$cov(X_1, X_4) = \lambda_{11} \xi_1^2 \lambda_{41}$
$cov(X_2, X_3) = \lambda_{21} \xi_1^2 \lambda_{31}$
$cov(X_2, X_4) = \lambda_{21} \xi_1^2 \lambda_{41}$
$cov(X_3, X_4) = \lambda_{31} \xi_1^2 \lambda_{41}$

双因子模型方程

$var(X_1) = \lambda_{11}^2 \xi_1^2 + \delta_1^2$
$var(X_2) = \lambda_{21}^2 \xi_1^2 + \delta_2^2$
$var(X_3) = \lambda_{32}^2 \xi_2^2 + \delta_3^2$
$var(X_4) = \lambda_{42}^2 \xi_2^2 + \delta_4^2$
$cov(X_1, X_2) = \lambda_{11} \xi_1^2 \lambda_{21}$
$cov(X_1, X_3) = \lambda_{11} \xi_1 \varphi_{12} \xi_2 \lambda_{32}$
$cov(X_1, X_4) = \lambda_{11} \xi_1 \varphi_{12} \xi_2 \lambda_{42}$
$cov(X_2, X_3) = \lambda_{21} \xi_1 \varphi_{12} \xi_2 \lambda_{32}$
$cov(X_2, X_4) = \lambda_{21} \xi_1 \varphi_{12} \xi_2 \lambda_{42}$
$cov(X_3, X_4) = \lambda_{32} \xi_2^2 \lambda_{42}$

三因子模型方程

$var(X_1) = \lambda_{11}^2 \xi_1^2 + \delta_1^2$
$var(X_2) = \lambda_{21}^2 \xi_1^2 + \delta_2^2$
$var(X_3) = \lambda_{32}^2 \xi_2^2 + \delta_3^2$
$var(X_4) = \lambda_{43}^2 \xi_3^2 + \delta_4^2$
$cov(X_1, X_2) = \lambda_{11} \xi_1^2 \lambda_{21}$
$cov(X_1, X_3) = \lambda_{11} \xi_1 \varphi_{12} \xi_2 \lambda_{32}$
$cov(X_1, X_4) = \lambda_{11} \xi_1 \varphi_{13} \xi_3 \lambda_{43}$
$cov(X_2, X_3) = \lambda_{21} \xi_1 \varphi_{12} \xi_2 \lambda_{32}$
$cov(X_2, X_4) = \lambda_{21} \xi_1 \varphi_{13} \xi_3 \lambda_{43}$
$cov(X_3, X_4) = \lambda_{32} \xi_2 \varphi_{23} \xi_3 \lambda_{34}$

图 22.8 三种模型的数学公式表达

对于单因子模型,10 个方程需要求解 9 个参数,其中一个参数因为潜变量单位的原因固定为 1,所以自由度 $df=2$。对于双因子模型,10 个方程需要求解 12 个参数,其中两个参数因为潜变量单位的原因固定为 1,所以自由度 $df=0$。对于三因子模型,求解 12 个参数,其中三个参数因为潜变量单位的原因固定为 1。但是模型假设只有潜变量 1(ξ_1)和潜变量 2(ξ_2)有相关,其他潜变量之间相关为零,即 $\varphi_{13}=0$, $\varphi_{23}=0$,所以三因子模型方程中有三个公式等号右边的值为 0。因此,三因子模型 7 个方程求解 9 个参数,所以自由度 $df=-2$。

在单因子模型中,10 个方程(自由度)求解 8 个参数,不仅能够得到参数的解,而且能够利用另外两个方程判断模型设置是否合理。例如,$cov(X_2, X_4)$ 在三个模型中的表达方程完全不同,这种不同体现了模型的设置不同。这种自由度 $df>0$ 的模型称为过度识别模型(over-identified model)。在双因子模型中,10 个方程(自由度)求解 10 个参数,能够得到参数的解,但是没有多余的方差判断模型设置是否合理,这种自由度 $df=0$ 的模型称为恰好识别模型(just-identified model)。这两种模型的自由度 $df \geq 0$,都能够进行模型拟合,并估计出模型的参数,统称为可识别模型(identifiable)。在三因子模型中,7 个方程(自由度)求解 9 个参数,不能求得唯一解,此类自由度 $df<0$ 的模型称为不可识别模型(under-identified model)。

通过单因子模型我们可以发现,如果模型中只有两个显变量 X_1, X_2 和一个潜变量,就是 3 个方程(自由度)求解 4 个参数,$df<0$,模型不可识别;如果是 3 个显变量和一个潜变量,就是 6 个方程(自由度)求解 6 个参数,$df=0$,模型恰好识别。这就是结构方程模型的"三指标(显变量)法则":每个潜变量至少要有 3 个显变量。而双因子模型就是结构方程模型的"两指标(显变量)法则":如果潜变量只有 2 个显变量,那么它必须要和其他潜变量相关。

如果在一个模型中,潜变量只有一个显变量,这个时候通常采用"单指标法则":如果潜变量只有 1 个显变量,那么就要采用固定载荷法指定 λ 的值,通常设定 $\lambda=\sqrt{信度}$,残差 $\delta^2 = 1-$ 信度。

因此,可识别的验证性因素分析模型至少要满足如下条件:
- 采用固定载荷法或固定方差法固定潜变量的测量单位;
- 模型自由度 $df \geqslant 0$;
- 满足"三指标法则""两指标法则""单指标法则"三种法则之一。

除此之外,还通常需要设定(有一些特殊模型除外):
- 潜变量与误差无相关;
- 误差之间无相关。

四、参数估计与模型拟合

读到这里,部分读者可能会有疑问:既然样本数据的协方差矩阵可以通过总体参数的方程表示,那么直接求解不就可以得到参数的解了吗?但是,现代统计建模通常非常复杂,不能通过直接求解的方式获得模型的解。通常的做法是建立一个拟合函数,利用拟合函数不断逼近真实解。也就是说,总体模型可以有一个协方差矩阵(M),样本也有一个协方差矩阵(S)。在大多数情况下,满足总体模型的协方差矩阵并不能够恰好等于样本协方差矩阵,即 $M \neq S$。它们之间的差异可以用一个函数表示,即 $f(M,S)$。这个函数被称为拟合函数(fit function),常用的拟合函数包括极大似然法拟合函数、最小二乘法拟合函数以及其他基于这两种估计方法的拟合函数。

用拟合函数表示出总体协方差和样本协方差之间的差异后,就可以通过一些优化算法从起始值开始不断求解。直到找到一个总体协方差,既能够满足模型参数的设定,又非常接近样本协方差,这个最终的解就成为最优解。

例如,研究人员要验证某个测量社会支持的量表,量表包含 3 个题目,测量的样本为 230 人。根据理论,这个社会支持量表只有一个潜变量因子,因此这是一个单因子潜变量模型。

表 22.1 研究者收集到的数据

被试	X_1	X_2	X_3
1	6	5	6
2	4	3	5
3	3	6	3
⋮	⋮	⋮	⋮
230	2	5	1

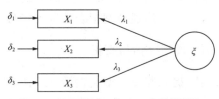

图 22.9 根据表 22.1 画出的模型图

通过问卷收集的数据可以得到一个样本的协方差矩阵,为了更加直观地解释,我们将协方差矩阵转换为相关系数矩阵,用 S 表示。在理论模型中,虽然参数未知,但是我们可以用模型的参数构成一个协方差矩阵，用 M 表示，因此可以得到如下两个矩阵。

$$\begin{matrix} X_1 \\ X_2 \\ X_3 \end{matrix} \begin{bmatrix} 1 & & \\ 0.94 & 1 & \\ 0.69 & 0.76 & 1 \end{bmatrix} \qquad \begin{bmatrix} \lambda_1^2 \xi^2 + \delta_1^2 & & \\ \lambda_1 \xi^2 \lambda_2 & \lambda_2^2 \xi^2 + \delta_2^2 & \\ \lambda_1 \xi^2 \lambda_3 & \lambda_2 \xi^2 \lambda_3 & \lambda_3^2 \xi^2 + \delta_3^2 \end{bmatrix}$$

$$S \qquad\qquad\qquad\qquad M$$

1. 极大似然法

极大似然法假设总体模型服从多元正态分布，因为无法获得总体数据，所以只能通过样本数据估算总体参数。结构方程模型虽然也是通过样本统计量估计总体参数，但用的是样本协方差矩阵中的统计量估计总体协方差矩阵中的参数。

因为模型设置的缘故，在大多数情况下，理论模型(总体)的协方差矩阵和样本的协方差矩阵总是存在差异。只有理论模型完全依据样本数据特征进行设定时，两者才等同。因为理论模型完全按照样本数据设定参数，这个时候自由度为零，没有多余的自由度能够判断模型的错误设定。此时的模型被称为饱和模型(saturated model)，即自由度为零的模型。模型拟合的目的就是使模型满足理论的同时，其协方差矩阵 M 又非常接近样本协方差矩阵 S。

2. 最小二乘法

结构方程模型中的最小二乘法与回归分析中的最小二乘法思想是一样的，都是求差异的最小值。不同的是，回归分析求的是因变量的预测值和观测值之间的距离最小；结构方程模型求的是模型的协方差矩阵和样本协方差矩阵之间的差异最小。最大似然法要求样本满足多元正态分布，通常用于处理连续型数据，是一种无偏且渐进有效的估计。最小二乘法对于样本分布没有要求，因此常用来处理一些偏态数据和命名型数据，它直接求样本协方差和总体协方差的差异，只要找到一个既能够满足模型的参数设定，又让差异最小的值，就是拟合函数的最优解。

与极大似然法相同，最小二乘法采用逼近算法进行迭代求解。最小二乘法求的是残差平方最小，所以需要一些数学运算将拟合函数值转化成服从卡方分布的函数值，目的是提供一个描述模型拟合状况的指标。

五、模型评估与修正

前面提到假设模型会估计一个协方差矩阵，研究者利用样本能够得到一个协方差矩阵，如果这两个矩阵差别非常小，就认为模型拟合非常好。例如，某测验有 4 道题目，通过这 4 道题目测量一个潜变量，我们会得到一个样本协方差矩阵，假设模型也能够估计一个协方差矩阵。为了方便读者理解，我们将协方差矩阵转换为相关矩阵，那么模型评估就是对比这两个矩阵之间的差异。

$$\begin{array}{c} X_1 \\ X_2 \\ X_3 \\ X_4 \end{array} \begin{bmatrix} 1 & & & \\ 0.94 & 1 & & \\ 0.69 & 0.76 & 1 & \\ 0.61 & 0.67 & 0.59 & 1 \end{bmatrix} \qquad \begin{array}{c} X_1^* \\ X_2^* \\ X_3^* \\ X_4^* \end{array} \begin{bmatrix} 1 & & & \\ 0.92 & 1 & & \\ 0.68 & 0.75 & 1 & \\ 0.59 & 0.66 & 0.48 & 1 \end{bmatrix}$$

样本相关矩阵　　　　　　　　　　　假设模型估计的相关矩阵

关于这两个矩阵差别的度量,研究人员提出了许多模型拟合指标,Marsh 将拟合指数分为 3 大类:绝对拟合指数(absolute index)、相对拟合指数(relative index)以及简约拟合指数(parsimony index),如表 22.2 所示。

表 22.2　结构方程模型的拟合指标

绝对拟合指数	相对拟合指数	简约拟合指数
χ^2(卡方值): $p > 0.05$	NFI>0.90	PNFI
$\chi^2/df < 3.00$	NNFI>0.90	PGFI
RMSEA<0.08	CFI>0.90	
SRMR<0.08	IFI	
GFI>0.90	RFI	
AGFI>0.90	AIC	
	BIC	

注:标注数值的表明在模型指数这个经验法则范围内是可接受的;没有标注数值的表明没有一个经验法则判断模型优劣。

研究者指出,一个好的模型拟合指数至少要具备三个条件:①不会因为样本量的变化而变化,即不受样本量影响;②惩罚复杂模型,因为模型越复杂就越接近饱和模型,这个时候应该对拟合指数进行校正;③敏感地探测到模型错误的设定或者错误的理论假设,即对错误模型敏感。基于这三个原则,目前常用的拟合指数主要有 χ^2, χ^2/df, RMSEA, NNFI(TLI), CFI, AIC, BIC。

1. χ^2

χ^2 是样本协方差矩阵和总体协方差矩阵差异的直接体现,χ^2 就是这个差异值乘以样本量(实际上是 $N-1$)。所以,χ^2 会随着样本量的增大而增大,这就违反了模型拟合指标的第一个条件:不受样本量影响。但是,χ^2 直接体现了模型拟合的差异,所以研究者通常会报告这个值。

此外,χ^2 服从自由度为 df 的 χ^2 分布,它表明样本协方差矩阵和总体协方差矩阵的差异,所以 χ^2 的假设检验不显著($p>0.05$)比较好,表明这两个矩阵没有显著差别,模型拟合较好。但是,样本的协方差矩阵中的自由变量个数是固定的,假设模型确定后,需要估计的总体参数数量也是固定的。因此,模型的自由度就是确定的,但是 χ^2 会随着样本量增大而增大,只要样本量够大,χ^2 一定会显著。这就类似于两个群体进行比较,如果差异非常大,需要很少的样本就可以检测出差异;如果差异非常小,就需要非常多的样本才能检测出差异。因为χ^2会因为样本量的改变而改变,所以报告结果的时候仅提供χ^2和显著性检验的结果即可。

2. χ^2/df

既然χ^2会随着样本量的改变而变化,有学者提出可以采用比值的形式,并给出了经验法则:$\chi^2/df<3$表明模型拟合可接受。这个实际上是一种惩罚复杂模型的方式,简单模型因为具有较大的自由度,所以更容易满足这个标准。但是这种惩罚的力度会因为较大的样本量而减小,样本量非常大的时候,χ^2/df一定会大于3。所以,如果研究者发现模型的$\chi^2/df>3$,可能并不是模型拟合不可接受,而是较大的样本量导致的。

3. RMSEA

近似误差均方根(root mean square error of approximation,RMSEA)是一种绝对拟合指数,它巧妙地回避了样本量的问题而直接分析模型的最小拟合函数值,并直接惩罚复杂模型。最小拟合函数值表示理论模型和样本数据之间的差异,可以认为是样本数据的抽样偏差导致的差异,所以这一指标被称为近似误差均方根。

当模型非常复杂的时候,自由度减小,对复杂模型进行惩罚。但是这种惩罚效应会随着样本量的增大而逐渐减弱。对于饱和模型,RMSEA无法求解,有的统计软件直接报告0(例如,Mplus),有的软件则不报告这个结果(例如,LISREL)。通常,RMSEA小于0.08被认为是可以接受的;小于0.05时被认为是良好拟合。

4. NNFI

非范拟合指数(Tucker-Lewis index 或 non-normed fit index,TLI 或 NNFI)是一种相对拟合指数,它描述了假设模型(hypothesized model)和零模型(null model)之间的差异。零模型是指模型中最差的模型,它的设定有两种,一种是只设定潜变量和显变量之间的相关,潜变量间相关为零;一种是模型中只有显变量,并且设定显变量间相关为0。使用这两种设定的模型都将得到非常差的拟合指数。

NNFI实际上是看假设模型与最差拟合模型相比改进了多少。通常,NNFI大于0.90被认为是可以接受的;大于0.95被认为是良好拟合。

5. CFI

比较拟合指数(comparative fit index,CFI)也是一种相对拟合指数,也是比较假设模型和零模型的一种指数,而且校正了样本量对指数值的影响。CFI大于0.90被认为是可以接受的;大于0.95被认为是良好拟合。

6. AIC 和 BIC

AIC(akaike information criterion)和BIC(bayes information criterion)两个比较拟合指数的计算不会受到饱和模型的影响,但是只有在两个假设模型进行比较的时候使用才有意义。通常,在两个假设模型中,AIC和BIC都较小意味着更好的拟合。AIC和BIC都增强了对复杂模型的惩罚力度:AIC主要是用两倍的自由度惩罚复杂模型;BIC则采用对数样本量,这样随着样本量增大,BIC对复杂模型的惩罚力度也在增强。

基于以上讲到的模型拟合指数,当不存在假设模型间的比较时,通常我们报告 χ^2/df,NNFI,CFI,RMSEA 即可。

通过这些拟合指标,读者会发现模型的拟合除了与卡方值(理论与样本的差异)相关外,还与模型的自由度相关。如图 22.10 所示,模型中的潜变量越多,模型越复杂,自由度越小。当自由度越小的时候,样本数据对模型的支持越好。当自由度为零时,模型复杂度达到最大,这个时候样本数据对模型的支持达到完美,我们称这种模型为饱和模型(saturated model)。但是,饱和模型不能提供模型错误的设定,研究者不知道饱和模型哪里有问题,可能就会得到错误的结论。因此,我们不建议读者在建构模型时建构饱和模型($df=0$)。

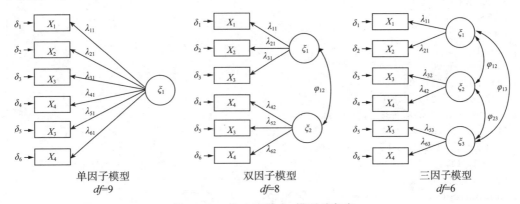

图 22.10 自由度越小,模型越复杂

当模型的自由度不为零时,如何权衡模型复杂度呢?也就是如何进行模型间比较。这里需要借助结构方程模型中一个非常重要的原则——奥卡姆剃刀定律(Occam's Razor),即如果没有必要,就不要添加。换句话说就是如果能用一个简单模型拟合数据,就不要用复杂模型,除非复杂模型比简单模型更加符合样本数据。基于奥卡姆剃刀定律,模型比较时通常要报告几个理论模型之间的 χ^2 的差异($\Delta\chi^2$)以及 AIC 和 BIC,具体我们在后面会详细叙述。

模型的修正主要包括参数值修正和拟合指数修正,无论何种修正都要以理论假设为前提,不可用数据驱动的方法修正模型。参数值修正主要针对不显著的参数或者异常的参数,比如 φ_{13} 的相关非常高,这可能暗示第一个潜变量和第三个潜变量测量的是同一个心理构念,这时候首先确认理论上是支持两因子模型还是三因子模型。拟合指数修正是指模型的拟合指数较低,这个时候软件通常会给予模型修正的备择选项,即如果添加一条路径或者减少一条路径,模型的 χ^2 会减少多少。这个时候通常要在有理论支持的前提下,修改模型的路径。

六、使用 LISREL 进行验证性因素分析

我们从一道例题入手,来学习如何使用 LISREL 进行验证性因素分析。

例 22.2   大学生自尊量表共有 6 个条目,其中 3 个条目用于测量学业自尊,3 个条目用于测量社交自尊,请评估此量表的构想效度。打开 LISREL 8.70,进入 File—New,选择 Syntax Only,然后新建一个 Syntax,并输入如下代码:

```
Academic and Social
DA NI=6 NO=200 MA=KM
LA
X1 X2 X3 X4 X5 X6
KM SY
1.00
.502 1.00
.622 .551 1.00
.008 .072 .028 1.00
.027 .030 -.049 .442 1.00
-.029 -.059 .018 .537 .413 1.00
MO NX=6 NK=2
FR LX(2,1) LX(3,1) LX(5,2) LX(6,2)
VA 1 LX(1,1) LX(4,2)
LK
Academic Social
PD
OU SS MI
```

代码 22.1

点击工具栏的运行按钮运行代码 22.1,然后我们就会看到弹出如图 22.11 所示的非标准化路径图,研究者可以在 Estimates 中选择 Standardized Solution,就会得到标准化路径图。

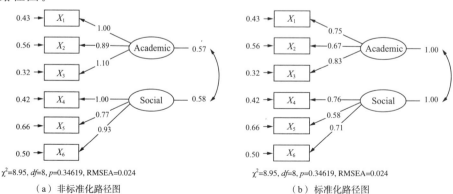

(a) 非标准化路径图   (b) 标准化路径图

图 22.11   运行代码 22.1 后输出的路径图

文本文件"EX32A.OUT"是软件输出的模型拟合信息、非标准化以及标准化路径系数、模型修正指数等信息。

首先,我们看数据的基本信息部分。

从输出22.1中可以看到,一共有200个样本(number of observations),输入了6个变量(number of input variables);有2个外源潜变量(Number of KSI-variables),0个内生潜变量(number of ETA-variables)。外源潜变量(exogenous latent variable)是指仅作为解释变量或自变量的潜变量,用"KSI"表示(ξ)。内生潜变量(endogenous latent variable)是指既可以作为因变量,又可以作为自变量的潜变量,用"ETA"表示(η)。因为验证性因素分析并没有潜变量之间的预测关系,所以所有潜变量都是外源潜变量。相应的,外源潜变量对应的显变量被称为外源显变量(exogenous observed variable),用X表示;内生潜变量对应的显变量就称为内生显变量(endogenous observed variable),用Y表示。所以验证性因素模型中只有外源显变量,在本例中共有6个外源显变量。

Number of Input Variables	6
Number of Y-Variables	0
Number of X-Variables	6
Number of ETA-Variables	0
Number of KSI-Variables	2
Number of Observations	200

输出 22.1

第二步,找到"Goodness of Fit Statistics"部分,如输出22.2所示,这部分记录了模型拟合的结果。

Goodness of Fit Statistics

Degrees of Freedom = 8
Minimum Fit Function Chi-Square = 9.09 (P = 0.33)
⋮
Minimum Fit Function Value = 0.046
Population Discrepancy Function Value (F0) = 0.0048
90 Percent Confidence Interval for F0 = (0.0 ; 0.063)
Root Mean Square Error of Approximation (RMSEA) = 0.024
90 Percent Confidence Interval for RMSEA = (0.0 ; 0.089)
P-Value for Test of Close Fit (RMSEA < 0.05) = 0.67
⋮
Normed Fit Index (NFI) = 0.97

输出 22.2

$$\text{Non-Normed Fit Index (NNFI)} = 0.99$$
$$\text{Parsimony Normed Fit Index (PNFI)} = 0.52$$
$$\text{Comparative Fit Index (CFI)} = 1.00$$

输出 22.2(续)

根据输出 22.2 所示模型拟合指数,$\chi^2/df=1.4$,NNFI=0.99,CFI=1.00,RMSEA=0.024,模型拟合非常好。通过模型拟合函数也可以看到,最小拟合值(minimum fit function value)等于 0.046,样本量为 200,二者相乘得到卡方值(minimum fit function chi-square)为 9.09。

第三步,通过样本的协方差矩阵以及模型的协方差矩阵输出结果,可以发现两个协方差矩阵的差异非常小(输出 22.3)。

Correlation Matrix

	X1	X2	X3	X4	X5	X6
X1	1.00					
X2	0.50	1.00				
X3	0.62	0.55	1.00			
X4	0.01	0.07	0.03	1.00		
X5	0.03	0.03	-0.05	0.44	1.00	
X6	-0.03	-0.06	0.02	0.54	0.41	1.00

⋮

Fitted Covariance Matrix

	X1	X2	X3	X4	X5	X6
X1	1.00					
X2	0.50	1.00				
X3	0.62	0.55	1.00			
X4	0.01	0.01	0.01	1.00		
X5	0.01	0.01	0.01	0.44	1.00	
X6	0.01	0.01	0.01	0.54	0.41	1.00

输出 22.3

第四步,找到"LISREL Estimates (Maximum Likelihood)",如输出 22.4 所示,模型采用极大似然法建立拟合函数,这部分输出是模型估计的非标准化结果。通过输出可以发现,每个潜变量因子的第一个因子载荷都是 1,可以确定的模型采用的是固定载荷法。这部分的输出与非标准化路径图的结果一致,因为 LISREL 在路径图中没有报告潜变量之间的相关,读者可以通过这部分内容找到潜变量之间的相关,相关为 0.01 (矩形框出部分,第一行是相关系数,中间是标准误,第三行是 t 值)。

```
LISREL Estimates (Maximum Likelihood)

         LAMBDA-X
        Academic    Social
        --------   --------
  X1      1.00       - -
  X2      0.89       - -
         (0.11)
          8.22
  X3      1.10       - -
         (0.13)
          8.48
  X4       - -       1.00
  X5       - -       0.77
                    (0.13)
                     6.10
  X6       - -       0.93
                    (0.15)
                     6.25

         PHI
        Academic    Social
        --------   --------
Academic  0.57
         (0.11)
          5.35
Social    0.01       0.58
         (0.05)     (0.12)
          0.15       4.69

         THETA-DELTA
          X1      X2      X3      X4      X5      X6
        ------  ------  ------  ------  ------  ------
         0.43    0.56    0.32    0.42    0.66    0.50
        (0.07)  (0.07)  (0.07)  (0.09)  (0.08)  (0.09)
         6.17    7.87    4.30    4.56    8.03    5.70
```

输出 22.4

第五步，看"Standardized Solution"，这是模型估计的标准化结果，如输出 22.5 所示，这部分输出与标准化路径图的结果一致。

```
Standardized Solution

        LAMBDA-X
         Academic      Social
         --------      --------
    X1     0.75          --
    X2     0.67          --
    X3     0.83          --
    X4     --           0.76
    X5     --           0.58
    X6     --           0.71


        PHI
         Academic      Social
         --------      --------
Academic   1.00
Social     0.01         1.00
```

输出 22.5

最后，"Modification Indices and Expected Change"部分是模型的修正指数。输出 22.6 首先报告了"Modification Indices"，即设定路径后模型的方差会减少的值；然后报告了"Expected Change"，即修改后模型的路径系数的变化值。其中，残差具有一个较大的修正指数（灰色部分），据此软件建议设定显变量 X_2 和 X_6 相关，但是我们通常假设残差之间不相关，因此忽略此提示。

```
Modification Indices and Expected Change

    Modification Indices for LAMBDA-X
         Academic      Social
         --------      --------
    X1     --           0.06
    X2     --           0.08
    X3     --           0.00
    X4     0.67          --
    X5     0.10          --
    X6     0.36          --
```

输出 22.6

```
          Expected Change for LAMBDA-X
              Academic      Social
              --------      --------
    X1          - -          −0.02
    X2          - -           0.03
    X3          - -           0.00
    X4          0.08          - -
    X5         −0.03          - -
    X6         −0.06          - -
No Non-Zero Modification Indices for PHI
    Modification Indices for THETA-DELTA
              X1       X2       X3       X4       X5       X6
             ------   ------   ------   ------   ------   ------
    X1        - -
    X2        - -      - -
    X3        0.08     0.06     - -
    X4        0.32     2.45     0.00     - -
    X5        1.48     0.57     3.50     0.36     - -
    X6        0.32     4.02     2.32     0.10     0.67     - -
```

输出 22.6(续)

LISREL 通过将模型代码转化为数学语言，然后估计出模型。将理论模型转化为代码需要研究人员熟练掌握 LISREL 的基本语法。LISREL 的语法如代码 22.2 所示，包括数据输入、模型设定、结果输出三个部分，下面我们分别对这段代码加以说明。

```
         Academic and Social
         DA NI=6 NO=200 MA=KM
         LA
         X1 X2 X3 X4 X5 X6
         KM SY
数据     1.00
输入      .502   1.00
          .622    .551   1.00
          .008    .072    .028   1.00
          .027    .030   −.049    .442   1.00
         −.029   −.059    .018    .537    .413   1.00
```

代码 22.2

模型设定	MO NX=6 NK=2 FR LX(2,1) LX(3,1) LX(5,2) LX(6,2) VA 1 LX(1,1) LX(4,2) LK Academic Social
结果输入	PD OU SS MI

代码 22.2(续)

1. 数据输入

数据的输入以"DA"标识符开始,因此在"DA"标识符之前的代码,LISREL 会将其识别为标题,并不会在实际代码中运行。在"DA"这部分中,最重要的是要让 LISREL 知道数据包含的显变量个数、样本量、数据格式等基本信息。"NI"是"number of indicator"的缩写,代表显变量的个数,本例共有 6 个显变量。

- "NO"是"number of observation"的缩写,表示样本量的大小,本例的样本量为 200。

- "MA"代表"matrix",表示数据的格式是以矩阵的形式输入,"MA"常用的矩阵是"CM"和"KM","CM"表示协方差矩阵(covariance matrix),"KM"表示相关矩阵(correlation matrix)。"MA"的默认形式是"MA=CM",本例采用的是相关矩阵。

- "LA"代表"label",即添加显变量的变量名。如果没有输入"LA",那么变量名就是默认的"VAR1""VAR2"等。"LA"下面的字母就是变量名,当变量名中含有空格时,需要用引号将整个变量名标注出来,让 LISREL 知道这是一个变量名。

- "KM"即导入相关矩阵数据,"SY"表明这是一个对称矩阵,因此仅输入下三角矩阵即可。

在数据输入部分,"DA""NI""NO"必须写入代码,输入数据类型"KM"必须写入代码,"LA"则根据具体情况写入代码。

2. 模型设定

模型的设定以"MO"标识符开始,在验证性因素分析部分,要通过"MO"让 LISREL 知道研究者设定的模型有多少外源显变量(NX)和外源潜变量(NK)、显变量与潜变量的对应关系(PH)以及残差的关系(TD),这些设定都要通过矩阵的形式进行定义。此外,还要确定是采用固定方差法还是固定载荷法(VA)。

- "NX"是"number of X"的缩写,表示外源显变量 X 的个数,它的默认值是 0,即"NX=0"。因此必须指定有几个外源显变量。

- "NK"是"number of KSI"的缩写,表示外源潜变量 ξ 的个数,它的默认值是"NK=0",因此必须指定有几个外源潜变量。

- "LX"是"lambda of X"的缩写,表示外源显变量 X 和潜变量 ξ 的对应关系,在模型中用 λ 表示。因为 X 和 ξ 有对应关系,必须指明二者之间的关系。"LX"是一个非对称矩阵,"LX"的语法是"LX=<form>,<mode>",即"LX"需要两个特征描述,一个是"LX"的矩阵形式,另一个是矩阵的特征。"LX"的默认形式是矩阵全固定,即"LX=FU,FI",它的意思整个矩阵为全矩阵(full,FU)且整个矩阵固定为 0(fixed,FI),即没有 X 和 ξ 的对应关系,默认设置的"LX"及其对应的矩阵如图 22.12 所示。

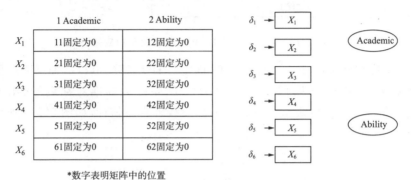

图 22.12 "LX"默认设置及其对应矩阵

最终运行的模型对应的"LX"矩阵如图 22.13 所示,模型采用固定载荷法,即每个潜变量与其第一个显变量的路径系数固定为 1,其他的自由估计。所以,每个潜变量对应的 3 个显变量中,第一个固定为 1,另外两个自由估计。

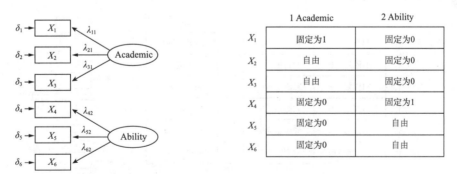

图 22.13 最终运行的模型及对应的"LX"矩阵

为了达到这种设置,对比两个"LX"矩阵,并不需要修改"LX"矩阵的默认设置(不修改默认设置时,可以不写入代码中),所以只要自由估计 Academic 和 X_2,X_3 的路径("LX 2,1 LX 3,1"),以及 Ability 和 X_5,X_6("LX 5,2 LX 6,2")的路径即可。然后给第一个路径赋值 1,即"LX 1,1"和"LX 4,2"为 1。

- "PH"即 Phi 矩阵,描述了外源潜变量之间的关系,这是一个对称矩阵。"PH"

的默认形式是"PH=SY,FR",即"PH"为对称矩阵(symmetric,SY),外源潜变量协方差矩阵中外源潜变量间的相关都自由估计。所以在默认条件下,路径图和矩阵的对应关系如图 22.14 所示。

	1 Academic	2 Ability
1 Aca	11自由	
2 Abi	21自由	22自由

图 22.14　默认条件下的"PH"路径图及对应矩阵

如果设定模型外源潜变量之间不相关,固定"PH 1,2"就可以。如果采用固定方差法,可以直接采用"PH=ST,FR"即可,因为"ST"矩阵为标准对称矩阵(standardized symmetric,ST),矩阵对角线元素固定为 1,对角线外自由估计,如图 22.15 所示。

	1 Academic	2 Ability
1 Aca	11固定为1	
2 Abi	21固定为1	22固定为1

图 22.15　"ST"矩阵设定示意

- "TD"即"Theta Delta"矩阵,描述了显变量残差的关系,这是一个对称矩阵。"TD"的默认形式是"TD=DI,FR","DI"代表对角线矩阵(diagonal,DI),残差间相关都设定为不相关,只估计对角线元素(残差方差)。所以在默认条件下,路径图和矩阵的对应关系如图 22.16 所示。

	X_1	X_2	…	X_6
X_1	11自由	12固定为0	…	16固定为0
X_2	21固定为0	22自由	…	26固定为0
X_3	31固定为0	32固定为0	…	36固定为0
X_4	41固定为0	42固定为0	…	46固定为0
X_5	51固定为0	52固定为0	…	56固定为0
X_6	61固定为0	62固定为0	…	66自由

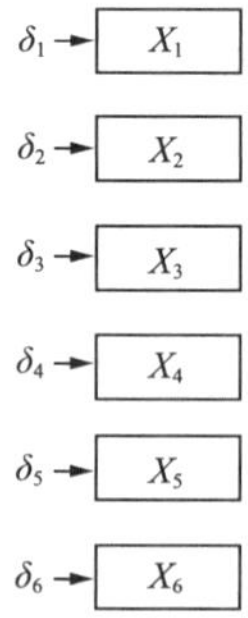

$\delta_1 \to X_1$
$\delta_2 \to X_2$
$\delta_3 \to X_3$
$\delta_4 \to X_4$
$\delta_5 \to X_5$
$\delta_6 \to X_6$

图 22.16　默认条件下的"TD"路径图及对应矩阵

- "FR"是"free"的缩写,表示自由估计,跟在矩阵后面,则是描述整个矩阵,例如"TD=DI,FR"描述残差矩阵对角线元素为自由估计。"FR"单独使用时是针对矩阵中的元素进行单独设定,例如"FR LX 2,1"表示"LX"矩阵中的第 2 行第 1 列的元素自由估计,即自由估计第一个外源潜变量和第二个外源显变量的关系。
- "FI"是"fixed"的缩写,表示固定,跟在矩阵后面,则是描述整个矩阵,例如

"PH=DI,FI"描述外源潜变量矩阵对角线元素固定为 0,即潜变量之间没有相关。"FI"单独使用时是针对矩阵中的元素进行单独设定,例如"FI LX 1,1"表示"LX"矩阵中的第 1 行第 1 列的元素固定为 0,即固定第一个外源潜变量和第一个外源显变量的关系。

- "VA"是"value"的缩写,作用是给路径系数赋值,在固定载荷法中,路径固定后,必须给路径系数赋值为 1 才能让 LISREL 知道潜变量和哪一个显变量的单位相同。例如,"VA 1 LX 1,1"表明给"LX1,1"赋值为 1。
- "LK"是"label of KSI"的缩写,表示给外源潜变量 ξ 命名,用法与前面的"LA"相同。

3. 结果输出

模型结果的输出以"OU"(output)标识符开始,因为路径图是单独的部分,所以要在结果输出之前报告,因此"PD"(path diagram)要标注在"OU"之前。"OU"最主要的目的是让 LISREL 知道研究者想要什么结果。

- "SS"是"standardized solution"的缩写,输出标准化的路径系数,如果不标注"SS",结果仅在路径图中有标准化路径系数,在"Output"中没有标准化路径系数。
- "MI"是"modification index"的缩写,即输出模型的修正指数,是研究人员修正模型的参考指标。
- "ALL"是"all index"的缩写,意思输出除了中介效应量之外的所有指标。

研究者要对例 22.2 中的模型进行修正,采用单因子模型,并且把变量顺序进行更改,具体如图 22.17 所示。

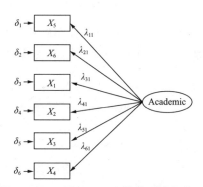

图 22.17 对例 22.2 中的模型进行修正

通过图 22.17 可以发现,变量顺序发生了改变,即后两个变量 X_5 和 X_6 更改为前两个变量,其他输入部分没有改变,这里要用到 LISREL 一个非常重要的功能:

- "SE"是"select"的缩写,表示从样本的显变量中选择几个显变量,同时可以对这些显变量进行重新排序,最后以反斜杠"/"结束,例如代码 22.3 所示。

```
SE
4 1 2/
```

代码 22.3

代码 22.3 表明从样本变量中选择了 3 个变量,分别为原始文件中的第 4 个、第 1 个和第 2 个。然后按照选择的顺序进行排序:第 4 个显变量,第 1 个显变量,第 2 个显变量。

"SE"标识符能够从样本变量中选择一些变量,并按照需要进行排序。因此我们重新编写代码的输入部分,最终为代码 22.4。

```
DA NI=6 NO=200 MA=KM
LA
X1 X2 X3 X4 X5 X6
KM SY
 1.00
  .502  1.00
  .622   .551  1.00
  .008   .072   .028 1.00
  .027   .030  -.049  .442 1.00
 -.029  -.059   .018  .537  .413 1.00
SE
5 6 1 2 3 4/
```

代码 22.4

然后,对模型部分进行修改,首先将模型路径图转换为希腊字母路径图,因为 LISREL 的矩阵和希腊字母图是一一对应的(图 22.18),然后针对标注的矩阵进行修改。

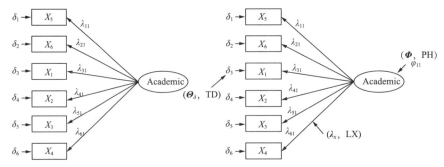

图 22.18　将模型路径图转换为希腊字母路径图

通过图 22.18 的路径可以发现:

第一,变量顺序发生改变,即后两个变量 X_5 和 X_6 更改为前两个变量。在输入部分利用"SE"的排序功能进行了重新排序,但是对模型设定部分,按照新的顺序进行设定即可。即 X_5 对应第一个外源显变量，X_6 对应第二个外源显变量，以此类推，X_4 对应第 6 个外源显变量。

第二，模型仅需要设定两个矩阵"LX"和"PH"。这部分分别采用固定载荷法和固定方差法进行描述。

采用固定载荷法，因为只有一个潜变量，"LX"矩阵就是一个 6 行 1 列的矩阵，只要让整个矩阵自由估计，然后固定第一个元素为 0，给它赋值为 1 即可。

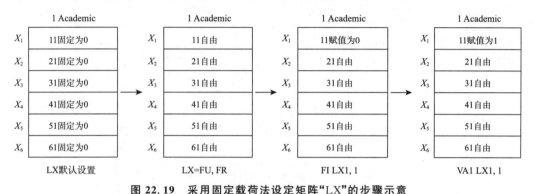

图 22.19　采用固定载荷法设定矩阵"LX"的步骤示意

将图 22.19 步骤转换为代码 22.5。

```
MO NX=6 NK=1 LX=FU,FR
FI LX 1,1
VA 1 LX 1,1
LK
Academic
```

代码 22.5

采用固定方差法，首先要设定"LX"为自由估计，然后设定潜变量协方差矩阵为对角线元素为 1，非对角线元素自由估计的矩阵。然后将此过程转换为代码 22.6。

```
MO NX=6 NK=1 LX=FU,FR PH=ST,FR
LK
Academic
```

代码 22.6

最终，这里我们采用固定载荷法建构模型，固定载荷法的代码如代码 22.7 所示。

```
DA NI=6 NO=200 MA=KM
LA
X1 X2 X3 X4 X5 X6
KM SY
```

代码 22.7

```
 1.00
  .502  1.00
  .622   .551  1.00
  .008   .072   .028 1.00
  .027   .030 −.049  .442 1.00
−.029 −.059   .018  .537  .413 1.00
SE
5 6 1 2 3 4/
MO NX=6 NK=1 LX=FU,FR
FI LX 1,1
VA 1 LX 1,1
LK
Academic
PD
OU SS MI
```

代码 22.7(续)

输出的路径图如图 22.20 所示，X_5 的路径系数被固定为 1，表明采用了固定载荷法而非固定方差法。

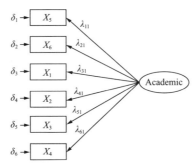

图 22.20 采用固定载荷法修正模型后的路径图

§3 全 模 型

一、全模型简介

全模型是指同时包含测量模型和结构模型的结构方程模型(full model 或 structure equation model, SEM)，通常我们所说的结构方程模型指的都是全模型。全模型关注的重点从潜变量和显变量的关系转移到潜变量之间的关系。研究人员采用全模型的主要目的是考察潜变量之间的预测关系。在验证性因素分析中,我们提到过外源变量(exogenous variable)和内生变量(endogenous variable)。外源变量是指不是由因果模型中的变量引起其变化的变量,概括来说就是只能作为自变量的变量。内生变量是指变量的变化是由于因果模型中的其他变量变化导致的,其他变量包括内生变量和外源变量。因此,内生变量既可以作为自变量,也可以作为因变量。

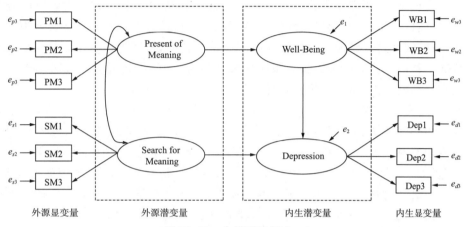

图 22.21　全模型示例之一

与验证性因素分析模型相比,全模型对内生变量和外源变量进行了区分,所以描述模型的参数也需要进行区分。结构方程模型中描述外源潜变量(ξ, Ksi)的测量模型与验证性因素分析相同,包括外源潜变量方差协方差(φ, Phi),外源显变量的残差(δ, Delta),以及外源潜变量和外源显变量的对应关系(λ_X, Lambda-X)。内生潜变量(η, Eta)的测量模型采用新的符号系统,包括内生潜变量方差协方差(ψ, Psi),内生显变量的残差(ε, Epsilon),以及内生潜变量和内生显变量对应的关系(λ_Y, Lambda-Y);此外

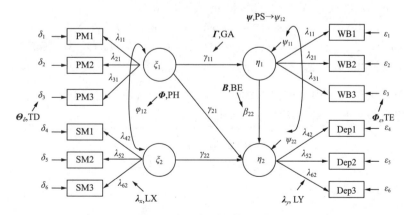

图 22.22　全模型的参数设定

还有描述外源潜变量和内生潜变量预测的关系(γ,Gamma),以及描述内生潜变量间预测的关系(β,Beta)。因此,全模型一共包含总体的 8 个参数,通过这 8 个参数描述总体模型协方差矩阵,然后利用总体协方差矩阵进行求解。

二、模型建构

建构全模型时,研究者需要同时考虑测量模型和结构模型。通常我们可以分两步做:第一步建构测量模型,第二步建构结构模型。测量模型拟合较好是全模型拟合较好的必要条件,因此这样做便于我们逐步排查模型拟合问题,因为只有在测量模型拟合较好的情况下我们才会进行第二步。当测量模型拟合较好时,研究者可以将模型设定的重点放在结构模型上,结合理论考察潜变量因子之间的关系。

例如,研究者要探索三个心理特质的关系,ξ_1 为自变量,η_1 和 η_2 为因变量,且 η_1 对 η_2 有预测作用。如图 22.23 所示,路径图中标出了所有需要定义的矩阵,模型的路径标识和箭头方向的对应关系为:路径标识下标的第一个数字是箭头指向的变量,第二个数字是箭头起始位置的变量。如 γ_{11} 表示第一个内生潜变量被第一个外源潜变量预测,λ_{31} 表明第三个显变量被第一个潜变量预测。在正式矩阵中,通常将内生变量排在外源变量前面,即样本数据变量的顺序是 $Y_1,Y_2,Y_3\cdots Y_6,X_1,X_2,X_3$。

样本数据一共包含 9 个变量,可以通过协方差运算将样本数据转换成一个 9×9 的协方差矩阵 S:

$$\begin{bmatrix} var(Y_1) \\ cov(Y_1,Y_2) & var(Y_2) \\ cov(Y_1,Y_3) & cov(Y_2,Y_3) & var(Y_3) \\ cov(Y_1,Y_4) & cov(Y_2,Y_4) & cov(Y_3,Y_4) & var(Y_4) \\ cov(Y_1,Y_5) & cov(Y_2,Y_5) & cov(Y_3,Y_5) & cov(Y_4,Y_5) & var(Y_5) \\ cov(Y_1,Y_6) & cov(Y_2,Y_6) & cov(Y_3,Y_6) & cov(Y_4,Y_6) & cov(Y_5,Y_6) & var(Y_6) \\ cov(Y_1,X_1) & cov(Y_2,X_1) & cov(Y_3,X_1) & cov(Y_4,X_1) & cov(Y_5,X_1) & cov(Y_6,X_1) & var(X_1) \\ cov(Y_1,X_2) & cov(Y_2,X_2) & cov(Y_3,X_2) & cov(Y_4,X_2) & cov(Y_5,X_2) & cov(Y_6,X_2) & cov(X_1,X_2) & var(X_2) \\ cov(Y_1,X_3) & cov(Y_2,X_3) & cov(Y_3,X_3) & cov(Y_4,X_3) & cov(Y_5,X_3) & cov(Y_6,X_3) & cov(X_1,X_3) & cov(X_2,X_3) & var(X_3) \end{bmatrix}$$

这个矩阵中包含了内生变量与内生变量的协方差,外源变量与外源变量的协方差,以及内生变量与外源变量的协方差。因此,可以简化为:

$$S=\begin{bmatrix} COV(Y,Y) & \\ COV(X,Y) & COV(X,X) \end{bmatrix}$$

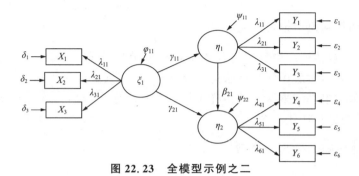

图 22.23　全模型示例之二

三、模型识别

全模型的识别与验证性因素分析类似,但是因为模型的参数更多,协方差矩阵更加复杂,模型的识别需要更多的限制条件。

1. 自由度

全模型也存在自由度的问题,如果样本的自由参数比全模型估计的总体参数多($df>0$),那么模型就是过度识别模型;如果样本的自由参数和全模型估计的总体参数恰好相等($df=0$),那么模型就是恰好识别模型;如果样本的自由参数比全模型估计的总体参数少($df<0$),那么模型就是不可识别模型。

2. 测量模型可识别

我们在前面提到过,全模型的识别通常可以分两步进行,第一步建立测量模型,第二步建立结构模型。在测量模型中,要满足三指标法则、两指标法则或单指标法则中的至少一个。如果测量模型拟合得到一个较好的结果,再通过建立结构模型,考察模型的识别状况。

3. 非递归模型

递归模型(recursive model)是指变量间的因果关系是单向的,不具有双向关系。非递归模型(irrecursive model)是指变量间的因果关系是双向的,甚至形成了一个环路。结构方程模型虽然对非递归模型具有一定的耐受性,但同时需要满足一些约束条件。在结构方程模型中,递归和非递归模型的设定主要是针对 β 矩阵,即潜变量之间预测关系的矩阵。如果设定的模型是非递归模型,研究者需要谨慎地约束模型参数。

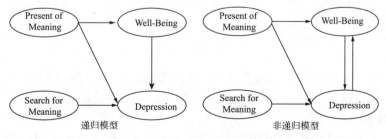

图 22.24　递归模型与非递归模型

四、参数估计与模型拟合

全模型的参数估计和模型拟合与验证性因素分析相同,LISREL 软件默认采用极大似然法拟合函数,然后用逼近算法进行迭代运算,直到找到最优解。

类似的,采用最小二乘法也是将样本协方差矩阵代入最小二乘法拟合函数,然后利用软件逼近算法进行迭代求解。

五、使用 LISREL 实现全模型

例 22.3 一位学者欲研究智力(MA)对于学术成就(AA)的预测作用。智力有三个显变量,学术成就只有一个显变量。打开 LISREL 8.70,进入 File—New,选择 Syntax Only,然后新建一个 Syntax,输入如下代码:

```
DA NI=6 NO=200 MA=KM
LA
Y1 Y2 Y3 X1 X2 X3
KM
1.00
.52 1.00
.45 .58 1.00
.38 .35 .46 1.00
.42 .44 .48 .69 1.00
.37 .39 .43 .77 .73 1.00
SE
1 4 5 6/
MO NX=3 NY=1 NK=1 NE=1 TE=ZE
FR LX(2,1) LX(3,1)
VA 1 LX(1,1) LY(1,1)
LK
MA
LE
AA
PD
OU AL
```

代码 22.8

点击工具栏中的运行按钮运行文件,弹出非标准化路径图,研究者可以在"Estimates"中选择"Standardized Solution",就会得到标准化路径图(图 22.25)。

1. 数据输入

数据输入部分以"DA"标识符开始,这部分与验证性因素分析相同,这里不再赘述。

重要的是，LISREL 读取变量的顺序是首先读取所有内生显变量，然后是所有外源显变量，即 $Y_1, Y_2 \cdots Y_n, X_1, X_2 \cdots X_k$。如果样本的数据不是这样排列的，研究者就要使用 SE 功能对样本变量进行重新排序。

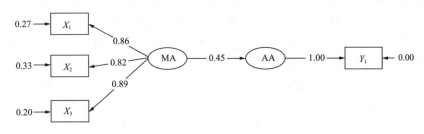

$\chi^2=3.61, df=2, p=0.16421, \text{RMSEA}=0.064$

图 22.25 标准化路径图

2. 模型设定

首先将模型转化为用希腊字母标示的路径图（图 22.26），模型的设定涉及 7 个矩阵（没有内生变量间关系，所以无 **B** 矩阵），分别为外源变量残差协方差矩阵"TD"、外源潜变量载荷矩阵"LX"、外源潜变量协方差矩阵"PH"、外源潜变量预测内生潜变量"GA"、内生潜变量残差矩阵"PS"、内生潜变量载荷矩阵"LY"以及内生变量残差矩阵"TE"。本例中的模型采用三指标法则和单指标法则。

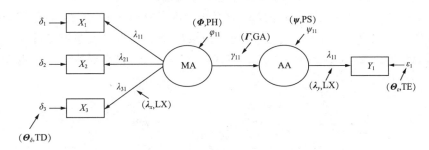

图 22.26 用希腊字母标示的路径图

- "NX"：模型共 3 个外源显变量 X_1, X_2, X_3。
- "NY"：模型共 1 个内生显变量 Y_1。
- "NK"：模型共 1 个外源潜变量。
- "NE"：模型共 1 个内生潜变量。
- "LX"：模型采用固定载荷法，"LX"矩阵采用默认设置"LX=FU,FI"即可（默认设置可以不写入代码）。
- "PH"：模型采用固定载荷法，"PH"矩阵采用默认设置"PH=SY,FR"即可。
- "TD"：模型采用默认的外源显变量残差矩阵设置，即"TD=DI,FR"。

- "LY":"LY"矩阵与"LX"矩阵相同，模型采用单指标固定载荷法，"LY"矩阵采用默认设置"LY=FU,FI"即可。
- "PS":"PS"矩阵描述了内生潜变量残差的协方差矩阵，它与"PH"都描述潜变量的方差协方差，并且是对称矩阵。但是，因为"PS"描述的是内生潜变量，它一部分方差被自变量(外源潜变量)解释，所以仅剩下内生潜变量残差的方差协方差矩阵。"PS"的语法是"PH=<form>,<mode>"，它的默认形式是"PS=DI,FR"，即仅估计内生潜变量的残差方差，此模型采用默认设置。
- "TE":"TE"与"TD"矩阵相同，默认形式为"TE=DI,FR"。模型采用单指标固定载荷法并且设定 $\lambda_{11}=1$，所以 ε_{11} 就应该是 0，所以用一个零矩阵描述"TE"，即"TE=ZE,FI"。因为"ZE"是一个零矩阵，意味着全部固定为 0，所以可以省略第二个参数，简写为"TE=ZE"。
- "GA":"GA"描述外源潜变量对内生潜变量的预测关系，矩阵的默认形式是"GA=FU,FR"，即所有外源潜变量对所有内生潜变量都有预测关系。因为本模型只有一个外源潜变量和一个内生潜变量，所以采用默认设置。

本例采用固定载荷法，并且需要满足三指标法则和单指标法则，因此需要自由估计 λ_{21} 和 λ_{31}，所以要"FR LX(2,1) LX(3,1)"。然后对固定的值进行赋值，"VA 1 LX(1,1) LY(1,1)"。

3. 结果输出

结果输出与验证性因素分析类似，这里不再赘述。

例 22.4 一位学者欲研究智力(MA)对于学术成就(AA)的预测作用，智力有三个显变量，学术成就也有三个显变量。即现在假设模型的内生潜变量有 3 个显变量 Y_1, Y_2, Y_3，因此图 22.26 应改为图 22.27。与代码 22.8 相比，只需要修改内生潜变量的测量模型部分即可。

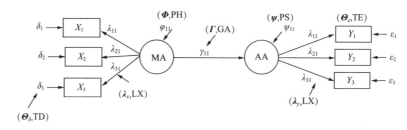

图 22.27 例 22.4 的模型设定

内生潜变量的测量模型设定采用固定载荷法，即将代码修改为代码 22.9 中所示的形式。

```
DA NI=6 NO=200 MA=KM
LA
Y1 Y2 Y3 X1 X2 X3
KM
1.00
.52 1.00
.45 .58 1.00
.38 .35 .46 1.00
.42 .44 .48 .69 1.00
.37 .39 .43 .77 .73 1.00
MO NX=3 NY=3 NK=1 NE=1
FR LX(2,1) LX(3,1) LY(2,1) LY(3,1)
VA 1 LX(1,1) LY(1,1)
LK
MA
LE
AA
PD
OU AL
```

代码 22.9

运行代码,得到图 22.28 中标准化路径系数的结果,LISREL 默认输出非标准化的路径系数,研究者需要自己修改窗口上方的输出形式为 Standardized Solution 就可以得到标准化的路径系数。

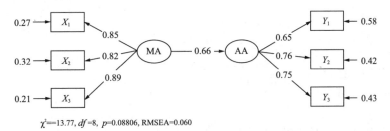

χ^2=13.77, df=8, p=0.08806, RMSEA=0.060

图 22.28　例 22.4 的标准化路径图

例 22.5　一位学者欲研究智力(MA)对自我概念(SC)的预测作用,并考察学术成就(AA)在智力和自我概念之间的中介作用。其中,智力用 X_1,X_2,X_3 三个显变量测量,学术成就用 Y_1,Y_2,Y_3 三个显变量测量,自我概念用 Z_1,Z_2,Z_3 三个显变量测量。因此,可以用图 22.29 中的希腊字母路径图表示。

基于图 22.29,需要设定"BE"矩阵。"BE"矩阵描述了模型中内生潜变量之间的预测关系。因为两个内生潜变量的预测有方向性，β_{21}和β_{12}描述的完全是不同的关系，所以设置的时候需要注意二者的差异。"BE"矩阵的默认设置是"BE=ZE,FI"，这里的"ZE"为0，并非矩阵。因此，需要首先指定"BE"为一个全矩阵，"BE=FU,FI"，因为第二个"FI"参数是默认设置，因此可以简写为"BE=FU"，最终写出代码22.10。

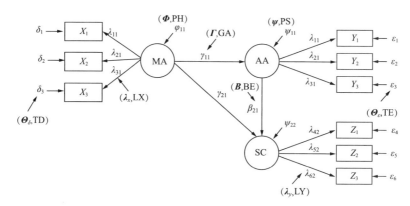

图 22.29　例 22.5 的模型设定

```
DA NI=9 NO=200 MA=KM
LA
Y1 Y2 Y3 Z1 Z2 Z3 X1 X2 X3
KM
1.00
.52 1.00
.45 .58 1.00
.29 .34 .23 1.00
.31 .30 .28 .53 1.00
.27 .36 .35 .48 .45 1.00
.38 .35 .46 .41 .38 .42 1.00
.42 .44 .48 .39 .31 .41 .69 1.00
.37 .39 .43 .38 .36 .40 .77 .73 1.00
SD
4.67 5.81 5.12 2.76 3.12 2.93 10.12 11.09 12.31
MO NX=3 NY=6 NK=1 NE=2 BE=FU
FR LX(2,1) LX(3,1) LY(2,1) LY(3,1) LY(5,2) LY(6,2)
VA 1 LX(1,1) LY(1,1) LY(4,2)
FR BE(2,1)
LK
MA
```

代码 22.10

```
LE
AA SC
PD
OU AL EF
```

代码 22.10(续)

代码 22.10 虽然仍然采用相关矩阵作为输入数据，但同时加入了标准差，通过标准差，LISREL 可以将相关矩阵转换为协方差矩阵。运行代码 22.10，可以得到图 22.30 中标准化路径系数的路径图。

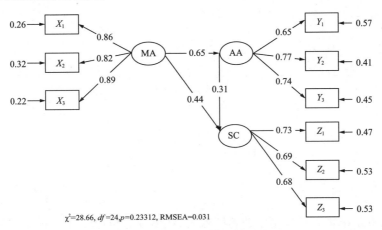

$\chi^2=28.66, df=24, p=0.23312, \text{RMSEA}=0.031$

图 22.30 例 22.5 的标准化路径图

在结果报告的"Total and Indirect Effects"部分，报告了模型的间接效应，列变量为因变量，行变量为自变量。智力对自我概念的预测作用的总效应为 $0.54, SE=0.08, t=7.11$；智力对自我概念的间接效应为 $0.17, SE=0.07, 95\% CI=[0.03, 0.31], t=2.57$。

```
Total and Indirect Effects
       Total Effects of KSI on ETA

                 MA
                --------
    AA          0.50
               (0.07)
                6.87
    SC          0.54
               (0.08)
                7.11
Indirect Effects of KSI on ETA
```

输出 22.7

```
                    MA
                  --------
    AA              - -
    SC             0.17
                  (0.07)
                   2.57
           Total Effects of ETA on ETA
                   AA            SC
                --------      --------
    AA            - -           - -
    SC           0.35           - -
                (0.13)
                 2.60
```

输出 22.7(续)

§4 路径分析

一、路径分析简介

路径分析是结构方程模型中的特殊形式,在路径分析中没有潜变量,它考察的是内生显变量和外源变量之间的关系。因此,也可以认为路径分析是没有测量模型、只有结构模型的结构方程模型。利用路径分析可以方便地考察变量间的关系,相比 Process 中固定的模型,路径分析更加灵活和方便,几乎可以依据研究需要建构任何模型。

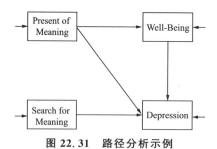

图 22.31　路径分析示例

二、模型建构

路径分析中的模型建构和全模型中的结构模型的建构方法类似。路径分析没有测量模型,因此只将与结构模型相关的矩阵纳入模型当中即可。路径分析涉及的矩阵包括外源变量 X 的方差协方差 φ 组成的矩阵 $\mathbf{\Phi}$(Phi),内生变量 Y 残差的方差协方差 ψ

组成的矩阵 $\boldsymbol{\Psi}$(Psi),外源变量对内生变量的预测作用 γ 组成的矩阵 $\boldsymbol{\Gamma}$(Gamma)以及内生变量间的预测作用 β 组成的矩阵 $\boldsymbol{B}$(Beta)。

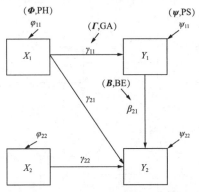

图 22.32　路径分析的模型建构示例

图 22.32 所示样本数据一共包含 9 个变量,可以通过协方差运算将样本数据转换成一个 4×4 的协方差矩阵 $\boldsymbol{S}$,也可以用简化后的形式表示。

$$\begin{bmatrix} var(Y_1) & & & \\ cov(Y_1,Y_2) & var(Y_2) & & \\ cov(Y_1,X_1) & cov(Y_2,X_1) & var(X_1) & \\ cov(Y_1,X_2) & cov(Y_2,X_2) & cov(X_1,X_2) & var(X_2) \end{bmatrix} \qquad \begin{bmatrix} \boldsymbol{COV(Y,Y)} & \\ \boldsymbol{COV(X,Y)} & \boldsymbol{COV(X,X)} \end{bmatrix}$$

样本协方差矩阵 $\boldsymbol{S}$　　　　　　　　　　样本协方差矩阵 $\boldsymbol{S}$ 简化形式

路径分析的求解过程和前面一样,LISREL 软件默认采用极大似然拟合函数,然后用逼近算法进行迭代运算,直到找到最优解。

三、LISREL 实现路径分析

例 22.6　一位学者欲研究智力(MA)对于自我概念(SC)的预测作用,并考察学术成就(AA)在智力和自我概念之间的中介作用。其中,智力用 X 测量,学术成就 Y 测量,自我概念用 Z 测量,我们可以用希腊字母路径图表示(图 22.33)。

根据图 22.33,需要设定的矩阵包括"PH""GA""BE""PS"。

- "PH"的默认形式是"PH=SY,FR",因为只有一个外源变量,"PH"的默认形式满足模型设置。
- "GA"的默认形式是"GA=FU,FR",因为外源变量预测了所有的内生变量,即"GA"矩阵全部自由估计,"GA"默认形式满足模型设置。
- "PS"的默认形式是"PS=DI,FR",即内生变量残差的协方差中,只有对角线元素自由估计,也就是模型中所描述的,模型仅估计内生变量残差的方差,不估计残差间的相关。满足模型设置。

- "BE"的默认形式是"BE=ZE,FI",即内生变量之间没有任何预测关系,因此不满足模型要求,需要进行单独设置。

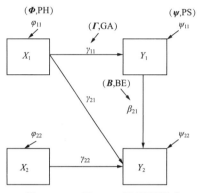

图 22.33 例 22.6 的模型设定

根据以上对 4 个矩阵的分析,我们写出代码 22.11。

```
DA NI=3 NO=200 MA=KM
LA
AA SC MA
KM
1.00
 .53 1.00
 .38  .42 1.00
SD
4.67 2.76 10.12
MO NX=1 NY=2 BE=FU
FR BE(2,1)
PD
OU AL EF
```

代码 22.11

运行后得到图 22.34,中介效应的检测见输出 22.7。

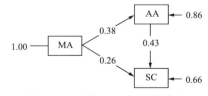

图 22.34 例 22.6 的结果输出

§5 常见问题

一、数据导入

在 LISREL 中导入数据除了采用矩阵的方式外,还可以输入原始数据。LISREL 能够导入 SPSS,STATA,SAS 等多种软件的数据。将其他格式的数据文件导入 LIS-REL 需要两步。

第一,使用 LISREL 将数据文件保存为 LISREL 能够读取的".psf"格式的文件。
- 打开 LISREL,进入 File—Import External Data in Other Format,然后在文件类型中选择想要导入的文件类型(默认是"Access(.mdb)")。例如:
  - 点击 LISREL 的 File—Import External Data in Other Format,在文件类型中选择"SPSS Data File (.sav)"。
  - 进入 LISREL 的安装目录,找到"TUTORIAL"文件夹。
  - 进入"TUTORIAL"文件夹,双击打开"EX7.SAV"。
  - LISREL 自动弹出一个"保存为"窗口。
  - 读者在文件名处输入一个文件名(例如"EX7"),然后点击保存文件,LIS-REL 就会自动打开"EX7.psf"数据文件。

第二,用 LISREL 载入数据文件。LISREL 用"RA"标识符读入数据,"Raw"表明数据的输入是原始形式,可以直接用代码输入,"RA=EX7.psf"。

例 22.7 用一个简单的验证性因素分析模型代码读取原数据。

运行后得到图 22.35 所示路径图。

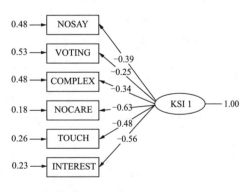

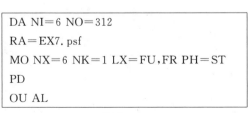

代码 22.12   图 22.35 例 22.7 的路径图

二、缺失值

LISREL 不能处理非".psf"格式的缺失数据。例如，如果想要导入的 SPSS 数据文件存在缺失值，并且是默认缺失（在 SPSS 里显示为空单元格），那么 LISREL 将无法有效识别该 SPSS 数据文件中的缺失值。

LISREL 软件提供了全信息极大似然估计（full information maximum likelihood method，FIML）用于处理缺失数据。使用传统的列删法、对删法处理缺失值往往得到的结果是有偏差的，现在惯用的处理方式通常是采用 FIML 或者多重插补法（multiple imputation，MI）进行缺失值处理或多重填补。不同于多重插补法，FIML 并不会对缺失值进行替换或填补，而是利用样本数据和似然函数估计最可能的总体参数。研究发现，FIML 和多重插补法得到的结果具有较好的一致性，因此我们推荐读者使用 FIML 处理数据集中的缺失值。

在 LISREL 中实现 FIML 只需要指定数据的缺失值标识即可。

例 22.8 使用例 22.7 的数据标识缺失数据，缺失数据用 -999999.00 标识，那么在输入数据时用 MI 标识符标注 $MI=-999999.00$ 即可（见代码 22.13）。

```
DA NI=6 NO=312 MI=-999999.00
RA=EX7.psf
MO NX=6 NK=1 LX=FU,FR PH=ST
PD
OU AL
```

代码 22.13

运行后在输出中就会报告应用 FIML 的情况（输出 22.8）。

```
------------------------------------------------------------
EM Algorithm for missing Data:
------------------------------------------------------------
Number of different missing-value patterns= 17
Convergence of EM-algorithm in     5 iterations
-2 Ln(L) =      3699.78278
Percentage missing values= 2.72
Note:
The Covariances and/or Means to be analyzed are estimated
by the EM procedure and are only used to obtain starting
values for the FIML procedure
```

输出 22.8

三、LISREL 矩阵设定

在 LISREL 的模型设定中常用的矩阵有 8 个，每个矩阵对应不同的功能，而且每个矩阵的默认参数不同，本节将总结这 8 个常用矩阵的功能及其默认参数和一些常用的备选参数。

LISREL 的 8 个常用矩阵分别为"LX""LY""PH""PS""TD""TE""GA""BE"，每个矩阵有两个参数进行描述，第一个参数描述了矩阵的形式，第二个描述矩阵是自由估计还是固定。在这 8 个矩阵中，"PH""PS""TD""TE"是对称矩阵；"LX""LY""GA""BE"是非对称矩阵；"PS""TD""TE"是残差的方差协方差矩阵；"BE"矩阵的对角线没有元素，初始设定"BE=0"。

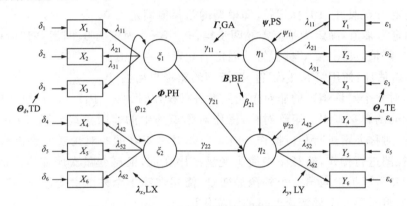

图 22.36 在 LISREL 矩阵设定中的常用矩阵

表 22.3 LISREL 常用建模矩阵

矩阵	默认参数	参数 1	参数 2
LX	FU,FI	DI/FU	FI,FR
LY	FU,FI	DI/FU	FI,FR
PH	SY,FR	DI/SY/ST	FI,FR
PS	DI,FR	DI/SY/ZE	FI,FR
GA	FU,FR	DI/FU	FI/FR
BE	ZE,FI	FU/SD/ZE	FI/FR
TD	DI,FR	DI/SY/ZE	FI/FR
TE	DI,FR	DI/SY/ZE	FI/FR

(1) 表 22.3 参数 1 的矩阵形式有全矩阵"FU"、对称矩阵"SY"、标准对称矩阵"ST"、对角线矩阵"DI"、对角线下三角矩阵"SD"、零矩阵"ZE"。

● "FU/SY"：LISREL 矩阵中分为对称矩阵和非对称矩阵，对称矩阵只能用"SY"表示矩阵所有元素（"PH"矩阵还能使用"ST"），非对称矩阵只能用"FU"表示矩阵所有元素。

- "ZE":可以设置为零的矩阵只有三个残差矩阵"PS""TD""TE"和一个特殊矩阵"BE"。注意,"ZE"设置后,参数 2 只能为"FI"。
- "BE":"BE"矩阵对角线上没有元素(即永远固定为 0),所以 BE 矩阵是唯一不能使用"DI"参数的矩阵。

(2) 表 22.3 参数 2 中常用的参数是"FI"和"FR"。"FI"表明第一个参数描述的矩阵元素全部固定为 0,"FR"表明第一个参数描述的矩阵元素全部自由估计。所以,参数 1 和参数 2 组合后主要有如下 8 种矩阵以及一个零矩阵"ZE""FI"。

(3) 自由设置。模型整体的矩阵定义完之后,研究者可以根据需要对矩阵元素进行设置。

- 固定为 0:使用"FI"标识符,即模型的路径被固定为 0。
- 固定为某值:固定为某值需要两步操作。第一,固定为 0,即用"FI"标识符固定元素;第二,赋值,即用"VA"标识符给固定的元素赋一个值。
- 自由估计:使用"FR"标识符,即模型的路径自由估计。

注意,对 4 个对称矩阵的非对角线元素进行操作时,"FR PH(1,2)"与"FR PH(2,1)"具有相同的含义。因为矩阵对称,操作对称矩阵中的非对角线元素,LISREL 会自动对另一个对称元素进行相应操作。对 4 个非对称矩阵的非对角线元素进行操作时,要依据路径图进行操作,路径图中箭头变量次序在前,箭尾变量次序在后。例如,"FR LX(5,1)"表明箭头指向第 5 个外源显变量,箭尾在第 1 个外源潜变量,描述的是第一个外源潜变量对第 5 个外源显变量的预测作用。

图 22.37　参数 1 与参数 2 组合得到的 8 种矩阵

四、竞争模型

研究者在进行科学研究时,可能会提出不止一个理论模型,如果提出的模型都有理论支持,这时就要分别考察样本数据对这些竞争模型的拟合状况。在进行竞争模型的比较时,要区分模型的结构是否嵌套。所谓嵌套模型(nested model)是指模型 A 中的所有自由参数只是模型 B 自由参数中的一部分。用图 22.38 的路径图描述就是,模型 A 加入一条路径就是模型 B,或者模型 B 删掉一条路径就是模型 A。

图 22.38 就是两个嵌套模型:模型 A 嵌套于模型 B。模型 A 中自由估计的参数在

模型 B 里同样自由估计,但是模型 B 的自由参数 γ_{21} 在模型 A 中就是固定的,所以模型 A 的自由参数只是模型 B 自由参数的一部分。

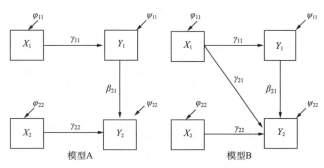

图 22.38 嵌套模型的路径图示意

进行嵌套模型比较时,因为模型自由估计的参数越多,模型复杂且自由度越小,模型拟合越好,χ^2 值越小;相反,模型自由估计的参数越少,模型简单且自由度越大,模型拟合会变差,χ^2 值越大。所以,通常模型 B 的拟合要比模型 A 好。依据奥卡姆剃刀定律,模型越简单越好,而且简单的模型具有更高的解释力。因此,如何平衡模型的简洁性和拟合优度就是竞争模型要考虑的问题。

在模型的比较中,自由度代表了模型的简洁程度,越简单的模型自由度越大,所以基于这样的理念,要选择自由度大的模型。但是,自由度大的模型往往拟合状况较差。基于这种状况,如果两个模型为嵌套模型而且拟合状况没有明显差异($\chi^2_A - \chi^2_B$ 没有达到临界值),那么优选自由度大的模型;如果两个模型拟合状况差异很大($\chi^2_A - \chi^2_B$ 显著大于临界值),那么就选择拟合较好的模型。

$$T = \chi^2_A - \chi^2_B \tag{22.10}$$

$$df = df_A - df_B \tag{22.11}$$

$$T > \chi^2_{df} \Rightarrow B$$

对于非嵌套模型的比较(图 22.39),不能采用似然比进行比较,这个时候通常采用信息标准进行比较。常用的信息标准有 AIC 和 BIC,二者对模型的复杂度进行不同程度的惩罚。如果两个模型的自由度相同,比较时选择 AIC 和 BIC 较小的模型;如果两个模型的相差 k 个自由度,两个模型 AIC 和 BIC 的差异超过 $10 \times k$ 时,选择 AIC,BIC 较小的模型,否则选择自由度较大的模型。

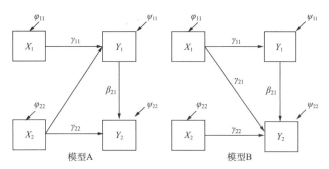

图 22.39　非嵌套模型的路径图示意

五、模型不收敛

模型的拟合函数不能得到最优解的原因较多,总体来说有如下几个方面。

1. 模型设置问题

LISREL 报错矩阵非正定(matrix not positive definite)的原因很有可能是研究者在进行模型设置的时候忽略了模型设置的一些基本原则,例如三指标法则、两指标法则、单指标法则、测量误差不相关等。除此之外,理论模型的假设是否合理也是一个重要原因,这个时候建议进行两步法建模,首先建立测量模型,让潜变量全部自由相关。如果能够拟合出模型,那么进行第二步,一步步地加入新路径,找到问题的根源。

2. 非递归模型

前面我们提到过递归模型和非递归模型,当模型中存在环路或者双向预测关系的时候,模型需要谨慎地约束估计的参数,因为模型很容易因为非递归模型而导致不拟合。所以,如果模型不收敛(not converge after iteration),研究者要检查一下当前模型是不是非递归模型。

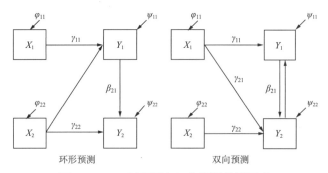

图 22.40　环形预测与双向预测模型示意

3. 数据问题

数据问题主要包括未定义缺失值、极端异常值、极端偏态分布、数据类型、导入错误。

- 缺失值。LISREL 提供的全信息极大似然估计能够有效地处理缺失数据。如果研究者在不同软件间导入数据时，没有注意缺失值的定义差异，LISREL 将无法识别出数据集中的缺失值。
- 极端异常值。研究者在进行结构方程模型分析的时候，要注意数据中是否存在极端异常值。个别的极端异常值不仅是一个强杠杆点，会影响数据分析的结果，而且有可能导致模型不收敛。
- 极端偏态分布。有些数据集中存在截尾数据或者高相关的数据，数据分布极端偏态而采用极大似然估计会导致模型不收敛，这个时候可以考虑使用最小二乘拟合函数。
- 数据类型。一些类别数据最好采用最小二乘拟合函数进行估计。
- 导入错误。数据集操作失误，导致不该导入的数据进入最后分析；数据中存在重复变量，LISREL 会报错。

4．迭代次数

结构方程模型采用迭代逼近算法对拟合函数进行求解，默认当样本矩阵和总体模型矩阵的差异小于 0.00001 时，或者当模型的迭代次数达到 200 次时，模型停止迭代并报告结果。如果在 200 次迭代内，模型的拟合函数差异值没有达到 0.00001，就报告模型不收敛(not converge after iteration)。因为现在研究的模型很多非常复杂，200 次迭代并不够，这个时候可以修改 OU IT=2000 来增加迭代次数或者关闭容许性检查 OU AD=OFF。

5．样本量问题

样本量过小也可能导致模型收敛性问题。通常我们建议构建模型的时候要有至少 200 的样本量。有的学者建议样本量应该是显变量数量的 5 倍，有的学者建议样本量应该是显变量数目的 10 倍。还有一些学者认为，样本量和显变量之间的倍数关系应该随着显变量数目的增加而增加。总而言之，结构方程模型需要较大的样本量，这个样本量至少要达到 200 的标准，如果有较多显变量时，样本量要随之增大。

六、项目打包

结构方程模型对样本量有一定要求，当某些问卷的题目特别多时，不仅样本量的要求非常高，一般研究很难达到这么大的样本量；而且模型需要估计非常多的参数，这时就会存在收敛问题以及矩阵不正定问题。项目打包(item parceling)是一种有效的解决这类问题的方法。项目打包假设测量误差是随机误差，因此，可以将几个统一测量维度的题目进行均值或者总分打包，打包后真分数不变。研究发现，项目打包后数据的分布更加接近正态分布，而且可以减少随机误差、提高模型的共同度。如果研究者关注的是结构方程模型中潜变量之间的预测关系，即结构模型，那么我们推荐使用项目打包。

1．维度法

如果量表包含几个维度，或者由几个分量表组成，这个时候我们建议按照维度进行均值打包或者总分打包。

2. 平衡打包

如果量表只有一个维度,那么我们建议采用平衡打包法将每个量表打包为 3 个指标。首先对原量表进行验证性因素分析,然后将显变量按照因子载荷的大小进行排序,然后采用"蛇形法"按照载荷大小将显变量按照 3 个一行进行排序,最后对每列显变量进行均值打包或者总分打包即可。

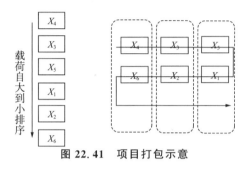

图 22.41　项目打包示意

23 新 统 计

目前,科学研究的可重复性问题在学术界受到了广泛关注。2005 年,有研究者考察了已发表的心理学研究结果的可重复性(Ioannidis,2005)。结果发现,在 100 项研究中,能够成功重复的研究大约为 39 项。这一结果在心理学界引发了一次大讨论,虽然研究人员各执己见,但是不可否认的是,心理学研究的统计检验确实存在问题。2017 年,多位研究者联合提出,显著性检验 p 值的判断标准应该由 0.05 提高到 0.005,这篇研究指出,简单的提高显著性水平 α 将会改善许多科学研究结果可重复性低的问题(Benjamin et al. , 2017)。和 2005 年的研究类似,这篇研究同样引起了广泛关注,然而无论讨论的结果如何,当前 p 值的判断标准确实不能很好地代表研究者所发现的效应或者差异的大小。

p 值来自费雪的假设检验思想,即如果研究者想要检验一个样本是否来自总体,那么首先要建立虚无假设(null hypothesis),即认为样本来自这个总体。例如,样本均值 $\bar{X}$ 和总体均值 μ,虚无假设为 $\bar{X}=\mu$。通常情况下,研究者从总体中进行抽样后的样本均值 $\bar{X}$ 不会恰好等于总体均值 μ。而虚无假设显著性检验(NHST)的逻辑是,研究者从总体中进行大量抽样就会得到很多样本均值,抽到这些样本的概率 p 就是已知的,如果概率 p 很大,我们就认为样本来自这个总体,如果概率 p 很小,就认为样本并不来自这个总体。研究者给予概率 p 一个经验标准,即 0.05,p 小于 0.05 表明样本来自总体的概率连 5% 都不到,也就是说来自这个总体的可能性非常低。综上所述,p 值描述了样本统计量和总体参数的不一致性,但却并不能准确地为研究者提供二者的差异量(效应大小)。并且,p 值带来的非此即彼的二分思维是造成研究结果不可重复的重要原因。试想,如果研究者 A 得到实验组和对照组数据差异是 $p=0.049$,研究者 B 得到两组数据差异是 $p=0.051$,其实他们的结果相差无几,然而却会分别得到实验效应显著和不显著两个截然相反的结论。

基于 p 值的特点,许多研究者提出,报告假设检验的结果时要同时给出相应的效应大小及其置信区间,这样才能帮助其他研究者清楚、明确地评估研究结果。早在 20 世纪 80 年代,《美国公共卫生杂志》(*American Journal of Public Health*)就要求投稿者删除所有 p 值;《流行病学》(*Epidemiology*)也曾公开声明希望作者忽略显著性检验。因此,效应量及其置信区间成为衡量研究结果的最重要的指标。效应量是衡量研究处理效应大小的指标,不受样本量影响,可以用于不同样本之间的比较。效应量的大小表明了研究的实际意义,例如有些研究利用大样本优势发现假设检验显著,但效应量却非常小,即研究的实际意义不大。通过效应量的大小,研究者可以判断研究的实际意义,但是效应量也存在局限性。效应量仅仅是一个点估计,研究者并不知道效应量的可信度,因此在报告效应量时一定要报告其置信区间,说明估计值的可信度。

除了效应量和置信区间外,元分析也是一个重要的趋势。样本抽样具有随机性,通过不确定情境得到一个确定的答案本身就存在问题,这也是传统统计存在的问题。元分析利用不同样本验证相同的科学假设,并利用不同样本特征加权合成效应量,并报告置信区间。

Cummings(2012)用一个例子说明了二分法思维、估计思维、元分析思维的区别:

专栏 23.1

在一个关于失眠治疗方法的疗效研究中,两位研究者报告的结果如下:

研究者 A: $N = 22$, M (difference) $= 3.61$, SD (difference) $= 6.97$, $t(42) = 2.43$, $p = 0.02$;

研究者 B: $N = 18$, M (difference) $= 2.23$, SD (difference) $= 7.59$, $t(34) = 1.25$, $p = 0.22$。

请问,两位研究者报告的研究结果说明了什么问题?

(1) 研究结果不一致,需要进行更多的研究探索该疗法什么时候有效或什么时候无效;

(2) 研究结果模棱两可,需要进行更多的研究探索该疗法到底是否有效;

(3) 研究结果一致,因为两者的平均数差异相差不大,因此可以认为该疗法有疗效。

答案(3)正确,这两个结果一致,理由如下:

• 两个置信区间图有较大的重合,对两个结果的平均数差异进行显著性检验, $p=0.55>0.5$,因此两个研究之间没有显著差别;

• 元分析的显著性检验 $p=0.008$,说明该疗法疗效显著。

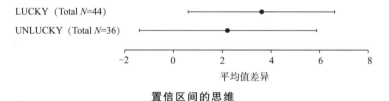

置信区间的思维

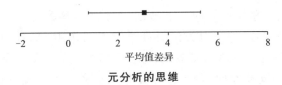

元分析的思维

对心理学、医学核心期刊的57位作者进行调查：对于之前的LUCK-UNLUCKY实验如何评价。从研究完全不一致到研究一致1~7评分。答案应该是6~7分。

1. 报告 p 值结果的研究者的平均分为3.75，报告置信区间结果的研究者的平均分为4.41，两者平均数差异为0.66，95% $CI = [0.11, 1.21]$。说明报告置信区间结果可以显著提高解释的准确性。

2. 在报告置信区间结果的研究者中：同时报告 p 值的研究者 33/55，即 60% 的研究者认为两个研究不一致。没有同时报告 p 值的研究者 54/57，即 95% 的研究者认为两个研究一致。两者平均数差别的 95% 置信区间为 $[0.39, 0.67]$，提示对研究一致性的理解有显著差异，不报告 p 值的研究者理解较为准确。

综上所述，现在的统计学思想共有三种思维，即二分法思维、估计思维、元分析思维。二分法思维即利用经验标准 $p=0.05$ 或者更加苛刻的 $p=0.005$ 进行假设检验；估计思维包括点估计和区间估计，即效应量和置信区间；元分析思维利用不同研究的异质性合成研究效应。我们鼓励读者在进行结果报告的时候除了报告 p 值外，同时报告效应量及其对应的置信区间。此外，我们建议研究者在进行研究时采用不同样本进行交互验证，并利用元分析思维合成研究。

§1 效 应 量[*]

一、效应量简介

效应量是指总体中存在某种现象的程度，它独立于样本量，反映了自变量和因变量二者之间的关联强度。与 p 值相比，效应量更加精确且不会随样本量的变化而变，2010年，美国心理学会（APA）呼吁研究者在报告研究结果时将效应量作为结果呈现的主要方式，即使是与研究假设背道而驰的效应量或者非常小的效应，也要如实报告。2018年，在APA推出的"研究报告撰写标准"里，又一次明确了这一点。

效应量事实上不仅可以解释为自变量和因变量之间的关联强度，还可以解释为两个总体均值间的差异程度或者自变量能够预测因变量的程度等。这些强度或者程度指

---

[*] 计算效应量的常用统计软件请参照 http://thenewstatistics.com/itns/esci（访问日期2019-4-15）。

标反映了研究者推断的总体参数的大小,如果这个总体参数很大,表明研究具有很强的心理学意义。例如,考察两种学习方法对外语学习的作用,A,B 两组被试同时学习一门新的外语,3 个月后进行外语水平测试,考察两组被试的成绩差异。如图 23.1 所示,效应量 $d=\mu_A-\mu_B$,当 d 很小时,两个总体分布几乎完全重合在一起,从这两个总体中随机抽取样本,那么二者有很大概率是没有显著差异的;当 d 很大的时候,两个总体分布几乎没有重合的部分,对两个总体进行随机抽样,很难同时落入灰色区域,即两个样本在大概率上存在显著差异。

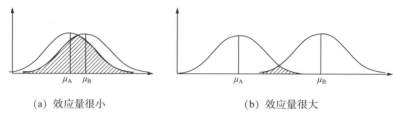

(a) 效应量很小　　　　　　(b) 效应量很大

图 23.1　效应量示意

效应量是总体的参数或者通过总体参数得出的值,因为样本分布会随着样本量的变化而变化,效应量只与总体参数有关,所以样本的变化只会影响显著性检验,但是不会影响效应量,这是效应量的第一个特征:不依赖样本量(sample free)。其次,心理学中的测量会因为测量尺度的变化而变化,例如使用不同问卷进行测量和比较,只要心理特质服从的分布相同,效应量的估计值就相同,因为效应量只与总体参数有关,这是效应量的第二个特征:不依赖测量尺度(scale free)。此外,效应量采用绝对值进行大小比较,因为效应量的正负号仅表示效应的方向,其绝对值才是实际的效应大小。

二、效应量估计

效应量分为标准化效应和非标准化效应,通常要求报告的都是标准化效应。标准化效应量具有相同的测量尺度,结果可以在不同研究间比较和合成,例如 r,Cohen's d,Cohen's f^2 等;非标准化效应量是没有进行测量尺度标准化的效应,例如,非标准化回归系数 B、两组均值差异等。本书推荐读者在研究报告中报告标准化效应量,常用的标准化效应量有相关系数 Pearson's r,校正决定系数 R^2_{adj},η^2_p,Cohen's d,Cohen's f^2,Cramer's V 等。描述相关的效应量有 r,R^2,η^2,Cohen's f^2 等,即用一个变量对另一个变量的解释程度估计效应值。描述差异的效应量有 Cohen's d,Hedges' g 等,即用两组的均值差异估计效应值。描述类别变量的效应量有 Cramer's V,Cramer's Φ 等,其计算基于分类变量之间的关联强度。

1. Pearson's r

在相关研究中,效应量就是 Pearson 相关系数 r,它的变化范围是 -1 到 $+1$,符号表明效应的方向,数值表示效应量的大小。Cohen 指出,当 $r=0.10$ 时,为较小的效应量;$r=0.30$时,为中等程度的效应量;$r=0.50$时,为较大的效应量。

2. 决定系数R^2

决定系数又被称为复相关系数,是自变量线性模型中对于因变量的方差解释程度。最常见的R^2定义是回归方差对总方差的解释百分比。如果回归模型中只有一个自变量,R^2就等于自变量和因变量 Pearson's r 的平方,即$R^2=r^2$。

$$R^2 = 1 - \frac{SS_{Res}}{SS_{Total}} = \frac{SS_{Reg}}{SS_{Total}} \tag{23.1}$$

但是,回归模型中的R^2会随着模型中加入新的变量而不断增大,即使这个变量没有显著的预测力。这表明多变量回归分析中的R^2是膨胀的,其值比真实值要大,因此,现在的研究通常报告校正决定系数R^2_{adj},我们推荐读者报告R^2_{adj}。

$$R^2_{adj} = 1 - \frac{SS_{Res}/df_{Res}}{SS_{Total}/df_{Total}} \tag{23.2}$$

当$R^2_{adj}=0.04$时,为较小的效应量;$R^2_{adj}=0.25$时,为中等程度的效应量;$R^2_{adj}=0.64$时,为较大的效应量。

3. η^2

η^2描述方差分析中的效应量,是指自变量对因变量方差解释的百分比。它与回归分析中的R^2非常相似,同样会随着自变量的增多而膨胀。通常报告的都是校正值,$\eta^2_p = \frac{SS_{Effect}}{SS_{Total}}$,我们推荐读者报告$\eta^2_p$。当$\eta^2_p=0.04$时,为较小的效应量;$\eta^2_p=0.25$时,为中等程度的效应量;$\eta^2_p=0.64$时,为较大的效应量。

$$\eta^2_p = \frac{SS_{Effect}}{SS_{Effect} + SS_{Error}} \tag{23.3}$$

4. Cohen's f^2

Cohen's f^2是一般性的效应指标,$f^2 = V_S/V_E$,V_S为因变量方差中被自变量解释的百分比,V_E为残差的方差($V_S + V_E = 1$)。它被广泛应用于F检验中,所以R^2,η^2都可以转换为 Cohen's f^2。因为t检验的平方就是F检验,所以相关系数r也可以转换为 Cohen's f^2。Cohen 指出,当$f^2=0.02$时,为较小的效应量;$f^2=0.15$时,为中等程度的效应量;$f^2=0.35$时,为较大的效应量。

$$f^2 = \frac{R^2_{adj}}{1 - R^2_{adj}} = \frac{\eta^2_p}{1 - \eta^2_p} = \frac{r^2}{1 - r^2} \tag{23.4}$$

5. Cohen's d

Cohen's d 用于描述两个总体之间的差异,它是标准化效应量,需要对两总体差异进行标准化。标准化时需要考虑两个总体是相关总体还是独立总体,二者采用不同的估计方式。除此之外,Cohen's d 还可以转换为相关系数 r。Cohen 指出,当 $d=0.10$ 时,表明为较小的效应量;$d=0.50$ 时,表明为中等程度的效应量;$d=0.80$ 时,表明为较大的效应量。

$$d=\frac{M_1-M_2}{\sigma_{pooled}}=\frac{2r}{\sqrt{1-r^2}} \tag{23.5}$$

6. Cramer's V

Cramer's V 用于描述列联表或者类别变量关联程度的效应量,它的分子是 χ^2 和样本量 n 的比值;分母是取行或者列的最小值。如果是 3 行 5 列的列联表分析,那么分母就是 $r-1=2$。当 Cramer's V 作为 2×2 列联表的效应量时,Cramer's $V=\sqrt{\chi^2/n}$,这时候又称为 Cramer's Φ。V 系数的变化范围是 0 到 1,越接近零表示相关越低,越接近 1 说明相关越高。当 $V=0.10$ 时,为较小的效应量;$V=0.30$ 时,为中等程度的效应量;$V=0.50$ 时,为较大的效应量。

$$V=\sqrt{\frac{\chi^2/n}{\min(c-1,r-1)}} \tag{23.6}$$

当 $\min(c-1,r-1)=1$ 时,$V=0.10$ 表示小的效应,$V=0.30$ 表示中等的效应,$V=0.50$ 表示高的效应;当 $\min(c-1,r-1)=2$ 时,$V=0.07$ 表示小的效应,$V=0.21$ 表示中等的效应,$V=0.35$ 表示高的效应;当 $\min(c-1,r-1)=3$ 时,$V=0.06$ 表示小的效应,$V=0.17$ 表示中等的效应,$V=0.29$ 表示高的效应;等等。

§2 置信区间简介

置信区间是指通过样本统计量估计的总体参数所在的可能的区间。因为点估计仅能提供一个区分差异的值,对于这个值的可信度有多高,研究者无从得知。例如,研究自尊和幸福感的相关,研究者从总体中抽样 5000 个样本,5000 个样本的平均相关系数是 0.30。但研究者并不知道这 5000 个样本相关系数的分布情况,因此有可能会得到如图 23.2 所示的结果,即虽然平均相关系数相同,但是因为样本分布不同,它们的置信区间差异很大,比如图 23.2(a)效应量的 95% 置信区间为[0.07,0.53],图 23.2(b)效应量的 95% 置信区间为[0.14,0.47],图 23.2(c)效应量的 95% 置信区间为[0.19,0.41]。不同的置信区间描述了 5000 个效应量的样本分布状况,通过置信区间,研究者能够获得效应量的样本分布特征。

置信区间提供了这个总体参数落入某个估计区间的概率,这个概率是通过从总体中重复抽样计算统计量获得的,如果估计 95% 的置信区间,那么就是指抽样 k 次后,大约有 $0.95k$ 的样本统计量会落入这个区间。但是,实际研究中不可能重复取样 k 次,不过我们可以利用样本信息估计总体参数,然后构造95%置信区间。利用样本信息构造的95%置信区间说明,抽样一次后构造的置信区间包含总体参数的概率是95%。因为置信区间具有随机性,它表明随机事件发生的概率为95%。样本抽样同样具有随机性,通过不确定情境得到一个具有随机性的答案更加符合实际情况。

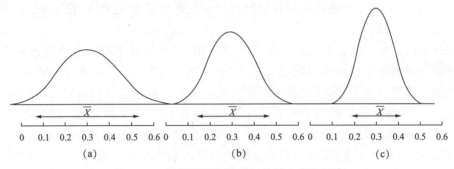

图 23.2 平均相关系数相同的样本分布示意

置信区间上下限的估计方式是点估计值减$t_{(a/2,df)}$个标准误作为区间下限(lower),点估计值加$t_{(a/2,df)}$个标准误作为区间上限(upper)。举例来说,100个样本估计总体参数的95%置信区间,$t_{(a/2,df)}=1.96$。所以,95%置信区间下限为$\mu-1.96SE$,95%置信区间上限为$\mu+1.96SE$。如果研究者采用Bootstrapping的方法则可以用百分比法直接得到区间上下限。

$$upper = \mu + t_{(a/2,df)}SE \quad (23.7a)$$
$$lower = \mu - t_{(a/2,df)}SE \quad (23.7b)$$

通过置信区间的公式可以发现,置信区间包含标准误,而$SE=\frac{s}{\sqrt{n}}$。这表明,在置信水平不变的情况下,样本量越大,标准误越小,置信区间越窄;在样本量不变的情况下,置信水平越高,$t_{(a/2,df)}$值越大,置信区间越宽。较宽的置信区间表明结果具有较高随机性,结果越不精确;较窄的置信区间表明结果具有较低的随机性,结果精确性高。

§3 元 分 析

一、元分析简介

元分析是对已有的同类研究进行综合评价、整合,然后获得一个普遍、概括性的方法。简单来说,元分析将同一科学问题下的研究分别整理成同一类效应量,然后利用加权求和的方式得到一个综合效应量,这个综合效应量就是此科学问题的一般性效应。举例来说,某研究领域进行了大量变量A和变量B的研究,这些研究有的得到了阳性结果,有的没有得到阳性结果。通过元分析,将所有结果进行综合整理,得到一个整合结果判断变量 A 和变量 B 之间的关系。此外,因为不同研究采用了不同的测量方式、研究样本,具有不同的样本特征,通过分析该特征对于变量 A 和变量 B 关系的调节作用,可以发现不同的研究得到不一致结论的可能原因,为未来的研究提供方向和思路。最后,元分析利用统计方法将同一科学问题的研究进行整合,这增加了统计效力并减少犯 II 类错误的可能性。

元分析的一般步骤包括:第一,确定科学问题,元分析要求研究者明确想要进行综述和整理的研究领域以及科学问题。第二,确定纳入标准,因为领域内的研究非常多,文章发表的质量良莠不齐,只有确定严格的纳入标准才有可能获得可靠、严谨的研究结果。通常,纳入标准包含论文来源数据库、论文发表年代、论文研究的科学问题、被试群体等。第三,筛选文献,筛选通常分为两步,首先通过研究的摘要确定该论文是否符合纳入标准;然后通读全文,看论文是否符合元分析的纳入标准。第四,整理效应量,研究者将符合纳入标准的文章进行整理,然后将论文中的研究结果摘录成数据集。有些论文的结果报告可能没有提供研究者需要的信息,这个时候可以通过发邮件或 ResearchGate 与作者取得联系,获取相关信息。第五,利用元分析软件进行建模。第六,结果解释和报告,结果解释包括综合效应量、森林图、漏斗图、元回归、亚组分析等结果的解释。注意,元分析的结果会因为纳入标准的不同而不同,研究者一定要详细描述文献纳入标准和具体的纳入步骤,以便其他研究者清晰、明确地理解研究结果。

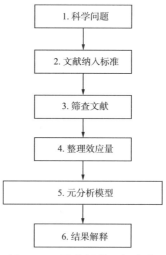

图 23.3 元分析的一般步骤

在结果报告中,首先要报告研究的综合信息,最常报告的是森林图(forest plot)。森林图包含了元分析的基本信息,如图 23.4 所示,通常最左侧为元分析纳入文章的作者和发表时间;最右侧为效应量及其 95% 置信区间;中间为效应量在坐标轴上所处的位置,其长度代表了95%置信区间,方块大小代表其在综合效应量中所占比重,方块越大,表明该研究在综合效应量中占的比重越大。最后一行说明元分析采用随机效应模型,综合效应量为0.36,95%置信区间为[0.23,0.50],置信区间不包含零,说明综合效应显著。

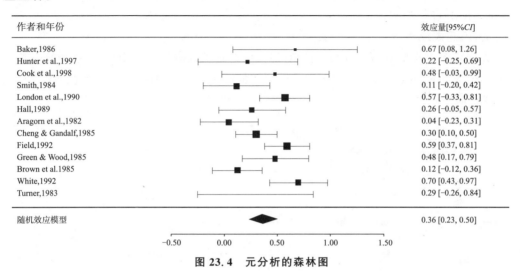

图 23.4 元分析的森林图

其次,元分析需要评估是否存在发表偏差(publication bias)。发表偏差是从论文的可得性角度描述元分析纳入论文时可能存在的偏差。因为显著的结果、英文文章、常被引用作者的研究更加容易得到发表机会,元分析更加容易纳入这些研究。其他类型的研究发表机会要小,纳入元分析的概率要小于前者,这会导致元分析估计的综合效应量存在偏差。发表偏差常用漏斗图(funnel plot)和失安全系数(fail safe N)进行评估,如果漏斗

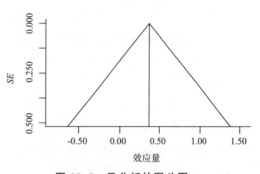

图 23.5 元分析的漏斗图

图关于综合效应量呈现非对称结构,就说明元分析可能存在发表偏差。因为每个独立的研究都是总体的一次抽样,所以理论上入选的全部研究组成的分布应该是对称分布,如果呈现偏态,就说明元分析仅纳入了一些更容易得到发表机会的研究。失安全系数则报告了纳入 N 个不显著的研究后,元分析的结果会被推翻,所以失安全系数越大,元分析的结果越可靠。虽然元分析提高了统计效力并减少了犯Ⅱ类错误的概率,但是因为可能存在发表偏差而增加了犯Ⅰ类错误的概率。

最后需要分析不同论文间出现不一致结果的原因并提出未来研究的方向,通常采用元回归和亚组分析考察不同调节变量对不同研究不一致效应的调节作用。

二、元分析基本原理

元分析建模主要采用加权求和的方式计算综合效应量,加权的方式依据研究间的差异,采用固定效应模型(fixed effect model,FM)或者随机效应模型(random effect model,RM)进行加权。

1. 固定效应模型

在固定效应模型中,元分析假设所有研究中的真实效应量都是相同的,这个效应被称为真实效应(true effect size)。之所以不同论文的结果有差异是因为研究中随机误差造成的偏差。

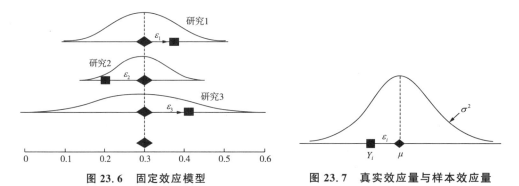

图 23.6　固定效应模型　　　　图 23.7　真实效应量与样本效应量

所有研究的真实效应都相同,真实效应量和样本效应量之间的偏差用 ε 表示,当每个研究的样本量趋近于无穷大,以至于样本量等于总体,随机误差 ε 应该趋近于 0。假设效应量的总体为正态分布,那么在固定效应模型中,误差 ε 应该服从均值为 0,方差为 σ^2 的正态分布,即 $\varepsilon_i \sim N(0, \sigma^2)$。假设真实效应量为 μ,如果随机从总体中抽样,那么样本效应量 Y_i 和真实效应量 μ 满足 $Y_i = \mu + \varepsilon_i$。每次随机抽样得到的样本效应量不同,是由抽样误差造成的波动,这种波动就是方差。因此,样本效应量应该服从均值为 μ,方差为 σ^2 的正态分布,即 $Y_i \sim N(\mu, \sigma^2)$。

$$Y_i = \mu + \varepsilon_i, \quad Y_i \sim N(\mu, \sigma^2), \varepsilon_i \sim N(0, \sigma^2) \tag{23.8}$$

因为随机误差大小和方向都随机,这意味着只要将所有随机误差求和后,随机误差为 0,所以对所有效应量求平均后就可以得到真实效应量。假设有元分析纳入了 k 个研究,可以得到公式(23.9)并得出每个研究效应量与真实效应 μ 的关系。

$$Y_1 = \mu + \varepsilon_1$$
$$Y_2 = \mu + \varepsilon_2$$
$$\vdots$$
$$Y_k = \mu + \varepsilon_k$$

$$Y_1+Y_2+\cdots+Y_k=k\mu+0 \tag{23.9}$$

但是,每个研究对总体的代表性不同,不能简单地求算术平均数,而应该考虑每个研究的重要程度。标准误差衡量了某次样本统计量抽样误差大小的尺度,如果标准误差较小,表明样本统计量越接近总体参数。换句话说,研究的标准误会随着样本量的增大而减少,较小的标准误差表明样本统计量更加接近总体参数,即标准误较小的研究更加具有代表性。因此,可以采用加权平均数进行效应求和。

$$\frac{w_1Y_1+w_2Y_2+\cdots+w_kY_k}{w_1+w_2+\cdots+w_k}=\mu \tag{23.10}$$

标准误差描述样本统计量和总体参数之间的接近程度,标准误差越小,样本统计量越接近总体参数,那么该样本应该被赋予较大的权重;标注误差越大,样本统计量距离总体参数较远,那么该样本应该被赋予较小的权重。基于这种逻辑,可以用标准误差平方的倒数作为权重。

$$w_i=\frac{1}{\sigma_i^2}=\frac{1}{SE_i^2} \tag{23.11}$$

代入式(23.10)就可以得到总体效应量的估计值 $\hat{\mu}$。

$$\hat{\mu}=\frac{w_1Y_1+w_2Y_2+\cdots+w_kY_k}{w_1+w_2+\cdots+w_k}=\frac{\sum_{i=1}^{k}w_iY_i}{\sum_{i=1}^{k}w_i} \tag{23.12}$$

方差 $Var(\hat{\mu})$ 描述了每个研究的效应量的波动状况,用总体权重的倒数作为方差,权重越大,因为权重较大的研究波动越小,权重越小的研究其波动越大,恰好符合方差特征。

$$Var(\hat{\mu})=\frac{1}{\sum_{i=1}^{k}w_i} \tag{23.13}$$

所以,在固定效应模型中,总体分布的方差为 $Var(\hat{\mu})$,标准误差为 $SE=\sqrt{Var(\hat{\mu})}$。其 95% 置信区间为:

$$upper=\hat{\mu}+1.96SE \tag{23.14a}$$
$$lower=\hat{\mu}-1.96SE \tag{23.14b}$$

例如,A 药物对于抑郁症的疗效在多个研究中得到了不一致的结论,研究者想利用元分析考察 A 药物是否真的有效。目前研究者已经从研究中抽取出效应量,并转换成 Cohen's d,假设各个研究符合固定效应模型的前提条件,可以通过计算得到综合效应量及其 95% 置信区间。

表 23.1　A 药物的效应量及其标准误

	Cohen's d	SE
Zhou,2008	0.44	0.05
Sun,2010	0.32	0.19
Wang et al., 2011	0.54	0.24
Li,2011	0.45	0.13
Gan,2012	0.25	0.22
Qian,2010	0.01	0.14

首先将标准误 SE 转换为平方,然后求倒数。然后将权重 w 和效应量 d 相乘。

SE	SE^2	$w=\dfrac{1}{SE^2}$	$w\times d$
0.05	0.003	400	176
0.19	0.04	27.7	8.86
0.24	0.06	17.36	9.38
0.13	0.02	59.17	26.63
0.22	0.05	20.66	5.17
0.14	0.02	51.02	0.51

$\sum w = 575.92 \quad \sum w \times d = 226.54$

因此,总体效应量的估计值为 $\dfrac{\sum w \times d}{\sum w} = \dfrac{226.544}{575.92} = 0.39$,总体效应量方差为 $\dfrac{1}{\sum w} = \dfrac{1}{575.92} = 0.002$,所以得到效应量标准误差 $SE = \sqrt{0.002} = 0.04$。最后,总体效应量的 95% 置信区间为:

$$\text{upper} = 0.39 + 1.96 \times 0.04 = 0.48$$
$$\text{lower} = 0.39 - 1.96 \times 0.04 = 0.31$$

2. 随机效应模型

在随机效应模型中,元分析假设所有研究中的真实效应量并不完全相同。事实上,大多数研究的真实效应量都是不同的。举例来说,研究药物对抑郁症的疗效,不同年龄、教育程度、病史长度等可能导致不同研究的真实效应量并不相同。在这种情景下,用固定效应模型将得出有偏差的结果。

随机效应模型将每个研究效应量的波动受到组内方差(within variance)和组间方差(between variance)的作用。首先,每个研究都是从某个总体中进行抽样,因此每个研究的效应量 Y_i 应该满足公式(23.15)。

$$Y_i = \theta + \varepsilon_i, \quad Y_i \sim N(\theta, \sigma^2), \varepsilon_i \sim N(0, \sigma^2) \tag{23.15}$$

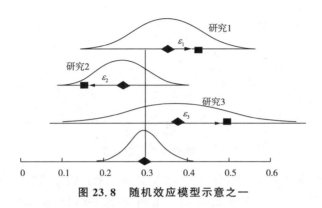

图 23.8 随机效应模型示意之一

每个研究的效应量Y_i都是总体效应量θ与抽样误差ε_i的综合,这部分公式与固定效应模型相同。其中,总体分布的方差σ^2为组内方差,因为组内方差的大小反映了抽样误差导致的总体参数与样本统计量的差异,即标准误差的平方。

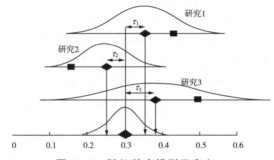

图 23.9 随机效应模型示意之二

在随机效应模型中,真实效应量并不是一个固定的数值,它只是总体分布中的某次抽样值。因此,随机效应模型中,每个研究的总体效应量θ同样也是波动的,它的取值受到组间差异因素的影响。假设这些组间差异用δ_i表示,那么每个研究的效应量Y_i应该满足公式(23.16)。

$$Y_i = \mu + \delta_i + \varepsilon_i, \quad Y_i \sim N(\mu, \tau^2 + \sigma^2), \delta_i \sim N(0, \tau^2), \varepsilon_i \sim N(0, \sigma^2) \quad (23.16)$$

随机效应模型可以理解为"分成两步抽样",首先从总体效应量分布($N(\mu, \tau^2)$)中抽取一个真实效应量θ;然后再从这个真实效应量θ中($N(\theta, \sigma^2)$)抽取样本,得到效应量Y_i。举例来说,研究体育运动和心理健康的关系,但是人口学特征不同的人群的体育运动和心理健康的关系可能是不同的,二者的关系在各个研究之间并不是固定的值,而是一个随机变量。一些研究者研究青少年群体θ_1,一些研究老年群体θ_2,一些研究中年群体θ_3,由于年龄、教育等因素造成的不同群体间的组间差异为δ_i。然后,这些研究者分别在自己研究的群体中进行随机抽样,因为受到随机抽样误差ε_i的影响,每个群体内部也存在差异。所以,最终每个研究存在效应量的不同需要归因于抽样误差(组内差异)和群体间的不同质(组间差异)两部分。

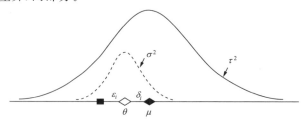

图 23.10　随机效应模型示意之三

随机效应模型与固定效应模型一样,都采用加权求和的方式估计总体效应量,但是权重的计算不仅要纳入组内变异,还要纳入组间变异。所以权重就是：

$$w_i^* = \frac{1}{\sigma_i^2 + \tau^2} = \frac{1}{Y_i^2 + T^2} \tag{23.17}$$

总体参数 τ^2 表明组间差异的大小,它表明了组间的异质程度。求组间差异的方法有很多,例如 Hunter-Schmidt 估计法、Hedges 估计法、DerSimonian-Laird 估计法、极大似然估计法等,目前最常用的是 DerSimonian-Laird 估计法(DL)。

DL 法求组间差异的步骤:第一,用统计量 Q 估计元分析的总异质性,它能够给出研究总的加权平方和(weight sum of square, WSS)。Q 服从自由度 $df = k-1$ 的 χ_{df}^2 分布,k 为纳入元分析的研究个数,$\hat{\mu}$ 为研究的真实效应量。注意,这里权重是用固定效应模型的权重,即 $w_i = \frac{1}{Y_i^2}$。

$$\begin{aligned} Q &= \sum_{i=1}^{k} w_i (Y_i - \hat{\mu})^2 \\ &= \sum_{i=1}^{k} w_i Y_i^2 - \frac{\left(\sum_{i=1}^{k} w_i Y_i\right)^2}{\sum_{i=1}^{k} w_i} \end{aligned} \tag{23.18}$$

因为 Q 统计量假设,所有研究都同质,它们的真实效应量是相同的,之所以得到不同的样本效应量是因为抽样误差导致的。因此,Q 统计量不显著表明研究同质,元分析应该采用固定效应模型,否则就要采用随机效应模型。

第二,计算组间权重 C。

$$C = \sum_{i=1}^{k} w_i - \frac{\sum_{i=1}^{k} w_i^2}{\sum_{i=1}^{k} w_i} \tag{23.19}$$

第三,计算组间方差 T^2。因为卡方分布中均值等于自由度,所以 Q 与 df 的差异表明总变异中的组间加权平方和(WSS),组间加权平方和($Q-df$)与组间权重 C 的比值就是真实效应量的方差T^2。

$$T^2 = \frac{Q-df}{C} \tag{23.20}$$

得到真实效应量T^2后,就可以依据固定效应模型的思路估计总体效应量及其95%置信区间。注意,这里和前面的权重不同,这里采用随机效应模型的权重。

$$w_i^* = \frac{1}{\sigma_i^2 + \tau^2} = \frac{1}{Y_i^2 + T^2} \tag{23.21}$$

代入上式就可以得到总体效应量的估计值$\hat{\mu}^*$(加 * 号是为了和固定效应模型的总体效应量$\hat{\mu}$进行区分)。

$$\hat{\mu}^* = \frac{w_1^* Y_1 + w_2^* Y_2 + \cdots + w_k^* Y_k}{w_1^* + w_2^* + \cdots + w_k^*} = \frac{\sum\limits_{i=1}^{k} w_i^* Y_i}{\sum\limits_{i=1}^{k} w_i^*} \tag{23.22}$$

总体效应量的加权方差$Var(\hat{\mu}^*)$描述了每个研究的效应量的波动状况,权重的倒数恰好能够描述这种波动性。

$$Var(\hat{\mu}) = \frac{1}{\sum\limits_{i=1}^{k} w_i^*} \tag{23.23}$$

所以,随机效应模型的总体方差为$Var(\hat{\mu})$,标准误差为$SE = \sqrt{Var(\hat{\mu})}$。其95%置信区间为:

$$\text{upper} = \hat{\mu} + 1.96 SE \tag{23.24a}$$
$$\text{lower} = \hat{\mu} - 1.96 SE \tag{23.24b}$$

以上例建立元分析的随机效应模型,因为固定效应模型以及计算出未含有组间变异的权重w_i和效应量$\hat{\mu}$,利用固定效应模型的信息首先计算Q统计量和组间权重。

$w \times (Y_i - \hat{\mu})^2$	w^2
$400(0.44-0.39)^2 = 0.87$	160 000
$27.7(0.32-0.39)^2 = 0.15$	767.34
$17.36(0.54-0.39)^2 = 0.37$	301.41
$59.17(0.45-0.39)^2 = 0.19$	3501.28
$20.66(0.25-0.39)^2 = 0.42$	426.88
$51.02(0.01-0.39)^2 = 7.50$	2603.08
$\sum w \times (Y_i - \hat{\mu})^2 = 9.5$	$\sum w^2 = 167\,600$

所以 $Q=9.50$,利用权重信息可以进一步求出 C。

$$C = \sum_{i=1}^{k} w_i - \frac{\sum_{i=1}^{k} w_i^2}{\sum_{i=1}^{k} w_i} = 284.9$$

然后可以计算出组间方差 T^2。

$$T^2 = \frac{Q-df}{C} = 0.016$$

然后计算得到随机效应模型的权重。

SE^2+T^2	w^*	$w^* \times d$
0.02	50	22
0.05	20	6.4
0.07	14.29	7.71
0.03	33.33	15
0.06	16.67	4.17
0.04	25	0.25
	$\sum w^* = 159.29$	$\sum w^* \times d = 55.53$

因此,总体效应量的估计值为 $\frac{\sum w^* \times d}{\sum w^*} = \frac{55.53}{159.29} = 0.35$,总体效应量方差为 $\frac{1}{\sum w^*} = \frac{1}{159.29} = 0.006$,所以得到效应量标准误差 $SE = \sqrt{0.006} = 0.08$。最后,总体效应量的 95% 置信区间为:

$$\text{upper} = 0.35 + 1.96 \times 0.08 = 0.50$$
$$\text{lower} = 0.35 - 1.96 \times 0.08 = 0.19$$

3. 异质性判断

元分析的异质性通常用 Q 统计量,组间方差 T^2,I^2 指标进行描述。

(1) Q 统计量。

Q 统计量描述了元分析的加权方差,它服从自由度为 df 的 χ^2 分布。因为 Q 统计量的原假设是所有研究都具有相同的真实效应量,差异的来源是随机抽样误差,所以应该采用固定效应模型。基于这种假设,可以对 Q 统计量进行假设检验,如果 Q 的假设检验显著,表明研究间的差异显著,各个研究之间的真实效应量并不相同,所以应该采用随机效应模型。

(2) 组间方差 T^2。

T^2 描述了组间方差,即真实效应量的变异。T^2 能够对组间变异进行描述。注意,当 $Q-df<0$ 时,表明可能组间方差非常小,这时候 $T^2=0$。

$$T^2 = \frac{Q-df}{C}$$

(3) I^2 指标。

I^2 指标表明效应量在组间的波动程度，并用百分比的形式呈现。因此，元分析时要报告 I^2 指标，它给出了效应量在研究间的变异占总变异的比例，如果这个比例很高，说明元分析选择随机效应模型是合适的；如果这个比例很低，说明元分析应该选择固定效应模型。Higgins 在 2003 年给出了 I^2 指标的经验法则，当 $I^2 = 25\%$ 时，表明效应量在研究间的波动较低；当 $I^2 = 50\%$ 时，表明效应量在研究间具有中等的波动程度；当 $I^2 = 75\%$ 时，表明效应量在研究间的波动较大。

$$I^2 = \left(\frac{Q-df}{Q}\right) \times 100\% \tag{23.25}$$

元分析时选择固定效应模型还是随机效应模型最重要的是有理论依据，如果理论支持所有研究的真实效应量不具有波动性，那么就应该选择固定效应模型，否则就应该选择随机效应模型。选择随机效应模型时应注意，不同研究归属于不同的亚组时，要考虑不同亚组间的方差是否同质。亚组间同质时，才可以采用同一个 T^2 估计亚组效应量和总体效应量；亚组不同质时，各个亚组应该采用各自的 T^2 分别估计亚组效应量，并用各自的 T^2 估计总体效应量。

三、使用 CMA 进行元分析

元分析的软件包非常多，包括 Comprehensive Meta Analysis(CMA)，R 的 Metafor 包和 Meta 包，Mplus，Stata 等，Comprehensive Meta Analysis 2.0 可以进行界面化操作，非常方便，本书以 CMA 为例介绍元分析的软件操作。

- 打开 CMA 2.0，进入 File—New……—Blank file，新建一个元分析文件。
- 进入 Insert—Column for……—Study Names，然后下方第一列出现 Study name，然后将前方例子中的 Study name 加入第一列。
- 进入 Insert—Column for……—Effect size data，在弹出的窗口中选择 Show all 100 formats 点击 Next，然后选择 Generic point estimates 点击 Next，最后双击 Data analyzed in raw scale—Computed effect sizes，双击 Point estimate and standard error in raw units 回到主页面。主页面多出四列，将前方例子中的数值对应填入前两列中的 Point estimate 和 Standard Error，后两列为黄色，不可填写数值（如图 23.12 所示）。
- 点击 Run analyses 运行元分析。
- 点击窗口最下方的 Both models（需要最大化窗口才能看到），结果将同时呈现固定效应模型结果和随机效应模型结果；点击 Random，结果将仅显示随机效应模型结果；点击 Fixed，结果将仅显示固定效应模型结果。

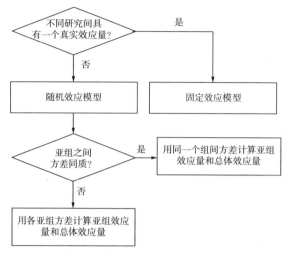

图 23.11　固定效应模型和随机效应模型的使用判断条件

	Study name	Point estimate	Standard Error	Point estimate	Std Err	F
1	Zhou,2008	0.440	0.050	0.440	0.050	
2	Sun,2010	0.320	0.190	0.320	0.190	
3	Wang et al., 2011	0.540	0.240	0.540	0.240	
4	Li,2011	0.450	0.130	0.450	0.130	
5	Gan,2012	0.250	0.220	0.250	0.220	
6	Qian,2010	0.010	0.140	0.010	0.140	
7						
8						

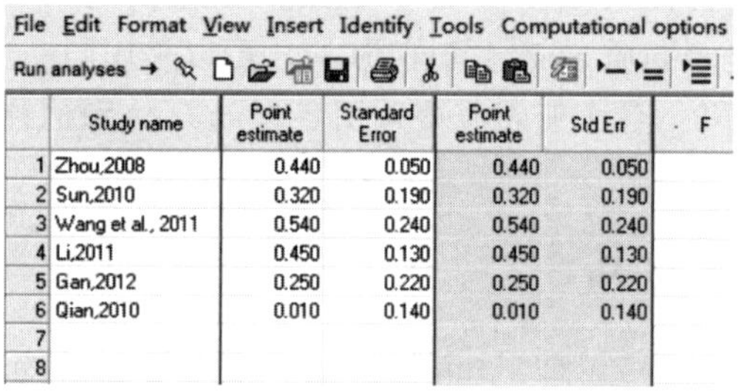

图 23.12　使用 CMA 进行元分析

● 点击表格上方的 High resolution plot 就会显示森林图(图 23.13),默认的森林图报告固定效应模型的结果,进入 Computational options,可以选择 Random(随机效应模型)、Fixed(固定效应模型)或者 Both(同时呈现随机效应模型和固定效应模型)。

Meta Analysis

Model	Study name	Point estimate	Standard error	Variance	Lower limit	Upper limit	Z-Value	p-Value
	Zhou,2008	0.440	0.050	0.003	0.342	0.538	8.800	0.000
	Sun,2010	0.320	0.190	0.038	−0.052	0.692	1.684	0.092
	Wang et al.,2011	0.540	0.240	0.058	0.070	1.010	2.250	0.024
	Li,2011	0.450	0.130	0.017	0.195	0.705	3.462	0.001
	Gan,2012	0.250	0.220	0.048	−0.181	0.681	1.138	0.258
	Qian,2010	0.010	0.140	0.020	−0.284	0.284	0.071	0.943
Fixed		0.393	0.042	0.002	0.312	0.475	9.440	0.000

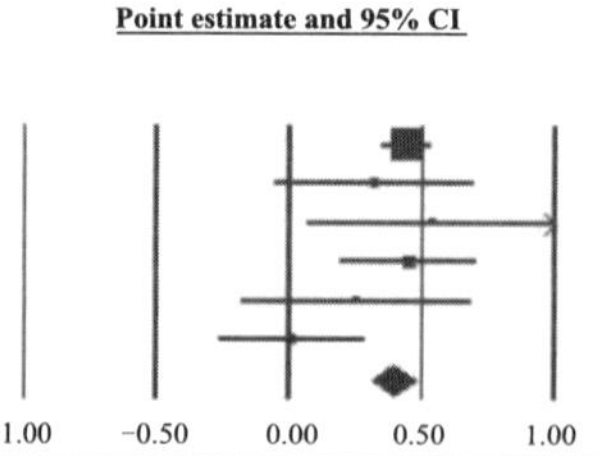

图 23.13　元分析的森林图

● 点击 Return to table 回到主要结果页面,进入 Analyses-Publication Bias,CMA

将报告漏斗图(图23.14)。

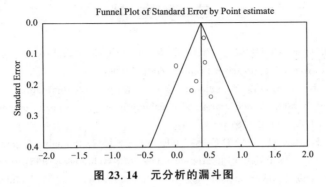

图 23.14　元分析的漏斗图

- 点击 Next table,将得到失安全系数,通常报告较多的是 Classic Fail-Safe N,这里的 Fai-Safe N 是 73,表明需要 73 篇研究才有可能推翻当前元分析的结果。

参 考 文 献

ARON A, ARON E, COUPS E J. Statistics for the behavioral and social sciences: a brief course [M]. Upper Saddle River, NJ: Pearson Prentice Hall, 2008.

BARON R M, KENNY D A. The moderator mediator variable distinction in social psychological research: conceptual, strategic, and statistical considerations [J]. Journal of personality and social psychology, 1986, 51(6): 1173-1182.

CHARLES M J, MCCLELLAND G H, CULHANE S E. Data analysis: continuing issues in the every analysis of psychological data [J]. Annual review of psychology, 1995, 46(1): 433-465.

COHEN J. Statistical power analysis for the behavioral sciences [M]. 2nd ed. Hillsdale, NJ: Lawrence Erlbaum Associates, 1988.

CUMMING G. Understanding the new statistics: effect sizes, confidence intervals, and meta-analysis [M]. New York: Routledge, 2012.

CUMMING G. The new statistics: why and how [J]. Psychological science, 2014, 25(1): 7-29.

GRAVETTER F J, WALLNAU L B. Statistics for the behavioral sciences [M]. 10th ed. New York: Cengage Learning, 2016.

HENKEL R E. The significance test controversy: a reader[M]. New York: Routledge, 2017.

PEDHAZUR E J, SCHMELKIN L P. Measurement, design, and analysis: an integrated approach [M]. Hillsdale, NJ: Lawrence Erlbaum Associates, Inc., 1991.

PREACHER K J, HAYES A F. Asymptotic and resampling strategies for assessing and comparing indirect effects in multiple mediator models [J]. Behavior research methods, 2008, 40(3): 879-891.

SMITH L D, BEST L A, CYLKE V A, et al. Psychology without p values: data analysis at the turn of the 19th Century [J]. American Psychologist, 2000, 55(2): 260-263.

TABACHNICK B G, FIDELL L S. Using multivariate statistics [M]. 7th ed. Boston, MA: Allyn & Bacon, Inc., 2018.

郭志刚. 社会统计分析方法——SPSS 软件应用 [M]. 北京: 中国人民大学出版社, 1999.

侯杰泰, 温忠麟, 成子娟. 结构方程模型及其应用 [M]. 北京: 教育科学出版社, 2004.

李伟明, 曹怡. 2000 年 APA 统计推断特别工作小组的建议对我国心理统计教学的启示 [J]. 心理科学, 2001, 24(3): 286-289.

温忠麟, 刘红云, 侯杰泰. 调节效应和中介效应分析 [M]. 北京: 教育科学出版社, 2012.

温忠麟, 叶宝娟. 中介效应分析: 方法和模型发展 [J]. 心理科学进展, 2014, 22(5): 731-745.

张厚粲, 徐建平. 现代心理与教育统计学 [M]. 4 版. 北京: 北京师范大学出版社, 2015.

张雷, 雷雳, 郭伯良. 多层线性模型应用 [M]. 北京: 教育科学出版社, 2005.

张敏强. 教育与心理统计学 [M]. 3 版. 北京: 人民教育出版社, 2010.

综合练习题

综合练习题 1

一、单项选择题（每题 3 分，共 10 题）

1. 在心理学实验中，如果要检验某变量的第一个水平的平均值是否大于（或者小于）第二个水平的平均值的显著性时，应该采用：
   - (A) z 检验
   - (B) 双侧检验
   - (C) t 检验
   - (D) 单侧检验
   - (E) 事后检验

2. 某研究的中介效应检验的结果如下所示，这说明：

Direct effect of X on Y					
Effect	SE	t	p	LLCI	ULCI
.8231	.5287	1.5568	.1258	−.2388	1.8851
Indirect effect of X on Y					
	Effect	Boot SE	BootLLCI	BootULCI	
coping	.0963	.2446	−.3482	.7290	

   - (A) 中介作用显著
   - (B) 直接效应显著
   - (C) 中介效应为 [−0.35, 0.73]
   - (D) 中介效应检验采用 Sobel 法

3. 有人用社交焦虑（SA）、内向性（INT）以及业余爱好个数（HOB）这几项测量得来的分数来预测 BDI（抑郁）的分数，得到以下多元回归方程：
$$Y = 2(SA) + 1.5(INT) - 1.1(HOB) - 2$$
其中有几个效标变量？
   - (A) 3
   - (B) 1
   - (C) 4
   - (D) 5
   - (E) 0

4. 在一个负偏态的分布当中：
   - (A) 中数大于平均数
   - (B) 中数小于平均数
   - (C) 平均数大于众数
   - (D) 中数大于众数
   - (E) 中数大于众数大于平均数

5. 对于随机取样以下哪种说法是不正确的？
   - (A) 使每个个体都有均等的机会被抽取
   - (B) 使每次抽取的概率是恒定的
   - (C) 必须采取分层取样

(D) 必须采取回置取样

6. 以下哪项是 Pearson 相关的前提条件：
(A) 二元正态性　　　　　　(B) 协方差矩阵同质性
(C) 变量的对称性　　　　　　(D) 共线性　　　　　　(E) 方差非齐性

7. 假设 80 名被试被分配到 5 个不同的实验条件组，那么要考察各组被试在某个症状测量上的差异，F 比例的 df 各为多少？
(A) 5,79　　　　　　　　　　(B) 5,78
(C) 4,79　　　　　　　　　　(D) 4,75　　　　　　　(E) 以上都不是

8. 一个 $N=10$ 的总体，$SS=200$。其离差的和 $\sum(X-\mu)$ 等于：
(A) 14.14　　　　　　　　　　(B) 200
(C) 数据不足，无法计算　　　　(D) 以上都不对

9. 以下不是结构方程模型的基本假设的是：
(A) 潜变量和测量误差不相关　　(B) 内生潜变量不相关
(C) 测量误差通常不相关　　　　(D) 内生测量误差和外源潜变量不相关

10. 下列哪个统计量不能描述两个变量间的相关关系：
(A) Pearson r　　　　　　　(B) Fisher's Z
(C) Wilcoxon T　　　　　　 (D) Cramer's V　　　(E) χ^2

二、**计算题**（每题 15 分，共 2 题）

1. 有精神病学家认为在大学里有 25% 或者更多的学生每天至少有一次会体验到罪恶感。为了证实这种假设，有人随机在大学校园里调查了 400 名大学生，结果有 64 人报告说他们每天至少有一次这种罪恶感的体验。请问根据这个调查结果，我们能够否定精神病学家的假设吗？（用 $\alpha=0.05$ 的标准）

2. 以下是某研究的方差分析结果，请根据已有信息将表格中空缺部分填写完整。

来源	SS	df	MS	F	η_p^2
因素 1	25	1	25	___	___
因素 2	5	1	5	___	___
交互项	15	1	15	___	___
误差	10	___			
总和	52	13			

三、**应用题**（每题 20 分，共 2 题）

1. 请依据如下代码画出结构方程模型图。
```
DA NI=6 NO=530 MA=KM
LA INC OCC EDU CHU MEM FRI
SE
4 5 6 1 2 3
MO NY=3 NE=1 NX=3
```

```
    FR LY(2,1) LY(3,1)
    VA 1 LY(1,1)
    LE
AMB
PD
OU
```

2. 研究人员发现运动时间会影响个体的主观幸福感,而自尊水平能够起到中介作用,请使用下面表格中的原始数据,用 Bootstrapping 法验证这个中介模型,报告 Bias Correction 的 95% 置信区间并对结果进行解释。

运动时间	自尊水平	幸福感
7	3	7
8	4	9
7	3	10
7	4	16
8	3	8
8	5	22
8	4	9
8	6	24
8	4	17
10	6	19
8	5	21
8	5	14
12	8	22

综合练习题 2

一、单项选择题(每题 3 分,共 10 题)

1. 一个绩效评估用现任职位和薪资变化作为指标,这两个变量分别是:
   (A) 命名量度和等比量度　　(B) 等距量度和等比量度
   (C) 顺序量度和等距量度　　(D) 顺序量度和等比量度
   (E) 命名量度和顺序量度

2. 对于 Tukey's HSD 检验和 Scheffe 检验,以下哪种说法是错误的?
   (A) 两种检验都是事后检验
   (B) Tukey's HSD 检验比 Scheffe 检验更敏感
   (C) Tukey's HSD 检验只能用于 n 相等的情况
   (D) 只有 Scheffe 检验控制了族系(familywise)误差,因此犯 I 类错误的风险较小

3. 在一个正态分布中,5%的极端值将落在以下哪个 z 分数以外:
(A) ±1.645　　　　　　(B) ±2.58
(C) ±1.96　　　　　　　(D) ±1.80　　　　　　(E) 以上都不是

4. 有人想要研究一个辅导班对于 TOFEL 成绩提高的效果,因此在 30 名高中生参加了辅导班之后,他收集了这些学生的 TOFEL 分数。对于结果的分析,最适合的统计方法是:
(A) 单样本的 t 检验　　　　(B) 一元方差分析(One-way ANOVA)
(C) 单样本 χ^2 检验　　　　(D) Pearson 相关　　　　(E) 事后检验

5. 心理学家使用协方差分析是为了:
(A) 使实验方差最大化　　　(B) 控制无关方差
(C) 使误差最小化　　　　　(D) 使系统方差最大化
(E) 减少个体间的误差

6. 在一个列联表中,自由度为:
(A) $R \times C$　　　　　　(B) $(R+C)-1$
(C) $RC-1$　　　　　　　(D) $(R-1)(C-1)$

7. 一位教授计算了全班 20 个同学考试成绩的均值、中数和众数,发现大部分同学的考试成绩集中于高分段。下面哪句话不可能是正确的?
(A) 全班 65% 的同学的考试成绩高于均值
(B) 全班 65% 的同学的考试成绩高于中数
(C) 全班 65% 的同学的考试成绩高于众数
(D) 全班同学的考试成绩是负偏态分布

8. 以下关于假设检验的命题,哪个是正确的?
(A) 如果 H_0 在 $\alpha=0.05$ 的单侧检验中被未被拒绝,那么 H_0 在 $\alpha=0.05$ 的双侧检验中一定不会被拒绝
(B) 如果 t 的观测值大于 t 的临界值,一定可以拒绝 H_0
(C) 如果 H_0 在 $\alpha=0.05$ 的水平上被拒绝,那么 H_0 在 $\alpha=0.01$ 的水平上一定会被拒绝
(D) 在某次实验中,如果实验者甲用 $\alpha=0.05$ 的标准,实验者乙用 $\alpha=0.01$ 的标准,实验者甲犯 II 类错误的概率一定会大于实验者乙。

9. 检验中介模型的方法有很多,如下采用非参数检验法进行检验的是?
(A) Sobel　　　　　　　　(B) Bootstrapping
(C) Monte Carlo Simulation　(D) LISREL

10. 效应量表明了研究中两个分布之间的真实差异性,相关样本 t 检验报告的效应量不可能是:
(A) d　　　(B) g　　　(C) f　　　(D) V

二、计算题（每题 15 分，共 2 题）

1. 一位研究者用 2×4 的方差分析研究成就动机对问题解决的容易程度的影响。（成就动机有 2 个水平，问题解决的容易程度有 4 个水平）。采取组间设计，每个单位格包括 6 名被试。下列方差分析表总结了实验结果。请补齐表中的值。

来源	SS	df	MS	F	η_p^2
处理间	280	―	―	―	―
	―	1	―	―	―
	―	―	48	―	―
	120	―	―	―	―
处理内	―	―	―		
总和	600	―			

2. 某研究进行量表修订，量表有 20 个题目，前 10 个题目是一个维度，后 10 个题目是另外一个维度，两个维度存在理论上的相关。研究者收集了 200 份数据，建立了验证性因素分析模型，求模型的自由度。

三、应用题（每题 20 分，共 2 题）

1. 学习心理学的理论假定在识记条件与回忆条件相同时，回忆的效果最好。为验证这个理论，研究者设立了 4 组被试：第一组在识记和回忆时，都有线索；第二组只在回忆时有线索；第三组只在识记时有线索；第四组在识记和回忆时，都没有线索。实验结果总结于下表中。请用适当的统计方法验证上述假定，并用论文格式报告结果。

	识记时有线索	识记时无线索
回忆时有线索	$n = 10$ $\bar{X} = 3$ $SS = 22$	$n = 10$ $\bar{X} = 1$ $SS = 15$
回忆时无线索	$n = 10$ $\bar{X} = 1$ $SS = 16$	$n = 10$ $\bar{X} = 1$ $SS = 19$

$\sum X^2 = 192$

2. 研究者考察人格的外向性 X 对个体工作绩效 Y 的预测作用，人际和谐 M 作为中介变量，200 人的数据已转换成协方差矩阵，理论模型如下所示，请根据数据和路径图写出 LISREL 代码并运行。

样本数据协方差矩阵($n=200$)

	M_1	M_2	Y_1	Y_2	X_1	X_2
M_1	1.53					
M_2	0.58	0.99				
Y_1	0.64	0.5	1.45			
Y_2	0.26	0.28	0.45	0.72		
X_1	0.42	0.29	0.49	0.25	1.11	
X_2	0.46	0.28	0.52	0.28	0.66	1.14

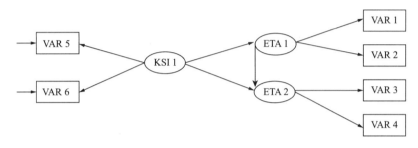

综合练习题 3

一、单项选择题(每题 3 分,共 10 题)

1. 某班级一次英语考试成绩服从正态分布,全班平均成绩为 70 分,标准差为 8 分,一个学生成绩为 80 分,他在全班的名次为前
   (A) 10% (B) 15% (C) 20% (D) 30% (E) 40%

2. 缩小某个估计的置信区间,下列哪个方法是错误的:
   (A) 扩大样本容量　　　　　(B) 减小样本方差
   (C) 增加置信度　　　　　　(D) 减小样本均值的标准误

3. 一位教师对四年级的学生进行了一项阅读成就测验。考察原始分数的分布后发现,高分很少,但低分相当多。如果该教师感兴趣的是学生们对所涉及知识的掌握程度,那么他应该报告以下哪个结果:
   (A) 平均数 (B) 中数 (C) 众数 (D) 标准差 (E) 四分位距

4. 对一个列联表的 χ^2 检验提供了下列哪个问题的答案?
   (A) 一个变量的不同类目之间有差异吗?
   (B) 一个变量的不同类目之间,以及另一变量的不同类目之间各自存在差异吗?
   (C) 两个类目型变量之间存在相关吗?
   (D) 一个变量的类目和另一变量的类目相同吗?

5. 当一个实验____时,我们才能得到交互作用。
   (A) 因变量多于 1 个　　　　(B) 自变量多于 1 个

(C) 因变量有多于 1 个的水平　　(D) 自变量有多于 2 个的水平

(E) 因变量多于 2 个

6. 研究者决定通过给每一个分数除以 10 来对原始分数进行转换。原始分数分布的均值为 40，标准差为 15，那么转换以后的均值和标准差是：

(A) 4, 1.5　　(B) 0.4, 0.15　　(C) 40, 1.5　　(D) 0.4, 1.5　　(E) 16, 2.25

7. 在方差分析中，$F(2,24) = 0.90$。F 检验的结果：

(A) 不显著　　　　　　　　(B) 显著

(C) 查表才能确定　　　　　(D) 此结果是不可能的

8. 某研究的交互作用自由度为 4，那么如下表述肯定不正确的是：

(A) 不能确定研究有几个因素　　(B) 某因素有可能有 5 个水平

(C) 某因素有可能有 4 个水平　　(D) 某因素有可能有 2 个水平

9. 理论预期实验处理能提高某种实验的成绩。一位研究者对某一研究样本进行了该种实验处理，结果未发现处理显著地改变实验成绩。对此，下列哪种说法是正确的？

(A) 本次实验中发生了 I 类错误

(B) 本次实验中发生了 II 类错误

(C) 需要多次重复实验，严格设定统计决策的标准，以减少 I 类错误发生的机会

(D) 需要改进实验设计，提高统计效力，以减少 II 类错误发生的机会

10. 一个包含零处理差异的 95% 的置信区间表明：

(A) 存在统计差异而不是实际差异　　(B) 存在实际差异而不是统计差异

(C) 两组之间可能不存在统计差异　　(D) 一个处理相比于另一处理有明显优势

二、计算题（每题 15 分，共 2 题）

1. 一位教师欲考察某心理统计课程第一次测验的成绩对最终成绩的预测力，并将课前预习作为调节变量纳入模型。以下是 12 个学生的数据：

第一次测验	最终成绩	课前预习
62.00	94.00	是
73.00	93.00	是
88.00	68.00	否
82.00	69.00	否
85.00	91.00	是
77.00	62.00	否
94.00	96.00	否
65.00	41.00	否
91.00	92.00	是
74.00	82.00	是
85.00	93.00	是
98.00	95.00	否

(1) 建立由第一次测验成绩预测最终成绩的回归方程。
(2) 进行调节效应检验。

2. 下表是 4 位主考官对 6 名候选人表现的等级排序，请问 4 位主考官的评价是否具有一致性？

候选人	评定者			
	A	B	C	D
张	4	5	4	6
王	3	3	1	4
李	1	2	2	1
赵	2	1	3	2
刘	5	4	5	3
胡	6	6	6	5

三、应用题（每题 20 分，共 2 题）

1. 下表是最近 3 年工作倦怠和抑郁研究的效应量，研究者已经全部转换为 Cohen's f，请利用元分析合成效应量并报告 95% 置信区间。

研究	f	SE
1	0.12	0.03
2	0.34	0.09
3	0.07	0.10
4	0.02	0.11
5	0.11	0.09
6	0.21	0.03

2. 数据见下表，求性别与单位时间内儿童攻击行为次数的相关。

被试	攻击次数	性别
1	20	男
2	19	男
3	17	男
4	8	女
5	9	女
6	5	女
7	18	男
8	16	男
9	15	男
10	14	男
11	8	女
12	9	女

综合练习题 4

一、单项选择题(每题 3 分,共 10 题)

1. 假设学生数学成绩服从正态分布,描述学生性别与数学成绩之间的相关用:
   (A) 积差相关 (B) 肯德尔相关
   (C) 二列相关 (D) 点二列相关 (E) 系数

2. 下列哪些方法对提高统计效力没有帮助?
   (A) 增加样本容量 (B) 将 α 水平从 0.05 变为 0.01
   (C) 使用单尾考验 (D) 以上方法均可提高统计效力

3. 一位心理学家对 75 名 6 年级的 ADHD 儿童进行了一项成就测验,其得分分布的均值为 40,标准差为 8。那么,在该分布中,原始分为 50 分所对应的 z 分数是多少:
   (A) 1.00 (B) 1.25 (C) 5.00
   (D) −5.00 (E) 10.00

4. 当 $\alpha=0.05$ 时,发生 II 类错误的概率为:
   (A) 0.05 (B) 0.025 (C) 0.95 (D) 信息不足,无法推断

5. 一家汽车维修店报告说他们维修的汽车有半数估价在 10 000 元以下。在这个例子中,10 000 元代表何种集中量数?
   (A) 平均数 (B) 众数 (C) 中数 (D) 标准差 (E) 差异系数

6. 对于以下哪种情况我们应该拒绝虚无假设?
   (A) 已有研究证明其是错误的
   (B) 所得结果是由随机误差造成的可能性很小
   (C) 所得结果是由随机误差造成的可能性很大
   (D) 研究者确信该变量对于改变人们的行为是无效的

7. 某内外向量表分数范围在 1 到 10 之间。随机抽取一个 $n=25$ 的样本,其分布接近正态分布。该样本均值的标准误应当最接近下面哪一个数值:
   (A) 0.2 (B) 0.5 (C) 1.0 (D) 数据不足,无法估算

8. 研究建构结构方程模型,但是发现模型的 χ^2 检验显著,这一定不能说明:
   (A) 模型拟合可能能够接受
   (B) 模型和数据之间不存在差异
   (C) 模型拟合可能较差
   (D) 模型和数据之间存在差异

9. 在多元回归的方法中,除哪种方法外,各预测源进入回归方程的次序是单纯由统计数据决定的?
   (A) 逐步回归 (B) 层次回归 (C) 向前法 (D) 后退法

10. 哑变量(dummy variable)在多元回归中用于
（A）减少多元共线性　　　（B）预测二分型因变量的结果
（C）用于代表命名型预测变量　（D）用于增加容限度(tolerance)
（E）以上所有用途

二、计算题（每题 15 分，共 2 题）

1. 社会学家发现儿童早期被虐待可能导致青年期的犯罪行为。研究者选取了 25 名罪犯和 25 名大学生，询问其早期被虐待经历，结果次数分布如下。请问罪犯是否比大学生有更多的早期被虐待经历？（用 $\alpha=0.05$ 的标准做假设检验）

	无早期被虐待经历	有早期被虐待经历
罪犯	9	16
大学生	19	6

2. 35 对同卵双生子 IQ 的相关系数是 0.85，30 对异卵双生子 IQ 的相关系数是 0.58，这两个相关系数有显著差异吗？

三、应用题（每题 20 分，共 2 题）

1. 众所周知，缺乏睡眠对于个体精神和身体的表现是有害的。在一个睡眠剥夺实验中，25 名参与者连续两周每天 24 小时中只能睡 6 小时。在这段时期结束后，他们接受了认知测验，结果发现他们的分数比该测验的均值低了 8 分，标准差为 10 分。

（1）对于显著性水平 $\alpha=0.01$ 而言，该研究是否表明睡眠剥夺对心理能力有所损害呢？

（2）如果我们将样本量加倍，对于Ⅰ类错误和Ⅱ类错误的概率有什么影响？对于统计检验的效力又有什么影响？

2. 研究者得到一个 600 人的相关矩阵，相关矩阵前三个变量为外源显变量，它们归属于一个潜变量（应激），后三个变量为内生显变量，它们归属于另一个潜变量（抑郁），请用 LISREL 建立应激预测抑郁的结构方程模型，并对结果进行解释。

```
KM SY
1.000
 .304  1.000
 .305   .344  1.000
 .100   .156   .158  1.000
 .284   .192   .324   .360  1.000
 .176   .136   .226   .210   .265  1.000
```

综合练习题 5

一、单项选择题(每题 3 分,共 10 题)

1. 某研究者使用分层回归检验调节效应,发现调节项的路径系数 $B=0.23$, $95\%CI=[-0.07,0.37]$,能够得出的是:
   (A) 这是 Bootstrapping 的置信区间　(B) 这是最小二乘法的置信区间
   (C) 调节作用是正的　　　　　　　　(D) 研究要接受虚无假设

2. 一位研究者欲考察一组 n=16 的失眠放松训练前后病人的睡眠状况有无改善,用 t 检验时发现数据与正态分布的差异较大。于是他将记忆成绩的原始分数转换成等级数据,这时最适合的检验方法是:
   (A) 重复测量方差分析
   (B) χ^2 检验
   (C) 曼-惠特尼 U 检验(Mann-Whitney U Test)
   (D) 弗雷德曼等级检验(Friedman Rank Test)
   (E) 维尔克松 T 检验(Wilcoxon T Test)

3. 在一个二因素组间设计的方差分析中,一位研究者报告 A 因素的主效应是 $F(1,54)=0.94$,B 因素的主效应是 $F(2,108)=3.14$。你能由此得到什么结论?
   (A) B 因素的主效应比 A 因素的主效应大
   (B) 此研究是 2×3 的因素设计
   (C) 研究中有 114 名被试
   (D) 这个结果报告一定有错误

4. 根据独立性假设,问号所在单元格的期望值应该是多少?

	A	B	C	总和
第一组			?	
第二组	20	50		150
	40	60	100	N=200

(A) 20　　(B) 25　　(C) 30　　(D) 根据已知信息无法得出答案

5. 如果对上表中数据进行独立性检验,其自由度应为:
(A) 199　　(B) 5　　(C) 4　　(D) 2　　(E) 以上都不是

6. 样本容量如何影响统计显著性的判断?样本越____,则____。
(A) 大,变量存在效应的可能性越大
(B) 小,变量存在效应的可能性越大
(C) 大,能够拒绝或接受虚无假设的确信度越高

(D) 小,能够拒绝或接受虚无假设的确信度越高

7. 第三变量问题意味着:

(A) 少于三个变量的相关研究是无效的

(B) 如果两个预测变量被表明是效标变量作用的重要预测源,那么可能还有另外一个重要的预测变量

(C) 在一个相关研究中,可能有第三个没有测量的变量实际引起了其他变量的变化

(D) 以上都不是

8. 某个单峰分数分布的众数是15,均值是10,这个分布应该是:

(A) 正态分布　　　　　　　(B) 正偏态分布

(C) 负偏态分布　　　　　　(D) 无法确定

9. 你做了一个3×4的组间方差分析。结果两个主效应显著,没有显著的交互作用。你是否要接下去做简单主效应分析?

(A) 是的,只分析一个因素

(B) 是的,分析两个因素

(C) 不需要,只需要用事后检验分别比较行和列的均值

(D) 不需要,只需要用事后检验比较各单位格的均值

10. Ⅰ类错误的概率α和Ⅱ类错误的概率β有以下关系:

(A) $\alpha+\beta=1$　　　　　　(B) 随着α的增长,β也会增长

(C) $\alpha/\beta=$常数　　　　　(D) 如果α非零,那么β也非零

(E) 如果α非零,那么$\beta=0$

二、计算题(每题15分,共2题)

1. 某心理量表的常模均值是14分。100名被试经测试发现平均分为16.4(标准差为1.44)。请检验以上样本是否与量表的常模均值有显著差异。假设相关的分布是正态分布。

2. 下列表格是两个随机抽取的儿童样本的攻击性分数(在给定时间内的攻击行为次数),其中12名儿童收看了一系列暴力电视节目,而另外10名没有看这些暴力节目。研究者想要知道这两组分数是否有显著差异。请用合适的方法检验这个假设。

收看了暴力节目			没有收看暴力节目		
11	11	15	11	12	9
15	17	14	16	7	14
>22	16	>22	13	11	14
11	16	13	17		

三、应用题（每题 20 分，共 2 题）

1. 身高和血压有关吗？在一个研究中，研究者测量了 16 名成年男性的身高（X，以厘米为单位）和血压（Y，以毫米汞柱为单位）。主要数据如下：

$$\sum X_i = 2755.5, \quad \sum Y_i = 1345, \quad \sum X_i^2 = 477\,132, \quad \sum Y_i^2 = 113\,735,$$
$$\sum X_i Y_i = 232\,215$$

（1）请指出分析这些数据的适合的方法是什么，并解释。

（2）不管哪种方法是正确的，请计算 Pearson 相关系数。

（3）身高和血压相关吗？

2. 请使用下方表格中的数据，根据以下路径图写出代码，样本量为 200，采用固定载荷法。

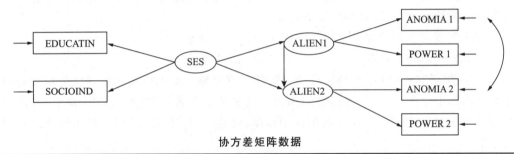

协方差矩阵数据

	ANOMIA1	POWER1	ANOMIA2	POWER2	EDUCATIN	SOCIOIND
ANOMIA1	12					
POWER1	7	10				
ANOMIA2	7	6	13			
POWER2	5	6	8	10		
EDUCATIN	−4	−4	−4	−4	10	
SOCIOIND	−3	−2	−3	−2	4	5

综合练习题 6

一、单项选择题（每题 3 分，共 10 题）

1. 对于顺序型变量，应采取下列哪种相关系数最为合适：

(A) Spearman (B) Pearson

(C) 二列相关 (D) Phi (E) Chi-square

2. 如果从一个正态分布中，将上端的少数极端值去掉，以下哪个统计量不会受到影响：

(A) 均值 (B) 中数

(C) 众数　　　　　　　(D) 标准差　　　　　　　(E) z 分数

3. 假设有一项研究表明儿童的学习能力和食物过敏之间有强的正相关。如果确实如此,我们可以得出结论:
(A) 如果一个孩子克服了学习方面的能力障碍,其食物过敏症状也就消失了
(B) 如果将那些容易过敏的食物去掉,孩子的学习能力障碍也就消除了
(C) 一个被诊断为有学习障碍的孩子很可能食物过敏
(D) 一个被诊断为学习障碍的孩子不大可能会食物过敏

4. 一个___测量在相同的条件下会得到相近的结果。
(A) 有效的　　　　　　(B) 准确的
(C) 连续性的　　　　　(D) 可信的

5. 现有 8 位面试官对 25 名求职者的面试表现做等级评定。为了解这 8 位面试官评定的一致性程度,最适宜的统计方法是计算:
(A) 斯皮尔曼相关系数　　(B) 积差相关系数
(C) 肯德尔和谐系数　　　(D) 点二列相关系数

6. 一位研究者对 GPA 与领导能力的相关感兴趣。他用自编的领导能力量表施测于 500 名高中学生,得到中等程度的相关。他又从 500 名学生中挑选了 40 个 GPA 最高的高中学生和 40 个 GPA 最低的高中学生,将这 80 个数据做相关,你如何预期和解释结果?
(A) 相关系数会不合理地提高
(B) 因为统计效力的提高,相关系数会提高
(C) 由于被试量减少,相关的显著性水平会降低
(D) 仍会得到中等程度的相关
(E) 存在两种可能性:相关系数大致不变或者提高

7. 在验证性因素分析中,λ 不能表明:
(A) 题目的可靠性　　　　(B) 显变量的解释力
(C) 平方就是信度　　　　(D) 潜变量的预测能力

8. 二因素设计的方差分析中,交互作用的效应是 $F(2,74)=2.86$。由此可知:
(A) 研究中有 78 名被试
(B) 一个因素有 2 个水平,另一个因素有 3 个水平
(C) 一个因素对因变量的作用在另一个因素的不同水平有变化
(D) 其主效应是不显著的

9. 在癌症检查中,虚无假设为"该病人没有患癌症"。下面哪种情况是最危险的?
(A) H_0 是虚假的,但是被接受了　(B) H_0 是虚假的,并且被拒绝了
(C) H_0 是真实的,并且被接受了　(D) H_0 是真实的,但是被拒绝了
(E) Ⅰ类错误

10. 一位研究者用一个 $n=25$ 的样本得到 90% 的置信区间是 87 ± 10。如果他需要置信区间的宽度在 10 或 10 以内,而置信度仍为 90%,他至少需要的样本容量是:
(A) 60　　(B) 70　　(C) 80　　(D) 90　　(E) 100

二、计算题(每题 15 分,共 2 题)

1. 为确定焦虑放松训练的长程效应,一位研究者选取了一个 $n=10$ 的随机样本,治疗前先以标准化工具测试了其焦虑水平。在治疗结束时、治疗结束后 1 个月、治疗结束后 6 个月、治疗结束后 1 年分别以同样工具测试了其焦虑水平。研究者用 ANOVA 来分析数据,得到处理内和方为 500,误差均方为 10,F 比例为 5。请依据以上信息做该研究的方差分析表。

2. 某企业研究奖励在员工工作动机和工作绩效关系中的作用,以下是收集到的数据,请进行统计分析并做出合理解释。

动机水平	奖励类型	绩效
1	低奖励	1
1	低奖励	4
2	低奖励	5
2	低奖励	7
3	低奖励	16
3	低奖励	18
1	高奖励	10
1	高奖励	13
2	高奖励	9
2	高奖励	15
3	高奖励	14
3	高奖励	13

三、应用题(每题 20 分,共 2 题)

1. 从 4 个不同文化背景中各选择 5 种人格特点,用大五量表测量得到如下数据:

A	B	C	D
3.8	7.0	3.7	3.8
5.1	6.4	4.4	5.5
4.2	4.8	5.2	6.4
3.8	5.7	6.4	3.9
4.2	7.2	4.8	4.5

(1) 考察 4 个文化中的 5 种人格特点是否有显著差异。

(2) 假设上个问题所得到的答案是有显著差异。设 $MS_{error}=0.9$,使用 Tukey's HSD 方法考察差异究竟发生在哪些区域之间。

2. 下面是对 8 个项目做主成分分析旋转后的因素载荷矩阵：

	因素 I	因素 II	因素 III	因素 IV
项目 1	0.81	0.05	0.20	0.13
项目 2	0.78	0.21	0.01	0.12
项目 3	0.65	−0.04	0.11	0.29
项目 4	0.22	0.78	0.09	0.33
项目 5	0.02	0.69	0.36	0.28
项目 6	0.11	0.55	0.22	−0.20
项目 7	0.08	0.25	0.39	0.19
项目 8	−0.13	0.20	0.28	0.30

（1）简略描述表中的结果。
（2）利用已知的数据，粗略绘出给出的 4 个因素的碎石图。
（3）你对研究者选取因素的个数有何评论。

综合练习题 7

一、单项选择题（每题 3 分，共 10 题）

1. 在一项药品增进记忆效果的研究中，研究者决定将样本量由 40 扩大到 80。下列哪一项会增大？
   (A) 统计效力（power）　　(B) 效应大小（effect size）
   (C) α　　(D) β　　(E) p

2. 如果一个大样本分数的标准差为 0，那么：
   (A) 这个分布的均值也为 0
   (B) 这个分布的均值是 1
   (C) 这个分布的均值、中数和众数都为 0
   (D) 这个分布中所有分数都是相同值
   (E) 这是一个标准的正态分布

3. 考虑以下一项实验结果："独立样本 t 检验表明，参加体重训练的运动员消耗的能量显著多于没有参加训练的运动员（$t(28)=7.12, p<0.01$，单尾检验）。"针对以上结论，研究者可能犯错误的概率是多少？
   (A) β　　(B) α　　(C) Power
   (D) $1-\alpha$　　(E) 基于所给信息无法得出答案

4. ＿＿＿表明了从样本得到的结果相比于真正总体值的变异量。
   (A) 信度　　(B) 效度　　(C) 置信区间　　(D) 取样误差

5. Sobel 法检验中介效应存在的问题是：

(A) 路径 a 通常不服从正态分布
(B) 路径 b 通常不服从正态分布
(C) 路径 ab 通常不服从正态分布
(D) 路径 c' 通常不服从正态分布

6. 在心理学研究中,有时要处理的多个变量之间存在的相关性,使得观测数据所反映的信息有重叠,人们希望能够找出较少的综合变量来替代原来的那些变量,这些综合变量要尽可能反映原来变量的信息,而且它们彼此间互不相关,这种统计思想是:
(A) 相关分析　　　　　　(B) 因素分析
(C) 回归分析　　　　　　(D) 聚类分析
(E) 多方法-多特质矩阵

7. 一位研究者调查了 $n=100$ 名大学生每周用于体育锻炼的时间和医生对其健康状况的总体评价,得到积差相关系数 $r=0.43$。由此可以推知以下哪个结论?
(A) 随机抽取另外 100 名健康状况低于这次调查平均值的大学生,调查其每周用于体育锻炼的时间,会得到接近 $r=0.43$ 的积差相关系数
(B) 用大学生每周用于体育锻炼的时间来预测其健康状况的评价,准确率大约是 18%
(C) 大学生用于体育锻炼的时间长短影响其健康状况
(D) 以上都不对,因为不知 $r=0.43$ 与 $r=0$ 是否有显著差异

8. 在回归方程中,假设其他因素保持不变,当 X 和 Y 的相关趋近于 0 时,估计的标准误怎样变化?
(A) 不变　　(B) 提高　　(C) 降低　　(D) 也趋近于 0

9. 在重复测量方差分析中,计算 F 比例的分母是:
(A) 实验误差,不包括被试间方差
(B) 实验误差,包括被试间方差
(C) 实验误差加上被试间方差
(D) 处理内误差

10. 研究者发现药物 A 比药物 B 能多降低血压 5 毫米汞柱,$p<0.05$。则意味着:
(A) 治疗有效的机会小于 5%
(B) 药物 A 比药物 B 有 5%(也就是 5 毫米汞柱)的程度更有效
(C) 没有真实差异的可能性小于 5%
(D) 研究的效力是 0.95

二、计算题(每题 15 分,共 2 题)

1. 有研究者想要考察生母养育是否会影响未来行为的攻击性。在实验中,307 只大鼠被分成两组,167 只大鼠由它们自己的母亲喂养,余下的 140 只是由"代理母亲"喂养。当研究者把它们放入笼子里与陌生大鼠在一起时,第一组的 27 只表现了啃咬陌生

大鼠的攻击倾向，其余的 140 只并没有这种行为。而第二组中，有 47 只啃咬了陌生大鼠，其余 93 只没有。你能从这些数据得到早期养育会影响未来行为的攻击性的结论吗？

2. 请根据如下信息和路径图写出结构方程模型的代码并运行。

样本数据协方差矩阵($n=267$)

	X_1	X_2	X_3	X_4	X_5	X_6	X_7	X_8	X_9	X_{10}
X_1	5.86									
X_2	5.01	7.84								
X_3	2.72	4	11.56							
X_4	2.62	3.48	7.05	10.18						
X_5	1.22	1.14	0.99	1.11	3.76					
X_6	1.00	1.2	1.34	1.2	2.67	3.2				
X_7	2.04	1.89	2.68	1.98	1.86	2.02	31.7			
X_8	1.05	1.22	1.48	1.48	0.36	0.5	7.33	9.61		
X_9	−0.3	−0.26	0.93	1.56	0.36	0.49	3.26	1.99	9.3	
X_{10}	0.11	0.13	0.77	1.65	0.17	0.28	1.14	1.46	4.94	5.06

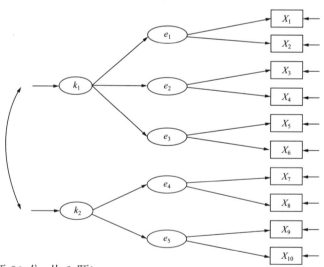

三、应用题（每题 20 分，共 2 题）

1. 一位教育学教师让每个学生报告他们用于准备考试的时间和考试时答错的题目数：

准备考试的小时数	答错的题目数
4	5
0	12
2	3
2	3
3	1
6	4

(1) 计算用于准备考试的时间和考试时答错的题目数之间的积差相关系数。

(2) 计算用于准备考试的时间和考试时答错的题目数之间的等级相关系数。

(3) 忽略样本容量的问题，解释两种相关系数的大小为何有差异，在上述数据中，你认为哪种更准确地反映了数据的关系？

2. 下面两个表中报告的是一位研究者建立的预测大学生是否愿意寻求心理咨询的回归模型。请解释和报告结果。

Model Summary

Model	R	R Square	Adjusted R Square	Std. Error of the Estimate	Change Statistics		
					R Square Change	F Change	Sig. F Change
1	.248	.062	.058	17.804	.062	17.040	.000
2	.294	.087	.080	17.598	.025	7.111	.008

1 Predictors：对心理咨询的看法
2 Predictors：对心理咨询的看法，遇到问题的类型是否与人际关系有关

Coefficients

Model		Unstandardized Coefficients		Standardized Coefficients	t	Sig.
		B	Std. Error	Beta		
1	(Constant)	25.639	4.164		6.157	.000
	对心理咨询的看法	.346	.084	.248	4.128	.000
2	(Constant)	24.510	4.138		5.923	.000
	对心理咨询的看法	.335	.083	.240	4.035	.000
	遇到问题的类型是否与人际关系有关	6.722	2.521	.159	2.667	.008

Dependent Variable：大学生是否愿意求助心理咨询

综合练习题 8

一、单项选择题(每题 3 分,共 10 题)

1. 在 χ^2 独立性检验中,一位研究者想考察内外向的人格特征与颜色偏好是否有关。他选择了红、黄、蓝、绿 4 种颜色,让 30 名内向被试和 40 名外向被试,以及 30 名在内外维度上居中的被试说出他们最喜欢哪种颜色。这个 χ^2 独立性检验的自由度是:
   (A) 32 799   (B) 98   (C) 97   (D) 12   (E) 6

2. 下列哪个统计量可以描述两个变量的相关关系?
   (A) Mann-Whitney U (B) χ^2
   (C) Wilcoxon T (D) Student T

3. 当其他条件保持不变时,以下哪种情况会使统计检验的效力增加?
   (A) α 水平大幅降低   (B) β 值大幅增加
   (C) 犯 I 类错误的可能性降低   (D) 被试数目增加
   (E) effect size 减小

4. 简单斜率分析和简单效应分析的关系不正确的是:
   (A) 简单斜率常用于回归模型,简单效应分析常用于方差分析
   (B) 二者都是对交互作用进行进一步分析
   (C) 二者表明某个变量不变的情况下,另一个变量不会发生改变
   (D) 二者都可以用于调节作用模型

5. 数列 17.6,18.2,16.4,17.9,18.3,16.4,19.2,13.2,16.6 的四分差是:
   (A) 0.5   (B) 0.6   (C) 0.9   (D) 1.2   (E) 1.8

6. 单样本 t 检验对于数据分布有哪些前提要求?
   (A) 所有的差异分数均是从正态分布的差异总体中随机抽取
   (B) 所有的样本都从正态分布的总体中随机抽取
   (C) 没有要求
   (D) 样本从二项分布的总体中随机抽取
   (E) 所有的样本都从正态分布的总体中随机抽取,且方差同质

7. 已知 X 与 Y 的相关系数 r_1 是 0.38,在 0.05 的水平上显著;A 与 B 的相关系数 r_2 是 0.18,在 0.05 的水平上不显著,则:
   (A) r_1 与 r_2 在 0.05 的水平上差异显著
   (B) r_1 与 r_2 在统计上肯定有显著差异
   (C) 无法推知 r_1 与 r_2 在统计上差异是否显著
   (D) r_1 与 r_2 在统计上并不存在显著差异

8. 在因素分析中,每个因素在所有变量上因素负荷的平方和称为该因素的:

(A) 贡献率　　(B) 共通性　　(C) 特征值　　(D) 公共因素方差

9. 以下关于事后检验的陈述,哪一项是不正确的?

(A) 事后检验使我们能够比较各组,发现差异产生在什么地方

(B) 多数事后检验设计中都控制了实验导致误差

(C) 事后检验中的每一个比较,都是互相独立的假设检验

(D) Scheffe 检验是一种比较保守的事后检验,特别适用于各组 n 不等的情况

10. 相关系数为 $r=0.5$ 属于:

(A) 强相关　　(B) 中等相关　　(C) 弱相关　　(D) 可忽略的相关

二、计算题(每题 15 分,共 2 题)

1. 一位研究者用心理量表测量大学生的内外控倾向。随机抽取了一个有 8 位男生,8 位女生的样本。男生组样本均值 $\bar{X}=11.4$,$SS=26$;女生组样本均值 $\bar{X}=13.9$,$SS=30$。对总体均值的差异做置信度为 80% 的区间估计。

2. 以下是调节模型检验的结果,请根据此结果画出简单斜率分析图。

Coefficients[a]

Model		Unstandardized Coefficients		Standardized Coefficients	t	Sig.	95.0% Confidence Interval for B	
		B	Std. Error	Beta			Lower Bound	Upper Bound
1	(Constant)	32.404	4.559		7.107	.000	23.383	41.425
	亲密性	−.666	.203	−.275	−3.286	.001	−1.068	−.265
	社会支持	.331	.192	.145	1.728	.086	−.048	.710
2	(Constant)	26.933	4.919		5.475	.000	17.200	36.666
	亲密性	−.346	.233	−.143	−1.485	.140	−.806	.115
	社会支持	.433	.191	.189	2.265	.025	.055	.812
	int	.986	.375	.254	2.632	.010	.245	1.728

a. Dependent Variable:工作满意度

三、应用题(每题 20 分,共 2 题)

1. 心理学家近年来发现,应用心理意象能显著改进记忆。以下两组是虚构的实验数据,基于这些数据,心理学家可否得出结论,心理意象增进了记忆?

回忆单词的数目			
第 1 组(无心理意象组)		第 2 组(有心理意象组)	
24	13	18	31
23	17	19	29
16	20	23	26
17	15	29	21
19	26	30	24

2. 请依据如下相关矩阵和路径图写出 LISREL 代码并运行。

相关矩阵($n=200$)

	VAR1	VAR2	VAR3	VAR4	VAR5
VAR1	1				
VAR2	0.53	1			
VAR3	0.4	0.48	1		
VAR4	0.39	0.42	0.4	1	
VAR5	0.42	0.49	0.27	0.44	1

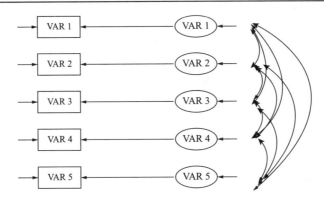

综合练习题 9

一、单项选择题(每题 3 分,共 10 题)

1. 如果实验得到遗传与儿童多动行为的相关系数是 0.5,这意味着有____%的儿童多动行为的变异会被除遗传外的其他变量解释。
   (A) 5%　　　(B) 25%　　　(C) 50%　　　(D) 75%　　　(E) 无法确定

2. 以下关于 Kendall 和谐系数的命题哪一项是错误的？
   (A) 是一种等级相关
   (B) 计算公式为 $W = \dfrac{12 \sum T_i^2}{k^2 N(N^2-1)} - \dfrac{3(N+1)}{N-1}$
   (C) 用于 N 个评价者对 K 个事物或作品进行等级评定
   (D) W 的值应介于 0 和 1 之间

3. 正态分布不具有以下哪项特性？
   (A) 单峰　　　(B) 渐进性　　　(C) 对称性　　　(D) 方差恒定性

4. 随着 μ_0 和 μ_1 之间差距的减少,效力:
   (A) 提高
   (B) 保持不变
   (C) 降低
   (D) 先降低而后提高
   (E) 无法判断

5. 如已知某问卷的信度为 0.81,现在研究者因为遗失了原始数据,只有问卷的总分,在建构结构方程模型中的测量模型时,λ 和 δ 应该设置为:

(A) λ 设置为 0.81,δ 设置为自由估计

(B) λ 设置为 0.90,δ 设置为 0.10

(C) λ 设置为 0.81,δ 设置为 0.19

(D) λ 设置为 0.90,δ 设置为 0.19

6. 某研究提出两个理论模型 A 和 B,其中 A 模型更简洁且更具有泛化意义,二者为嵌套模型,那么下面哪种情况会选择模型 A:

(A) 模型 A $\chi^2=15, df=16$;模型 B $\chi^2=10, df=15$

(B) 模型 A $\chi^2=10, df=15$;模型 B $\chi^2=15, df=16$

(C) 模型 A $\chi^2=16, df=15$;模型 B $\chi^2=20, df=16$

(D) 模型 A $\chi^2=20, df=16$;模型 B $\chi^2=16, df=15$

7. 以下哪种数据量度是适于列联表分析的?

(A) 正态   (B) 顺序型   (C) 命名型   (D) 比例间距   (E) 周期性

8. 在匹配度检验中,检验的是什么?

(A) 看观察次数和后验期望次数是否相同

(B) 观察次数和由观察比例得来的期望次数之间的差异

(C) 看是否数据准确地估计了所选的统计模型

(D) 观察次数和由先验比例或分布得来的期望次数之间的差异

(E) 看一个变量的次数和另一变量的次数是否有差异

9. 在主成分分析的方法中,哪个不是用来决定抽取因素的数目根据:

(A) 碎石图   (B) 因素所解释的方差百分比和累积百分比

(C) 因素的可解释性   (D) χ^2 是否达到统计的显著性

10. 下列哪种回归常用于控制其他变量后,考察新纳入变量的解释力?

(A) 同时回归   (B) 标准回归

(C) 向后回归   (D) 层次化回归   (E) 逻辑回归

二、**计算题**(每题 15 分,共 2 题)

1. 8 位电脑专家对 4 种防病毒软件性能进行 1—10 的等距评定(1 表示非常不好,10 表示非常优越),下列方差分析表总结了评估结果。请将表格中空缺数据填写完整,并写出假设检验的结论。

来源	SS	df	MS	
处理间	270	___	___	$F=9$
处理内	___	___	___	
	___	___		
总和	680			

2. 请根据模型的非标准化路径图和样本数据协方差矩阵写出 LISREL 代码并运行代码。

样本数据协方差矩阵($n=100$)

	Y_1	Y_2	X_{11}	X_{21}	X_{32}	X_{42}	X_{53}	X_{63}	X_{74}
Y_1	0.03								
Y_2	0.02	0.02							
X_{11}	0.02	0.02	0.09						
X_{21}	0.02	0.01	0.03	0.06					
X_{32}	0.03	0.03	0.04	0.02	0.18				
X_{42}	0.02	0.02	0.04	0.02	0.08	0.15			
X_{53}	0.01	0.01	−0.01	0.01	−0.01	−0.01	0.11		
X_{63}	0.01	0.01	−0.01	0.01	−0.01	−0.01	0.07	0.1	
X_{74}	0.02	0.02	0.02	0.02	0.06	0.01	−0.01	−0.01	0.09

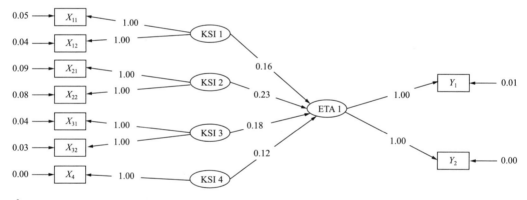

$\chi^2=55.21$, $df=22$, $p=0.00011$, RMSEA=0.125

三、应用题(每题 20 分,共 2 题)

1. 一位研究者想考察三个不同类型的学校是否对锻炼计划的要求不同。研究者在三种不同类型的学校各随机选取了 40 人,用问卷调查他们对锻炼计划的要求。在描述结果的文章中,研究者报告各组的平均值,然后加上一段话:"三个不同类型的学校对锻炼计划的要求有显著差异,$F(2,117)=5.62, p<0.01$。"请向一个从未上过统计课的读者解释这段话的意思,在你的答案中,需计算效应大小(effect size)并讨论其含义。

2. 下图给出了一个城市的犯罪率与电影院数目的关系。
(1) 这幅图表明 x 和 y 之间是什么关系?
(2) 效标变量是什么?
(3) 预测变量是什么?
(4) 图中数据的相关为 $r=0.95$。从已有的信息中,我们能否断定犯罪率变异性的多少比例能由电影院的数目来解释？如果可以,这个比例是多少？

(5) 在简单线性回归中,回归方程为 $Y' = bx + a$。

① 已知 $s_x = 21.65$ 且 $s_y = 18.76$,计算 b。

② b 度量的是什么？

③ 如果平均犯罪率为 33.8,电影院的平均数目为 38.6,计算 a。

④ a 度量的是什么？

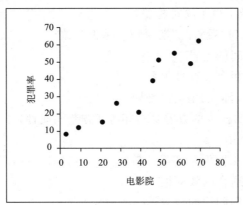

综合练习题 10

一、单项选择题(每题 3 分,共 10 题)

1. 一位研究者取了 $n=12$ 的样本对其先后进行三种条件的处理,如果用 ANOVA 分析此研究的结果,F 比例的自由度是：

(A)(3,36)　　　　　　　(B)(2,35)

(C)(2,34)　　　　　　　(D)(2,22)　　　　(E)(2,11)

2. 什么情况下样本均值分布是正态分布？

(A) 总体分布是正态分布　　(B) 样本容量在 30 以上

(C)(A)和(B)同时满足　　(D)(A)或(B)之中任意一个条件满足

3. 在 3×2×2 的设计中有多少个一级交互作用：

(A) 3　　　(B) 1　　　(C) 4　　　(D) 12　　　(E) 0

4. 研究者想要对一个正态分布的变量进行统计检验。他决定当得到的统计量位于分布 5% 的任一尾端时,拒绝虚无假设。如果他为了得到标准正态分布而对得到的统计量进行了转换,那么：

① $α=0.05$

② $β=0.20$

③ z 的临界值为 1.645

④ z 的临界值为 1.96

(A) ①、②和③都是正确的　　　(B) ①、②和④都是正确的
(C) ①和③是正确的　　　　　(D) ①和④是正确的
(E) 以上信息不足，无法判断

5. 哪种类型的数据适合使用 Kruskal-Wallis 检验？
(A) 正态分布　　　　　　(B) 顺序型
(C) 命名型　　　　　　　(D) 等距等比型　　　(E) 周期型

6. 回归分析中包括了以下哪种检验？
(A) 考察观测频数与"后验的"期望频数是否一致
(B) 两样本均值之间的差异
(C) 两变量之间是否存在线性关系
(D) 考察数据点是否向期望均值处回归
(E) 3个或者更多的样本的方差是否相等（方差同质性）

7. "最小平方法"被用于：
(A) 用统计的方法去除混淆变量的效应
(B) 确定受试者最适合的效标组
(C) 确定散点图中回归线的位置
(D) 用统计的方法去除多元共线性的影响

8. 如下关于验证性因素和探索性因素分析，不正确的是：
(A) 验证性因素分析因子数目通常不确定
(B) 探索性因素分析因子和指标间的关系不明确
(C) 验证性因素分析必须依据现有理论结构
(D) 探索性因素分析可能存在高阶因子
(E) 验证性因素分析可能存在高阶因子

9. 在研究中，参与回归的自变量数目较多，且自变量之间有中度相关。为减少自变量个数，适宜的统计方法是：
(A) 共变数分析　　　　　(B) 聚类分析
(C) 主成分分析　　　　　(D) 以上都不是

10. 你读一篇研究报告，发现关键的结果是显著的（$p < 0.05$）。然后，你注意到该研究的样本量很大，以下对结果的解释哪一项是正确的？
(A) 由于该研究的样本量很大，可以认为显著的结果是可靠的
(B) 由于该研究的样本量很大，所以认为显著的结果是不一定可靠的
(C) 结果是否显著与样本量无关
(D) 发现虚无假设是错误的概率是很大的
(E) 发现虚无假设是正确的概率是很大的

二、计算题（每题 15 分，共 2 题）

1. 学生辅导中心办了一系列学习方法的讲座。为评估这个系列讲座的效果，随机抽取了 25 个参加讲座的学生，调查了他们在系列讲座开始前那个学期的 GPA 和系列讲座结束后那个学期的 GPA。从差异均值分布看，这 25 个学生提高了 $\bar{D}=0.72$，$SS=24$。用以上数据来对系列讲座提高 GPA 的效应进行估计。请分别做点估计和 90% 的区间估计。

2. 13 个人参与一项减肥计划，其中有些人认为会有助于减肥，而有些人则怀疑会适得其反。实际上，其中的 10 个人的确分别增加了 3，5，10，11，12，15，17，18，20，24 个单位的体重，而只有 2 人体重减轻，分别减了 4 和 9 个单位。有一个人体重没有变化。请使用 95% 置信水平，考察该项目对于体重是否有影响。

三、应用题（每题 20 分，共 2 题）

1. 下表的实验表明被试在不同唤醒水平操作不同难度任务的作业成绩。请根据假设检验的结果，描述和解释任务难度与唤醒水平间的交互作用。

	唤醒水平		
	低	中	高
简单任务	$n=10$ $\bar{X}=8$ $SS=30$	$n=10$ $\bar{X}=10$ $SS=36$	$n=10$ $\bar{X}=12$ $SS=45$
复杂任务	$n=10$ $\bar{X}=6$ $SS=42$	$n=10$ $\bar{X}=10$ $SS=27$	$n=10$ $\bar{X}=8$ $SS=36$

$$\sum X^2 = 5296$$

2. 某研究者对于用年龄来预测情绪智力水平感兴趣。Mayer-Salovey-Caruso 情绪智力测验（MSCEIT）分数和年龄之间的相关系数为 0.046，其各自的均值和标准差如下所示：

	均值	标准差
年龄	21.1	2.8
MSCEIT	98.2	15.3

242 名被试参与了该研究。请写出用年龄预测情绪智力分数的非标准化回归公式，并计算 18 岁对应的预测分数。

选择题答案

习题1
1. D 2. C 3. B 4. A 5. C 6. A 7. D 8. D 9. B 10. C

习题2
1. D 2. D 3. C 4. A 5. B 6. D 7. B 8. A 9. B 10. D

习题3
1. B 2. C 3. B 4. C 5. B 6. A 7. A 8. C 9. D 10. C

习题4
1. D 2. B 3. B 4. D 5. C 6. B 7. B 8. B 9. B 10. C

习题5
1. D 2. E 3. D 4. A 5. D 6. A 7. C 8. C 9. C 10. D

习题6
1. A 2. C 3. C 4. D 5. C 6. A 7. B 8. B 9. A 10. E

习题7
1. A 2. D 3. B 4. D 5. C 6. B 7. B 8. B 9. A 10. C

习题8
1. E 2. B 3. D 4. C 5. C 6. E 7. C 8. C 9. C 10. B

习题9
1. D 2. C 3. D 4. C 5. D 6. D 7. C 8. D 9. D 10. C

习题10
1. D 2. D 3. A 4. D 5. B 6. C 7. C 8. A 9. C 10. B

附　　表

附表1　标准正态分布表

z栏列出了z分数值，p栏给出了z分数值以外的曲线下较小面积，如图阴影部分。

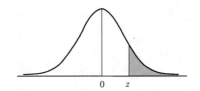

z	p	z	p	z	p	z	p
0.00	0.5000	0.24	0.4052	0.48	0.3156	0.72	0.2358
0.01	0.4960	0.25	0.4013	0.49	0.3121	0.73	0.2327
0.02	0.4920	0.26	0.3974	0.50	0.3085	0.74	0.2296
0.03	0.4880	0.27	0.3936	0.51	0.3050	0.75	0.2266
0.04	0.4840	0.28	0.3897	0.52	0.3015	0.76	0.2236
0.05	0.4801	0.29	0.3859	0.53	0.2981	0.77	0.2206
0.06	0.4761	0.30	0.3821	0.54	0.2946	0.78	0.2177
0.07	0.4721	0.31	0.3783	0.55	0.2912	0.79	0.2148
0.08	0.4681	0.32	0.3745	0.56	0.2877	0.80	0.2119
0.09	0.4641	0.33	0.3707	0.57	0.2843	0.81	0.2090
0.10	0.4602	0.34	0.3669	0.58	0.2810	0.82	0.2061
0.11	0.4562	0.35	0.3632	0.59	0.2776	0.83	0.2033
0.12	0.4522	0.36	0.3594	0.60	0.2743	0.84	0.2005
0.13	0.4483	0.37	0.3557	0.61	0.2709	0.85	0.1977
0.14	0.4443	0.38	0.3520	0.62	0.2676	0.86	0.1949
0.15	0.4404	0.39	0.3483	0.63	0.2643	0.87	0.1922
0.16	0.4364	0.40	0.3446	0.64	0.2611	0.88	0.1894
0.17	0.4325	0.41	0.3409	0.65	0.2578	0.89	0.1867
0.18	0.4286	0.42	0.3372	0.66	0.2546	0.90	0.1841
0.19	0.4247	0.43	0.3336	0.67	0.2514	0.91	0.1814
0.20	0.4207	0.44	0.3300	0.68	0.2483	0.92	0.1788
0.21	0.4168	0.45	0.3264	0.69	0.2451	0.93	0.1762
0.22	0.4129	0.46	0.3228	0.70	0.2420	0.94	0.1736
0.23	0.4090	0.47	0.3192	0.71	0.2389	0.95	0.1711

(续表)

z	p	z	p	z	p	z	p
0.96	0.1685	1.31	0.0951	1.66	0.0485	2.01	0.0222
0.97	0.1660	1.32	0.0934	1.67	0.0475	2.02	0.0217
0.98	0.1635	1.33	0.0918	1.68	0.0465	2.03	0.0212
0.99	0.1611	1.34	0.0901	1.69	0.0455	2.04	0.0207
1.00	0.1587	1.35	0.0885	1.70	0.0446	2.05	0.0202
1.01	0.1562	1.36	0.0869	1.71	0.0436	2.06	0.0197
1.02	0.1539	1.37	0.0853	1.72	0.0427	2.07	0.0192
1.03	0.1515	1.38	0.0838	1.73	0.0418	2.08	0.0188
1.04	0.1492	1.39	0.0823	1.74	0.0409	2.09	0.0183
1.05	0.1469	1.40	0.0808	1.75	0.0401	2.10	0.0179
1.06	0.1446	1.41	0.0793	1.76	0.0392	2.11	0.0174
1.07	0.1423	1.42	0.0778	1.77	0.0384	2.12	0.0170
1.08	0.1401	1.43	0.0764	1.78	0.0375	2.13	0.0166
1.09	0.1379	1.44	0.0749	1.79	0.0367	2.14	0.0162
1.10	0.1357	1.45	0.0735	1.80	0.0359	2.15	0.0158
1.11	0.1335	1.46	0.0721	1.81	0.0351	2.16	0.0154
1.12	0.1314	1.47	0.0708	1.82	0.0344	2.17	0.0150
1.13	0.1292	1.48	0.0694	1.83	0.0336	2.18	0.0146
1.14	0.1271	1.49	0.0681	1.84	0.0329	2.19	0.0143
1.15	0.1251	1.50	0.0668	1.85	0.0322	2.20	0.0139
1.16	0.1230	1.51	0.0655	1.86	0.0314	2.21	0.0136
1.17	0.1211	1.52	0.0643	1.87	0.0307	2.22	0.0132
1.18	0.1190	1.53	0.0630	1.88	0.0301	2.23	0.0129
1.19	0.1170	1.54	0.0618	1.89	0.0294	2.24	0.0125
1.20	0.1151	1.55	0.0606	1.90	0.0287	2.25	0.0122
1.21	0.1131	1.56	0.0594	1.91	0.0281	2.26	0.0119
1.22	0.1112	1.57	0.0582	1.92	0.0274	2.27	0.0116
1.23	0.1093	1.58	0.0571	1.93	0.0268	2.28	0.0113
1.24	0.1075	1.59	0.0559	1.94	0.0262	2.29	0.0110
1.25	0.1056	1.60	0.0548	1.95	0.0256	2.30	0.0107
1.26	0.1038	1.61	0.0537	1.96	0.0250	2.31	0.0104
1.27	0.1020	1.62	0.0526	1.97	0.0244	2.32	0.0102
1.28	0.1003	1.63	0.0516	1.98	0.0239	2.33	0.0099
1.29	0.0985	1.64	0.0505	1.99	0.0233	2.34	0.0096
1.30	0.0968	1.65	0.0495	2.00	0.0228	2.35	0.0094

(续表)

z	p	z	p	z	p	z	p
2.36	0.0091	2.61	0.0045	2.85	0.0022	3.09	0.0010
2.37	0.0089	2.62	0.0044	2.86	0.0021	3.10	0.0010
2.38	0.0087	2.63	0.0043	2.87	0.0021	3.11	0.0009
2.39	0.0084	2.64	0.0041	2.88	0.0020	3.12	0.0009
2.40	0.0082	2.65	0.0040	2.89	0.0019	3.13	0.0009
2.41	0.0080	2.66	0.0039	2.90	0.0019	3.14	0.0008
2.42	0.0078	2.67	0.0038	2.91	0.0018	3.15	0.0008
2.43	0.0075	2.68	0.0037	2.92	0.0018	3.16	0.0008
2.44	0.0073	2.69	0.0036	2.93	0.0017	3.17	0.0008
2.45	0.0071	2.70	0.0035	2.94	0.0016	3.18	0.0007
2.46	0.0069	2.71	0.0034	2.95	0.0016	3.19	0.0007
2.47	0.0068	2.72	0.0033	2.96	0.0015	3.20	0.0007
2.48	0.0066	2.73	0.0032	2.97	0.0015	3.21	0.0007
2.49	0.0064	2.74	0.0031	2.98	0.0014	3.22	0.0006
2.50	0.0062	2.75	0.0030	2.99	0.0014	3.23	0.0006
2.51	0.0060	2.76	0.0029	3.00	0.0013	3.24	0.0006
2.52	0.0059	2.77	0.0028	3.01	0.0013	3.30	0.0005
2.53	0.0057	2.78	0.0027	3.02	0.0013	3.40	0.0003
2.54	0.0055	2.79	0.0026	3.03	0.0012	3.50	0.0002
2.55	0.0054	2.80	0.0026	3.04	0.0012	3.60	0.0002
2.56	0.0052	2.81	0.0025	3.05	0.0011	3.70	0.0001
2.57	0.0051	2.82	0.0024	3.06	0.0011	3.80	0.00007
2.58	0.0049	2.83	0.0023	3.07	0.0011	3.90	0.00005
2.59	0.0048	2.84	0.0023	3.08	0.0010	4.00	0.00003
2.60	0.0047						

附表 2 t 的临界值表

df	单尾检验的显著性(α)					
	0.10	0.05	0.025	0.01	0.005	0.0005
	双尾检验的显著性(α)					
	0.20	0.10	0.05	0.02	0.01	0.001
1	3.078	6.314	12.706	31.821	63.657	636.619
2	1.886	2.920	4.303	6.965	9.925	31.598
3	1.638	2.353	3.182	4.541	5.841	12.941
4	1.533	2.132	2.776	3.747	4.604	8.610
5	1.476	2.015	2.571	3.365	4.032	6.859
6	1.440	1.943	2.447	3.143	3.707	5.959
7	1.415	1.895	2.365	2.998	3.449	5.405
8	1.397	1.860	2.306	2.896	3.355	5.041
9	1.383	1.833	2.262	2.821	3.250	4.781
10	1.372	1.812	2.228	2.764	3.169	4.587
11	1.363	1.796	2.201	2.718	3.106	4.437
12	1.356	1.782	2.179	2.681	3.055	4.318
13	1.350	1.771	1.160	2.650	3.012	4.221
14	1.345	1.761	2.145	2.624	2.977	4.140
15	1.341	1.753	2.131	2.602	2.947	4.073
16	1.337	1.746	2.120	2.583	2.921	4.015
17	1.333	1.740	2.110	2.567	2.898	3.965
18	1.330	1.734	2.101	2.552	2.878	3.922
19	1.328	1.729	2.093	2.539	2.861	3.883
20	1.325	1.725	2.086	2.528	2.845	3.850
21	1.323	1.721	2.080	2.518	2.831	3.819
22	1.321	1.717	2.074	2.508	2.819	3.792
23	1.319	1.714	2.069	2.500	2.807	3.767
24	1.318	1.711	2.064	2.492	2.797	3.745
25	1.316	1.708	2.060	2.485	2.787	3.725
26	1.315	1.706	2.056	2.479	2.779	3.707
27	1.314	1.703	2.052	2.473	2.771	3.690
28	1.313	1.701	2.048	2.467	2.763	3.674
29	1.311	1.699	2.045	2.462	2.756	3.659
30	1.310	1.697	2.042	2.457	2.750	3.646
40	1.303	1.684	2.021	2.423	2.704	3.551
60	1.296	1.671	2.000	2.390	2.660	3.460
120	1.289	1.658	1.980	2.358	2.617	3.373
∞	1.282	1.645	1.960	2.326	2.576	3.291

附表 3　Cohen's d 与两个样本分布的不重叠部分百分比

Cohen 的标准	效应大小(effect size)	不重叠部分百分比/(%)
	2.0	81.1
	1.9	79.4
	1.8	77.4
	1.7	75.4
	1.6	73.1
	1.5	70.7
	1.4	68.1
	1.3	65.3
	1.2	62.2
	1.1	58.9
	1.0	55.4
	0.9	51.6
大	0.8	47.4
	0.7	43.0
	0.6	38.2
中等	0.5	33.0
	0.4	27.4
	0.3	21.3
小	0.2	14.7
	0.1	7.7
	0.0	0

附表4 F 的临界值表

分母 df	α	分子的 df														
		1	2	3	4	5	6	7	8	9	10	11	12	14	16	20
1	0.05	161	200	216	225	230	234	237	239	241	242	243	244	245	246	248
	0.01	4052	4999	5403	5625	5764	5859	5928	5981	6022	6056	6082	6106	6142	6169	6208
2	0.05	18.51	19.00	19.16	19.25	19.30	19.33	19.36	19.37	19.38	19.39	19.40	19.41	19.42	19.43	19.44
	0.01	98.49	99.00	99.17	99.25	99.30	99.33	99.34	99.36	99.38	99.40	99.41	99.42	99.43	99.44	99.45
3	0.05	10.13	9.55	9.28	9.12	9.01	8.94	8.88	8.84	8.81	8.78	8.76	8.74	8.71	8.69	8.66
	0.01	34.12	30.82	29.46	28.71	28.24	27.91	27.67	27.49	27.34	27.23	27.13	27.05	26.92	26.83	26.69
4	0.05	7.71	6.94	6.59	6.39	6.26	6.16	6.09	6.04	6.00	5.96	5.93	5.91	5.87	5.84	5.80
	0.01	21.20	18.00	16.69	15.98	15.52	15.21	14.98	14.80	14.66	14.54	14.45	14.37	14.24	14.15	14.02
5	0.05	6.61	5.79	5.41	5.19	5.05	4.95	4.88	4.82	4.78	4.74	4.70	4.68	4.64	4.60	4.56
	0.01	16.26	13.27	12.06	11.39	10.97	10.67	10.45	10.27	10.15	10.05	9.96	9.89	9.77	9.68	9.55
6	0.05	5.99	5.14	4.76	4.53	4.39	4.28	4.21	4.15	4.10	4.06	4.03	4.00	3.96	3.92	3.87
	0.01	13.74	10.92	9.78	9.15	8.75	8.47	8.26	8.10	7.98	7.87	7.79	7.72	7.60	7.52	7.39
7	0.05	5.59	4.47	4.35	4.12	3.97	3.87	3.79	3.73	3.68	3.63	3.60	3.57	3.52	3.49	3.44
	0.01	12.25	9.55	8.45	7.85	7.46	7.19	7.00	6.84	6.71	6.62	6.54	6.47	6.35	6.27	6.15
8	0.05	5.32	4.46	4.07	3.84	3.69	3.58	3.50	3.44	3.39	3.34	3.31	3.28	3.23	3.20	3.15
	0.01	11.26	8.65	7.59	7.01	6.63	6.37	6.19	6.03	5.91	5.82	5.74	5.67	5.56	5.48	5.36
9	0.05	5.12	4.26	3.86	3.63	3.48	3.37	3.29	3.23	3.18	3.13	3.10	3.07	3.02	2.98	2.93
	0.01	10.56	8.02	6.99	6.42	6.06	5.80	5.62	5.47	5.35	5.26	5.18	5.11	5.00	4.92	4.80
10	0.05	4.96	4.10	3.71	3.48	3.33	3.22	3.14	3.07	3.02	2.97	2.94	2.91	2.86	2.82	2.77
	0.01	10.04	7.56	6.55	5.99	5.64	5.39	5.21	5.06	4.95	4.85	4.78	4.71	4.60	4.52	4.41
11	0.05	4.84	3.98	3.59	3.36	3.20	3.09	3.01	2.95	2.90	2.86	2.82	2.79	2.74	2.70	2.65
	0.01	9.65	7.20	6.22	5.67	5.32	5.07	4.88	4.74	4.63	4.54	4.46	4.40	4.29	4.21	4.10
12	0.05	4.75	3.88	3.49	3.26	3.11	3.00	2.92	2.85	2.80	2.76	2.72	2.69	2.64	2.60	2.54
	0.01	9.33	6.93	5.95	5.41	5.06	4.82	4.65	4.50	4.39	4.30	4.22	4.16	4.05	3.98	3.86
13	0.05	4.67	3.80	3.41	3.18	3.02	2.92	2.84	2.77	2.72	2.67	2.63	2.60	2.55	2.51	2.46
	0.01	9.07	6.70	5.74	5.20	4.86	4.62	4.44	4.30	4.19	4.10	4.02	3.96	3.85	3.78	3.67
14	0.05	4.60	3.74	3.34	3.11	2.96	2.85	2.77	2.70	2.65	2.60	2.56	2.53	2.48	2.44	2.39
	0.01	8.86	6.51	5.56	5.03	4.69	4.46	4.28	4.14	4.03	3.94	3.86	3.80	3.70	3.62	3.51
15	0.05	4.54	3.68	3.29	3.06	2.90	2.79	2.70	2.64	2.59	2.55	2.51	2.48	2.43	2.39	2.33
	0.01	8.68	6.36	5.42	4.89	4.56	4.32	4.14	4.00	3.89	3.80	3.73	3.67	3.56	3.48	3.36
16	0.05	4.49	3.63	3.24	3.01	2.85	2.74	2.66	2.59	2.54	2.49	2.45	2.42	2.37	2.33	2.28
	0.01	8.53	6.23	5.29	4.77	4.44	4.20	4.03	3.89	3.78	3.69	3.61	3.55	3.45	3.37	3.25
17	0.05	4.45	3.59	3.20	2.96	2.81	2.70	2.62	2.55	2.50	2.45	2.41	2.38	2.33	2.29	2.23
	0.01	8.40	6.11	5.18	4.67	4.34	4.10	3.93	3.79	3.68	3.59	3.52	3.45	3.35	3.27	3.16
18	0.05	4.41	3.55	3.16	2.93	2.77	2.66	2.58	2.51	2.46	2.41	2.37	2.34	2.29	2.25	2.19
	0.01	8.28	6.01	5.09	4.58	4.25	4.01	3.85	3.71	3.60	3.51	3.44	3.37	3.27	3.19	3.07
19	0.05	4.38	3.52	3.13	2.90	2.74	2.63	2.55	2.48	2.43	2.38	2.34	2.31	2.26	2.21	2.15
	0.01	8.18	5.93	5.01	4.50	4.17	3.94	3.77	3.63	3.52	3.43	3.36	3.30	3.19	3.12	3.00
20	0.05	4.35	3.49	3.10	2.87	2.71	2.60	2.52	2.45	2.40	2.35	2.31	2.28	2.23	2.18	2.12
	0.01	8.10	5.85	4.94	4.43	4.10	3.87	3.71	3.56	3.45	3.37	3.30	3.23	3.13	3.05	2.94

(续表)

分母 df	α	分子的 df														
		1	2	3	4	5	6	7	8	9	10	11	12	14	16	20
21	0.05	4.32	3.47	3.07	2.84	2.68	2.57	2.49	2.42	2.37	2.32	2.28	2.25	2.20	2.15	2.09
	0.01	8.02	5.78	4.87	4.37	4.04	3.81	3.65	3.51	3.40	3.31	3.24	3.17	3.07	2.99	2.88
22	0.05	4.30	3.44	3.05	2.82	2.66	2.55	2.47	2.40	2.35	2.30	2.26	2.23	2.18	2.13	2.07
	0.01	7.94	5.72	4.82	4.31	3.99	3.76	3.59	3.45	3.35	3.26	3.18	3.12	3.02	2.94	2.83
23	0.05	4.28	3.42	3.03	2.80	2.64	2.53	2.45	2.38	2.32	2.28	2.24	2.20	2.14	2.10	2.04
	0.01	7.88	5.66	4.76	4.26	3.94	3.71	3.54	3.41	3.30	3.21	3.14	3.07	2.97	2.89	2.78
24	0.05	4.26	3.40	3.01	2.78	2.62	2.51	2.43	2.36	2.30	2.26	2.22	2.18	2.13	2.09	2.02
	0.01	7.82	5.61	4.72	4.22	3.90	3.67	3.50	3.36	3.25	3.17	3.09	3.03	2.93	2.85	2.74
25	0.05	4.24	3.38	2.99	2.76	2.60	2.49	2.41	2.34	2.28	2.24	2.20	2.16	2.11	2.06	2.00
	0.01	7.77	5.57	4.68	4.18	3.86	3.63	3.46	3.32	3.21	3.13	3.05	2.99	2.89	2.81	2.70
26	0.05	4.22	3.37	2.98	2.74	2.59	2.47	2.39	2.32	2.27	2.22	2.18	2.15	2.10	2.05	1.99
	0.01	7.72	5.53	4.64	4.14	3.82	3.59	3.42	3.29	3.17	3.09	3.02	2.96	2.86	2.77	2.66
27	0.05	4.21	3.35	2.96	2.73	2.57	2.46	2.37	2.30	2.25	2.20	2.16	2.13	2.08	2.03	1.97
	0.01	7.68	5.49	4.60	4.11	3.79	3.56	3.39	3.26	3.14	3.06	2.98	2.93	2.83	2.74	2.63
28	0.05	4.20	3.34	2.95	2.71	2.56	2.44	2.36	2.29	2.24	2.19	2.15	2.12	2.06	2.02	1.96
	0.01	7.64	5.45	4.57	4.07	3.76	3.53	3.36	3.23	3.11	3.03	2.95	2.90	2.80	2.71	2.60
29	0.05	4.18	3.33	2.93	2.70	2.54	2.43	2.35	2.28	2.22	2.18	2.14	2.10	2.05	2.00	1.94
	0.01	7.60	5.42	4.54	4.04	3.73	3.50	3.33	3.20	3.08	3.00	2.92	2.87	2.77	2.68	2.57
30	0.05	4.17	3.32	2.92	2.69	2.53	2.42	2.34	2.27	2.21	2.16	2.12	2.09	2.04	1.99	1.93
	0.01	7.56	5.39	4.51	4.02	3.70	3.47	3.30	3.17	3.06	2.98	2.90	2.84	2.74	2.66	2.55
32	0.05	4.15	3.30	2.90	2.67	2.51	2.40	2.32	2.25	2.19	2.14	2.10	2.07	2.02	1.97	1.91
	0.01	7.50	5.34	4.46	3.97	3.66	3.42	3.25	3.12	3.01	2.94	2.86	2.80	2.70	2.62	2.51
34	0.05	4.13	3.28	2.88	2.65	2.49	2.38	2.30	2.23	2.17	2.12	2.08	2.05	2.00	1.95	1.89
	0.01	7.44	5.29	4.42	3.93	3.61	3.38	3.21	3.08	2.97	2.89	2.82	2.76	2.66	2.58	2.47
36	0.05	4.11	3.26	2.86	2.63	2.48	2.36	2.28	2.21	2.15	2.10	2.06	2.03	1.98	1.93	1.87
	0.01	7.39	5.25	4.38	3.89	3.58	3.35	3.18	3.04	2.94	2.86	2.78	2.72	2.62	2.54	2.43
38	0.05	4.10	3.25	2.85	2.62	2.46	2.35	2.26	2.19	2.14	2.09	2.05	2.02	1.96	1.92	1.85
	0.01	7.35	5.21	4.34	3.86	3.54	3.32	3.15	3.02	2.91	2.82	2.75	2.69	2.59	2.51	2.40
40	0.05	4.08	3.23	2.84	2.61	2.45	2.34	2.25	2.18	2.12	2.07	2.04	2.00	1.95	1.90	1.84
	0.01	7.31	5.18	4.31	3.83	3.51	3.29	3.12	2.99	2.88	2.80	2.73	2.66	2.56	2.49	2.37
42	0.05	4.07	3.22	2.83	2.59	2.44	2.32	2.24	2.17	2.11	2.06	2.02	1.99	1.94	1.89	1.82
	0.01	7.27	5.15	4.29	3.80	3.49	3.26	3.10	2.96	2.86	2.77	2.70	2.64	2.54	2.46	2.35
44	0.05	4.06	3.21	2.82	2.58	2.43	2.31	2.23	2.16	2.10	2.05	2.01	1.98	1.92	1.88	1.81
	0.01	7.24	5.12	4.26	3.78	3.46	3.24	3.07	2.94	2.84	2.75	2.68	2.62	2.52	2.44	2.32
46	0.05	4.05	3.20	2.81	2.57	2.42	2.30	2.22	2.14	2.09	2.04	2.00	1.97	1.91	1.87	1.80
	0.01	7.21	5.10	4.24	3.76	3.44	3.22	3.05	2.92	2.82	2.73	2.66	2.60	2.50	2.42	2.30
48	0.05	4.04	3.19	2.80	2.56	2.41	2.30	2.21	2.14	2.08	2.03	1.99	1.96	1.90	1.86	1.79
	0.01	7.19	5.08	4.22	3.74	3.42	3.20	3.04	2.90	2.80	2.71	2.64	2.58	2.48	2.40	2.28
50	0.05	4.03	3.18	2.79	2.56	2.40	2.29	2.20	2.13	2.07	2.02	1.98	1.95	1.90	1.85	1.78
	0.01	7.17	5.06	4.20	3.72	3.41	3.18	3.02	2.88	2.78	2.70	2.62	2.56	2.46	2.39	2.26
55	0.05	4.02	3.17	2.78	2.54	2.38	2.27	2.18	2.11	2.05	2.00	1.97	1.93	1.88	1.83	1.76
	0.01	7.12	5.01	4.16	3.68	3.37	3.15	2.98	2.85	2.75	2.66	2.59	2.53	2.43	2.35	2.23

（续表）

分母 df	α	分子的 df														
		1	2	3	4	5	6	7	8	9	10	11	12	14	16	20
60	0.05	4.00	3.15	2.76	2.52	2.37	2.25	2.17	2.10	2.04	1.99	1.95	1.92	1.86	1.81	1.75
	0.01	7.08	4.98	4.13	3.65	3.34	3.12	2.95	2.82	2.72	2.63	2.56	2.50	2.40	2.32	2.20
65	0.05	3.99	3.14	2.75	2.51	2.36	2.24	2.15	2.08	2.02	1.98	1.94	1.90	1.85	1.80	1.73
	0.01	7.04	4.95	4.10	3.62	3.31	3.09	2.93	2.79	2.70	2.61	2.54	2.47	2.37	2.30	2.18
70	0.05	3.98	3.13	2.74	2.50	2.35	2.23	2.14	2.07	2.01	1.97	1.93	1.89	1.84	1.79	1.72
	0.01	7.01	4.92	4.08	3.60	3.29	3.07	2.91	2.77	2.67	2.59	2.51	2.45	2.35	2.28	2.15
80	0.05	3.96	3.11	2.72	2.48	2.33	2.21	2.12	2.05	1.99	1.95	1.91	1.88	1.82	1.77	1.70
	0.01	6.96	4.88	4.04	3.56	3.25	3.04	2.87	2.74	2.64	2.55	2.48	2.41	2.32	2.24	2.11
100	0.05	3.94	3.09	2.70	2.46	2.30	2.19	2.10	2.03	1.97	1.92	1.88	1.85	1.79	1.75	1.68
	0.01	6.90	4.82	3.98	3.51	3.20	2.99	2.82	2.69	2.59	2.51	2.43	2.36	2.26	2.19	2.06
125	0.05	3.92	3.07	2.68	2.44	2.29	2.17	2.08	2.01	1.95	1.90	1.86	1.83	1.77	1.72	1.65
	0.01	6.84	4.78	3.94	3.47	3.17	2.95	2.79	2.65	2.56	2.47	2.40	2.33	2.23	2.15	2.03
150	0.05	3.91	3.06	2.67	2.43	2.27	2.16	2.07	2.00	1.94	1.89	1.85	1.82	1.76	1.71	1.64
	0.01	6.81	4.75	3.91	3.44	3.14	2.92	2.76	2.62	2.53	2.44	2.37	2.30	2.20	2.12	2.00
200	0.05	3.89	3.04	2.65	2.41	2.26	2.14	2.05	1.98	1.92	1.87	1.83	1.80	1.74	1.69	1.62
	0.01	6.76	4.71	3.88	3.41	3.11	2.90	2.73	2.60	2.50	2.41	2.34	2.28	2.17	2.09	1.97
400	0.05	3.86	3.02	2.62	2.39	2.23	2.12	2.03	1.96	1.90	1.85	1.81	1.78	1.72	1.67	1.60
	0.01	6.70	4.66	3.83	3.36	3.06	2.85	2.69	2.55	2.46	2.37	2.29	2.23	2.12	2.04	1.92
1000	0.05	3.85	3.00	2.61	2.38	2.22	2.10	2.02	1.95	1.89	1.84	1.80	1.76	1.70	1.65	1.58
	0.01	6.66	4.62	3.80	3.34	3.04	2.82	2.66	2.53	2.43	2.34	2.26	2.20	2.09	2.01	1.89
∞	0.05	3.84	2.99	2.60	2.37	2.21	2.09	2.01	1.94	1.88	1.83	1.79	1.75	1.69	1.64	1.57
	0.01	6.64	4.60	3.78	3.32	3.02	2.80	2.64	2.51	2.41	2.32	2.24	2.18	2.07	1.99	1.87

附表 5　HSD 检验中 q 的临界值

误差项 df	α	K＝处理的数目								
		2	3	4	5	6	7	8	9	10
5	0.05	3.64	4.60	5.22	5.67	6.03	6.33	6.58	6.80	6.99
	0.01	5.70	6.98	7.80	8.42	8.91	9.32	9.67	9.97	10.24
6	0.05	3.46	4.34	4.90	5.30	5.63	5.90	6.12	6.32	6.49
	0.01	5.24	6.33	7.03	7.56	7.97	8.32	8.61	8.87	9.10
7	0.05	3.34	4.16	4.68	5.06	5.36	5.61	5.82	6.00	6.16
	0.01	4.95	5.92	6.54	7.01	7.37	7.68	7.94	8.17	8.37
8	0.05	3.26	4.04	4.53	4.89	5.17	5.40	5.60	5.77	5.92
	0.01	4.75	5.64	6.20	6.62	6.96	7.24	7.47	7.68	7.86
9	0.05	3.20	3.95	4.41	4.76	5.02	5.24	5.43	5.59	5.74
	0.01	4.60	5.43	5.96	6.35	6.66	6.91	7.13	7.33	7.49
10	0.05	3.15	3.88	4.33	4.65	4.91	5.12	5.30	5.46	5.60
	0.01	4.48	5.27	5.77	6.14	6.43	6.67	6.87	7.05	7.21
11	0.05	3.11	3.82	4.26	4.57	4.82	5.03	5.20	5.35	5.49
	0.01	4.39	5.15	5.62	5.97	6.25	6.48	6.67	6.84	6.99
12	0.05	3.08	3.77	4.20	4.51	4.75	4.95	5.12	5.27	5.39
	0.01	4.32	5.05	5.50	5.84	6.10	6.32	6.51	6.67	6.81
13	0.05	3.06	3.73	4.15	4.45	4.69	4.88	5.05	5.19	5.32
	0.01	4.26	4.96	5.40	5.73	5.98	6.19	6.37	6.53	6.67
14	0.05	3.03	3.70	4.11	4.41	4.64	4.83	4.99	5.13	5.25
	0.01	4.21	4.89	5.32	5.63	5.88	6.08	6.26	6.41	6.54
15	0.05	3.01	3.67	4.08	4.37	4.59	4.78	4.94	5.08	5.20
	0.01	4.17	4.84	5.25	5.56	5.80	5.99	6.16	6.31	6.44
16	0.05	3.00	3.65	4.05	4.33	4.56	4.74	4.90	5.03	5.15
	0.01	4.13	4.79	5.19	5.49	5.72	5.92	6.08	6.22	6.35
17	0.05	2.98	3.63	4.02	4.30	4.52	4.70	4.86	4.99	5.11
	0.01	4.10	4.74	5.14	5.43	5.66	5.85	6.01	6.15	6.27
18	0.05	2.97	3.61	4.00	4.28	4.49	4.67	4.82	4.96	5.07
	0.01	4.07	4.70	5.09	5.38	5.60	5.79	5.94	6.08	6.20
19	0.05	2.96	3.59	3.98	4.25	4.47	4.65	4.79	4.92	5.04
	0.01	4.05	4.67	5.05	5.33	5.55	5.73	5.89	6.02	6.14
20	0.05	2.95	3.58	3.96	4.23	4.45	4.62	4.77	4.90	5.01
	0.01	4.02	4.64	5.02	5.29	5.51	5.69	5.84	5.97	6.09
24	0.05	2.92	3.53	3.90	4.17	4.37	4.54	4.68	4.81	4.92
	0.01	3.96	4.55	4.91	5.17	5.37	5.54	5.69	5.81	5.92
30	0.05	2.89	3.49	3.85	4.10	4.30	4.46	4.60	4.72	4.82
	0.01	3.89	4.45	4.80	5.05	5.24	5.40	5.54	5.65	5.76
40	0.05	2.86	3.44	3.79	4.04	4.23	4.39	4.52	4.63	4.73
	0.01	3.82	4.37	4.70	4.93	5.11	5.26	5.39	5.50	5.60
60	0.05	2.83	3.40	3.74	3.98	4.16	4.31	4.44	4.55	4.65
	0.01	3.76	4.28	4.59	4.82	4.99	5.13	5.25	5.36	5.45
120	0.05	2.80	3.36	3.68	3.92	4.10	4.24	4.36	4.47	4.56
	0.01	3.70	4.20	4.50	4.71	4.87	5.01	5.12	5.21	5.30
∞	0.05	2.77	3.31	3.63	3.86	4.03	4.17	4.29	4.39	4.47
	0.01	3.64	4.12	4.40	4.60	4.76	4.88	4.99	5.08	5.16

附表 6　F_{max} 的临界值表*

	α	2	3	4	5	6	7	8	9	10	11	12
2	0.05	39	87.5	142	202	266	333	403	475	550	626	704
	0.01	199	448	729	1036	1362	1705	2063	2432	2813	3204	3605
3	0.05	15.4	27.8	39.2	50.7	62	72.9	83.5	93.9	104	114	124
	0.01	47.5	85	120	151	184	216	249	281	310	337	361
4	0.05	9.6	15.5	20.6	25.2	29.5	33.6	37.5	41.4	44.6	48	51.4
	0.01	23.2	37	49	59	69	79	89	97	106	113	120
5	0.05	7.15	10.8	13.7	16.3	18.7	20.8	22.9	24.7	26.5	28.2	29.9
	0.01	14.9	22	28	33	38	42	46	50	54	57	60
6	0.05	5.82	8.38	10.4	12.1	13.7	15.0	16.3	17.5	18.6	19.7	20.7
	0.01	11.1	15.5	19.1	22	25	27	30	32	34	36	37
7	0.05	4.99	6.94	8.44	9.7	10.8	11.8	12.7	13.5	14.3	15.1	15.8
	0.01	8.89	12.1	14.5	16.5	18.4	20	22	23	24	26	27
8	0.05	4.43	6.0	7.18	8.12	9.03	9.8	10.5	11.1	11.7	12.2	12.7
	0.01	7.5	9.9	11.7	13.2	14.5	15.8	16.9	17.9	18.9	19.8	21
9	0.05	4.03	5.34	6.31	7.11	7.8	8.41	8.95	9.45	9.91	10.3	10.7
	0.01	6.54	8.5	9.9	11.1	12.1	13.1	13.9	14.7	15.3	16	16.6
10	0.05	3.72	4.85	5.67	6.34	6.92	7.42	7.87	8.28	8.66	9.01	9.34
	0.01	5.85	7.4	8.6	9.6	10.4	11.1	11.8	12.4	12.9	13.4	13.9
12	0.05	3.28	4.16	4.79	5.3	5.72	6.09	6.42	6.72	7.0	7.25	7.48
	0.01	4.91	6.1	6.9	7.6	8.2	8.7	9.1	9.5	9.96	10.2	10.6
15	0.05	2.86	3.54	4.01	4.37	4.68	4.95	5.19	5.4	5.59	5.77	5.93
	0.01	4.07	4.9	5.5	6.0	6.4	6.7	7.1	7.3	7.5	7.8	8.0
20	0.05	2.46	2.95	3.29	3.54	3.76	3.94	4.1	4.24	4.37	4.49	4.59
	0.01	3.32	3.8	4.3	4.6	4.9	5.1	5.3	5.5	5.6	5.8	5.9
30	0.05	2.07	2.4	2.61	2.78	2.91	3.02	3.12	3.21	3.29	3.36	3.39
	0.01	2.63	3.0	3.3	3.4	3.6	3.7	3.8	3.9	4.0	4.1	4.2
60	0.05	1.67	1.85	1.96	2.04	2.11	2.17	2.22	2.26	2.30	2.33	2.36
	0.01	1.96	2.2	2.3	2.4	2.4	2.5	2.5	2.6	2.6	2.7	2.7
∞	0.05	1.00	1.00	1.00	1.00	1.00	1.00	1.00	1.00	1.00	1.00	1.00
	0.01	1.00	1.00	1.00	1.00	1.00	1.00	1.00	1.00	1.00	1.00	1.00

* 列的值是组的数值,行的值是每组的$(n-1)$。

附表 7　Pearson 相关的临界值表

n	单侧概率			
	0.05	0.025	0.005	0.0005
	双侧概率			
	0.1	0.05	0.01	0.001
4	0.900	0.950	0.990	0.999
5	0.805	0.878	0.959	0.991
6	0.729	0.811	0.917	0.974
7	0.669	0.754	0.875	0.951
8	0.621	0.707	0.834	0.925
9	0.582	0.666	0.798	0.898
10	0.549	0.632	0.765	0.872
11	0.521	0.602	0.735	0.847
12	0.497	0.576	0.708	0.823
13	0.476	0.553	0.684	0.801
14	0.458	0.532	0.661	0.780
15	0.441	0.514	0.641	0.760
16	0.426	0.497	0.623	0.742
17	0.412	0.482	0.606	0.725
18	0.400	0.468	0.590	0.708
19	0.389	0.456	0.575	0.693
20	0.378	0.444	0.561	0.679
21	0.369	0.433	0.549	0.665
22	0.360	0.423	0.537	0.652
23	0.352	0.413	0.526	0.640
24	0.344	0.404	0.515	0.629
25	0.337	0.396	0.505	0.618
26	0.330	0.388	0.496	0.607
27	0.323	0.381	0.487	0.597
28	0.317	0.374	0.479	0.588
29	0.311	0.367	0.471	0.579
30	0.306	0.361	0.463	0.570
35	0.283	0.334	0.430	0.532
40	0.264	0.312	0.403	0.501
45	0.248	0.294	0.380	0.474
50	0.235	0.279	0.361	0.451
60	0.214	0.254	0.330	0.414
70	0.198	0.235	0.306	0.385
80	0.185	0.220	0.286	0.361
90	0.174	0.207	0.270	0.341
100	0.165	0.197	0.256	0.324
200	0.117	0.139	0.182	0.231
300	0.095	0.113	0.149	0.189
400	0.082	0.098	0.129	0.164
500	0.074	0.088	0.115	0.147
1000	0.052	0.062	0.081	0.104

附表 8 相关系数 r 值的 Zr 转换表

r	Zr	r	Zr	r	Zr	r	Zr	r	Zr
0.000	0.000	0.200	0.203	0.400	0.424	0.600	0.693	0.800	1.099
0.005	0.005	0.205	0.208	0.405	0.430	0.605	0.701	0.805	1.113
0.010	0.010	0.210	0.213	0.410	0.436	0.610	0.709	0.810	1.127
0.015	0.015	0.215	0.218	0.415	0.442	0.615	0.717	0.815	1.142
0.020	0.020	0.220	0.224	0.420	0.448	0.620	0.725	0.820	1.157
0.025	0.025	0.225	0.229	0.425	0.454	0.625	0.733	0.825	1.172
0.030	0.030	0.230	0.234	0.430	0.460	0.630	0.741	0.830	1.188
0.035	0.035	0.235	0.239	0.435	0.466	0.635	0.750	0.835	1.204
0.040	0.040	0.240	0.245	0.440	0.472	0.640	0.758	0.840	1.221
0.045	0.045	0.245	0.250	0.445	0.478	0.645	0.767	0.845	1.238
0.050	0.050	0.250	0.255	0.450	0.485	0.650	0.775	0.850	1.256
0.055	0.055	0.255	0.261	0.455	0.491	0.655	0.784	0.855	1.274
0.060	0.060	0.260	0.266	0.460	0.497	0.660	0.793	0.860	1.293
0.065	0.065	0.265	0.271	0.465	0.504	0.665	0.802	0.865	1.313
0.070	0.070	0.270	0.277	0.470	0.510	0.670	0.811	0.870	1.333
0.075	0.075	0.275	0.282	0.475	0.517	0.675	0.820	0.875	1.354
0.080	0.080	0.280	0.288	0.480	0.523	0.680	0.829	0.880	1.376
0.085	0.085	0.285	0.293	0.485	0.530	0.685	0.838	0.885	1.398
0.090	0.090	0.290	0.299	0.490	0.536	0.690	0.848	0.890	1.422
0.095	0.095	0.295	0.304	0.495	0.543	0.695	0.858	0.895	1.447
0.100	0.100	0.300	0.310	0.500	0.549	0.700	0.867	0.900	1.472
0.105	0.105	0.305	0.315	0.505	0.556	0.705	0.877	0.905	1.499
0.110	0.110	0.310	0.321	0.510	0.563	0.710	0.887	0.910	1.528
0.115	0.116	0.315	0.326	0.515	0.570	0.715	0.897	0.915	1.557
0.120	0.121	0.320	0.332	0.520	0.576	0.720	0.908	0.920	1.589
0.125	0.126	0.325	0.337	0.525	0.583	0.725	0.918	0.925	1.623
0.130	0.131	0.330	0.343	0.530	0.590	0.730	0.929	0.930	1.658
0.135	0.136	0.335	0.348	0.535	0.597	0.735	0.940	0.935	1.697
0.140	0.141	0.340	0.354	0.540	0.604	0.740	0.950	0.940	1.738
0.145	0.146	0.345	0.360	0.545	0.611	0.745	0.962	0.945	1.783
0.150	0.151	0.350	0.365	0.550	0.618	0.750	0.973	0.950	1.832
0.155	0.156	0.355	0.371	0.555	0.626	0.755	0.984	0.955	1.886
0.160	0.161	0.360	0.377	0.560	0.633	0.760	0.996	0.960	1.946
0.165	0.167	0.365	0.383	0.565	0.640	0.765	1.008	0.965	2.014
0.170	0.172	0.370	0.388	0.570	0.648	0.770	1.020	0.970	2.092
0.175	0.177	0.375	0.394	0.575	0.655	0.775	1.033	0.975	2.185
0.180	0.182	0.380	0.400	0.580	0.662	0.780	1.045	0.980	2.298
0.185	0.187	0.385	0.406	0.585	0.670	0.785	1.058	0.985	2.443
0.190	0.192	0.390	0.412	0.590	0.678	0.790	1.071	0.990	2.647
0.195	0.198	0.395	0.418	0.595	0.685	0.795	1.085	0.995	2.994

附表 9 Spearman 相关系数的临界值表(双尾)

n	α		
	0.05	0.02	0.01
5	1	1	
6	0.886	0.943	1
7	0.786	0.893	0.929
8	0.738	0.833	0.881
9	0.683	0.783	0.833
10	0.648	0.746	0.794
12	0.591	0.712	0.777
14	0.544	0.645	0.715
16	0.506	0.601	0.665
18	0.475	0.564	0.625
20	0.450	0.534	0.591
22	0.428	0.508	0.562
24	0.409	0.485	0.537
26	0.392	0.465	0.515
28	0.377	0.448	0.496
30	0.364	0.432	0.478

附表 10 χ^2 的临界值表

df	$\alpha=0.05$	$\alpha=0.01$	$\alpha=0.001$
1	3.84	6.64	10.83
2	5.99	9.21	13.82
3	7.82	11.35	16.27
4	9.49	13.28	18.47
5	11.07	15.09	20.52
6	12.59	16.81	22.46
7	14.07	18.48	24.32
8	15.51	20.09	26.13
9	16.92	21.67	27.88
10	18.31	23.21	29.59
11	19.68	24.73	31.26
12	21.03	26.22	32.91
13	22.36	27.69	34.53
14	23.69	29.14	36.12
15	25.00	30.58	37.70
16	26.30	32.00	39.25
17	27.59	33.41	40.79
18	28.87	34.81	42.31
19	30.14	36.19	43.82
20	31.41	37.57	45.32
21	32.67	38.93	46.80
22	33.92	40.29	48.27
23	35.17	41.64	49.73
24	36.42	42.98	51.18
25	37.65	44.31	52.62
26	38.89	45.64	54.05
27	40.11	46.96	55.48
28	41.34	48.28	56.89
29	42.56	49.59	58.30
30	43.77	50.89	59.70
31	44.99	52.19	61.10

(续表)

df	$\alpha=0.05$	$\alpha=0.01$	$\alpha=0.001$
32	46.19	53.49	62.49
33	47.40	54.78	63.87
34	48.60	56.06	65.25
35	49.80	57.34	66.62
36	51.00	58.62	67.99
37	52.19	59.89	69.35
38	53.38	61.16	70.71
39	54.57	62.43	72.06
40	55.76	63.69	73.41
41	56.94	64.95	74.75
42	58.12	66.21	76.09
43	59.30	67.46	77.42
44	60.48	68.71	78.75
45	61.66	69.96	80.08
46	62.83	71.20	81.40
47	64.00	72.44	82.72
48	65.17	73.68	84.03
49	66.34	74.92	85.35
50	67.51	76.15	86.66
51	68.67	77.39	87.97
52	69.83	78.62	89.27
53	70.99	79.84	90.57
54	72.15	81.07	91.88
55	73.31	82.29	93.17
56	74.47	83.52	94.47
57	75.62	84.73	95.75
58	76.78	85.95	97.03
59	77.93	87.17	98.34
60	79.08	88.38	99.62
61	80.23	89.59	100.88
62	81.38	90.80	102.15
63	82.53	92.01	103.46
64	83.68	93.22	104.72
65	84.82	94.42	105.97
66	85.97	95.63	107.26
67	87.11	96.83	108.54
68	88.25	98.03	109.79

(续表)

df	$\alpha=0.05$	$\alpha=0.01$	$\alpha=0.001$
69	89.39	99.23	111.06
70	90.53	100.42	112.31
71	91.67	101.62	113.56
72	92.81	102.82	114.84
73	93.95	104.01	116.08
74	95.08	105.20	117.35
75	96.22	106.39	118.60
76	97.35	107.58	119.85
77	98.49	108.77	121.11
78	99.62	109.96	122.36
79	100.75	111.15	123.60
80	101.88	112.33	124.84
81	103.01	113.51	126.09
82	104.14	114.70	127.33
83	105.27	115.88	128.57
84	106.40	117.06	129.80
85	107.52	118.24	131.04
86	108.65	119.41	132.28
87	109.77	120.59	133.51
88	110.90	121.77	134.74
89	112.02	122.94	135.96
90	113.15	124.12	137.19
91	114.27	125.29	138.45
92	115.39	126.46	139.66
93	116.51	127.63	140.90
94	117.63	128.80	142.12
95	118.75	129.97	143.32
96	119.87	131.14	144.55
97	120.99	132.31	145.78
98	122.11	133.47	146.99
99	123.23	134.64	148.21
100	124.34	135.81	149.48

附表 11.1 曼-惠特尼 U 检验的临界值表（双侧）

n_2	α	n_1																	
		3	4	5	6	7	8	9	10	11	12	13	14	15	16	17	18	19	20
3	0.05	—	0	0	1	1	2	2	3	3	4	4	5	5	6	6	7	7	8
	0.01	—	0	0	0	0	0	0	0	0	1	1	1	2	2	2	2	3	3
4	0.05	—	0	1	2	3	4	4	5	6	7	8	9	10	11	11	12	13	14
	0.01	—	—	0	0	0	1	1	2	2	3	3	4	5	5	6	6	7	8
5	0.05	0	1	2	3	5	6	7	8	9	11	12	13	14	15	17	18	19	20
	0.01	—	—	0	1	1	2	3	4	5	6	7	7	8	9	10	11	12	13
6	0.05	1	2	3	5	6	8	10	11	13	14	16	17	19	21	22	24	25	27
	0.01	—	0	1	2	3	4	5	6	7	9	10	11	12	13	15	16	17	18
7	0.05	1	3	5	6	8	10	12	14	16	18	20	22	24	26	28	30	32	34
	0.01	—	0	1	3	4	6	7	9	10	12	13	15	16	18	19	21	22	24
8	0.05	2	4	6	8	10	13	15	17	19	22	24	26	29	31	34	36	38	41
	0.01	—	1	2	4	6	7	9	11	13	15	17	18	20	22	24	26	28	30
9	0.05	2	4	7	10	12	15	17	20	23	26	28	31	34	37	39	42	45	48
	0.01	0	1	3	5	7	9	11	13	16	18	20	22	24	27	29	31	33	36
10	0.05	3	5	8	11	14	17	20	23	26	29	33	36	39	42	45	48	52	55
	0.01	0	2	4	6	9	11	13	16	18	21	24	26	29	31	34	37	39	42
11	0.05	3	6	9	13	16	19	23	26	30	33	37	40	44	47	51	55	58	62
	0.01	0	2	5	7	10	13	16	18	21	24	27	30	33	36	39	42	45	48
12	0.05	4	7	11	14	18	22	26	29	33	37	41	45	49	53	57	61	65	69
	0.01	1	3	6	9	12	15	18	21	24	27	31	34	37	41	44	47	51	54
13	0.05	4	8	12	16	20	24	28	33	37	41	45	50	54	59	63	67	72	76
	0.01	1	3	7	10	13	17	20	24	27	31	34	38	42	45	49	53	56	60
14	0.05	5	9	13	17	22	26	31	36	40	45	50	55	59	64	67	74	78	83
	0.01	1	4	7	11	15	18	22	26	30	34	38	42	46	50	54	58	63	67
15	0.05	5	10	14	19	24	29	34	39	44	49	54	59	64	70	75	80	85	90
	0.01	2	5	8	12	16	20	24	29	33	37	42	46	51	55	60	64	69	73
16	0.05	6	11	15	21	26	31	37	42	47	53	59	64	70	75	81	86	92	98
	0.01	2	5	9	13	18	22	27	31	36	41	45	50	55	60	65	70	74	79
17	0.05	6	11	17	22	28	34	39	45	51	57	63	67	75	81	87	93	99	105
	0.01	2	6	10	15	19	24	29	34	39	44	49	54	60	65	70	75	81	86
18	0.05	7	12	18	24	30	36	42	48	55	61	67	74	80	86	93	99	106	112
	0.01	2	6	11	16	21	26	31	37	42	47	53	58	64	70	75	81	87	92
19	0.05	7	13	19	25	32	38	45	52	58	65	72	78	85	92	99	106	113	119
	0.01	3	7	12	17	22	28	33	39	45	51	56	63	69	74	81	87	93	99
20	0.05	8	14	20	27	34	41	48	55	62	69	76	83	90	98	105	112	119	127
	0.01	3	8	13	18	24	30	36	42	48	54	60	67	73	79	86	92	99	105

附表 11.2 曼-惠特尼 U 检验的临界值表(单侧)

n_2	α	\multicolumn{18}{c}{n_1}
		3	4	5	6	7	8	9	10	11	12	13	14	15	16	17	18	19	20
3	0.05	0	0	1	2	2	3	4	4	5	5	6	7	7	8	9	9	10	11
	0.01	—	0	0	0	0	0	1	1	1	2	2	2	3	3	4	4	4	5
4	0.05	0	1	2	3	4	5	6	7	8	9	10	11	12	14	15	16	17	18
	0.01	—	—	0	1	1	2	3	3	4	5	5	6	7	7	8	9	9	10
5	0.05	1	2	4	5	6	8	9	11	12	13	15	16	18	19	20	22	23	25
	0.01	—	0	1	2	3	4	5	6	7	8	9	10	11	12	13	14	15	16
6	0.05	2	3	5	7	8	10	12	14	16	17	19	21	23	25	26	28	30	32
	0.01	—	1	2	3	4	6	7	8	9	11	12	13	15	16	18	19	20	22
7	0.05	2	4	6	8	11	13	15	17	19	21	24	26	28	30	33	35	37	39
	0.01	0	1	3	4	6	7	9	11	12	14	16	17	19	21	23	24	26	28
8	0.05	3	5	8	10	13	15	18	20	23	26	28	31	33	36	39	41	44	47
	0.01	0	2	4	6	7	9	11	13	15	17	20	22	24	26	28	30	32	34
9	0.05	4	6	9	12	15	18	21	24	27	30	33	36	39	42	45	48	51	54
	0.01	1	3	5	7	9	11	14	16	18	21	23	26	28	31	33	36	38	40
10	0.05	4	7	11	14	17	20	24	27	31	34	37	41	44	48	51	55	58	62
	0.01	1	3	6	8	11	13	16	19	22	24	27	30	33	36	38	41	44	47
11	0.05	5	8	12	16	19	23	27	31	34	38	42	46	50	54	57	61	65	69
	0.01	1	4	7	9	12	15	18	22	25	28	31	34	37	41	44	47	50	53
12	0.05	5	9	13	17	21	26	30	34	38	42	47	51	55	60	64	68	72	77
	0.01	2	5	8	11	14	17	21	24	28	31	35	38	42	46	49	53	56	60
13	0.05	6	10	15	19	24	28	33	37	42	47	51	56	61	65	70	75	80	84
	0.01	2	5	9	12	16	20	23	27	31	35	39	43	47	51	55	59	63	67
14	0.05	7	11	16	21	26	31	36	41	46	51	56	61	66	71	77	82	87	92
	0.01	2	6	10	13	17	22	26	30	34	38	43	47	51	56	60	65	69	73
15	0.05	7	12	18	23	28	33	39	44	50	55	61	66	72	77	83	88	94	100
	0.01	3	7	11	15	19	24	28	33	37	42	47	51	56	61	66	70	75	80
16	0.05	8	14	19	25	30	36	42	48	54	60	65	71	77	83	89	95	101	107
	0.01	3	7	12	16	21	26	31	36	41	46	51	56	61	66	71	76	82	87
17	0.05	9	15	20	26	33	39	45	51	57	64	70	77	83	89	96	102	109	115
	0.01	4	8	13	18	23	28	33	38	44	49	55	60	66	71	77	82	88	93
18	0.05	9	16	22	28	35	41	48	55	61	68	75	82	88	95	102	109	116	123
	0.01	4	9	14	19	24	30	36	41	47	53	59	65	70	76	82	88	94	100
19	0.05	10	17	23	30	37	44	51	58	65	72	80	87	94	101	109	116	123	130
	0.01	4	9	15	20	26	32	38	44	50	56	63	69	75	82	88	94	101	107
20	0.05	11	18	25	32	39	47	54	62	69	77	84	92	100	107	115	123	130	138
	0.01	5	10	16	22	28	34	40	47	53	60	67	73	80	87	93	100	107	114

附表 12　符号检验的临界值表

对子数（N）	双尾 $\alpha=0.05$	单尾 $\alpha=0.05$
5	—	0
6	0	0
7	0	0
8	0	1
9	1	1
10	1	1
11	1	2
12	2	2
13	2	3
14	2	3
15	3	3
16	3	4
17	4	4
18	4	5
19	4	5
20	5	5
21	5	6
22	5	6
23	6	7
24	6	7
25	7	7

附表 13　维尔克松 T 检验的临界值

对子数(N)	双尾 $\alpha=0.05$	单尾 $\alpha=0.05$
6	0	2
7	2	3
8	3	5
9	5	8
10	8	10
11	10	13
12	13	17
13	17	21
14	21	25
15	25	30
16	29	35
17	34	41
18	40	47
19	46	53
20	52	60
21	58	67
22	65	75
23	73	83
24	81	91
25	89	100

附表 14　克-瓦氏单向方差分析 H 临界值表

每组容量数	α			
	0.10	0.05	0.025	0.01
2 2 2	4.571 (0.06667)	—	—	—
3 2 1	4.286 (0.10000)	—	—	—
3 2 2	4.500 (0.06667)	4.714 (0.04762)	—	—
3 3 1	4.571 (0.10000)	5.143 (0.04286)	—	—
3 3 2	4.556 (0.10000)	5.361 (0.03214)	5.556 (0.02500)	—
3 3 3	4.622 (0.10000)	5.600 (0.05000)	5.956 (0.02500)	7.200 (0.00357)
4 2 1	4.500 (0.07619)	—	—	—
4 2 2	4.458 (0.10000)	5.333 (0.03333)	5.500 (0.02381)	—
4 3 1	4.056 (0.09286)	5.208 (0.05000)	5.833 (0.02143)	—
4 3 2	4.511 (0.09841)	5.444 (0.04603)	6.000 (0.02381)	6.444 (0.00794)
4 3 3	4.709 (0.09238)	5.791 (0.04571)	6.155 (0.02476)	6.745 (0.01000)
4 4 1	4.167 (0.08254)	4.967 (0.04762)	6.167 (0.02222)	6.667 (0.00952)
4 4 2	4.555 (0.09778)	5.455 (0.04571)	6.327 (0.02413)	7.036 (0.00571)
4 4 3	4.545 (0.09905)	5.598 (0.04866)	6.394 (0.02476)	7.144 (0.00970)
4 4 4	4.654 (0.09662)	5.692 (0.04866)	6.615 (0.02424)	7.654 (0.00762)
5 2 1	4.200 (0.09524)	5.000 (0.04762)	—	—
5 2 2	4.373 (0.08995)	5.160 (0.03439)	6.000 (0.01852)	6.533 (0.00794)
5 3 1	4.018 (0.09524)	4.960 (0.04762)	6.044 (0.01984)	—
5 3 2	4.651 (0.09127)	5.251 (0.04921)	6.004 (0.02460)	6.909 (0.00873)
5 3 3	4.533 (0.09697)	5.648 (0.04892)	6.315 (0.02121)	7.079 (0.00866)
5 4 1	3.987 (0.09841)	4.985 (0.04444)	5.858 (0.02381)	6.955 (0.00794)
5 4 2	4.541 (0.09841)	5.273 (0.04877)	6.068 (0.02482)	7.205 (0.00895)
5 4 3	4.549 (0.09892)	5.656 (0.04863)	6.410 (0.02496)	7.445 (0.00974)
5 4 4	4.668 (0.09817)	5.657 (0.04906)	6.673 (0.02429)	7.760 (0.00946)
5 5 1	4.109 (0.08586)	5.127 (0.04618)	6.000 (0.02165)	7.309 (0.00938)
5 5 2	4.623 (0.09704)	5.338 (0.04726)	6.346 (0.02489)	7.338 (0.00962)
5 5 3	4.545 (0.09965)	5.705 (0.04612)	6.549 (0.02436)	7.578 (0.00968)
5 5 4	4.523 (0.09935)	5.666 (0.04931)	6.760 (0.02490)	7.823 (0.00978)
5 5 5	4.560 (0.09952)	5.780 (0.04878)	6.740 (0.02475)	8.000 (0.00946)
6 1 1	—	—	—	—
6 2 1	4.200 (0.09524)	4.822 (0.04762)	5.600 (0.02381)	—
6 2 2	4.545 (0.08889)	5.345 (0.03810)	5.745 (0.02063)	6.655 (0.00794)
6 3 1	3.909 (0.09524)	4.855 (0.05000)	5.945 (0.02143)	6.873 (0.00714)
6 3 2	4.682 (0.08528)	5.348 (0.04632)	6.136 (0.02294)	6.970 (0.00909)
6 3 3	4.590 (0.09773)	5.615 (0.04968)	6.436 (0.02229)	7.410 (0.00779)
6 4 1	4.038 (0.09437)	4.947 (0.04675)	5.856 (0.02424)	7.106 (0.00866)
6 4 2	4.494 (0.09986)	5.340 (0.04906)	6.186 (0.02453)	7.340 (0.00967)
6 4 3	4.604 (0.09997)	5.610 (0.04862)	6.538 (0.02498)	7.500 (0.00966)
6 4 4	4.595 (0.09847)	5.681 (0.04881)	6.667 (0.02495)	7.795 (0.00990)
6 5 1	4.128 (0.09271)	4.990 (0.04726)	5.951 (0.02453)	7.182 (0.00974)
6 5 2	4.596 (0.09807)	5.338 (0.04729)	6.196 (0.02481)	7.376 (0.00982)
6 5 3	4.535 (0.09932)	5.602 (0.04956)	6.667 (0.02452)	7.590 (0.00999)
6 5 4	4.522 (0.09974)	5.661 (0.04991)	6.750 (0.02473)	7.936 (0.00998)
6 5 5	4.547 (0.09835)	5.729 (0.04973)	6.788 (0.02484)	8.028 (0.00988)
6 6 1	4.000 (0.09774)	4.945 (0.04779)	5.923 (0.02381)	7.121 (0.00932)
6 6 2	4.438 (0.09824)	5.410 (0.04993)	6.210 (0.02443)	7.467 (0.00982)
6 6 3	4.558 (0.09948)	5.625 (0.04999)	6.725 (0.02462)	7.725 (0.00985)
6 6 4	4.548 (0.09982)	5.724 (0.04950)	6.812 (0.02458)	8.000 (0.00998)
6 6 5	4.542 (0.09987)	5.765 (0.04993)	6.848 (0.02489)	8.124 (0.00990)
6 6 6	4.643 (0.09874)	5.801 (0.04905)	6.889 (0.02493)	8.222 (0.00994)
7 7 7	4.594 (0.09933)	5.819 (0.04911)	6.954 (0.02446)	8.378 (0.00992)
8 8 8	4.595 (0.09933)	5.805 (0.04973)	6.995 (0.02485)	8.465 (0.00991)

(续表)

每组容量数	α			
	0.10	0.05	0.025	0.01
2 2 1 1	—	—	—	—
2 2 2 1	5.357 (0.06667)	5.679 (0.03810)	—	—
2 2 2 2	5.667 (0.07619)	6.167 (0.03810)	6.667 (0.00952)	6.667 (0.00952)
3 1 1 1	—	—	—	—
3 2 1 1	5.143 (0.08571)	—	—	—
3 2 2 1	5.556 (0.07143)	5.833 (0.04286)	6.250 (0.02143)	—
3 2 2 2	5.644 (0.10000)	6.333 (0.04762)	6.978 (0.01746)	7.133 (0.00794)
3 3 1 1	5.333 (0.09643)	6.333 (0.02143)	6.333 (0.02143)	—
3 3 2 1	5.689 (0.08571)	6.244 (0.04246)	6.689 (0.01786)	7.200 (0.00595)
3 3 2 2	5.745 (0.09921)	6.527 (0.04921)	7.055 (0.02317)	7.636 (0.01000)
3 3 3 1	5.655 (0.09786)	6.600 (0.04929)	7.036 (0.02429)	7.400 (0.00857)
3 3 3 2	5.879 (0.09974)	6.727 (0.04948)	7.515 (0.02390)	8.015 (0.00961)
3 3 3 3	6.026 (0.09779)	7.000 (0.04351)	7.667 (0.02338)	8.538 (0.00838)
4 1 1 1	—	—	—	—
4 2 1 1	5.250 (0.09048)	5.833 (0.04286)	—	—
4 2 2 1	5.533 (0.09788)	6.133 (0.04180)	6.533 (0.02063)	7.000 (0.00952)
4 2 2 2	5.755 (0.09302)	6.545 (0.04921)	7.064 (0.02222)	7.391 (0.00889)
4 3 1 1	5.067 (0.09524)	6.178 (0.04921)	6.711 (0.01905)	7.067 (0.00952)
4 3 2 1	5.591 (0.09857)	6.309 (0.04937)	6.955 (0.02317)	7.455 (0.00984)
4 3 2 2	5.750 (0.09980)	6.621 (0.04949)	7.326 (0.02496)	7.871 (0.00999)
4 3 3 1	5.689 (0.09602)	6.545 (0.04952)	7.326 (0.02329)	7.758 (0.00974)
4 3 3 2	5.872 (0.09929)	6.795 (0.04925)	7.564 (0.02494)	8.333 (0.00985)
4 3 3 3	6.016 (0.09779)	6.984 (0.04897)	7.775 (0.02437)	8.659 (0.00990)
4 4 1 1	5.182 (0.09968)	5.945 (0.04952)	6.955 (0.02349)	7.909 (0.00381)
4 4 2 1	5.568 (0.09980)	6.386 (0.04981)	7.159 (0.02459)	7.909 (0.00906)
4 4 2 2	5.808 (0.09882)	6.731 (0.04872)	7.538 (0.02453)	8.346 (0.00941)
4 4 3 1	5.692 (0.09853)	6.635 (0.04978)	7.500 (0.02462)	8.231 (0.00955)
4 4 3 2	5.901 (0.09950)	6.874 (0.04983)	7.747 (0.02500)	8.621 (0.00999)
4 4 3 3	6.019 (0.09948)	7.038 (0.04990)	7.929 (0.02487)	8.876 (0.00974)
4 4 4 1	5.654 (0.09801)	6.725 (0.04979)	7.648 (0.02470)	8.588 (0.00986)
4 4 4 2	5.914 (0.09940)	6.957 (0.04960)	7.914 (0.02499)	8.871 (0.00987)
4 4 4 3	6.042 (0.09980)	7.142 (0.04954)	8.079 (0.02494)	9.075 (0.01000)
4 4 4 4	6.088 (0.09900)	7.235 (0.04922)	8.228 (0.02476)	9.287 (0.00999)
2 2 1 1 1	5.786 (0.09524)	—	—	—
2 2 2 1 1	6.250 (0.08810)	6.750 (0.02381)	6.750 (0.02381)	—
2 2 2 2 1	6.600 (0.08889)	7.133 (0.04127)	7.333 (0.02222)	7.533 (0.00952)
2 2 2 2 2	6.982 (0.09101)	7.418 (0.04868)	7.964 (0.02222)	8.291 (0.00952)
3 1 1 1 1	—	—	—	—
3 2 1 1 1	6.139 (0.10000)	6.583 (0.03571)	—	—
3 2 2 1 1	6.511 (0.10000)	6.800 (0.04921)	7.200 (0.02460)	7.600 (0.00794)
3 2 2 2 1	6.709 (0.09873)	7.309 (0.04889)	7.745 (0.02317)	8.127 (0.00937)
3 2 2 2 2	6.955 (0.09922)	7.682 (0.04745)	8.182 (0.02384)	8.682 (0.00958)
3 3 1 1 1	6.311 (0.09286)	7.111 (0.04048)	7.467 (0.01190)	—
3 3 2 1 1	6.600 (0.09929)	7.200 (0.05000)	7.618 (0.02452)	8.073 (0.00738)
3 3 2 2 1	6.788 (0.09892)	7.591 (0.04919)	8.121 (0.02437)	8.576 (0.00984)
3 3 2 2 2	7.026 (0.09897)	7.910 (0.04934)	8.538 (0.02408)	9.115 (0.00996)
3 3 3 1 1	6.788 (0.09779)	7.576 (0.04545)	8.061 (0.02325)	8.424 (0.00909)
3 3 3 2 1	6.910 (0.09916)	7.769 (0.04885)	8.449 (0.02471)	9.051 (0.00976)
3 3 3 2 2	7.121 (0.09979)	8.044 (0.04915)	8.813 (0.02472)	9.505 (0.00999)
3 3 3 3 1	7.077 (0.09836)	8.000 (0.04792)	8.703 (0.02396)	9.451 (0.00997)
3 3 3 3 2	7.210 (0.09965)	8.200 (0.04940)	9.038 (0.02452)	9.876 (0.00966)
3 3 3 3 3	7.333 (0.09922)	8.333 (0.04955)	9.200 (0.02500)	10.200 (0.00986)

附表 15　弗里德曼双向等级方差分析的临界值表

n	$k=3$		$k=4$		$k=5$		$k=6$	
	$\alpha=0.05$	0.01	0.05	0.01	0.05	0.01	0.05	0.01
2	—	—	6.000	—	7.600	8.000	9.143	9.714
3	6.000	—	7.400	9.000	8.533	10.13	9.857	11.762
4	6.500	8.000	7.800	9.600	8.800	11.20	10.286	12.714
5	6.400	8.400	7.800	9.960	8.960	11.68	10.486	13.229
6	7.000	9.000	7.600	10.200	9.067	11.867	10.571	13.619
7	7.143	8.857	7.800	10.543	9.143	12.114		
8	6.250	9.000	7.650	10.500	9.200	12.300		
9	6.222	9.556	7.667	10.73	9.244	12.44		
10	6.200	9.600	7.680	10.68				
11	6.545	9.455	7.691	10.75				
12	6.500	9.500	7.700	10.80				
13	6.615	9.385	7.800	10.85				
14	6.143	9.143	7.714	10.89				
15	6.400	8.933	7.720	10.92				
16	6.500	9.375	7.800	10.95				
17	6.118	9.294	7.800	11.05				
18	6.333	9.000	7.733	10.93				
19	6.421	9.579	7.863	11.02				
20	6.300	9.300	7.800	11.10				
21	6.095	9.238	7.800	11.06				
22	6.091	9.091	7.800	11.07				
23	6.348	9.391						
24	6.250	9.250						
25	6.080	8.960						
26	6.077	9.308						
27	6.000	9.407						
28	6.500	9.214						
29	6.276	9.172						
30	6.200	9.267						
31	6.000	9.290						
32	6.063	9.250						
33	6.061	9.152						
34	6.059	9.176						
35	6.171	9.314						

(续表)

n	k=3		k=4		k=5		k=6	
	$\alpha=0.05$	0.01	0.05	0.01	0.05	0.01	0.05	0.01
36	6.167	9.389						
37	6.054	9.243						
38	6.158	9.053						
39	6.000	9.282						
40	6.050	9.150						
41	6.195	9.366						
42	6.143	9.190						
43	6.186	9.256						
44	6.318	9.136						
45	6.178	9.244						
46	6.043	9.435						
47	6.128	9.319						
48	6.167	9.125						
49	6.041	9.184						
50	6.040	9.160						